游艇及水上环境设计系列丛书

Yacht Design: dal concept alla rappresentazione

游艇设计
——从概念到实物

[意大利] Massimo Musio-Sale 编著

涂山 等 译

·北京·

Original version 978-88-481-2302-0 Yacht Design-Dal Concept alla Rappresentazione by Massimo Musio-Sale 2009 (c) Tecniche Nuove S.p.A-Via Eritrea 21-20157 Milan-Italy.
北京市版权局著作权合同登记号：图字 01-2015-8594

内 容 提 要

本书讲解了游艇设计的概念及其深化，是从船体设计到内部舾装的易入手的设计宝典。本书由3部分组成：第1部分清晰地介绍了游艇的概念、分类及其命名，以概述的方式回顾游艇发展的历史以及风格变迁，着重展现地中海式设计风格的特质以及具有代表性的案例；第2部分通过详细的分析和专题论述，介绍游艇的设计要点及其中的奥秘；第3部分则系统地讲解游艇设计中的数字化设计手段以及软件应用，通过计算机辅助和协助设计，并用数字技术模拟测试船体的性能。本书从概括到具体、从外观设计到内部家具设计，为读者解答如何开始当代风格的游艇设计、必要的设计工具及现代化的设计手段、如何设计帆船和游艇、其设计的共通点及差异，以及大型游艇及其携带的小型补给船的整体设计。本书是在游艇设计这个崭新的领域中富有时代意义的设计宝典。

图书在版编目（CIP）数据

游艇设计：从概念到实物 /（意）马西莫·莫西奥
(Massimo Musio-Sale) 编著；涂山等译. — 北京：中国水利水电出版社，2017.4
（IYNED游艇及水上环境设计系列丛书）
ISBN 978-7-5170-5368-2

Ⅰ.①游… Ⅱ.①马… ②涂… Ⅲ.①游艇—设计
Ⅳ.①U674.910.2

中国版本图书馆CIP数据核字(2017)第093197号

书　　名	IYNED游艇及水上环境设计系列丛书 游艇设计——从概念到实物 YOUTING SHEJI——CONG GAINIAN DAO SHIWU
原 书 名	Yacht Design: dal concept alla rappresentazione
原　　著	［意大利］Massimo Musio-Sale
译　　者	涂山 等
出版发行	中国水利水电出版社 （北京市海淀区玉渊潭南路1号D座　100038） 网址：www.waterpub.com.cn E-mail: sales@waterpub.com.cn 电话：(010) 68367658（营销中心）
经　　售	北京科水图书销售中心（零售） 电话：(010) 88383994、63202643、68545874 全国各地新华书店和相关出版物销售网点
排　　版	中国水利水电出版社装帧出版部
印　　刷	北京博图彩色印刷有限公司
规　　格	210mm×270mm　16开本　28印张　416千字
版　　次	2017年4月第1版　2017年4月第1次印刷
定　　价	280.00元

凡购买我社图书，如有缺页、倒页、脱页的，本社营销中心负责调换
版权所有·侵权必究

中译本序

提到"游艇设计",在中国这个行业处在刚起步阶段,虽然国内已经有相当数量的造船厂,也有相关设计个案,但在"设计"这一重要环节中还远未形成应有的态势。欧洲的游艇设计起步早,现早已进入成熟阶段,引领着国际的游艇设计趋势,相对的,国内除了船体设计以及轮机、船舶工程外,在"游艇设计"领域,建设一个基础、完整而系统的专业设计体系势在必行。

《Yacht Design: dal concept alla rappresentazione》一书是意大利米兰理工大学游艇设计专业的教材,一直以来都是游艇设计师关注和参考的重要书籍,该书翔实、全面、独具风格、自成体系,在国际上颇有声誉。但因为原书为意大利文写作,多年来既无英文版更无中文版,对想要学习游艇设计的中国设计师和学生来说,只能望洋兴叹。欣喜的是,这次终于几经努力,集合了多位国内外游艇设计行业人员、清华美院以及清华游艇及水上环境设计研究所的力量,完成了该书的中文翻译工作。

清华大学美术学院设计学科一直走在中国设计的前沿,努力培养肩负中国设计发展使命的中坚力量,大到交通工具设计,小到一个 logo 的设计,涵盖衣食住行用各个方面。而如今,在弘扬海洋文化的国家战略方面,船舶和游艇设计就自然成为热点,应对发展需要及时培养顶尖的设计人才是设计类高校的重要使命,既是机遇也是挑战。中译本《游艇设计——从概念到实物》的出版,是朝向目标走出的可喜而重要一步。

鲁晓波

清华大学美术学院院长,教授

清华大学艺术与科学研究中心主任

中国美术家协会理事

中国工业设计协会副会长

意大利创造之烛

Silvia Piardi

米兰理工大学教授

前CCS船舶及航海设计硕士项目主席

前游艇设计硕士项目主任

设计系主任

意大利设计国家会议主席

20世纪50—60年代，意大利船厂开始在欧洲到美国的远洋航线邮轮的建造上处于世界领先地位。船厂之间的竞争很大程度上在快速和舒适上做文章。这一方面是为了让乘客能驱除远洋航行的恐惧感，另一方面也是为了迎合当时的品位。邮轮的室内设计往往尽可能地贴近中产阶级的住宅和大型酒店的设计风格，选用传统的巴洛克、洛可可或毕德迈尔风格的家具。邮轮的设计成为了文化和不同阶层生活方式的象征。在这样的背景之下，一批优秀的设计师将最新的设计理念与风格独具的创新设计带到了设计方案之中。这其中最知名的莫过于米兰建筑师佐·邦迪（Gio Ponti），他的设计为邮轮的室内设计带来了一阵清风，将邮轮设计带入到当代设计文化的殿堂。

很多作者将当代意大利设计的起源归结于那些年跨大西洋航运的大规模订单——高水平的设计师们设计了数以千计的家具单品，在一定程度上带动了高端设计业的发展，也提升了一批至今仍活跃在市场上的公司。创意与文化的碰撞，加上现代化的生产线的发展，使产品价格也随之节节增长，而一些对设计充满热情，又有优秀的技术特长和卓越的创新能力的企业开始崛起。

秉承跨大西洋航海业的光辉传统，意大利造船业在第二次世界大战后获得了长足的发展，并在21世纪初期随着业界对大型船只的需求激增而爆炸性地增长。意大利造船业在欧洲一直处于领导地位，并在全球范围内的大型游艇产业部门中排名第一，从业人员数以万计，其创造的经济价值不仅仅局限于游艇制造，还延伸到生产系统的周边，涵盖了部件、装饰品等其他相关产业。

然而从2008年下半年开始直到2015年年初，游艇产业迎来了前所未有的低潮期，主要问题在于游艇业刚好经历了前所未有的销售高峰，正是需要大笔贷款的时候（虽然也不是完全没有征兆，比如存在对租赁市场的夸大）。2008年，游艇业的总成交额高达61.8亿欧元，当时的盛景可见一斑。

然而在雷曼兄弟公司倒闭之后，之前的成就都付之一炬。这一事件成了全球性经济危机的开端，其对游艇业的影响很快在2008年10月4—12日举行的第48届热那亚船展中显现出来。热那亚船展自创立之初一直是业内规模最大、最具观赏性的盛会，然而这一次，却鲜有客户有购船意愿，随后甚至完全消失了。直至今日，意大利游艇业的客户才恢复到维持产业延续的最小规模。不仅如此，行业的销售额跌幅超过一半（2014年降至24.7亿欧元）。有一些船厂关闭了，另一些进行了重组，一部分传统大品牌则调整了他们的商业对策。然而虽然经历重大变革，意大利游艇业仍然在苦苦支撑并保持其领导地位，特别是在世界大型和超级游艇设计和制造行业的领导地位。

维持游艇业产品创新的基础一直在变化。要延续意大利在游艇、帆船的设计及制造领域的领导地位，我们必须要综合考虑一系列的连带因素，并要在传统与创新之间求取微妙的平衡。

传统是我们坚实的宝藏，但仍有诸多方面亟待我们去发掘。宝贵的技艺与记忆，深藏在我国各地的手工艺人之中，而这笔财富正是意大利设计无尽的活力源泉，即从造船传统中创新的能力，开发新船型与新设计方法的能力。它使我们更有能力将地面建筑所用到的创意、想法、风格、材料和更广阔的构想转化到船舶设计中来。

和欧洲北部国家严谨的船厂非常不同的这种微妙的平衡，是意大利设计的创新之光，必须要小心呵护、细心培养。

专业训练变得相当重要，尤其是对培养能全面理解船舶设计各方面知识的设计师而言更是如此。坚实的技术知识基础，深厚的人文素养、对当代设计语言的敏感度都是在国际市场的浪潮中保持不败的重要素质。

1989年以来，我们开始在米兰理工大学进行实验性的船舶设计培训。我们已成功组织了一系列以运动激情、生活态度和专业素养为主题的全球性会议。

这些年来，我们有幸与热那亚大学的同仁们一起组建了相关院系并筹备了教育设施。一方面，米兰理工大学游艇设计硕士项目迎来了第15个生日，2016年有来自世界各地的25名学生从这里毕业。该项目是米兰理工大学为期一年的硕士项目，毕业之后学生们可从事与课程项目相关的建筑、设计、工程和经济等行业。近年来，也有不少学生任职于专业公司，担任项目助理、船厂生产助理、生产经理、质量控制经理等。

另一方面，航海船舶设计硕士项目到去年为止已满10年。学校位于著名的五渔村附近，风景宜人。该项目为两年的大学学习，学生可选择设计、专业课程及在船厂和专业公司参与实践等。一批踌躇满志的学生已经开始从船舶设计研究业内出发来推动创新变革了。

然而我们在教学过程中最常遇到的问题之一就是学生们的培训教材。行业内的相关专业文献少之又少，我们一直期待着一本内容丰富、实践性强又与时俱进的教材的出现，而本书的出版解决了这一难题。借此中文版出版之际，我也祝愿我们与中国同仁、学生们多年来的深厚友谊能更进一步。

最后感谢本书所有的作者，特别是我的好朋友及同事Massimo Musio-Sale，感谢涂山教授，为你们这些学科的先行者们献上诚挚的祝福。

Tra gli Anni Cinquanta e Sessanta del secolo scorso, i cantieri navali italiani sono stati ai primi posti mondiali nella costruzione dei grandi transatlantici che portavano le persone dall'Europa alle Americhe. La competizione che ha visto impegnate le Compagnie armatrici era rivolta alla progettazione di navi sempre più veloci e sempre più confortevoli. In parte per esorcizzare la paura del mare aperto, in parte per adeguarsi ai gusti dell'epoca, gli interni delle navi tendevano ad assomigliare il più possibile alle residenze borghesi e ai grandi hotel, proponendo arredi dei diversi stili, dal barocco, al rococò, al biedermeier. La nave diventava il simbolo della cultura e dello stile di vita delle bandiere di appartenenza e in questo contesto si inserisce l'opera di alcuni grandi progettisti, che hanno introdotto una serie di innovazioni distributive e stilistiche. Tra i primi e i più famosi, il milanese Gio Ponti, che porta a bordo una ventata di novità e disegna interni di nave come palazzi della cultura contemporanea.

Molti autori fanno risalire l'origine del design italiano alle grandi commesse dei transatlantici di questi anni: migliaia di pezzi di arredo, firmati da progettisti di grande livello, hanno significato uno sviluppo del pezzo di serie di alta qualità, che ha fatto crescere aziende tuttora sul mercato. L'incontro della creatività e della cultura con la durezza della linea produttiva e la severità dei prezzi era stato favorito dalla passione, dalla competenza e dalla capacità di innovare degli imprenditori dell'epoca.

Erede della gloriosa tradizione di progetto dei transatlantici, la cantieristica italiana ha costruito dal dopoguerra una solida situazione, che è praticamente esplosa nei primi anni 2000, con la conquista del maggior numero di commesse di barche di grande taglia. L'industria nautica italiana è stata leader in Europa e prima al mondo nel comparto dei grandi yacht, occupando migliaia di addetti e producendo un valore legato non solo alla costruzione degli yacht, ma anche a un fitto tessuto produttivo, un indotto che produce oggetti e accessori che fanno riferimento ad altri settori e che nel cantiere vengono integrati.

Ma dalla seconda metà del 2008 fino all'inizio del 2015, il mercato della nautica ha sofferto come mai era accaduto prima, anche perché i problemi sono arrivati in un momento in cui il comparto aveva acquisito, in Italia, uno sviluppo senza precedenti (non senza qualche stortura, come l'utilizzo esasperato del leasing) con livelli di vendite mai visti prima, anche di grandi yacht. Lo dimostra il fatto che, nel 2008, il fatturato complessivo della nautica aveva raggiunto i 6,18 miliardi di euro.

Tutto bruciato in un autunno, dopo il fallimento di Lehman Brothers. Era l'inizio di una grande crisi mondiale e il contraccolpo sulla nautica fu immediatamente visibile al 48esimo Salone nautico di Genova del 2008, che si svolse tra il 4 e il 12 ottobre. L'esposizione era forse la più grande e bella mai messa in piedi, mancavano però i clienti pronti ad acquistare le barche. Scomparsi allora e, ad oggi, ancora ai minimi termini in Italia. A dispetto di questa situazione, e di un fatturato più che dimezzato (sceso a 2,47 miliardi nel 2014), la nautica italiana, ha resistito. Vi sono stati molti cambiamenti, alcuni cantieri hanno chiuso, altri si sono riorganizzati, i grandi brand storici hanno rivisto le loro politiche, ma nonostante gli anni di crisi si intravede ancora la volontà di mantenere i primati che caratterizzano la nautica italiana; primo fra tutti la leadership mondiale nel settore dei mega-yacht ma anche, ad esempio, i primati nei grandi gommoni e nel design.

Il comparto ha mantenuto la capacità di innovare, con prodotti sempre in evoluzione.

Mantenere l'attuale leadership italiana nel campo della progettazione e produzione di yacht, a vela e a motore, dipende da una serie di fattori interrelati e da un delicato equilibrio di tradizione e innovazione.

La tradizione è patrimonio concreto dei nostri cantieri, è una ricchezza non ancora dispersa, che si articola su molti fronti. E' capacità tecnica e memoria, radicata nei saperi e nei mestieri che ancora, se pure a fatica, ritroviamo in diverse aree della nostra penisola. Ma accanto a questa ricchezza sta la grande vitalità del design italiano, la capacità di innovare a partire dalla tradizione dei vecchi cantieri e insieme la capacità di inventare dall'origine nuovi modi di vivere la barca e quindi nuovi modi di progettarla. Si aggiunge poi la capacità di trasferire idee, proposte, stili, materiali e in genere visioni, dal mondo delle architetture di terra a quello delle barche.

Ma questo delicatissimo equilibrio, che ha fatto finora la differenza con i più seri e titolati cantieri dei paesi del Nord, questa leggerezza della creatività italiana, va curata, alimentata conservata. La formazione diventa elemento importante, e in particolare la formazione di un designer che sappia capire a fondo tutti i problemi che ruotano intorno alla progettazione di una bella barca. Solide basi tecniche, ampia cultura umanistica, sensibilità ai linguaggi contemporanei vengono richiesti per stare a galla nel mercato globale.

Dal 1989 abbiamo iniziato, al Politecnico di Milano, a sperimentare formazione sul tema della progettazione per la nautica. Abbiamo organizzato diversi incontri e seminari sul mondo che incrocia passione sportiva, atteggiamenti di vita e professionalità.

Negli anni, grazie al fortunato incontro con i colleghi dell'Università di Genova, abbiamo costruito profili precisi e strutture didattiche organizzate. Da un lato quindi il Master in Yacht Design festeggia il suo quindicesimo compleanno, con un'aula formata da 25 studenti che provengono da tutti i paesi del mondo. Si tratta di un Master di un anno presso il Politecnico di Milano, al termine del quale gli studenti si inseriscono nel mondo professionale in modo differenziato in relazione alla loro precedente formazione, designer, architetti, ingegneri, economisti. In questi anni sono stati ricoperti ruoli di assistente di progetto in studi professionali, assistente di produzione in cantiere, gestore della produzione, responsabile controllo qualità.

E, dall'altro lato, la Laurea Magistrale in Design Navale e Nautico ha compiuto l'anno scorso dieci anni. Situata in una bella sede vicino ai panorami eccezionali delle Cinque Terre, offre una formazione universitaria di due anni, con l'alternanza di corsi progettuali e specialistici e l'esperienza pratica presso cantieri e studi professionali. In questi anni quindi un piccolo esercito di giovani preparati e appassionati hanno innescato un processo di innovazione dall'interno dei cantieri e degli studi.

Ma uno dei problemi che abbiamo più frequentemente incontrati è stato quello dei testi da consigliare agli studenti. Esiste infatti una letteratura specifica molto limitata, abbiamo atteso a lungo un testo così utile, ricco e aggiornato come quello che qui si presenta. Nella fondazione di una scuola cinese questo testo aiuterà a rinsaldare l'amicizia che ha legato in questi anni i colleghi e gli studenti cinesi e noi.

Un grazie quindi agli autori e in particolare all'amico e collega Massimo Musio-Sale, e un grazie anche a Tu Shan e i migliori auguri per il percorso pioneristico che ha intrapreso.

2016 年 6 月 13 日于米兰

译者序

从黄土到蓝水这种文明的转变，是河流文明、大一统经济体系向海洋文明、全球化贸易经济体系的转变。中国将目光转移到了大陆以外的海洋及海洋之外的土地，"海洋性国家"的定位和形象一定要明确定义，并要有具体的器物及活动去承载和传递。我们除了去获得海洋的资源以外，还必须给地球上其他的国家及人民贡献经济价值及创造新的文明价值，帮助建设世界文明。中国的成功转型不仅在经济上，更应该在对地球文明新发展上有所贡献。采用原始边际效应方式的"红色经济"必然被淘汰，注重局部地区利益的"绿色经济"的伪绿色正在褪去，基于大系统循环模式的"蓝色经济"将是未来的发展方向，同时建立的是新的盈利的定义——盈利不再仅仅代表经济上的获利，更包括更加美好、适度的生活方式。其社会的价值不仅是以人的价值为基础，更延展至对无限的物质和消费追求的摒弃，追求一种与自然更为和谐的生活方式。价值观的转变不仅带动社会生活的转变，同时也推动了技术使用的价值标准迭代。

不同于技术（成果本身因为可以直接引进），技术背后的消费、使用、管理以及时尚等软性内容的建立是通过和传统地域文化融合而成的，这显然需要时间来形成。游艇设计也理所当然不能只关注造型、材料、空间等问题，更要关注上述软性内容的发展，同时施加影响，并结合使用方式、产品全周期的过程规划和上下游产业的关联等题目来展开研究。游艇设计一定是一种面向大环境而做的设计。我们应该尽量多地借鉴别人已经走过的路，避免简单的复制和照搬，争取能在产业前端介入，充分发挥其对价值判断和技术使用的导向作用，才可能达到蓝色经济的要求，符合可持续发展战略。适应观念的转变，游艇设计要从更快、更高、更强的对性能的和奢华的单向追求，转变为更为重视人的体验，以及对周边环境的反映和对话上来。观念的转变也会改变消费观，游艇作为一种绝对的奢侈品，其展示的作用将会作为一种老派文化遗风而存在，游艇的奢侈更多地体现在

游艇设计
——从概念到实物

航海中的一种精神放纵或自我炫耀——它当然也是许多人的梦想，也因此高度情感化；它更是一种有古老传统的运动，不仅是一种关乎感官的体验，且使你身体里荷尔蒙水平提高，让你意识到你身体中潜在的动物性本能，从而和这个世界关联起来。不理解游艇背后这些东西的价值，游艇设计无从做起，对游艇的热情也不可能持续。

关于游艇设计的定义，我更愿意借用意大利设计师埃托·索托萨斯的表述："设计对我而言是探讨生活的一种方式，它是探讨社会、政治、爱情、食物，甚至设计本身的一种方式，归根到底，它是关于建立一场象征生活完美的乌托邦的或隐喻的方式"。游艇固然要涉及动力系统、流体力学、工业及产品设计、空间的组织及室内设计，但它绝对不可以仅作为交通工具来设计，无论游艇的大小，它一定是一种生活方式的设计及传达。从游艇的定义来说，"以娱乐为目的航行"是关键词，用现在的语言来说实际上就是一种航海的体验，要借助船只等器具的物质基础，但身体力行、知行合一的航海精神更为重要。

既要脚踏实地，又要高瞻远瞩，这样更需要从设计教育及培训源头进行梳理建立系统，从这里入手是一种有效的方法。起步阶段，正确的教材及资料由于牵扯行业的定义显得尤为重要。《Yacht Design: dal concept alla rappresentazione》一书是米兰理工大学设计学院游艇设计硕士课程（MYD）的教材之一，书的作者 Massimo Musio-Sale 教授也是游艇设计课程的主要指导老师之一。《Yacht Design: dal concept alla rappresentazione》一书在叙述传统的游艇设计的发展和方法时，照顾了设计专业的读者和学生，而在造型设计、表达及表现方面也向工程背景的读者和学生倾斜，后续加入了计算机辅助设计及测绘等最新的游艇设计辅助技术，整体上系统全面，作为我国大学的游艇设计专业教材是比较适合的。

在米兰理工大学设计学院院长 Silvia Piardi 教授的推荐之下，2013 年清华大学美术学院游艇设计及水上环境研究设计所（IYNED）成立之后就立即着手准备翻译引进这本教材。翻译团队在业余时间开展工作，大家都付出了巨大的热情和努力，希望能够完成国内第一本较为系统的游艇设计书籍。但限于译者有限的水平，面对繁多的航海专业特有的名词，意大利语和航海界通行的英文再到中文之间的差异，以及国内并不统一和准确的游艇业内通行的专有名词，书中一定存在不少的翻译问题。另外，合作团队翻译的文风以及词语，虽然经过统筹，限于我本人的有限水平和翻译经验，一定存在不少问题，请读者包涵。即便面对可能的问题，译者仍然希望通过此书对中国游艇设计及教育产生积极的影响，抛砖引玉，通过大家积极的后续参与和工作来建设游艇设计及教育的系统。对书中内容的疑问，在未来也有机会得到修正。

翻译团队以米兰理工大学设计学院游艇设计项目（MYD）毕业回国工作的晓帆、朱立行、我本人及明凯、安杰两位中文很好同时具备设计及航海经验的意大利人，以及刘诗雨组成。后续董月祎也参与了翻译工作。具体的翻译工作是这样分配的：

前言、第1~7章主要由明凯翻译，刘诗雨翻译了注释及图片说明并做了校对及语言调整工作，晓帆做了订正工作；

第8、9章由刘诗雨翻译，涂山做了订正工作；

第10、16、17、18章及专有名词由涂山翻译，晓帆校对；

第11、14、15章由安杰翻译，第11、14章由涂山整理和校对、第15章由朱立行整理和校对；

第12、13、22章由晓帆翻译，涂山校对；

第19、20、21章由朱立行翻译，涂山校对；

第23章、附录由董月祎翻译；第23章由晓帆订正和校对，附录由涂山校对；

最后全书由我做了统稿和修订工作。

《游艇设计——从概念到实物》最终能够成书，离不开各方面的帮助和支持，米兰理工大学设计学院院长Silvia Piardi教授、清华大学美术学院的鲁晓波院长以及中国游艇工业协会会长杨兴发同志的关心，推进了翻译工作的进展。游艇及水上环境设计研究所的聂影老师、工业设计系的周艳阳老师在过程中都提供了宝贵意见和重要的帮助。两任项目执行人吴婷婷和刘诗雨细致的组织和协调、点点滴滴的帮助都促成了翻译工作。特别要提到该书由中国水利水电出版社引进版权，出版社李亮主任费心联系落实版权方面的事宜，李康编辑对翻译稿件进行了审读，并耐心督促我们的进展。这些都是我们能最终完成这项工作背后的重要力量。

本书由汪潮涌先生和信中利集团发起成立的清华大学水上环境及帆船教育交流基金提供充足的启动资金，北京市委共建经费提供后续支持，没有他们的支持本书不可能面世，对此我们在将来会用更为努力的工作来表示感谢。

清华大学美术学院游艇及水上环境设计研究所（IYNED）所长

涂山

2016年9月16日

原著序一

Maria Benedetta Spadolini
热那亚大学建筑学院院长

游艇产业属于"意大利设计系统"（Italian Design System，IDS），也是意大利誉满全球的制造业中最受欢迎的领域之一。地中海沿岸的利古里亚地区有着悠久的游艇制造传统，是意大利游艇产业的主角；其生产领域囊括了从大型游艇到小配件生产制造的整个体系。利古里亚海滨的大中小企业形成了极具代表性的意大利游艇产业的缩影，能够代表为大家所欣赏的意大利风格。

Espen Oino 在描述游艇产业时说："过去船舶是制造的，而如今是设计的。"如今需要在传统手工诀窍的基础上融入设计概念以及生产技术知识。传统工匠也要跟上科技的进步和工业化的思维。

在这个划时代的变革中，专注游艇产业的热那亚大学尝试按照真正的休闲经济需求改变教学大纲。

1990 年，热那亚大学建筑学院和工程学院合作创办了意大利第一所航海院校：游艇设计学院（位于拉斯佩齐亚）。随着产业需求的改变以及大学课程体系的改革，如今，热那亚大学设置了两个航海学院（本科和硕士），培养两个方向的专业人才：游艇设计师和游艇工程师。与过去不同的是，无论是为船厂还是为船东工作，由年轻的专业人员组成的多学科团队能够将设计和工程统一兼顾，他们能够适应设计、管理、制造等不同层次的各种岗位，这些年轻人填补了从手工生产到工业文化转型中的空白。航海产业与工业设计的关系特别密切，新一代的毕业生既通晓传统的技术要诀，又了解本行业发展趋势。这是一个不断遭到质疑，同时又在不断演变的产业，有时也表现出创新不足。

建筑学院工业设计系航海学方向的本科毕业生也可以选择在拉斯佩齐亚大学游艇设计学院读硕士。该学院是由热那亚大学建筑学院、工程学院以及米兰理工大学的设计学院和工业工程学院共同创办的，这也是一直以来在利古里亚地区促进航海学科发展的所有老师的贡献。

依托热那亚大学的教育情况及背景，Massimo Musio-Sale 的书对游艇设计师和工程师来说是一本非常有用的教程。这本书大体囊括了学生在学习游艇概念设计期间会遇到的主要问题，并在多处做了深入解释。除用于教学之外，其他读者也可以从中发掘一些航海科研的当代发展情况以及未来趋势。

原著序二

Silvia Piardi
米兰理工大学设计学院院长

很多学者把意大利设计的起源上溯至 20 世纪 50—60 年代的邮轮大发展的时期：上万件由高水平设计师设计的家具带来了顶级商品批量化生产的开端，也促进了市场上家具企业的增值。当年充满激情、知识丰富、有创新能力的企业家以及鼓励创意的潮流发展出了严谨的生产线以及居高的产品价格。意大利造船业传承了当年邮轮制造产业的优良传统，并且在第二次世界大战之后打造了坚实的基础，使得在接下来的十年里承接了全球大部分的大型邮轮的造船项目，这说明意大利邮轮设计进入了爆发增长期。意大利在大型游艇制造方面全球第一，雇佣数千名员工，不但给游艇建造行业带来巨大价值，也使得整个上下游产业链上的企业受益良多。

意大利在帆船及动力艇的设计和生产领域能否保持现在的领导地位，取决于一系列相关因素，也在于是否能够把握好传统与创新的微妙平衡。优良的传统是意大利船厂的资本和尚未丢失的财富。传统是技巧和记忆，也是留存下来的工艺和知识。除此之外，意大利设计本身也表现得很活跃：在传统船厂基础上创新，并重新创造船上的新生活模式，因此，把建筑设计的愿景、想法、概念、风格、材料带入到游艇设计中来。

有别于北欧船厂的严谨和逻辑，意大利设计的创造性是一种非常微妙的平衡，需要保护和培育。教育成为一个重要因素，培养的设计人才应能够理解游艇设计中的各类问题。适应全球市场的人才需要有踏实的技术基础、深厚的人文背景，以及及时掌握当代设计语言。

我们于 1989 年在米兰理工大学尝试开设了游艇设计专业，之后组织了许多场论坛来讨论这项涉及激情运动、家居生活以及专业知识的多领域交叉学科。多年来，我们与热那亚的同事一起探讨并明确了教学计划和所需的教学设施，并通过共同努力，先后设立了米兰理工大学游艇设计硕士学位项目以及热那亚大学航海设计本科和硕士学位项目，这两个机构不断为社会输出年轻的专业人员。这些设计师和工程师改变了意大利的船厂和游艇设计事务所。根据以往经验，我们遇到的最大问题是缺少好教材，这方面的书籍非常少，我们一直在等待一本像本书一样内容丰富且更新及时的书。感谢作者，我的好朋友 Massimo Musio-Sale。

原著前言

Massimo Musio-Sale

过去造船只用木头这一种材料，不需设计，仅仅根据原有的造船经验来搭建。船厂师傅知道如何从大自然中选材，然后将木材打造成零部件的形态。从建造十几尺的小船到一百多尺的大船，能工巧匠都是根据他们的诀窍将零部件组装到一起，就造出了一条船。

回顾整个航海史，制造之前先进行设计是相对较新的传统。

众所周知，历史上第一个航海设计师是1560年的Mathew Baker，他凭借对完整船体以及细节的成功绘制而被伊丽莎白女王授予"造船大师"的称号。

从这年开始，船只设计就是为了让船只航行更好、更快、更有效率，运送货物、旅客，用于战争或保卫家园，或者为了侵犯别人的利益。船的设计出于不同的目的，迭代演进到现在。

以休闲为目的的游艇的历史开始于1660年查理二世斯图尔特的"玛丽"号。该类船只最先出现在仪式中（类似于阅兵仪式，船只排列成一排，在观众面前巡游），然后用于比赛（船只之间竞技）。在这之后，设计师开始有意识地去做提高船舶性能的设计，并不断地进行技术革新。

这些挑战和竞赛推动了有关技术的研究及更新。对材料的认知、流体动力学以及空气动力学随着航海的实践同步发展。游艇最初是用木材制造的，工业革命后开始混用木材和金属，之后淘汰了木材；第二次世界大战后先后采用胶合板、轻合金、塑料加复合材料或加特殊纤维材料（从芳纶到现在更贵、更有效的碳纤维）。

材料的改进使新形态、新结构和新组成结构的使用成为可能。同时，动力推进系统装置方面也有新发展：适合逆风航行的三角形风帆与适合顺风的方形风帆相结合的方式。黏结技术的进步（从天然到人造）实现

游艇设计
——从概念到实物

了木制桅杆增高，同时提高了船舶性能。随着科技的进步，出现了金属和复合材料桅杆。由原来天然纤维制成的风帆（吸水后变得更重）演变成人造的复合材料（轻、结实、防水），一直到现在采用的可以最大限度优化风压的定向碳纤维。

随着游艇制造技术的进一步发展，游艇开始配备发动机。从工业革命到现在，动力艇的发展不断见证了技术的革新、配置的演变、船体的进步以及更先进的推进设备的应用。

而从 Mathew Baker 的时代到今天，变化相对较少的当属船舶设计的图纸表达了。

第一本关于船舶设计的书籍直到 1768 年才出现：是由 Fredrik Hendrik af Chapman 写的《Architectura Navalis Mercatoria》，这部著作就船舶制造做了完整的表述。该书用图形描述了笔者所处时代的各种船舶的细节。绘图相当精美，有详细的时间记录，也包含了：施工图，船舶在各种状态时的透视图，尺寸、水线及坐标的剖面图；绘图表现方式与现在的设计没有什么不同。

15 年前我出版了《Disegno delle Imbarcazioni》来讨论 400 年没有发生变化的船舶绘图表现方式……2000 年世纪之交时这门学科的思维方式彻底改变了：几百年来船舶设计和制造所使用的手绘表现形式突然不能充分地表达现代船舶设计过程中所需的互动进程了。

世纪之交，世界从模拟化进入数字化是该学科的最大变化。

不去重复那些陈词滥调和琐碎的定义，其中真正改变的是制造方式。从工业生产到工艺制造，从模型制作到真正的生产制造，以上都通过编制数控机床程序来实现。加工误差几乎为零，精确程度得到极大的提高。

使之成为可能是因为出现了新的工具——计算机。计算机可先处理一个方案的外部形态，接着转换成数字信息，再转换成机械加工的数据语言，最后可以命令这些机械完成一系列精确的切割动作、铣削动作或耦合原件的动作。

没有错误空间了，没有制作工人的"自由演绎"了，也没有施工期间设计师再次修改的空间了。那么，是不是也没有创意和创新的空间了呢？

这些风险确实很大，出现了新的文化挑战。

"必须按这样做"的思维带来的扁平化是一把危险的双刃剑。一方面需要意识到传承下来的知识是制造业不可替代的根基；另一方面也要明白知识需要不断改进，而不能一直简单地固守。如今，将半成品通过"Ctrl+C""Ctrl+V"的方法做成新方案的设计方法很容易。但该方法的风险在于容易将自己封闭起来且忘记"创造"是设计最令人产生满足感的一面。

除了设计和制造之外，全球化、信息化、社会财富再分配以及随之而来的潜在航海者的增加也带来了新的视点、方式以及方案。

而且，市场上游艇数量的增加已经对环境造成不可忽略的影响；同时，航海文化的普及也带来"旧"游艇的增值，促进了旧式游艇保养和修复业务的发展。

如果回到 15 年前，这些问题还不像今天这样对游艇设计具有决定性。

今天，一名理想的游艇设计师应该是一位多面手，他需要了解游艇业内的方方面面。但客观上说，一个人是无法掌握所有专业知识的；全能型人才早就不存在了。

如今的设计和管理是通过不同领域的专家团队共同完成的。概念设计完成后，项目经理及其技术团队会将方案进行深化并完成：从材料到结构、从设施到配饰等。

大学教育在这个方向做了不少贡献：1995 年只有热那亚大学建筑学院和工程学院共同设立的拉斯佩齐亚游艇设计专科学院。为了满足航海设计所包含的所有学科的需求，同时赶上意大利的大学教育改革，2000 年之后拉斯佩齐亚游艇设计专科学院依据航海文化各个方面的变化修订了课程体系。该校设置了学制三年的学士学位项目（其声望已经超越了过去的游艇设计专科学校）和学制两年的硕士学位项目。

此外，学校也成功开设了学期一年的在职硕士课程，通过对一系列具体主题的研究学习，该硕士学位课程能够使设计界业内人士更好地掌握游艇设计。

目前，意大利已有多家高校开设了类似专业。除了热那亚大学（历史上第一个开设该专业的学校，且提供最全面的课程），米兰理工大学从2001年起由Poli.Design集团支持开设了学制一年的游艇设计硕士课程。同时，和热那亚大学一起共同管理位于拉斯佩齐亚的航海工程学硕士学位项目。

现在，设置该学科的学校有：罗马大学第一大学和第三大学、那不勒斯大学、的里雅斯特大学、基耶蒂大学、巴勒莫大学、墨西拿大学、费拉拉大学、比萨大学等。

游艇产业具有很强的推动力：在拉斯佩齐亚游艇设计专科学校建立不到20年的时间里，大概100名游艇设计专业的学生从这里毕业，他们进入本专业就业的比例接近100%。曾有一段时间，市场对该专业技术人员的需求量非常大，学生在实习的时候就被实习企业直接聘用，以至他们无法完成学业。

如今航海产业技术人员教育基本分为两个方向：游艇设计师和游艇工程师。这两个方向都设置了各自的学士学位（工业设计或航海工程学）和硕士学位（游艇设计或专业性航海工程学）。二者必然共享很多相关知识和技能，主要区别在于不同的文化取向：前者相对注重造型和设计语言，而后者相对注重技术和构造。

不同专业方向的学生不一定要对其他学科不闻不问，反而可以进行令人兴奋的交叉学习：这样可以培养出能融合不同领域的专业人才。跨界设计和工程的人士能够将设计与工程技术结合起来，或者反过来在技术教育的过程中促进广阔成熟的设计理念学习。

基于上述背景，这本《游艇设计——从概念到实物》代替了之前的《船舶设计》。《游艇设计——从概念到实物》不是版本的更新，而是一本新的著作，内容较之前更加丰富，并且包括设计方法在内的大部分内容都做了更新。

就像现在的游艇设计需要许多不同专业的人才那样，为了使本书能够包含游艇设计所涉及的尽可能多的专业知识，虽然不一定收录全面但希望尽可能做到最好，所以在写作的时候也寻求了其他同事的帮助。

本书旨在培养优秀的游艇设计师。你不必知道所有相关知识，但如果你渴望成功，需要记住以下三个原则：拥有扎实的专业知识，清楚自己在设计团队中的角色，能读懂相关学科的专业用语并能够从中吸收本学科所需知识。

游艇
设计

——从概念到实物

目录

中译本序

意大利创造之烛

译者序

原著序一

原著序二

原著前言

第1部分　什么是游艇设计，怎样设计 / 1

01　游艇设计与表现
　　设计与绘图的密切关系 / 3

不同目的下的绘图工具 / 3

不可替代的语言 / 3

数字绘图的重要性 / 4

"是什么……"技术知识的重要性 / 5

02　漂浮的物体
　　行为与运动 / 7

03　经典船型
　　不同类型的船的定义 / 11

04　当代船型
　　新型船舶类型 / 29

趋势 / 29

补给船——大还是小 / 29

动力艇的更新和多样化 / 31

工作船也代表了时尚 / 34

巨大化——超级游艇和帆船 / 37

05　意大利游艇设计
　　起源 / 47

历史起源和地中海小渔船（gozzo）/ 47

船型的发展与新用途 / 50

批量生产趋势 / 51

06　地中海风格
　　意大利设计的概念与发展史 / 57

地中海风格的设计师和设计案例 / 57

地中海风格游艇及其建造者 / 61

07　21世纪地中海风格
　　当今游艇设计走向何方？/ 75

当今趋势 / 75

大师之言 / 79

第2部分　游艇设计 / 89

08　以人为本的设计
　　基础知识 / 91

人体工程学要素 / 91

案例研究——坐姿 / 94

人体模型——实验验证工具 / 99

09　通过人体工程学设计扩大游艇的使用群体
　　游艇基础构造与解决方案 / 105

船体建筑障碍 / 105

建筑规范解读 / 107

航海领域试验 / 108

人体工程学和生理障碍：新的设计理念 / 110

从理念到设计规则 / 111

关键部分：路线、差异和有效空间 / 113

从理念到设计规则 / 116

10 从一张白纸开始
概念设计的工具与方法 / 119

贡佐（gozzo）渔船 / 120

第一张三维草图 / 122

贡佐渔船的功能演化 / 125

11 发动机和帆驱动
关于概念设计的基本原理 / 129

V型滑行船体形态的基本原理 / 129

圆形船身的设计原理 / 133

12 设计草图
游艇项目的设计方法 / 139

构思草图 / 139

验证立面图 / 142

验证体积 / 149

13 总体规划图
游艇的内外部设计 / 157

图纸绘制 / 157

航海设计的正交投影图规范 / 161

14 船体线型图
二维地确定船身的表面 / 175

标明相对高度的等高线投影 / 175

船体线型图 / 176

制表统计 / 178

动手绘制一个船体线型图 / 180

15 船舶重要部件
外形线图定义的问题 / 189

甲板的纵向弯曲状和舱顶弧度 / 189

艉封板 / 190

甲板室和甲板的交线 / 191

挡风窗 / 193

模具制造 / 196

16 船体零部件的设计概念
推进器、设备和附件 / 213

游艇推进器设备 / 213

以帆推进 / 218

驾驶室 / 227

连接船内外部相的配件 / 232

甲板五金和配件 / 232

舱内隔墙、通道组件 / 238

17 施工图
尺寸图、断面图与剖面图 / 251

介绍 / 251

图形语言 / 251

绘制的程序：内部及外部环境 / 252

结构和装配 / 253

家具和内饰 / 254

结论 / 255

18 透视和手绘渲染
设计理念中不可或缺的手段 / 265

外部——轮廓渲染 / 266

外部——透视渲染 / 268

内部——平面渲染 / 272

内部——透视渲染 / 275

第3部分　概念设计之先进工具 / 291

19　设计的数字化草图
界面控制与集合 / 293

- 技术工艺的趋势 / 293
- 硬件与软件工具 / 294
- 数字化图形的构造 / 295

20　三维建模
全面设计 / 301

- 介绍 / 301
- 设计阶段的模型 / 302
- 验证阶段的模型 / 303
- 施工过程中的模型 / 306
- 展示阶段的模型 / 308

21　数字渲染
计算机仿真 / 311

- 静态渲染 / 311
- 模型的建造和组织 / 312
- 建模和细分对象 / 313
- 光、影和材质 / 314
- 场景渲染 / 318
- 动画 / 321
- 一艘船的内部路径 / 322
- 动画的渲染 / 323

22　船只评测基本要素
模拟工具和方法 / 327

- 评测目的 / 327
- 经验价值 / 331
- 传统工具和方式 / 336
- 为什么要用新测绘技术？/ 339

23　船舶测绘
从铅垂线到三维数字化获取 / 347

- 介绍 / 347
- 建模过程 / 353
- 应用 / 356

附录
案例研究 / 367

- 远洋游艇设计 / 367
- 三甲板游艇设计 / 368
- 用于出租的帆船的设计 / 373

航海设计新气象 / 377

- 展望未来 / 377
- 修复设计，反思的机会 / 379
- 对环境友好的设计 / 381

专有名词
主要技术术语 / 383

参考文献
来源 / 401

关于著者的说明
作者简介 / 405

主要译者简介 / 409

清华大学美术学院 游艇及水上环境设计 研究所（IYNED）/ 411

米兰理工大学游艇设计硕士（MYD）项目 / 412

后记 / 413

第1部分

什么是游艇设计，怎样设计

1 游艇设计

——从概念到实物

游艇设计与表现
设计与绘图的密切关系

想把一个产品通过平面绘图的方式来说明,并展示效果,需要先知道怎么表现以及表现什么;游艇也不例外……

想要将设计对象展示出来,图形语言是一种很好的表现方式。主要有两个重要方面,即绘图手段和内容。游艇设计同样如此。

不同目的下的绘图工具

首先要明确绘图目的。"表现图"的目的是表现物体外观、使用方式等外在因素,不显示实质性内容。反之,"技术图"的目的是量化及描述内在,所以平面表现方法应适当改变,以适应不同情况。

这两种表现方式越来越多地用于不同甚至相反的需求:表现图受众较广,一般是非专业人士,而技术图需要让专业人士了解设计对象详情,所以技术图纸应语言简洁,方便依其做出预算和报价。❶

因此,这两种平面图的表现语言完全相反;所使用的绘图工具和规则也不一样。

不可替代的语言

表现图是设计概念的最直接表现,其目标是吸引潜在客户(甲方或制作单位)。技术图用来提供给制作单位,所以需包含所有设计细节,传达信息必须非常明确。换句话说,表现图只要与方案相似即可——有时甚

表现图的设计及技术图纸

---

❶ 在绘制表现图之前,要了解对象的使用目的、功能及审美特点,而技术图在绘制之前,需明确各部件的大小尺寸、材质、不同组件的连接方式,最后根据这些精确的图形代码及步骤来制造。

01 游艇设计与表现

至可以不相似。技术图顾名思义一定要明确和绝对，偏差、近似等同于错误。所以概念图基本上都以表现图为主：只需一个最初的与最终结果近似的想法。技术图一般在项目后期提供，要有详细的数值参数和质量信息。

这意味着技术图用于描述方案的最后阶段，而萌芽阶段则由传统手绘做出的表现图来表现。

专业游艇设计师的设计工作需要有报酬，换句话说他需要能带来利润的业务。因此设计师需要说服潜在客户，让客户看到自己方案的优势，以便可以先签合同再开始设计。所以设计师通常是在具体方案尚未确定的情况下签订合同的。

概念设计　　因此，表现图和概念图成为一个强大（且划算）的能够推广设计师想法和思路的媒介：如果用技术图和客户沟通则意味着工作已经做到一定阶段，且专业性强的设计图并不那么具有吸引力。还意味着尚未拿到报酬就已经完成了大部分工作。

因此，表现图的作用非常重要、不可替代。

数字绘图的重要性

不同的制图需使用适当的技术工具。

在现在的科技条件下，设计师可以应用非常强大的数码设备来辅助设计。

为了更方便地理解这些工具的出现，可以将绘图方式与人类的移动方式做类比："人类通过肢体的移动来实现空间转移，尤其是重复性肢体移动；若要实现较远距离的转移可以使用许多能够快速有效移动的交通工具。移动几十到几百公里距离可以用汽车，更长的可以用飞机；但即使出现这些工具人类也没有忘掉怎么走路……过马路或从一个房间到另外一个房间人类还是会用到腿，而无需使用任何交通工具。"

绘图同理：如今绘图可以借助有效的工具，如计算机，它能够绘制非常复杂的图纸，甚至可以模拟三维现实场景，重现生产使用过程。但同时，优秀的设计师也不会放弃原始的"步法"。

他为了表现一个想法仍然会用传统的铅笔加白纸的方法。无法想象设计师丢掉手绘，就像走路不再用腿。

选择工具一定要结合表现目的。如果目的是制作已经设计好的对象的施工技术图，电脑和其他数码设备会很有效。但是一定要注意：如果只是为了简单地用来验证方案的好坏（或寻找赞助），那最合适的就是传统的手绘图了。❶

正确选择设计工具

而且电脑是一个能力超强的……傻子！它完全没有想象力，但用其制图却需要很多详细信息。所以电脑非常不适合概念阶段的绘图。

电脑绘制形象图时，需要输入许多细节参数，这表明用电脑绘制形象图不划算，尤其在初始阶段。如今，手绘越来越重要了，但在技术图绘制上，手绘方式（用三角板或绘图板）已经完全被数码绘图所超越并取代。总之，用铅笔和白纸快速而直接地将自己的想法表现出来，其价值在于可以马上进行设计并修改。这种有效的表现形式有时候可以将技术细节的执行情况完整地表达出来；也能用于与甲方讨论项目或者在施工时讨论某个技术的细节。换句话说，手绘制图是一项非常重要的能力，如果没有它，与甲方或制作单位保持良好的沟通会很困难。

"是什么……"技术知识的重要性

只会使用各种表现方法和工具，却不知道要表现的技术内容是什么，也是没有用的。

"是什么"是"怎么做"不可或缺的补语。

为了知道表现内容，需要多去了解，为了多了解，需要多观察、多学习。观察和学习相比，前者显得更有难度。学习意味着已经拥有了内容有序、精挑细选，或许是已被编辑好的书、杂志或其他方便阅读的资料。而观察意味着挑选、解读、理解、编目以及记录，所以观察更不容易。

"看"人人都会，但"看见"需要在环境中选择。大千世界为我们提供了看见各种有趣事物的可能，而关键在于如何在广博混乱的背景中将有趣的事物挑选出来。为了辨别、理解和知道"是什么"，一定要先学会

---

❶ 这个阶段如果使用计算机绘图则适得其反，不经济，就如同开车从卧室到客厅……

观察。

组图1-1　　本书做了一些深入研究，虽然不能说能够解答所有关于"是什么"和"怎么做"的问题，但希望在游艇概念设计阶段能给读者带来灵感和启发，也希望能给读者传授一些游艇产业与平面表现的知识。

组图1-1

方案设计中的三个表现阶段：从概念设计到电脑三维制图
（Luigi Lorenzi，Master Yacht Design，米兰理工，2005—2006）

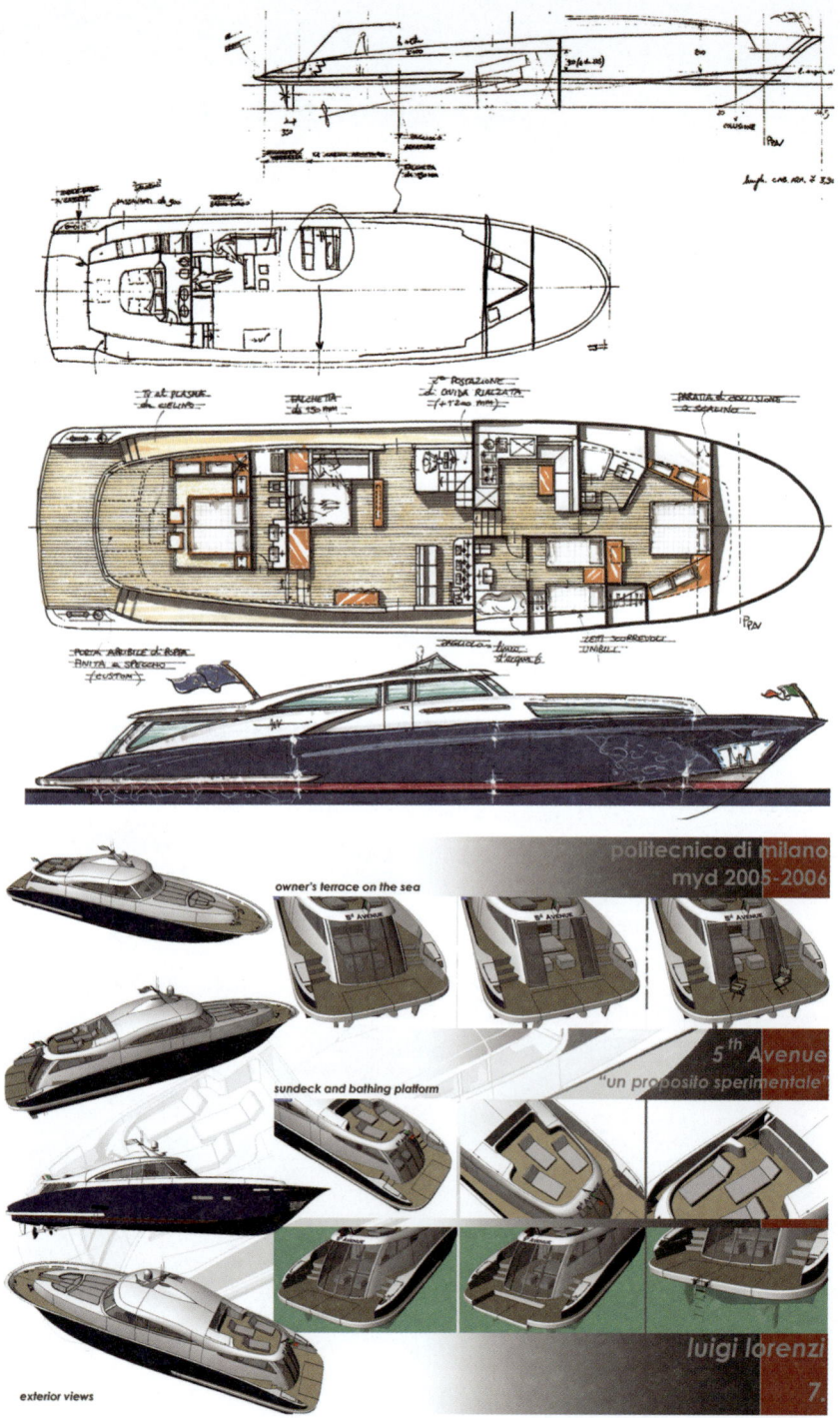

游艇设计
——从概念到实物

漂浮的物体
行为与运动

谁都会在看到抛锚时船身美妙的晃动陷入沉思……船体轻轻地随着水波起起伏伏。轻柔的波动就如同一场仪式舞蹈或一首催眠曲。船体的这种随波移动是船舶最重要的特性。这种对非平稳非静态状态的考虑是船舶设计与住宅设计最大的不同。船体在随波漂荡中不断寻找稳定的位置,之后船体会尽量保持在吃水线(waterline)上,并尽可能接近原来的水线面(waterplane)。

船体静止状态

水面一直处于波动状态,所以船体也随着水的波动而自然晃动,这时船体为了适应波浪的倾斜会改变水平的姿态。由于漂浮的固体,尤其是船舶,是半浸在水里的,所以可以理解它为什么可以以横向和纵向为轴晃荡和摇摆;实际上,大部分时间晃荡和摇摆是同时发生的。船舶摇摆可以分解成6种,也叫船舶的6个自由度,即横荡(swaying)、纵荡(surging)、垂荡(heaving)、横摇(rolling)、纵摇(pitching)、艏摇(yawing)。航行中船舶的物理特性和外在因素一起干扰着理论上的航行路径,为了保持想要的路径和速度,需要不断地采取纠正措施。通常,海流或侧风角度与船的纵轴不同,造成船舶的晃荡和摇摆;这些因素结合的结果就是船舶的真正行驶路径与规划并不一定相同。理想方向和真正方向的偏差被称为偏离角。船舶克服摇荡的能力被称为耐波性,不同船舶的耐波性不同。漂浮的固体受到波浪的外力影响后恢复原来姿势的能力依赖于船体形态的流体静力学效应。最好的耐波性是安全性和舒适性的折中:对水波动的反应依赖于船舶为克服船体倾斜动作产生的作用力:一条船越稳定(相对于水平面),越是因为其同步波浪的波动而显得稳定。于是出现了一个自相矛盾

船舶摇摆
图 2-1

02 漂浮的物体

的现象，耐波性越好的船舶反而越不稳定。在设计船体的形态时耐波性很重要，但是更重要的是优化航行阻力。

研究表明，船体的船首设计为锥形形态可以减少纵向运动阻力。该阻力与船体移动时移开的水体体积有关：船体产生的波列越小（移动的水量越少），移动的阻力以及需要的动力越少。移动的水量（船体移动受到的阻力）是船体体积和船体移动速度的函数；速度越快产生的波列高度越大。对波列的研究表明它与船头形态密切相关。同样重要的一项关于水流恢复原始静态状态的研究表明，船头的形态对于减少被动紊流的影响非常大。

流体力学表现及适航性

动力优化（如静态优化）中和了功能需求和物理性能需求；所以形态优化并非最重要的事情，而应尽量去考虑体积、重量和理想移动速度的函数。然而当代流体动力学理论可以系统研究对象相同的船体类型并提出适应各种设计需求的解决方案。

最佳船体形态

这样做的好处在于可以利用已有信息提前了解到某种船型的运动规律和特点。缺点是能够百分百满足设计师期望的船型并不存在，最终往往得到的是一个折中的结果。因此依据船型的目录设计的船舶虽然很适合商业项目，但对于赛船或特殊的军舰是无用的。固体的摇荡运动不仅取决于波浪，还应详细考虑其自身的动作。可以通过观察船体纵向移动产生的波列来优化中小型船舶的船体，使游艇高速航行时不再半浸而是在水面上"滑行"。

船型目录

这种船体称为滑行艇，特别适合中高速行驶。

超过了速度临界点的滑行艇因为滑行在水面上可减少湿面，同时也可以减少移动的水量，提高了效率，减少达到特定速度所需的动力。在半浸移动时滑行艇的耐波性比较"硬"，因为它需要对波浪和频繁摇荡进行直接反映。因此出现了许多关于优化海洋滑行艇运动的研究。研究表明，深V型船体耐波性最好，这种船体底部不是平面的，这样既可以滑行，也可以缓冲波浪的冲击。以帆为动力的帆船虽然没有动力艇对水那么强的对抗性以及那么严重的颠簸，但也有其独特性。帆船在侧风或逆风（船体和风的夹角大于45°）中航行时，风穿过帆时除了会对帆产生推动力，还会

滑行

深V型船体
图 2-2

以帆为动力的帆船

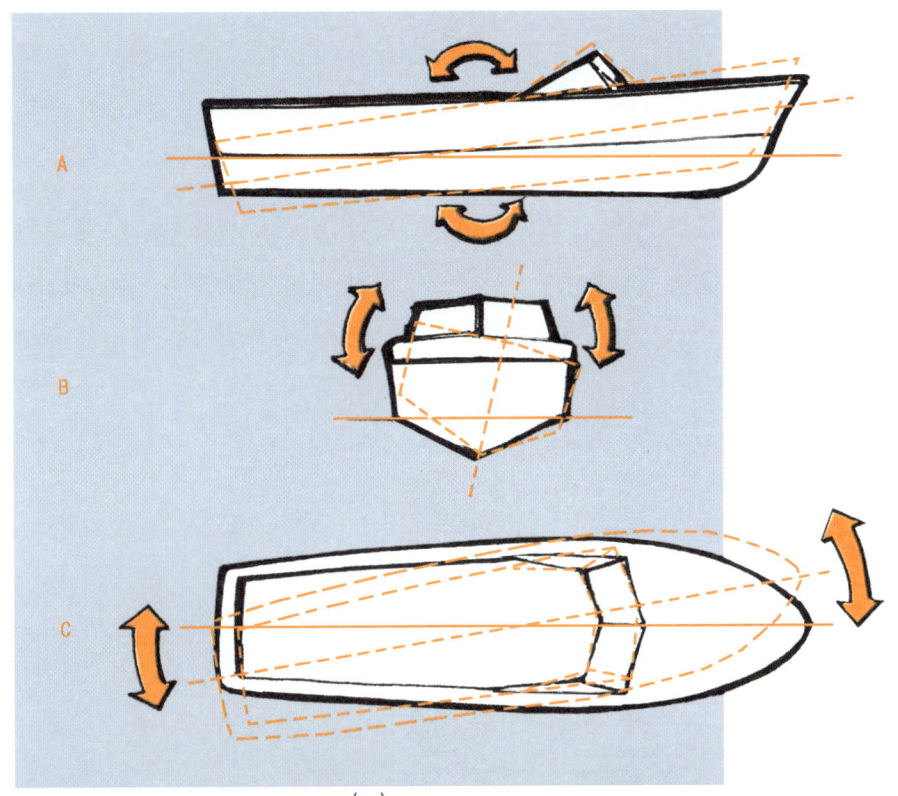

(a)

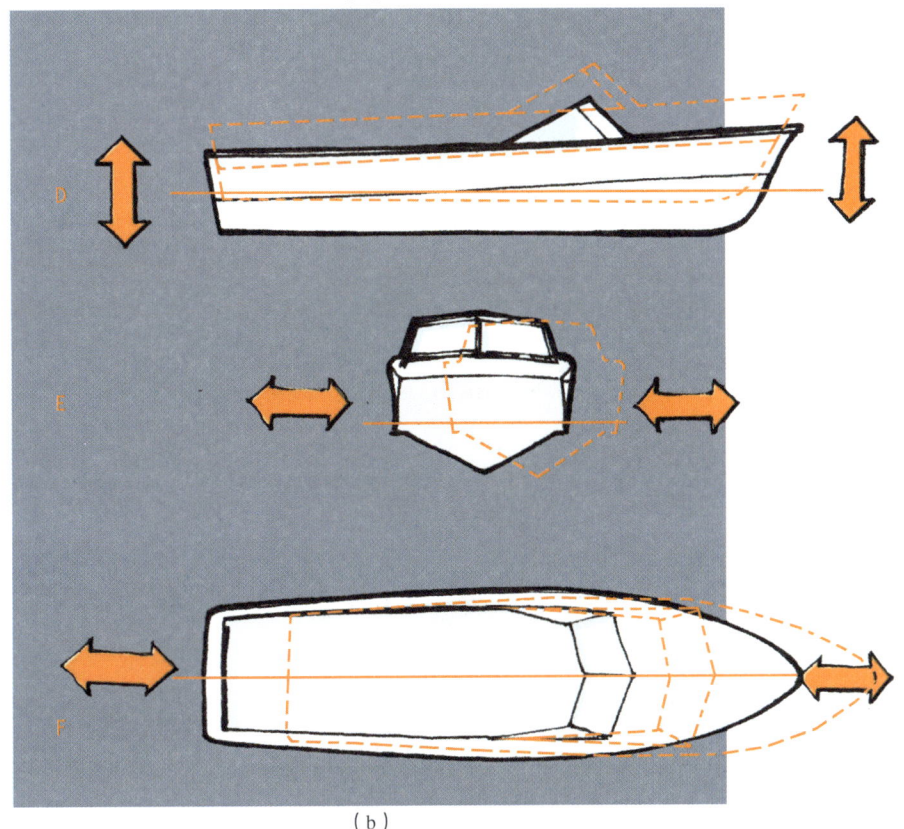

(b)

图2-1 船的动作

(a)摇摆;(b)晃荡
A—纵摇;B—横摇;C—艏摇;D—垂荡;E—横荡;F—纵荡

动力艇的配置标准

带来整个帆船的侧倾，这种侧倾可以通过静态方式即改变船体的配重来扶正。这样倾斜着移动是帆船主要的前进方式之一，所以在设计帆船船体时要同时考虑到上述静态和动态的情况。优秀的游艇设计在布置设备时需要考虑到漂浮着的固体的这种特性（受外力和自身运动影响）所带来的影响。动力艇的配置需要考虑运动时的剧烈颠簸，因此需要结实的阻尼设备。而帆船需要设置船体在侧倾情况下还能够使用的设施（如炉灶和床铺……）。总之，船舶设计时必须配置船舶在移动或者在恶劣的航海条件下还能够抛锚、控制船艇并能够长期居住的设施。

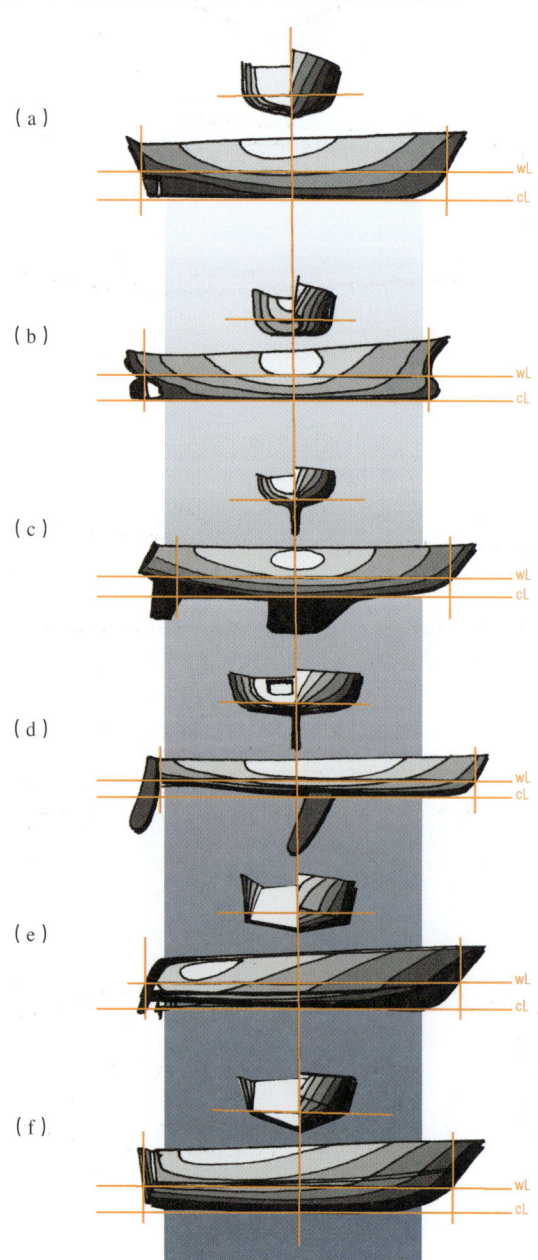

图2-2

船体类型

（a）排水型船体：12m＜总长＜90m；（b）排水型船体：40m＜总长＜250m；（c）排水型帆船船体：8m＜总长＜40m；（d）滑行型帆船船体：3.70m＜总长＜8.50m；（e）滑行型动力船船体：3m＜总长＜50m；（f）V型动力艇船体：3m＜总长＜50m

经典船型
不同类型的船的定义

随着航海产业的发展，将船舶按照不同特征分类显得越来越重要。

如果从历史数据方面研究船舶，会发现即使同一类型的船也会有很多差别；从中可见技术的进步和船型的演变。

如果从参数特征方面研究船舶，会发现同一历史阶段下的船舶的区别主要来自船舶的用途，用途不同船型也不同，随着历史的发展就形成了很多不同的类型。

由此可知船类目录可以按不同分类依据编制：如按时间、功能、形态或几何形状。此处不想将现有的所有船型一一罗列，而是想找到一种可以通过几个主要基本特征将船舶分类的系统方法。

不同的分类方法

最主要的分类方法是按照船舶的推进系统：除去划桨的小船，其他船舶可以分为动力艇和帆船。

帆船数量虽然只占少数，却代表着最纯粹的航海精神。

商船、军舰以及运输船一般都是动力艇，而娱乐船只则以帆船为主。当今的帆船也包括常规帆船和风动力游艇；风动力游艇通过高科技的机械伺服机构控制巨大的帆，使大吨位游艇可以保持动力，享受的同时也是对环境友好的一种巡游方式。

另外一种分类方法是按尺寸：根据意大利法律游艇按尺寸分为三种，小型艇、中型艇和大型游艇。

根据船体尺寸分类

这三类船中只有携带经批准过的全套安全设备的大型游艇才被允许在公海航行。

船体形态也可以作为分类依据：按船体形态可以分为单体船和双

根据船体形态分类

体船。

实际上还有很多其他类型，如三体船和多体船，以及采用特殊先进技术的小水线面双体船（Small Water Area Twin Hull，SWATH），也有传统而古老的船体，像波利尼西亚非对称双体船（proa）。

图 3-1

根据动力推进分类

动力推进技术的进步促进了现今一些较前卫船型的出现，如水翼船、气垫船或最新的侧壁式气垫船 SES（Surface Effect Ships，也称表面效应船只）。

根据船舶使用用途分类

但最常见的船舶分类依据是船舶用途，根据用途不同可以分为轮渡、邮轮、巡航船、渔船、油轮和散装货船。

唯一在全球范围内被普遍接受的对帆船的分类是按照帆的装备来划分的。

单桅帆船可以分为 sloop 和 cutter，主桅在船前部的高低双桅杆帆船 yawl 和 ketch 以及主桅在船尾双桅帆船 golett。

图 3-2
图 3-3
图 3-4
图 3-5

还有尺寸更大的多桅帆船 brigantino、brigantino-goletta，甚至有 4 个以上桅杆的带帆游艇。

从历史演化的角度，可以通过后樯纵帆来分类；后樯纵帆是主帆发展的一个"高峰期"——如果主帆是有"斜桁"来支撑，"斜桁"就是冲着船尾的支撑桅杆的斜竿。后续为了简化操控，后樯纵帆后来演变成叫马可尼的三角形主帆，其顶部与桅杆的顶部连接。

也可以继续往下细分，如果提取每条船所体现的特征，便可有无数种分类。将船进行大概分类的目的是可以用专业名词对船进行解读，接下来便可以按照外形、尺寸和科技含量去进一步描述和分析。

依此方法，用船舶的主要特征就能够定义该船。如一条两个船体的船（很特殊的一种形态）一般被编制到双体船下。而无论其使用目的是什么，也无论它的推进方式是动力还是帆，这些信息会在细节介绍时附加出现。

最普遍的分类方法

如果按最普遍的方式分类——去掉所有个案，可以像家谱一样从根目录向下延伸，那么最底层的分类是动力船和帆船（后者有更详细完整的分类）。

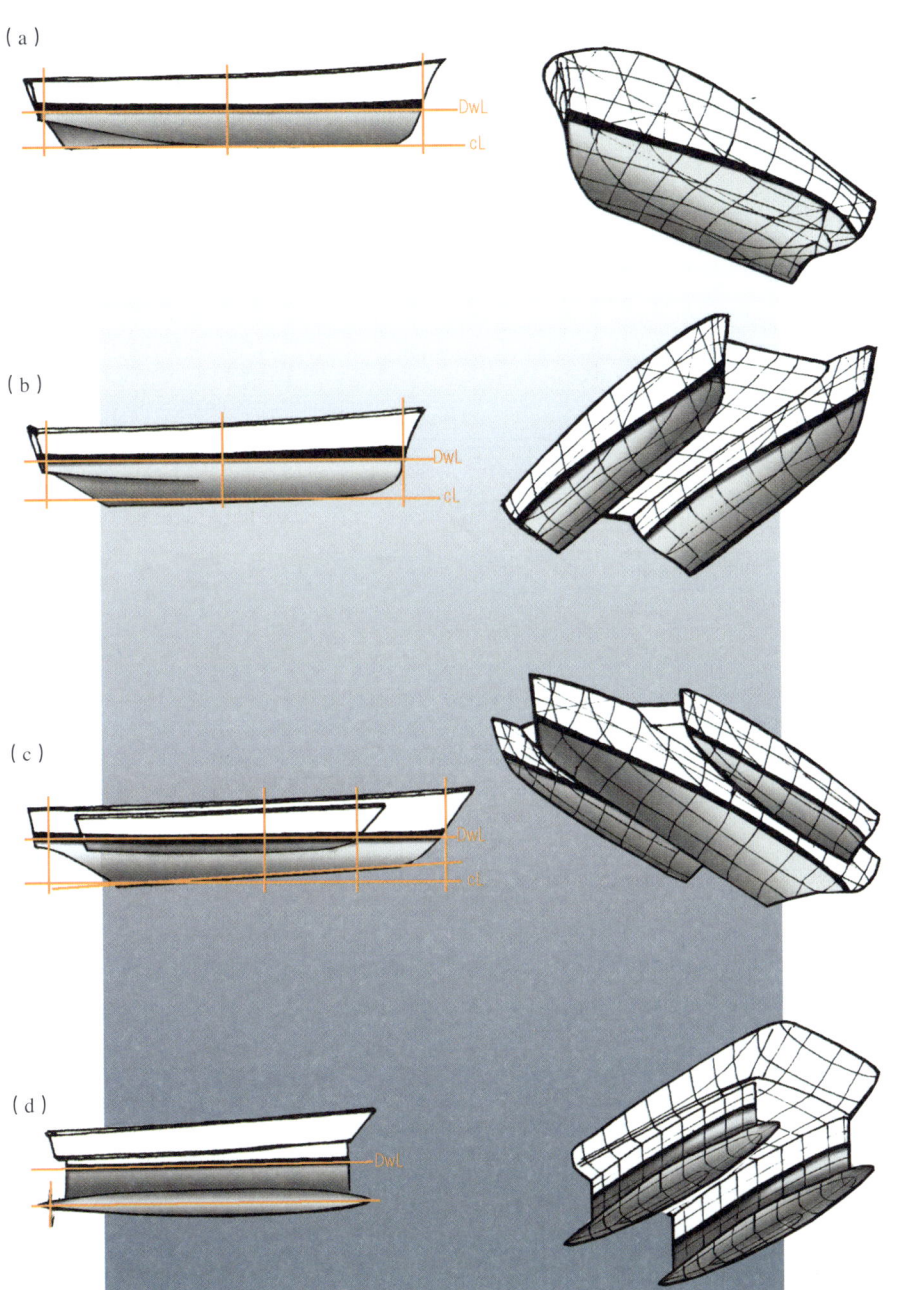

图3-1

船类细分——
按船体分类

(a) 单体船；(b) 双体船；(c) 三体船；(d) SWATH

03 经典船型

图3-2

船类细分——帆船

（a）SLOOP（单桅帆船，单艏三角帆）；（b）CUTTER（单桅帆船，双艏三角帆）；（c）YAWL（高低桅帆船，后桅在舵后）；（d）KETCH（双桅帆船，后桅在舵前）；（e）Goletta（多桅帆船）；（f）Goletta[多桅帆船，后樯纵帆（主帆在顶峰）]；（g）Goletta（多桅帆船，带顶帆和船首桅的多桅帆船）

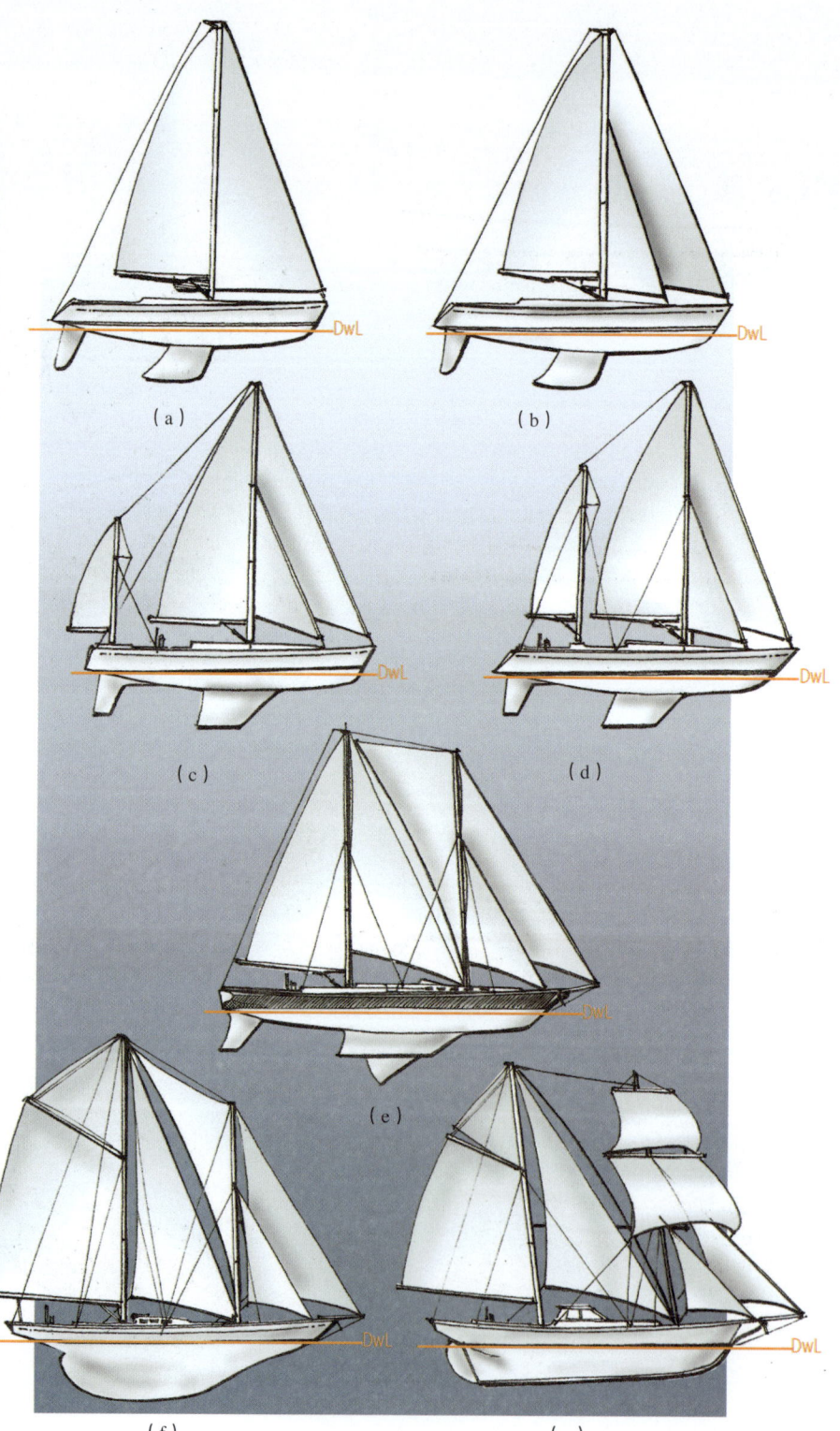

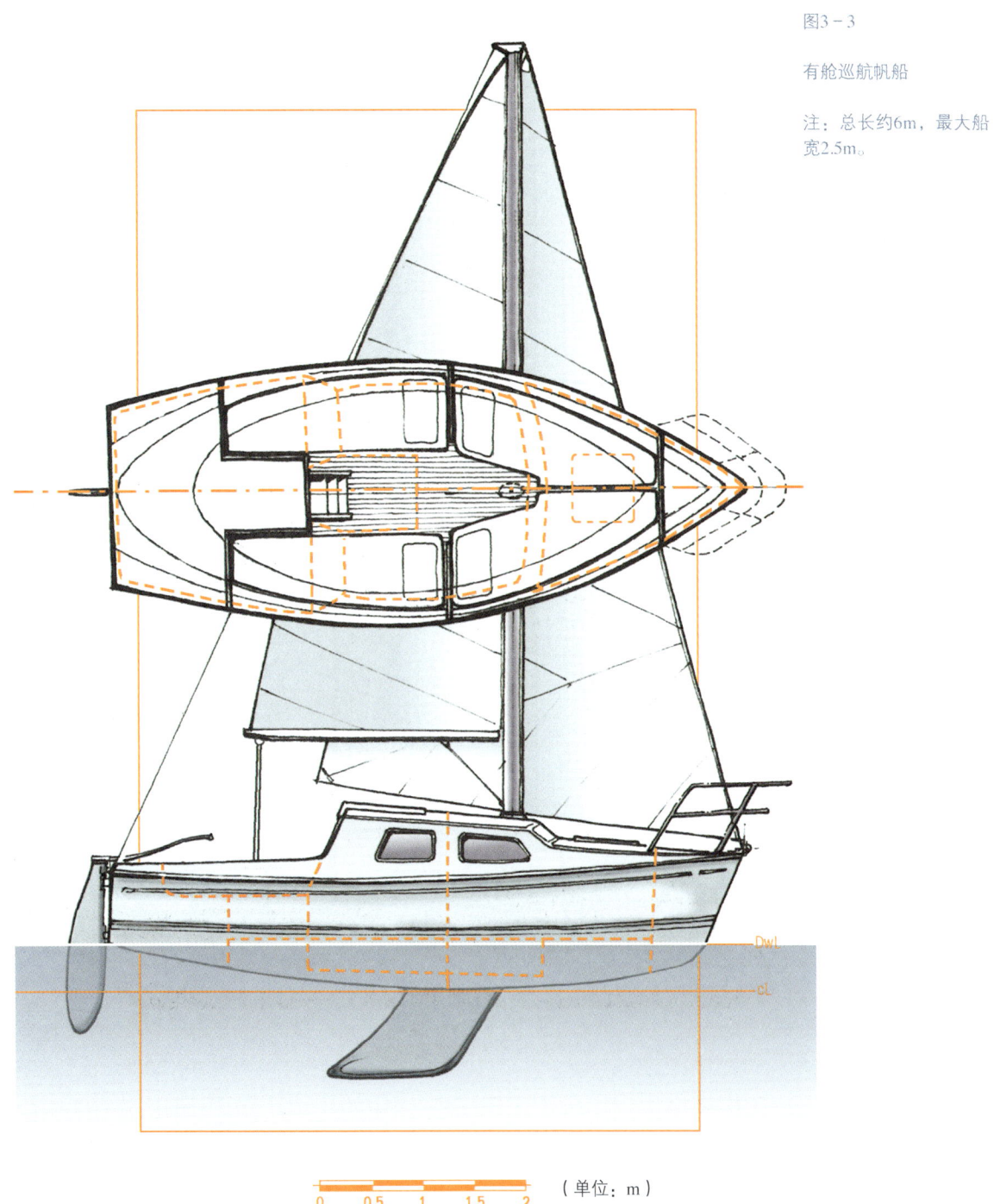

图3-3

有舱巡航帆船

注：总长约6m，最大船宽2.5m。

（单位：m）

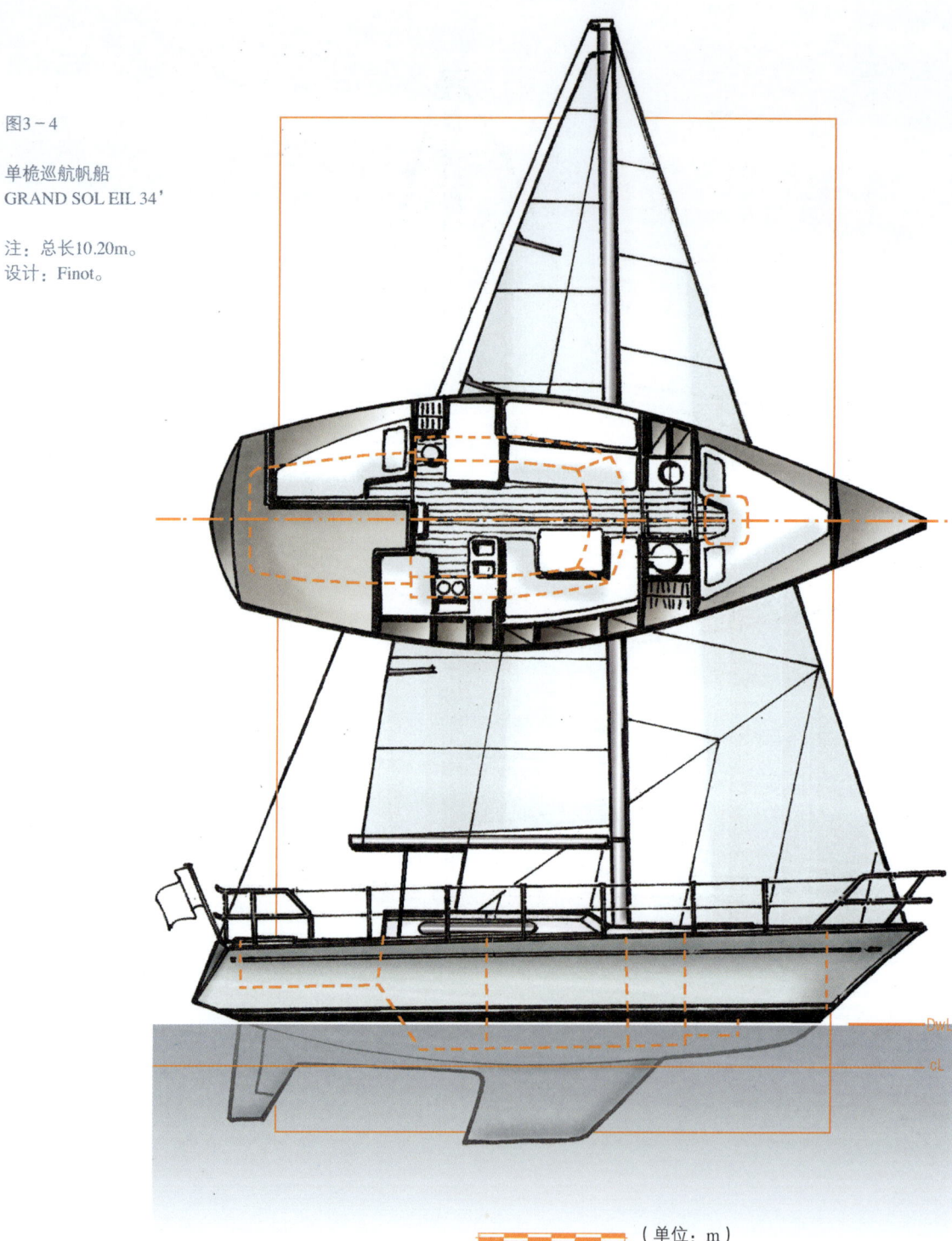

图3-4

单桅巡航帆船
GRAND SOLEIL 34'

注：总长10.20m。
设计：Finot。

（单位：m）

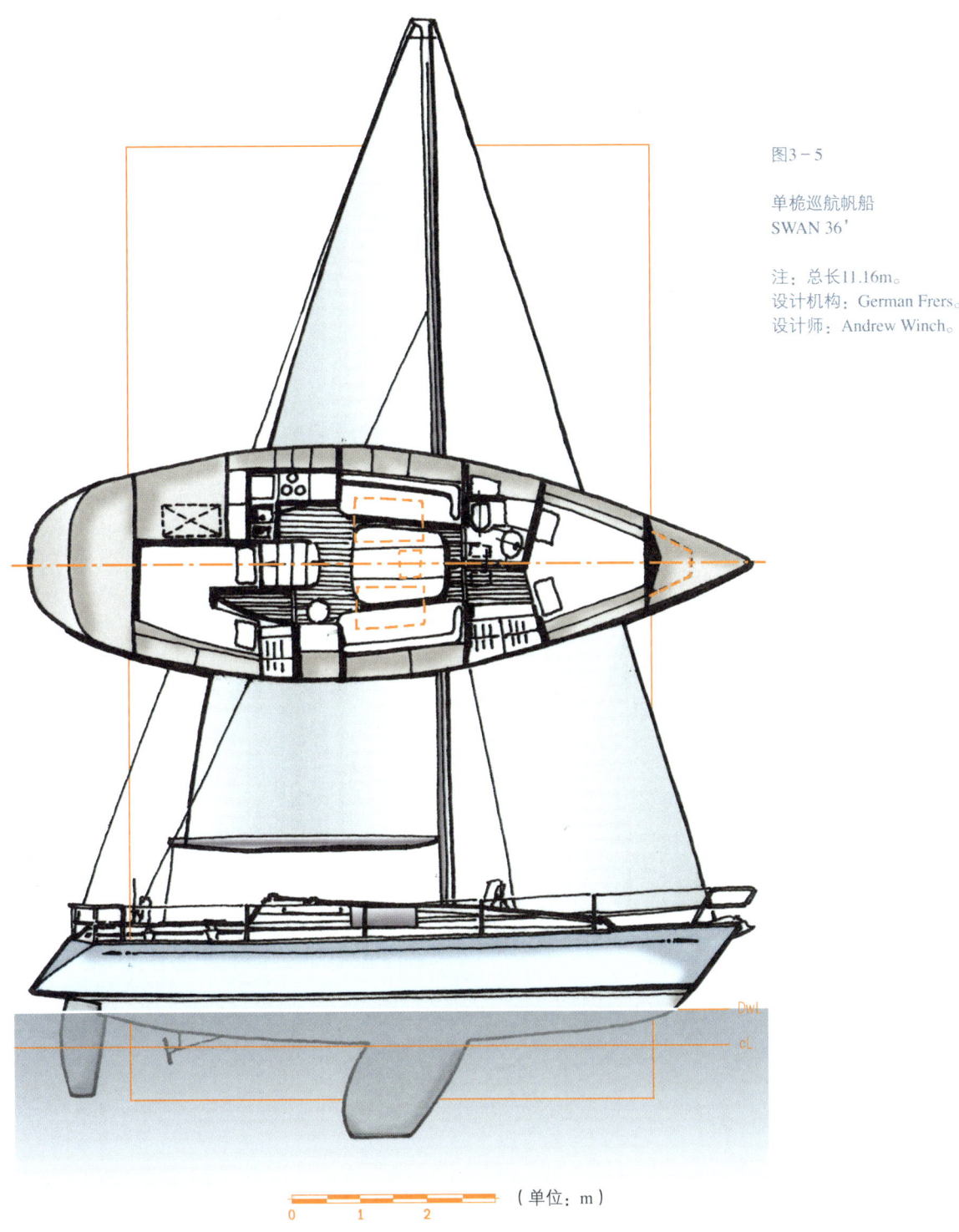

图3-5

单桅巡航帆船
SWAN 36'

注：总长11.16m。
设计机构：German Frers。
设计师：Andrew Winch。

（单位：m）

03 经典船型

动力船可以进一步分为游艇❶和工作船。

大体上，所有带有商业目的的大吨位船舶都被称为轮船，轮船又分为客轮和货轮。

由于近年来市场上对游艇尺寸的追求逐年上升，娱乐游艇的范围扩大了。可以包括所有概念上与游艇相同但尺寸上超越了一般游艇大小的大型船，如豪华游艇和超级游艇。

动力游艇的分类
图 3-6

动力艇还可以按照使用方式、动力方式或性能向下细分。这种分类方式下的巡航艇是指所有带甲板的、尺寸和性能能够满足在公海远航且可以供多人起居的游艇。由于近期游艇市场需求大爆发，便有了超级游艇这一分类，即尺寸超级大、配置更为高端的游艇（船体比原有分类中"大型游艇"的尺寸更大）。

图 3-7
图 3-8
图 3-9
图 3-10
图 3-11

按用途分类，不能不提一种叫"渔夫"的船，它是一款诞生于美国、专门为在公海上进行休闲钓鱼活动而设计的动力艇。包括从小型中控台艇（center-console，仪表盘位于船舶的中间）一直到大型游艇等多种尺寸。海上快艇是不太适于居住的快速汽艇，其名字的历史渊源是海上的竞技型动力艇，配置简单，勉强可住，早期的游艇驾驶员用该类船参加竞速比赛。

图 3-12

船东以游艇来彰显身份的目的使得游艇尺寸越做越大，这就促进了快速通勤船❷（fast-commuter）的出现。这些大尺寸快速汽艇的舱室设计越来越精致、性能越来越高，价格和动力艇甚至超级游艇不相上下。此外，小型艇可以按照发动机类别分为舷外机动力艇和舷内机动力艇。

技术的进步也产生了一种拥有基于驱动特殊布局的船尾的舷内外机驱动艇。

图 3-13

此外，还有轻便汽艇（runabout，短期出海用的敞篷汽艇）、日间巡航短途艇（day-cruiser）以及长航艇（cruiser，短期巡航用的巡航或半巡航艇）。最后一类是橡皮艇，这是一种比较特别的可装卸的充气艇船型。

---

❶ 非娱乐性的。——译者
❷ 定义说明（1930—1950）每逢夏季，这种快速艇使得船东得以离开纽约曼哈顿的华尔街办公室，跨过水面回到位于长岛的度假屋。

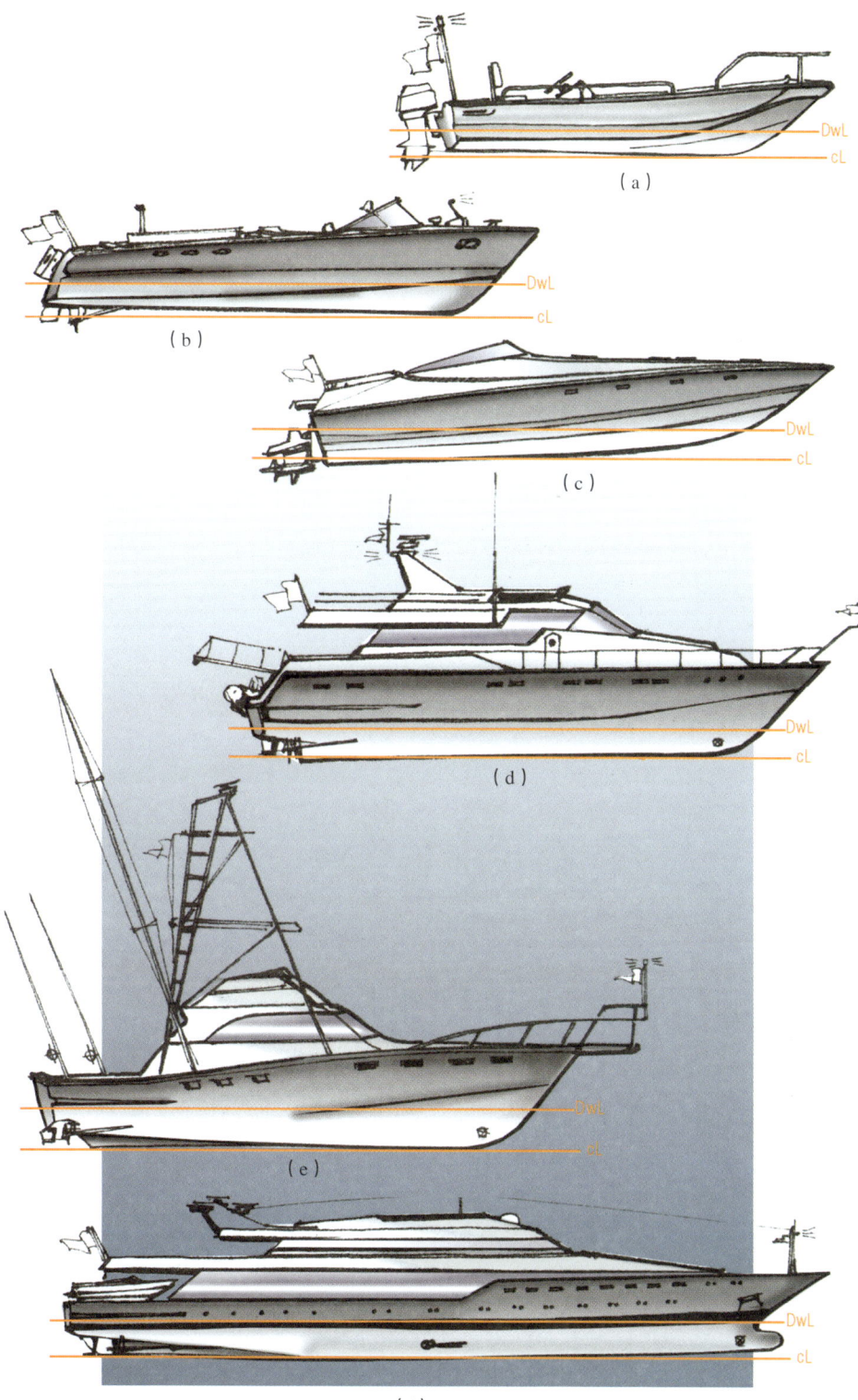

图3-6

船类细分——动力艇

（a）中控台艇—舷外机动力艇，如：BOSTON WHALER，4.20m<长度<9.00m；（b）汽艇（runabout）—舷内机动力艇，如：RIVA ARISTON，6.50m<长度<9.00m；（c）快速通勤船（fast commuter）—带小型舱室的舷内机动力艇，8.50m<长度<25.00m；（d）动力游艇—带舱室的舷内机动力艇，12.50m<长度<35.00m；（e）运动型钓鱼艇（sport fisherman）—公海拖钓专用的带舱室的动力艇，9.50m<长度<35.00m；（f）超级游艇—动力巡航艇，35.00m<长度<120m

03 经典船型

图3-7

动力艇（地中海风格，1994年）

注：整体外形尺寸18m×4.5m，两个重叠的封闭甲板+飞桥、三间双人客舱、三个卫生间、三间水手舱；涡轮增压柴油发动机2×750Hp，巡航速度约25节。

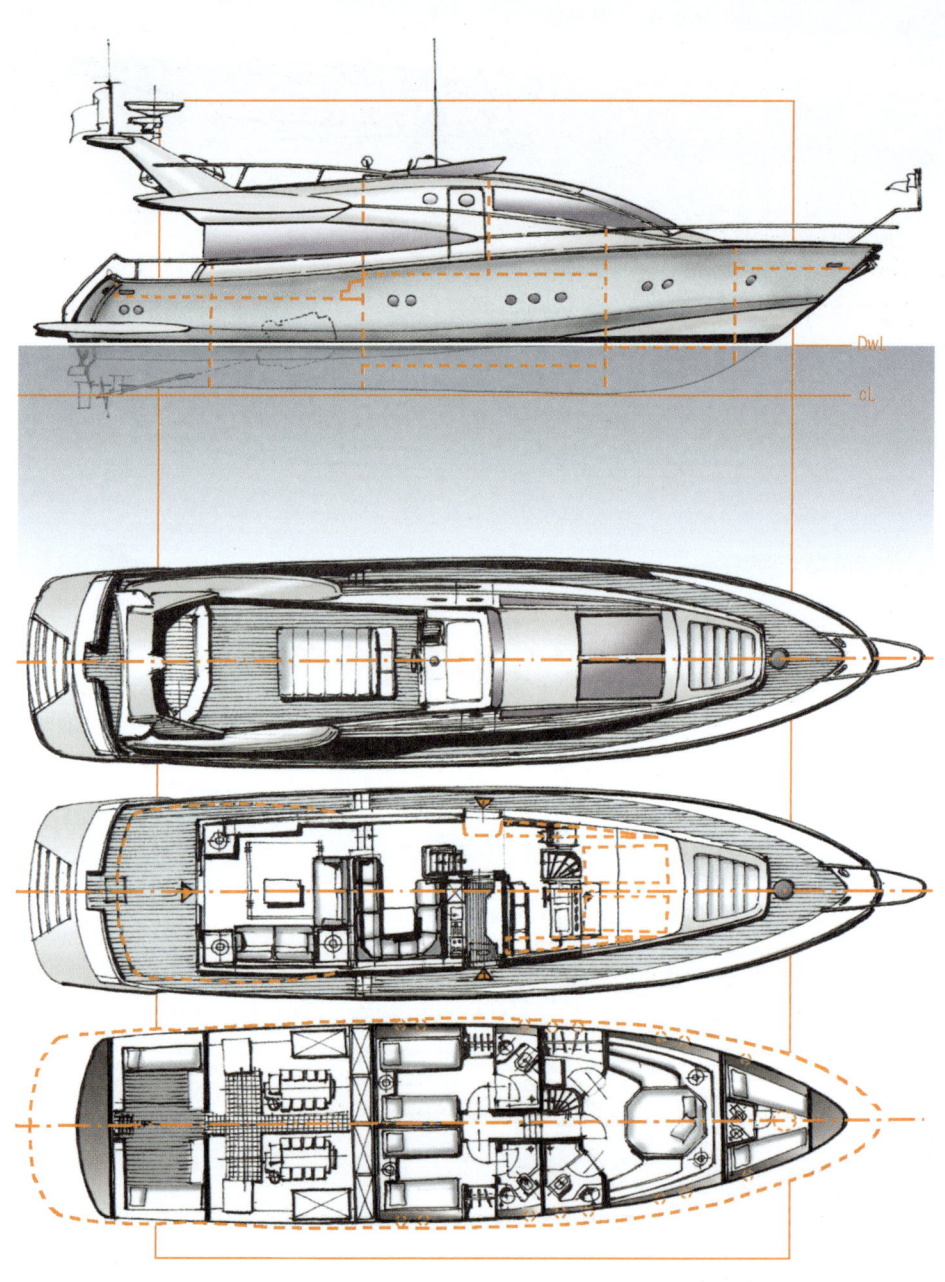

（单位：m）

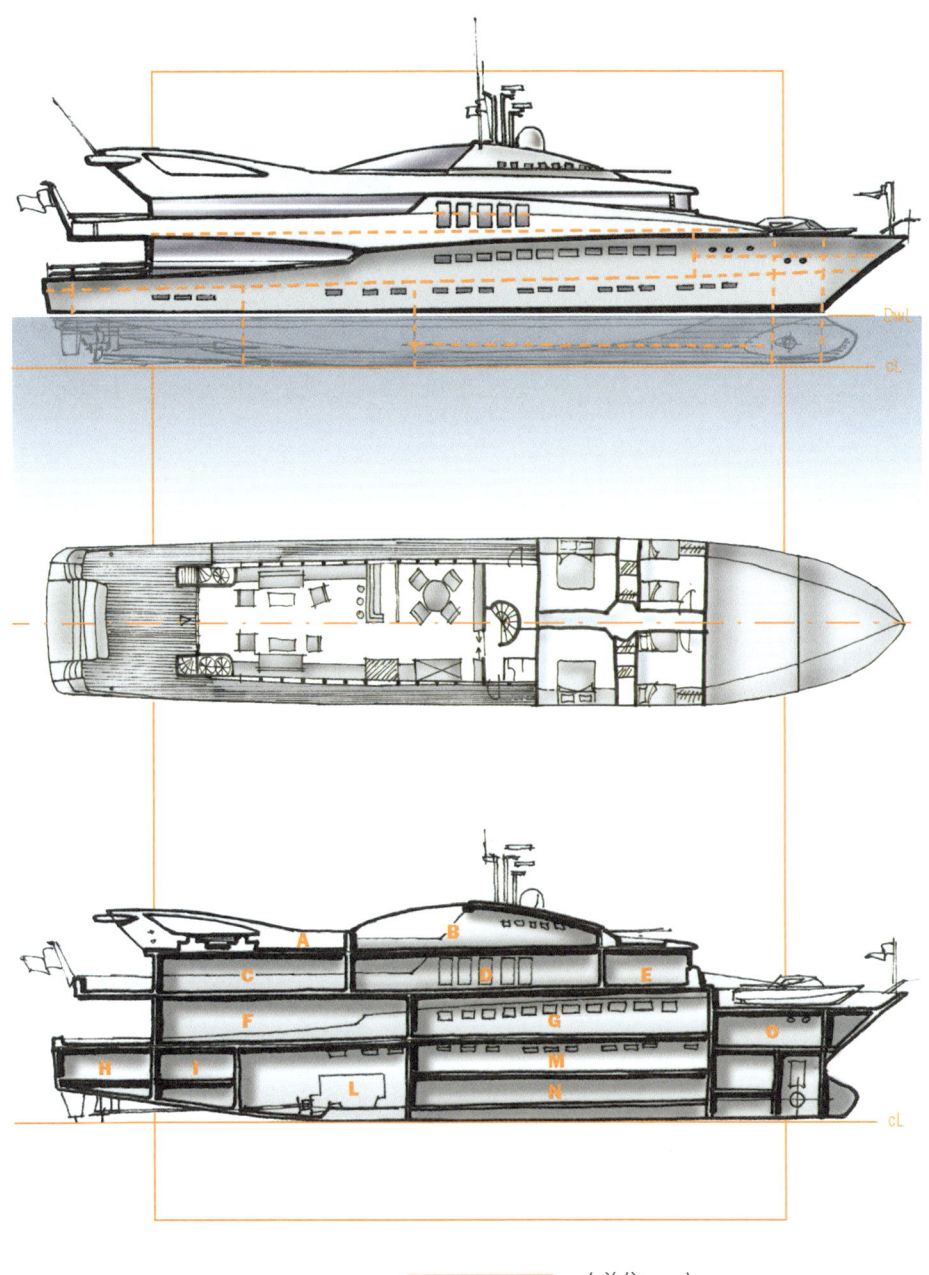

图3-8

超级游艇

注：不锈钢结构，总长60m，五层甲板，跨洋巡航能力，客房容量12~16人，船员12人，巡航速度16~18节。

A—日光浴区；B—过厅；C—顶层客房；D—沙龙区；E—驾驶舱（舰桥）；F—主沙龙客厅；G—客房；H—服务性辅助空间；I—服务性辅助空间；L—机舱；M—客房；N—客房；O—库房

03 经典船型

图3-9

31ft长的带机舱的运动型钓鱼艇（BERTRAM YACHTS出品）

注：迈阿密，佛罗里达，1959年，总长9.32m、宽3.4m，双引擎舷内机，Hunt船体，玻璃钢材质。

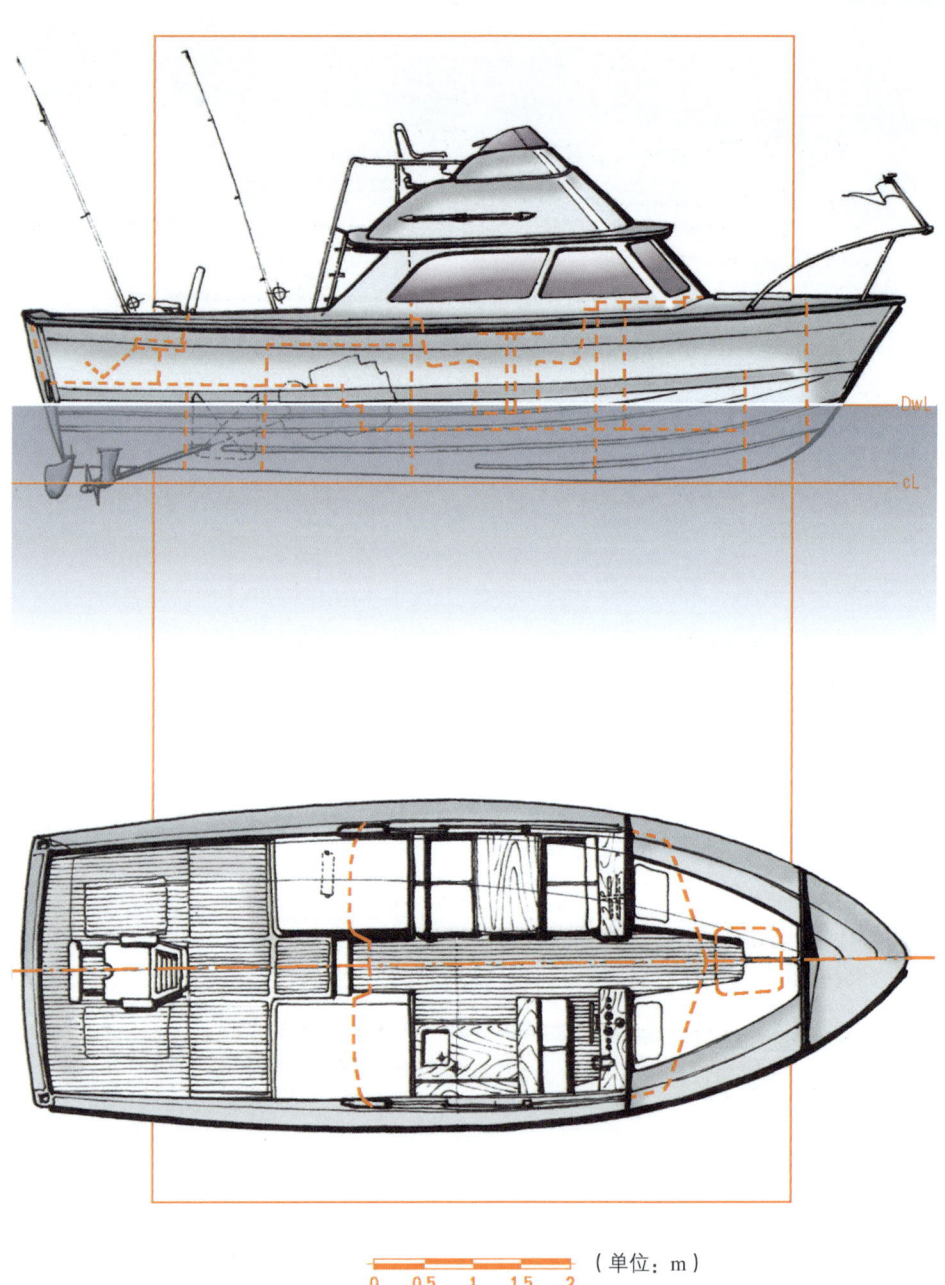

（单位：m）

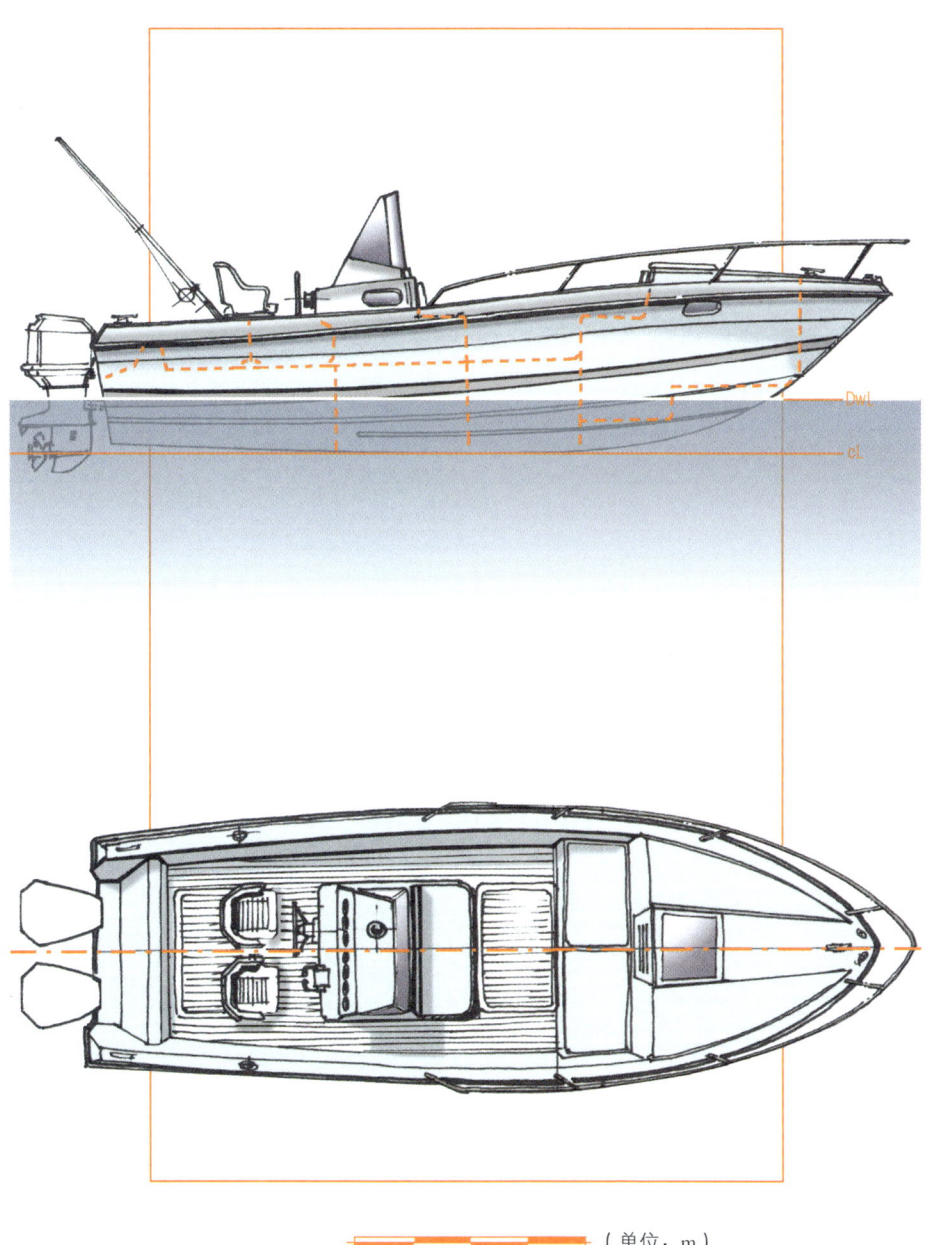

图3-10

舷外机动力艇

注：中控台，填充了憎水泡沫的不沉船体，有的版本船尾部配置一个小机舱和中控台，带一个小卫生间。该船型适用于海上的运动型钓鱼艇。随着科技的发展出现了舷内外机，这是一种基于特殊船尾传动装置的衍生艇。

（单位：m）

航海技术的发展还促进了其他许多本书没有提及的船型的诞生。帆船也发展出了很多不同船型；虽然将帆船按照帆的类型去分类很容易，但也有用其他一些明显特征来分类的。

稳向板帆船（Dinghy、centerboard）是一种不带船舱的运动型帆船，其特点是轻、可倾角度大，最主要特点是可高速滑行。

它通过帆船上的抗倾覆组件实现动态平衡，此外，还有一个重要组件是位于船体下方的稳向板，可以上下滑动或旋转收进船体内的稳向板槽里。

操船人的动作对帆船的稳定性也有重要影响，人需要坐在上风的位置上，身体向外探出，以给倾斜的船只带来复原力矩。

这类船型包括大部分国际体育组织和协会认证的单体赛船。其中最典型的就是奥运会比赛帆船。

帆船的分类

较大的帆船（除了稳向板船）按桅杆分类比较容易。此外，还可以按照混合特征进行分类：如按照桅杆和船型体态，可以分为双桅双体帆船或单桅三体帆船等。这部分大体上介绍了游艇的复杂分类方法。

需要注意的是，由于太复杂，难以总结，所以此处忽略了帆船赛中对于船艇的各种分类方式。

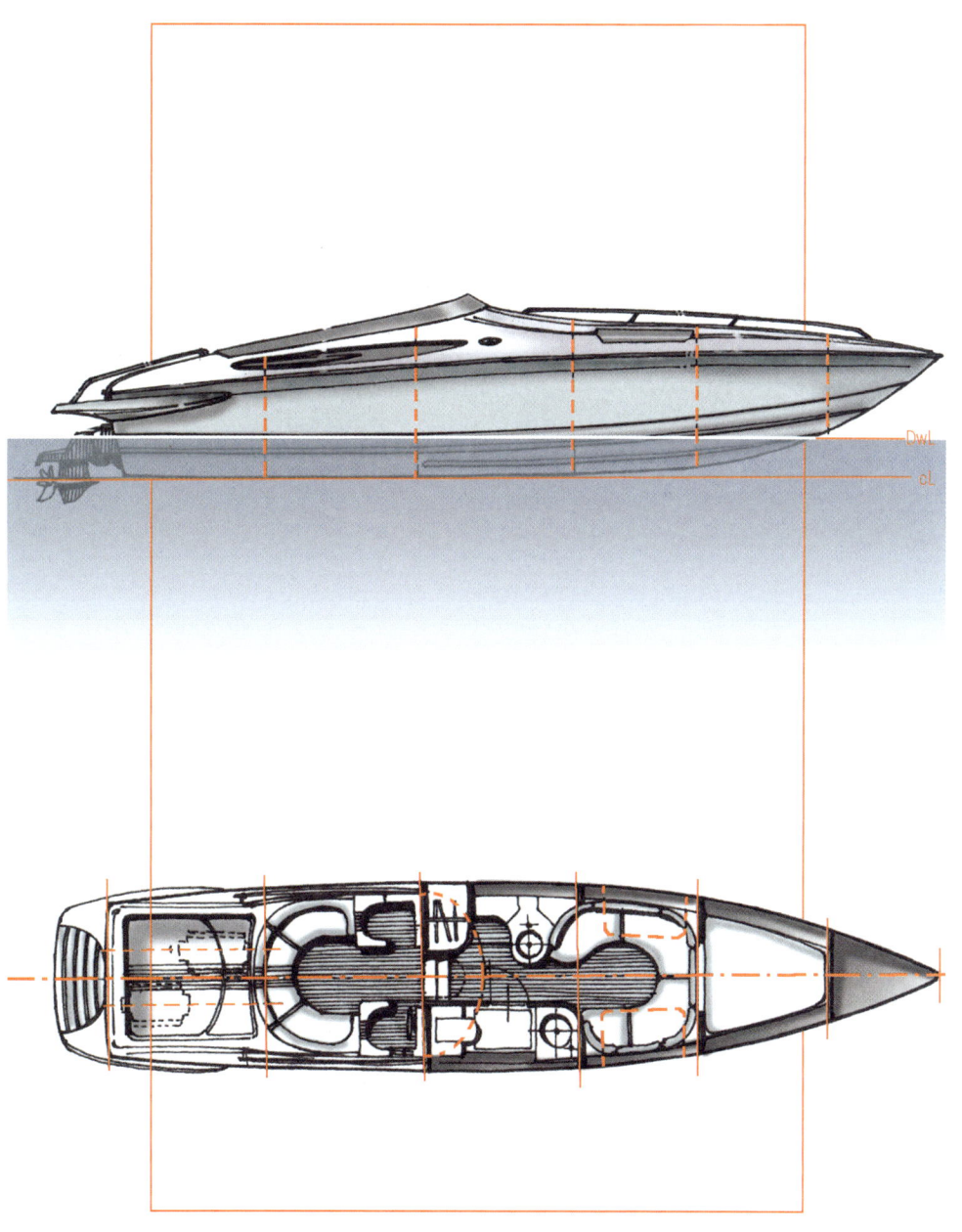

图3－11

美式离岸交通艇

注：长度在28~50ft之间，可安装2×200~2×1200Hp不同动力的EFB汽油发动机，注意发动机的布局。

（单位：m）

03 经典船型

图3-12

欧式离岸交通艇（快速交通艇，fast commuter）

注：由Don Shead设计的SUNSEEKER 43。长度在28~60ft之间。EB和/或安装动力在2×200~2×1200Hp之间的EFB涡轮增压柴油发动机。注意与美式交通艇的不同之处：可居住性更强、挡风玻璃更宽、驾驶舱更友好，配有雷达拱架，并在船艏设置日光浴区域，并在船艉设置配有淋浴的宽大的上下水平台。

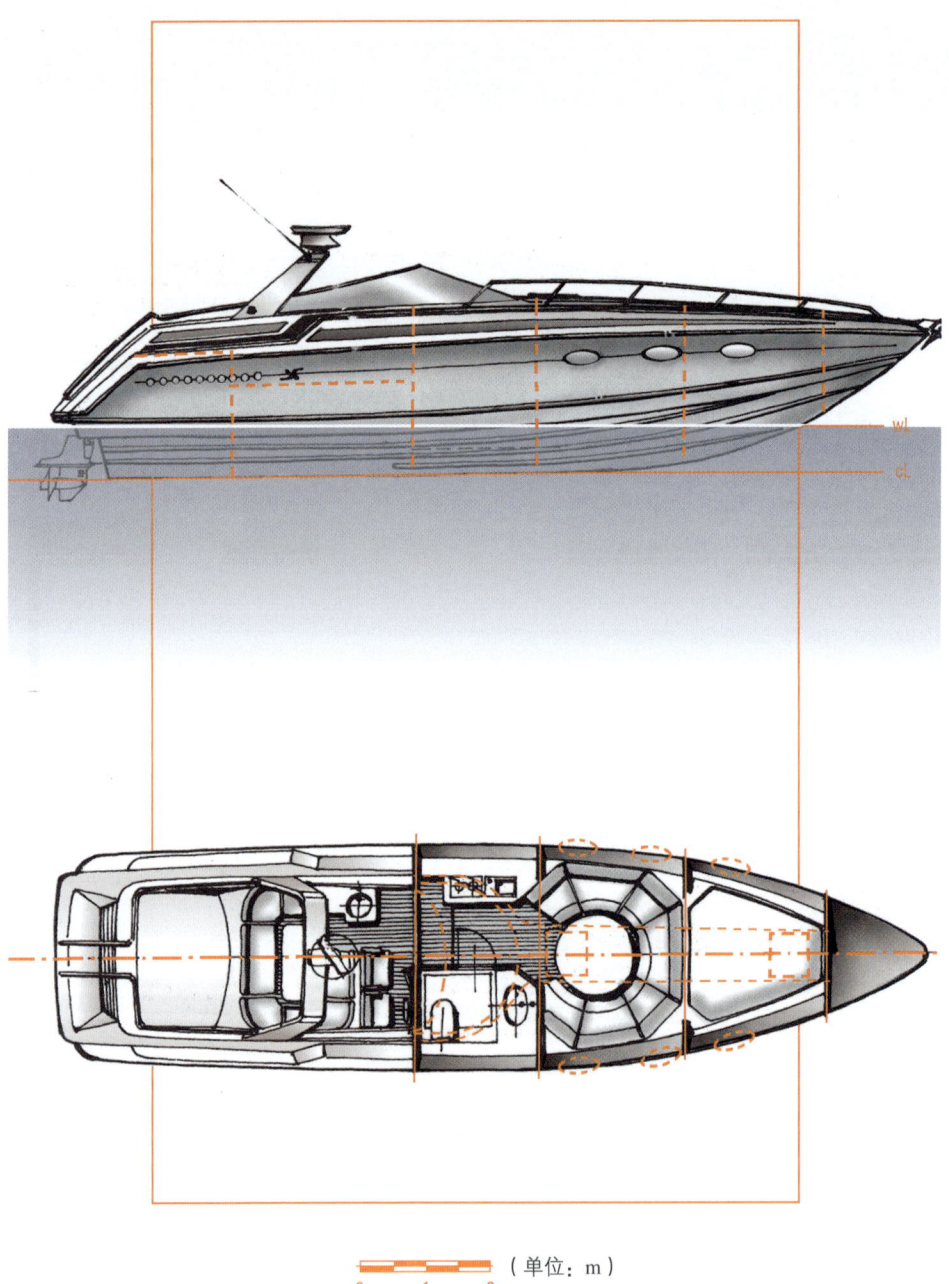

（单位：m）

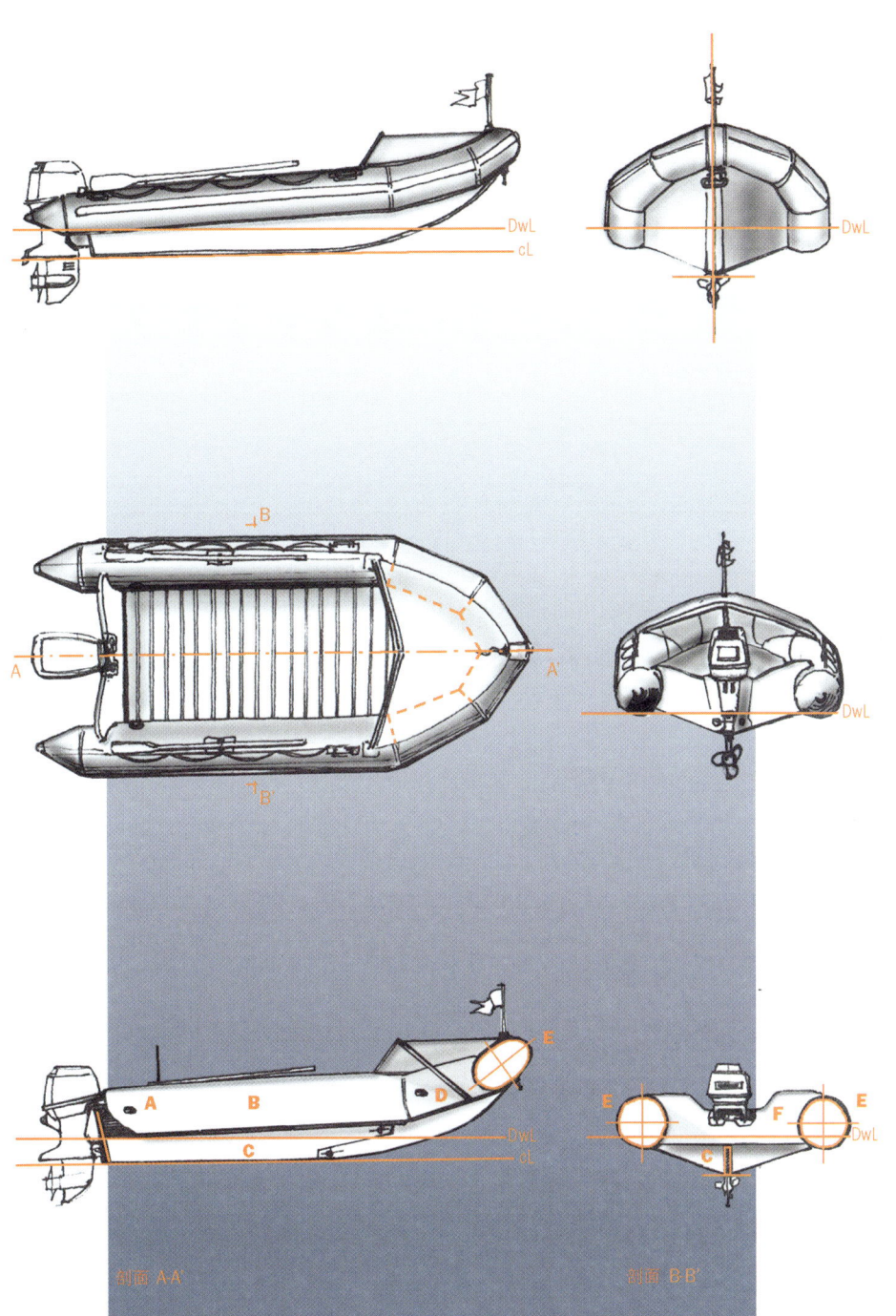

图3-13

橡皮艇

注：长度为3.5~9.0m。发动机一般为舷外单引擎或双引擎。在某些特殊情况下使用喷水式或风帆推进。充气或者木龙骨结构。某些混合产品包括玻璃钢船体。

A—充气阀；B—木或铝制地板；C—可拆卸龙骨；D—可拆卸覆盖帆布；E—木质船首尾舱板；F—木质尾板

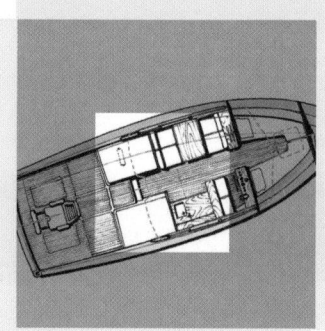

游艇设计 4
—— 从概念到实物

当代船型
新型船舶类型

趋势　　　　　　　　　　　　　　　　Maria Carola Morozzo della Rocca

就像生活方式和居住方式一样，水上工具也会随着人们的习惯、需求和潮流的变化而变化。船舶种类随时间不断增加，每年都会有新的船型向市场渗透。有的设计创新仅仅是昙花一现，一时难以被分类，很快就会被忘记。但有的时候，新船型也会成为船舶历史中浓重的一笔，这可能是帆船，也可能是动力艇。这样，新船型就会在现存众多船型中占据一席之地。

可以确定的是，大型化是近期游艇发展最主要的趋势之一。该现象不仅发生于大型游艇或"小型轮船"，甚至原本很小的船艇也开始设计得越来越大。

另外一方面的创新和重大改变是工作船和娱乐船之间的区别逐渐模糊，相互融合。在当代游艇产业里传统的游艇或运动钓鱼艇之外出现了新的娱乐型游艇，如龙虾船、探险船，这些船型与军用船只越来越接近，甚至有些就是用废弃军舰改装的。最后一个创新是布局上的，主要体现在上部结构和甲板方面；如今元素间组合方式的创新促进了新船型的诞生，使游艇类型和数量大大增加，动力艇的创新如开放式、跑车造型、带硬顶的飞桥，帆船的布局创新如水平甲板、沙龙区。

补给船 —— 大还是小

最典型的补给船一直是充气艇：体型小、舷外机动力推进、可充气、　　补给船可拖拽、便于携带且不笨重。

大型充气艇　　如今的趋势却不同以往：倾向于复杂化和铰接式。今天的充气艇虽然保持着传统的管状形态，但扩大的尺寸使巨型充气艇诞生了，抛弃了橡胶船体而采用V形的玻璃钢船体，使用舷内（或舷内外）机动力方式代替舷外机以便布置中控台，采用比较先进的配置和结构，如船尾日光浴平台、迷你吧、遮阳篷、卫生间，偶尔也会有很小的船头舱。21世纪的充气艇倾向于与小型的中控台汽艇相融合。

图 4-1
图 4-2　　充气艇的大小及配置逐渐超越了旧有模式，达到一般船艇的尺寸。

　　推进方式是另外一种分类依据，向下细分出四种类型：舷外机充气艇、舷内外机充气艇、舷内机充气艇和射流充气船；船体基本都是半硬且带龙

充气艇　骨的。此外，还有特殊目的的充气艇，如钓鱼、货运、巡逻以及军事用途。在小型艇中，原来大型船舶的补给船（一般是小充气艇）在吸收了巡航艇的某些特点后，越来越像独立的船艇，而不仅仅是巨型游艇或大型游艇的补给船，可以在日间或全天巡航。有时候，充气艇可用来为大型帆船转移人

日间巡航或者全天巡航
图 4-3　员，或在帆船比赛中充当监督船。

大型补给船　　最著名的例子是 Wally 补给船（Wally Tender）：原本是作为补给船存在，但很快被用来巡航，甚至成为和母船一样的可以夜间独立巡航的船艇。Wally 补给船是摩纳哥 Wally 船厂最小的动力艇款式，但它代表了补给船的一个重要的发展阶段，也重新定义了补给船。长 13.60m 的 Wally 补给船除了给 Wally 的大型帆船做辅助，还以其 50 海里/小时的速度而在市场上充当快速轻便汽艇的角色。同样，CNM 船厂（地中海船厂）的

组图 4-1　主力船型 Continental 50 补给船，长 16m、宽 4.5m，充分显示出当代补给船已经演变成豪华补给船，并且逐渐脱离"补给"的目的。补给船与速度较快的巡航艇在尺寸、性能以及形态上的区别已经逐渐模糊。

　　Continental 50 补给船使用较先进的 IPS 推进系统，速度可达 64.8km/h，拥有宽阔的船头船尾日光浴平台。它还进行了一些创新，如去掉侧壁以便增加亲水性，更新了机舱设备，甚至在折叠驾驶座椅下安置了厨具，还设置了一个小型舱室。Continental 50 证明了如今该类船越来越接近独立的娱乐性船艇。可以预见，补给船将逐渐脱离原来运送旅客往返

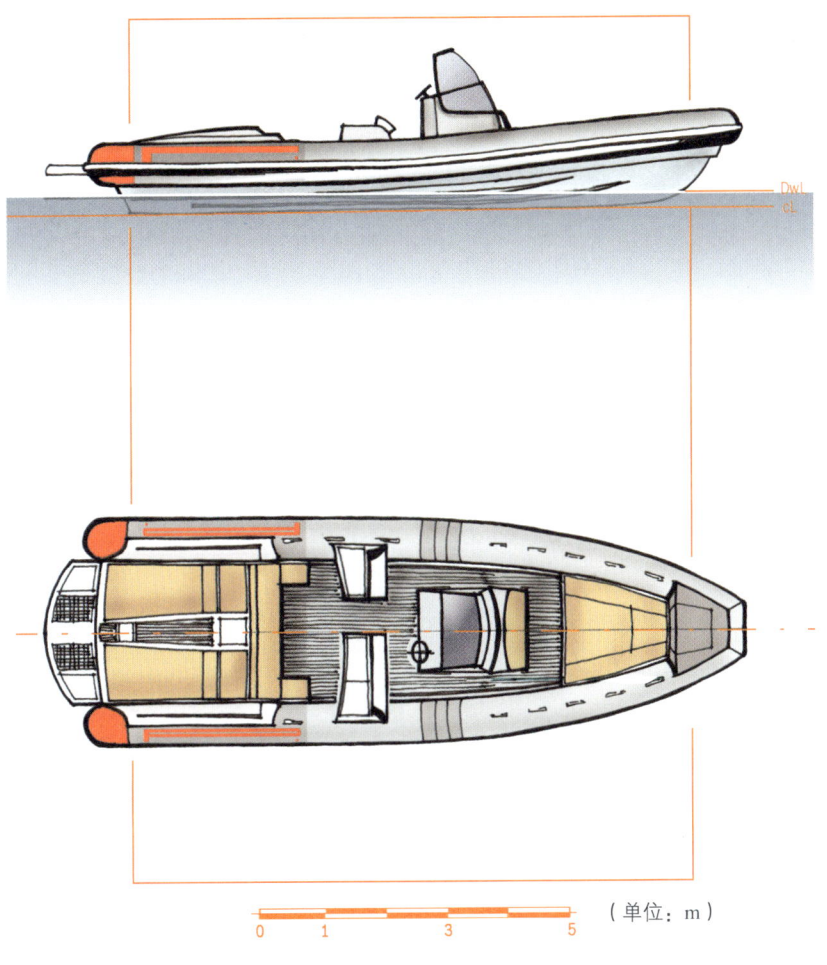

图4-1

舷内机橡皮艇 PZERO 1000 SPORT

注：总长10m，倍耐力公司。

（单位：m）

陆地及母船的目的，而逐渐进入到游艇设计议题中，成为船厂的品牌象征或驾驶者的身份象征，彰显少数精英阶层的奢华。

动力艇的更新和多样化

如今的休闲游艇市场中很多船型都是从著名而经典的地中海风格游艇衍生而来的。这种历史悠久的船类以双甲板和飞桥（flybridge）为特征，按外形和甲板上层建筑可分为四大类：开放式、开放式软顶、硬顶和飞桥。动力方式不同、大小和外形不同、空间配置不同，意味着完全不同的航海体验。

开放式游艇在传统意义上是一款运动型游艇，它起源于赛车，具有很强的性能，是意大利游艇产业中比较有代表性的船类。该类船的意大利

开放式游艇

图 4-3

04 当代船型

图4-2

TUG 505橡皮艇的研究和概念图（Davide Leone，设计概论1，航海工程学，2005—2006年）

品牌如 Itama、Tornado，还有源于美国的品牌 Magnum Marine。虽然也带有飞桥和舱室，但更适合在白天航行。它还具有很强的户外性，其甲板不设护栏，驾驶室不设遮挡，带有大的日光浴甲板。经典的开放式游艇经久不衰，拥有特定的客户群体，并不断推出新的款式，与带有甲板室的动力游艇边界模糊。

可变形的船型

该类型游艇最近成功推出了具有变形功能的船型，这得益于近年来电液控制技术的普及。在此基础上出现了许多新类型：如可以在开放式或封闭式的基础上放下整个船体侧面和船尾板，使游艇变成一个小岛，以打开拥挤的空间，获得广阔无限的自由休憩场所。上述的 Continental 50 补给船完全属于这种类型，甚至可以将其从补给船类型中划出而归入开放式游艇类型。

开放式游艇的局部小甲板能够被遮盖形成船舱，提高了游艇的可居住性，并且能够在有遮蔽的舱室内进行活动（同时不阻碍驾驶员和海的互动）。船体虽没有设计成尖锐的形状，但速度也很快。该类船值得一提的代表是 Pershing 和 Azimut 的近期产品。

该类游艇，尺寸扩大，可以使甲板更好地衔接，结构更合理，空间更舒适。大型游艇可以在舒适巡航的同时实现室内空间和室外活动区的良好互动。

开敞、硬顶
图 4-4

于是甲板室具有了逐渐变大的趋势，使游艇从真正的开敞发展到软顶版的开敞，甚至到硬顶的开敞（后者从汽车产业借鉴了天窗的概念）。可开启硬顶是美国汽车设计行业 20 世纪 60 年代发明的可拆卸、可打开、可折叠的车顶，到现在演变成多个款式。

游艇产业再一次从汽车产业中汲取了经验。为了增加室外甲板区与室内的互动，设计了固定或可移动顶棚或半透气透明顶棚等，这样，硬顶虽然还算运动船型，但越来越接近于传统的飞桥艇。

工作船也代表了时尚

gozzo 是描述工作船如何在历史发展进程中逐步演变成休闲游艇的永恒经典的案例。Apreamare 船厂的 gozzo sprint 艇宣告了该船厂在这个领

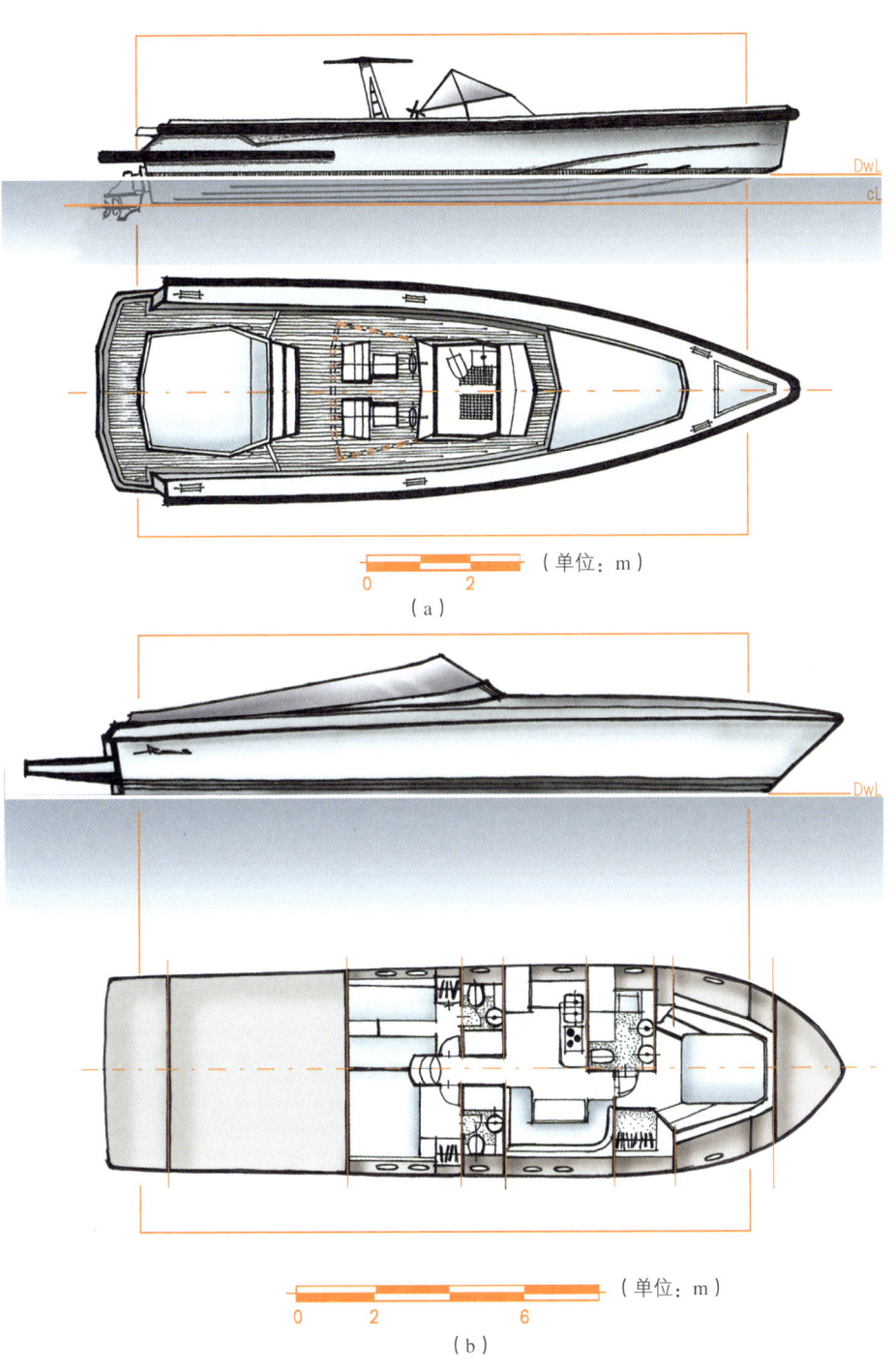

图4-3

（a）补给艇Wally Tender，日间巡航艇版，总长13.60m，WALLY 公司；
（b）开放式ITAMA 55，总长18.82m，ITAMA s.r.l.公司

图4-4

动力艇

注：开放式游艇 EGO 68p，总长20.82m，RIVA船厂。

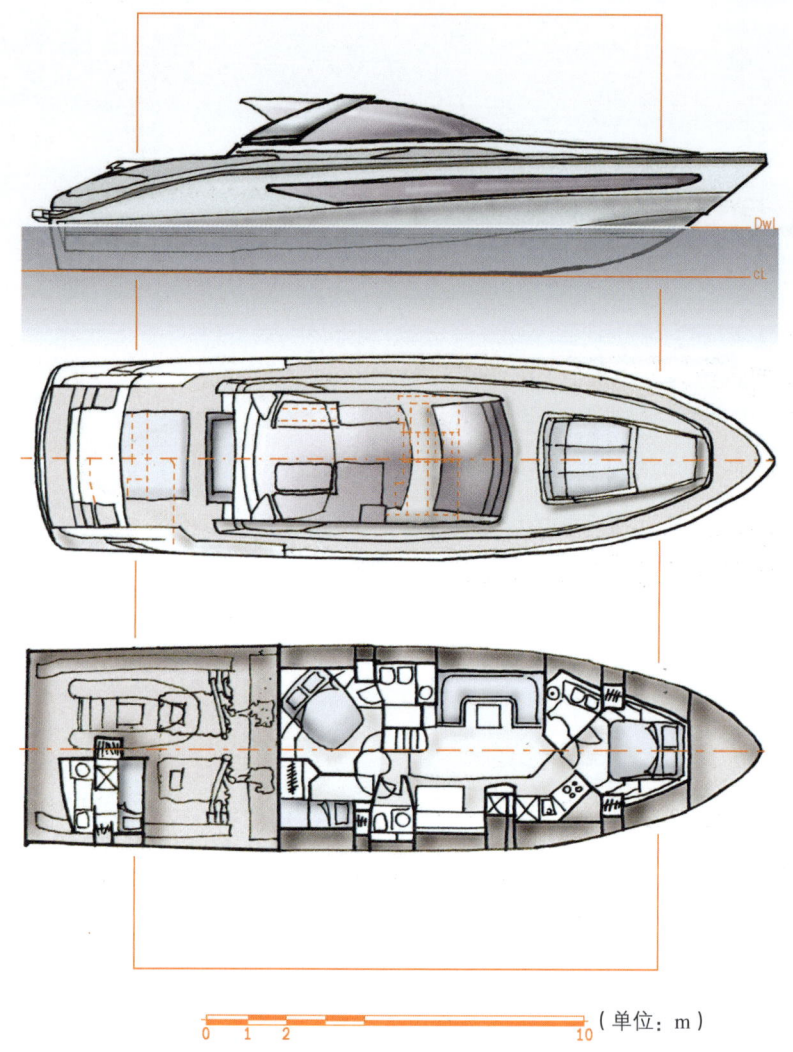

（单位：m）

域无可争议的地位，这在整个游艇产业里也是重要的独创。也有一些和小钓鱼艇有着相同的发展历程却向不同方向转型的案例，如中型渔船或公海渔船的转型。它们的转型再利用衍生出了特色的运动型钓鱼艇，如美国著名的 Bertram、Hatteras 和 lobsterboat。

探险船
图 4-5
图 4-6

最近出现了一种全新的船型：探险船（explorer vessel）。这种船型适合长期在公海上居住、在气象条件差，或者状况不佳的水域使用。它在进入市场时，与快速交通船和性能极好的船相比反应不佳，但得到了难以想象的关注。该船型适合慢速长途的远航，属于环保船❶，至少试图环

---

❶ 速度慢，相对能耗较低。——译者

保……与其他绝大多数船类相比，该船的特别之处在于它在设计时加入了环保及可持续发展的理念，该议题如今在各个行业都不可避免。该船船体及上层建筑类似大型渔船或航行在北欧海域的破冰船，其室内空间十分宽敞，且分布于不同甲板（一般有3~4层甲板）。这种奇特而迷人的"厚皮动物"最短为20m，但在如今游艇尺寸扩大化的趋势下可能会继续增加。Tribú是游艇制造商Mondomarine为Luciano Benetton设计的一条可以环游世界的探险船：它拥有50m长的钢质船体，外形会让人想到大型货船，航运时可以最大限度地节约能源、保护环境。它的宣传口号是"舒适、科学以及低调"。这与传统的大型游艇肆无忌惮的奢华概念恰恰相反！Diego della Valle的59m长的Altair探险船在改造前曾是北约的间谍船。意大利服装设计师Alberta Ferretti所拥有的Prometei在改造前是50m长的苏联破冰船。

长航通勤游艇
图4-5
图4-6

巨大化——超级游艇和帆船

巨大化的倾向在游艇行业中日趋明显，如今已经超越了过去关于游艇尺寸的界定。现在休闲游艇新出现了一些巨大船型。

这些大型船至少可以分为三类：通勤船、超豪华游艇以及超级帆船。这三种船代表了航海产业中相对小型的船类在尺寸上的扩大化，设备和配饰上的提升。

在此可以用到航海船舶规划的概念，这是一个之前只属于邮轮设计的词汇。意大利在机械推进游艇制作方面拥有悠久的传统和卓越的技术。该种游艇越来越像邮轮，不仅因为其尺寸可达100m以上，也因为其设施分布的复杂性。长航通勤游艇（Navetta）的船体通常由复合材料制成，最小24m，通常是30~35m左右，已经大大地超过了以往对游艇长度的定义。该类船的船体比较传统，适合慢速长途巡航，由于噪声小也适合夜间航行，因此又是另外一种类型的探险船。这种船受到了对大海有强烈情感的船东的欢迎。Ferretti-Mochi Craft集团新推出的Long Range 23是它的代表，有三层甲板，采用最新科技以达到环保和可持续发展的目标。Long Range 23诞生的目的就是力求成为最环保的长航游艇。为此它创新性地

组图4-1

图4-5

探险船（一）

注：NAUMACHOS 82，总长24.50m。室内装饰设计：Studio Faggioni。佩萨罗船厂，总平面图和效果图。

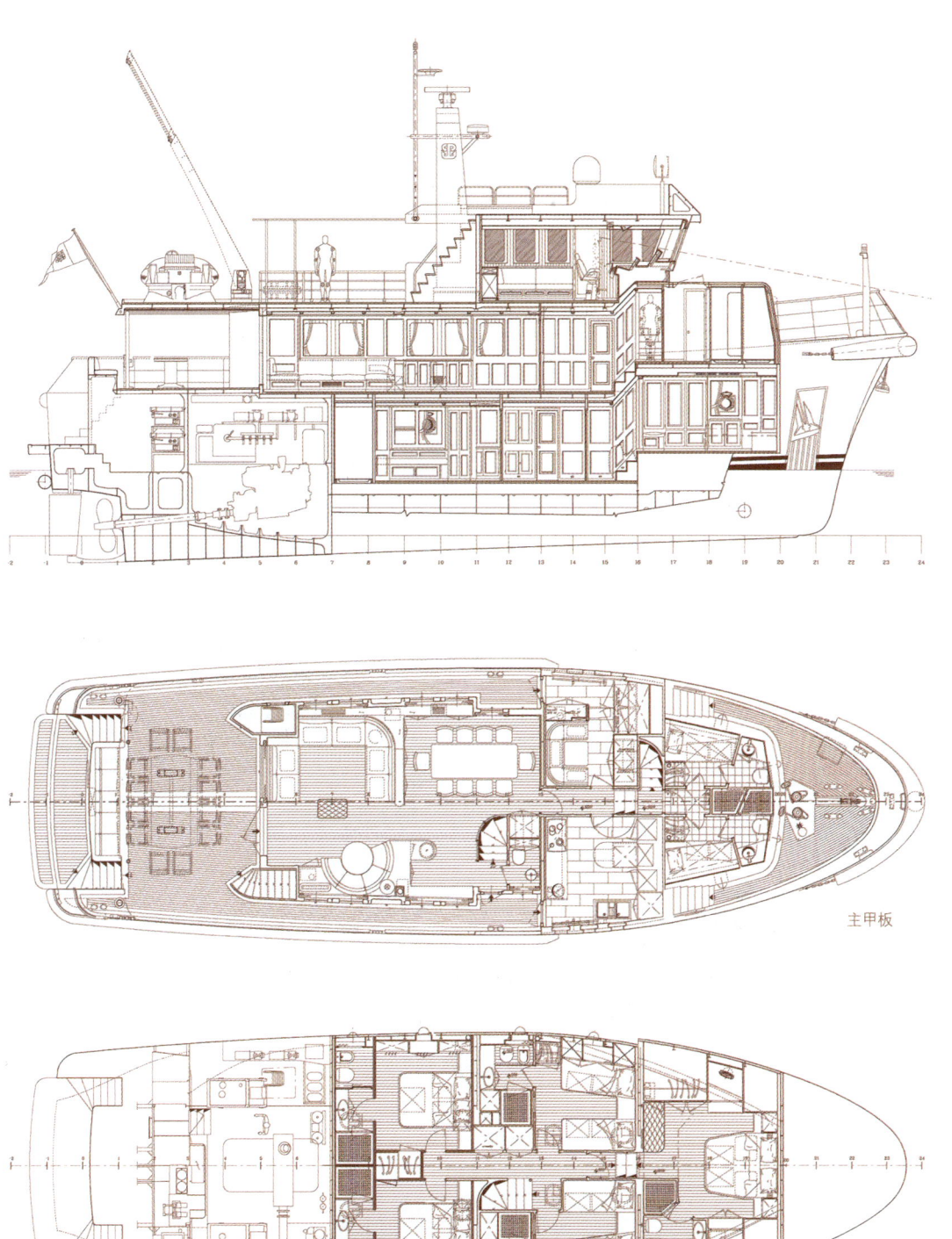

主甲板

下层甲板

图4-6

探险船（二）

注：NAUMACHOS 82，总长24.50m。室内装饰设计：Studio Faggioni。佩萨罗船厂，豪华酒吧和船东客房。

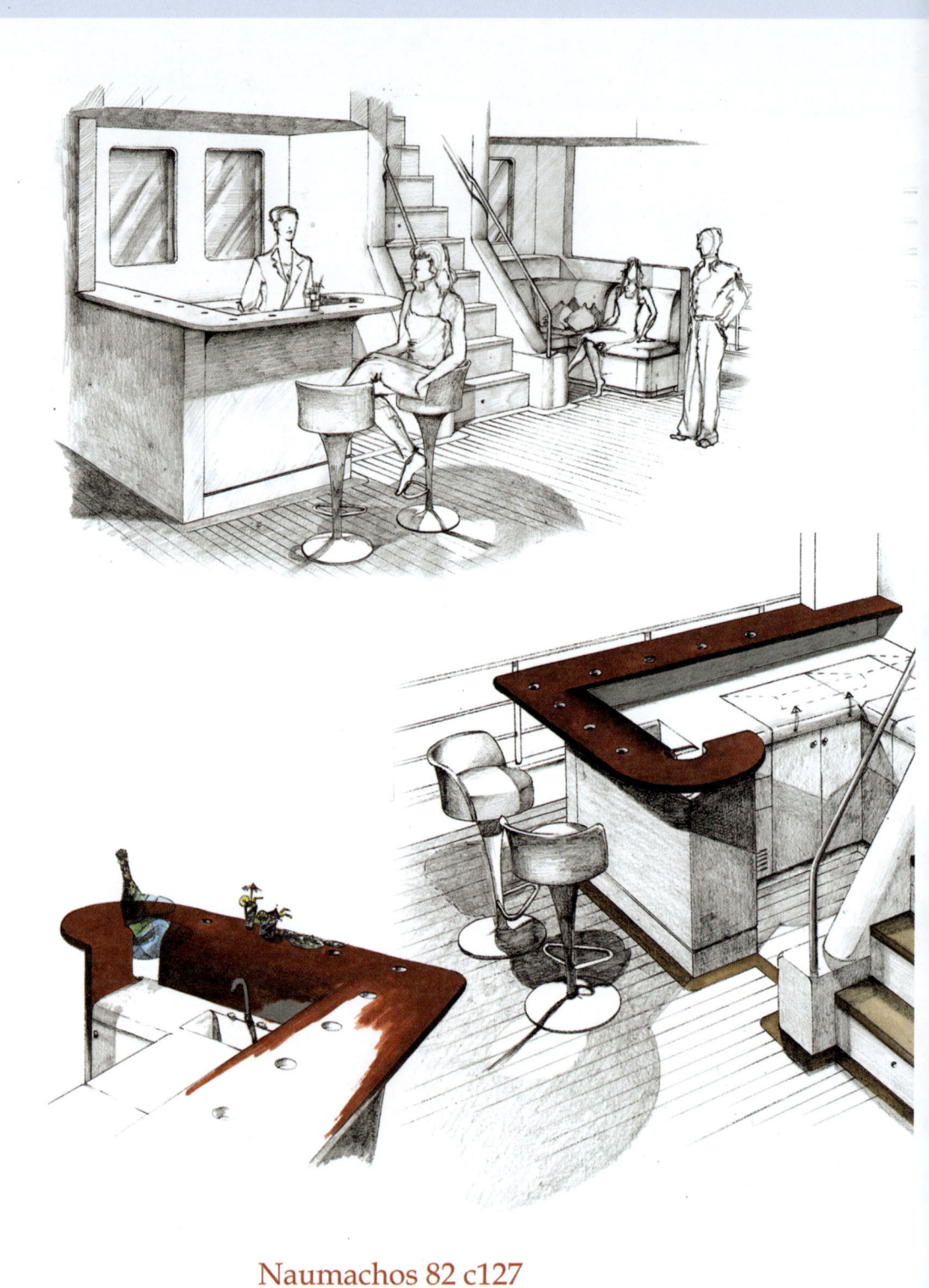

Naumachos 82 c127

STUDIO FAGGIONI
YACHT DESIGN
Via P. Binazzi, 8 19121
La Spezia -Italy
Tel/fax: +39 0187 778494
www.studiofaggioni.com

采用了柴油发动机和电力推进相结合的混合推进系统，部分时间可以达到"零排放"，此外还采用了一项 Ferretti 集团新发明的，即被称为法拉帝浪效（Ferretti Wave Efficient Yacht）船体技术。

这些创新使得该船型获得了意大利船舶协会（RINA）"绿之星清洁能源和去除污染"认证，这是休闲游艇最高级别的环保标准认证。

技术创新也应用到了外部空间的互动性分布上，如在主甲板上 360°开窗，通过在通道两侧增加出入口的方式增强与室内的通达性，弃用了意大利传统动力艇餐桌椅在驾驶舱内的布局，而是在船尾放置了一套半圆形桌椅。底层甲板除了机舱之外，还有两三个客舱以及一个水手舱。顶层甲板配置舵轮的驾驶舱，提高互动性，可以用来共享风景与乐趣。

超级豪华游艇

更大尺寸的游艇采用轻合金、钢混或者铝合金的船体。这一类豪华游艇很少短于 50m，有时候会超过 100m。完全可以说，他们是装配有多个甲板的小型邮轮，因为复杂需求，需要在设计前结合游艇的策划。近期这类船的发展趋势是走向只有极少数人才能做到的特权航海，所以用"豪华"和"超级"来描述已经不够，有人开始设计"超超级"游艇，这样设计和策划的结合便更加重要了。

这就解释了为什么这些大型游艇的补给船也在不断变大，这些补给船已经大到本身需要其他补给船来补给了，从而形成了一种恶性循环。

大型帆船
图 4-7

最后我们在该分类下，试着把使用帆为驱动方式的超级游艇分为两类：一类是修复和改装老式帆船，另一类是 Perini Navi 和 Wally 船厂的产品为参照的配置有超大风帆的超级游艇。后者又有两种趋势：一种配置有干净通畅水平甲板层（flush-deck），另一种配置有更为亲和的便聚会共享的甲板区沙龙。后一种船型造型风格上虽然趋向传统，但船长度一般为 50m 有时候逼近 80m，这种传统的样式不能通过简单的放大来实现，而是需要大量的创新来优化船体形态、空间布局，以及使用高科技手段来简化操控并获得最佳推进性能。豪华帆船中最具有代表性的是 Mirabella V 单桅帆船（长 75m、宽 15m、帆面积 3700m^2）和 Perini Navi 的 Maltese Falcone 三桅帆船（长 88m、宽 12.60m、帆面积 2400m^2）。Mirabella V 做到了 VTR 复合玻璃钢材料船体的极限长度，桅杆高 90m，为了迎合私

流畅水平甲板
甲板沙龙区
图 4-2

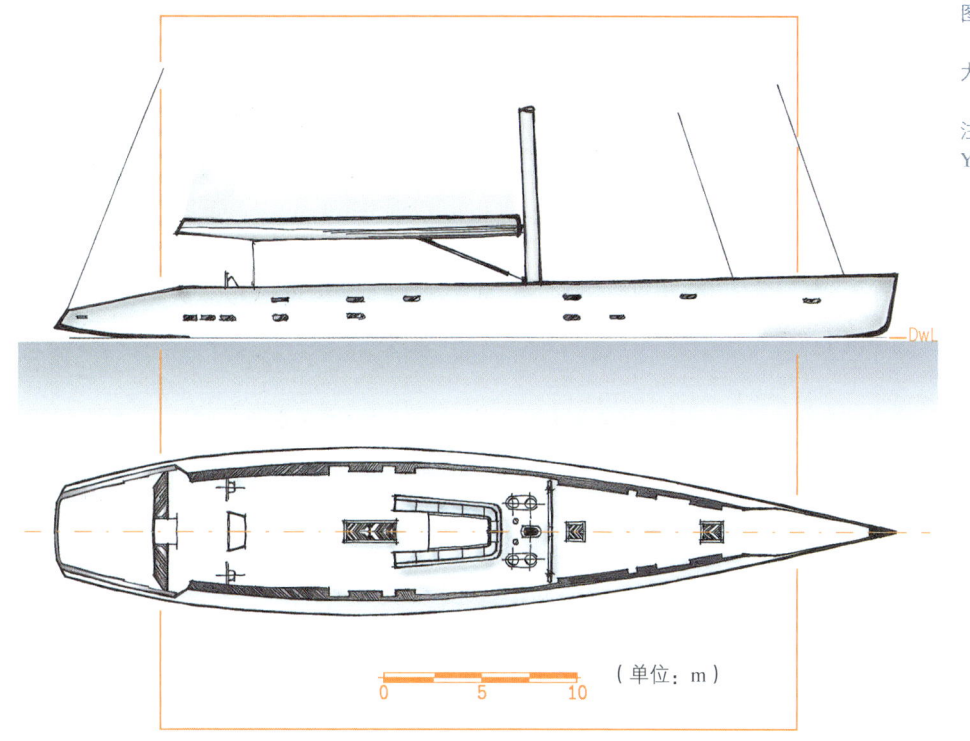

图4-7

大型帆船 ESENSE

注：总长43.70m，WALLY YACHTS。

人豪华游艇出租市场，船只具备了帆船航行的性能和操控乐趣，同时也有夸张的内部空间尺度。而 Maltese Falcone 设计了一套独特的具有革命性的方块帆操控系统，一个人就可以通过电控装置驱动马达和曲柄，操控旋转方形风帆。新的创新将传统帆船航海引入更广阔的未来。Perini Navi 创造了这种三桅帆船，是高水准的设计和科技结合的超级帆船，是审美和技术高度统一的"科技美"的表现。

04 当代船型

组图4-1

(a) CONTINENTAL 50 TENDER（总长16m，地中海船厂）；(b) Navetta LONG RANGE 23（总长23m，法拉第集团—Mochi Craft）

A—总平面图；B、C、D—外观；E—船尾舱室内；F、G—新船型，"零排放"fer-way混合动力，第一条被认证"绿之星"的游艇；H—侧面图和总平面图

(a)

(b)

组图4-2

大型帆船
MALTESE FALCON

注：总长88m，PERINI NAVI 船厂，科技创新的快速帆船，电子操控三个转轴桅杆。

游艇设计
——从概念到实物

意大利游艇设计
起源

历史起源和地中海小渔船（gozzo）

木头船在过去是人们得以互相连通的唯一交通工具。一代又一代的木匠用斧头打造出了现在被普遍认为所有（地中海）船的起源：小渔船（gozzo）。

这种船以略微不同的款式出现在从西班牙到意大利中南部地区。

gozzo 小渔船的本质很质朴：最初的用途是运输和通信，在几百年逐渐演进中逐渐增加新的技术和性能。当时的渔船由造船师傅根据经验，无论 30 掌长还是 40 掌长❶，都采用一样的造船方法打造成型。龙骨、艏轮、肋等每个零部件都由大自然提供的树干和树枝打造成型。当时造船没有设计这个工序。总体来看，地中海地区的船一脉相承，不同地域船型的差别仅仅是一代代传承下来的外观上的差异。因此，利古里亚的渔船在很多年之后才受到一些加泰隆尼亚渔船的影响。

造船师傅了解木材的特性，会根据船体的不同部位选取树木最合适的部位。树枝适合做地板，树杈可以做艏轮，树干能够成为很好的龙骨等。最具有代表性的利古里亚小渔船"pernaccia"❷，刚做出来的时候船东认为做坏了，差点被销毁。如今反而不带有该特别零部件的渔船就不能称之为 gozzo。

图 5-1
图 5-2

传统的造船工艺

---

❶ 以手掌作为测量单位。在热那亚利古里亚地区，每掌约 25cm，30 掌约为 7.5m。
❷ pernaccia：一个船尾部沿着船舷伸出的装饰部件（类似冈多拉），其外形酷似树莓。

05 意大利游艇设计

图5-1

地中海式渔船（Sereno Innocenti，"利古里亚小渔船"，相关调研和表现手工制造的博士论文，1991）

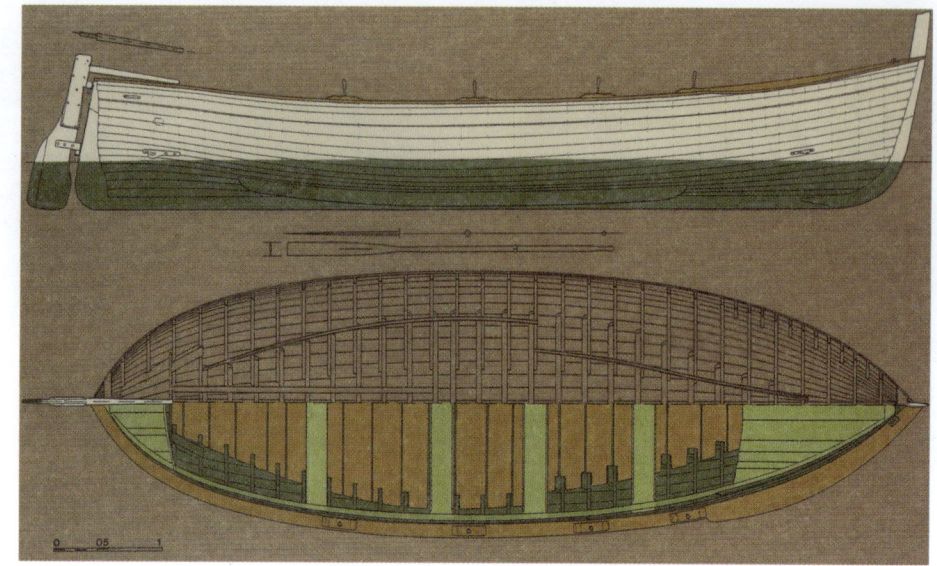

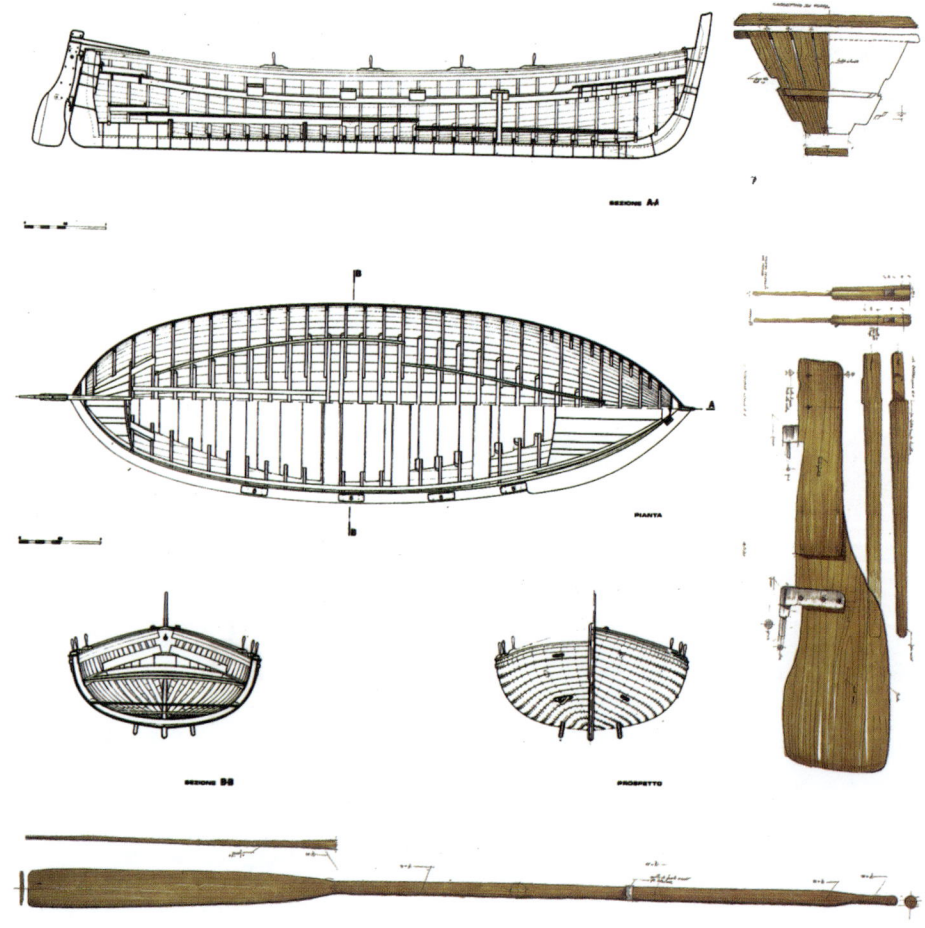

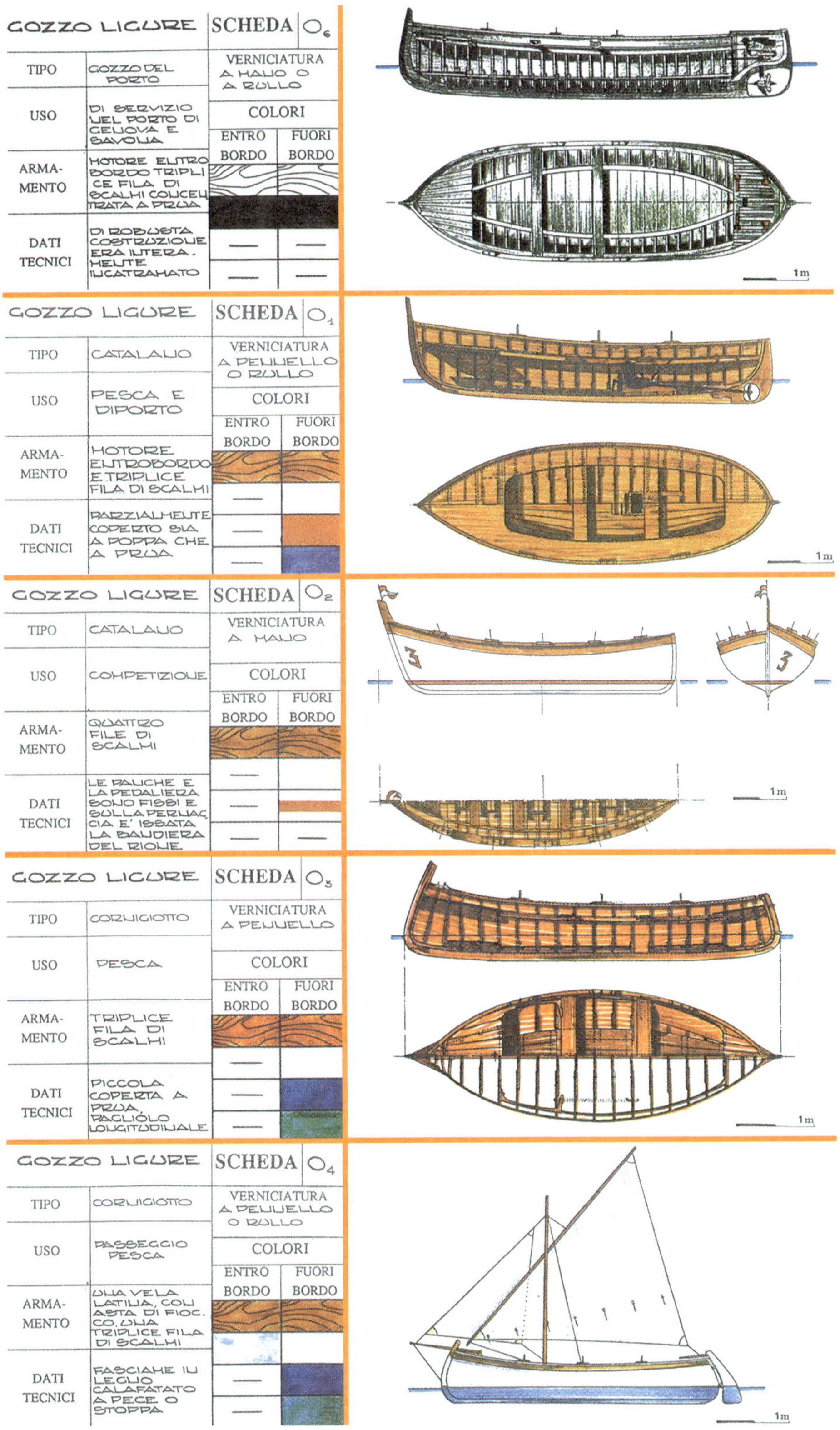

图5-2

地中海式渔船——类型备案（Sereno Innocenti，"利古里亚小渔船"，相关调研和表现手工制造的博士论文，1991）

船型的发展与新用途

今天的地中海式 gozzo 小渔船被视为优雅精致的象征。这类船不再是为社会服务的工作船,转而成为休闲娱乐船,它适合的不是那些非要征服大海的人,所以客户广阔。

从此,这类古老又环保的小船为有文化品味的船东提供了一个体验航海真实本质和发现航海本身价值的途径,能够享受大海、沙滩、阳光。这完全不同于追求奢华的喧嚣世俗的动力游艇文化。

组图 5-1　　可惜的是,随着市场的扩大,该船型的本质也被扭曲了。玻璃钢的出现,以及市场对高速性能需求的增加,出现了与传统 gozzo 渔船大相径庭的新式玻璃钢小渔船。越来越多的玻璃钢动力艇以 55.6km/h 的速度在大海上飞驰,这景象很令人沮丧。这样恶俗的场景让人想起罗杰·摩尔在 1979 年拍摄的《007 之太空城》,在这部电影里可以看到一条古怪搞笑的贡多拉气垫船在威尼斯运河上滑行。

改造后仍然无懈可击的船型只占少数。❶ 常见的是大多数改造后的 gozzo 船型与地中海渔民船相差甚远,这种与早期船型的冲突以及失败的传承是无法接受的。而地中海游艇处于后现代主义阶段时,Apreamare 船厂设计的新 gozzo 小渔船的出现却引领了新的时尚。

新型船　　20 世纪 70 年代末是意大利游艇设计的"文艺复兴"时期,代表着意大利当代游艇设计的诞生,也是游艇制造"有诀窍、无设计"时代的终结。1969 年 Paolo Caliari 设计 Tiger ❷ 之后,意大利游艇产业形成了一套严谨统一的规划和表现风格,并在 10 年之后创立了世界公认的地中海游艇风格。美国和英国的航海产业在很长一段时间内模仿维亚雷焦一带设计生产的地中海风格游艇,但是之后,严谨简洁的游艇设计逐渐消失,继而材料和色彩逐渐改变,出现了比较颓废又装饰浓重的豪华风格;出现了一些没用的装饰元素。索伦托的 Apreamare 地中海式游艇是最早在工作渔船

Apreamare 游艇

---

❶ 就像意大利设计公司 RICHARD III di Baleri 对椅子的重新诠释,他们用简易塑料创造出小巧、时尚、前卫的造型。

❷ 更多细节请参见本书第 6 章和第 7 章。

gozzo 里增加娱乐性游艇特征的一种船类。尤其是在最近生产的渔船中能够看出一些传统和创新的有趣结合。滑翔玻璃钢船体,大马力发动机,保留了木料包裹 gozzo 的圆形船尾和船尾板(以优雅的上漆红木代替过去的上漆本地木材)。在一代代的更迭中该船实际上已经不再是传统意义上的地中海式渔船,而变成了一个独立船类。完全可以说 Apreamare 的 gozzo 拥有自己的外形特点❶,而且体现出很多传统和创新的结合。这里还需要提到的是位于利古里亚地区切里亚莱市的 Sciallino 船厂,以利古里亚传统的 gozzo 为启发,设计了一系列广受欢迎的带舱的渔船,后来这些船的形态逐渐改变,接近钓鱼艇的特征。Sciallino 的 gozzo 小渔船那种由深色昂贵木材包裹的圆形船尾也慢慢演变成了方艉。另外为了采用更现代的设计,逐渐地放弃了传统代表的 pernaccia 外观。西班牙也出口了一些比较著名的地中海式渔船,但它们融入了一些当代刨船采用的工程技术。源于巴利阿里群岛的 Menorquin 地中海式渔船创新地将新技术与传统样式相结合,而不是仅用当代技术的语言重新诠释传统形态。它试图保持传统的形态,但由于生硬地将刨船技术和船体形态结合而导致失败,复古船型是比较难控制的。

20 世纪 70 年代的设计趋势

Sciallino 船厂

组图 5-2

批量生产趋势

休闲游艇诞生之后,游艇设计由于产量的变化发生了很大改变,随着船舶需求的增长,船舶产量也增加了。自从资产阶级发现了海滨生活之外的航海的乐趣以后,休闲船艇的需求突然爆发了。❷当时的条件下,游艇开始供不应求。1962 年第一届热那亚游艇展时,参展商还很少,并且市场还未成熟。当年的休闲游艇只是极少数的幸运人士才能拥有,游艇也通常是独特的定制产品。

当时,虽然瓦拉泽的 Baglietto,维亚雷焦的 Picchiotti 和萨尼科的 Riva 等船厂有着悠久的传统,但却只有一年几条船的生产能力。

图 5-3

---

❶ 现代地中海风格的中控台 Don Giovanni 就是一个有趣的例子:它保持了 delvecchio gozzo 的船尾造型和木饰面,甲板室是按现代室内空间的工程和布置来设计的。

❷ 意大利游艇走向大众化是始于 20 世纪 60 年代。

05　意大利游艇设计

在游艇产业爆发时，连上述著名的船厂也遇到了需要改变生产思维的情况，最终这个相对单纯的产业也开始了批量化生产。尤其是在航海胶合板和玻璃钢这两种快速又经济的基础材料成为主流之后。

船用胶合板　前者来自胶合板的发明：许多层纹理交叉的木材粘在一起，用在船体两侧。胶合板成为了最早期批量生产的小船的基本要素。

玻璃钢　这种材料的技术限制在于（如一张纸）不能成型为双曲面；好处在于经济性和成型简单（与过去的原木材料相比）。从维修角度看，胶合板的原木纤维不会出现膨胀，所以它的尺寸稳定性是之前原木所不具备的特征。而玻璃钢虽然一开始被视为质量较差的材料，但逐渐也显示出了它在批量生产中的优势。

除了玻璃钢树脂在成型时产生的气味❶，该材料因其自身的优点而逐渐成为造船的主要材料，至今仍然是游艇批量化生产当中最受欢迎的材料。以上两种材料深刻地改变了游艇设计，新的技术可以更有效地突破流体静力学和流体动力学的限制。

组图 5-2　在树林里边走边寻找最合适木材的造船师傅时代彻底成为历史。从那时开始，市场上就能够找到不同尺寸和不同精细程度的材料，能够满足各种需求。因此船舶设计不再依照木材浪漫有机的线条，而是基于客观的对技术和性能的要求。

昔日全能的造船师傅角色在当代被分为两个不同的职位：设计人员和工程人员。意大利在这两方面造诣卓越，不仅仅是地中海地区的高品质典范，也是全球范围内设计一致性及施工质量的里程碑。

---

❶ 在现代生产过程中，玻璃纤维在催化过程中对环境产生的不良影响（包括嗅觉上的）较之 20 世纪 60 年代已经非常小。

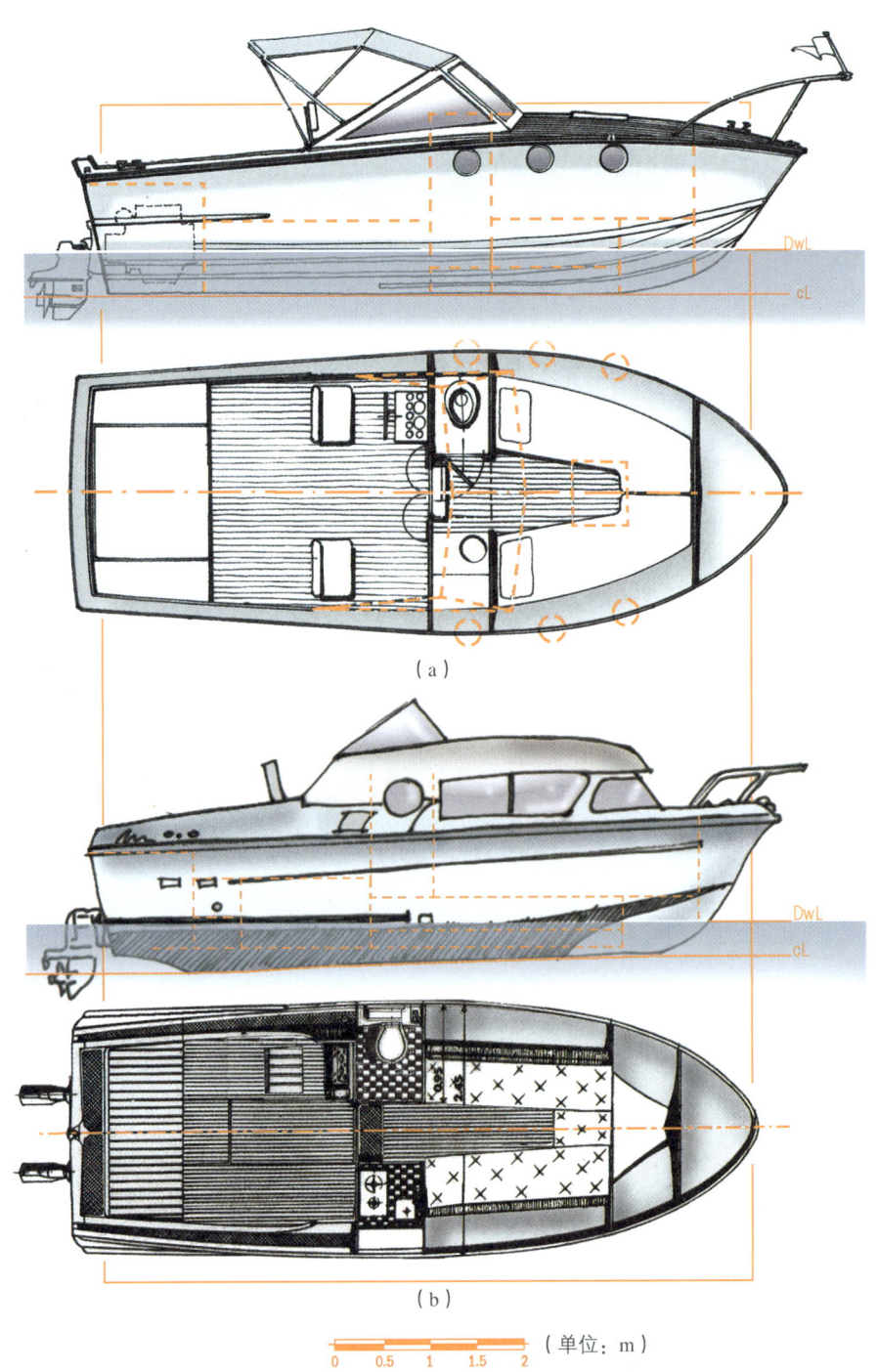

图5-3

(a) 日间快速巡航艇SARIMA-ITALCRAFT，总长7.7m，船用胶合板应用的成功案例，有趣的亨特船体快艇，不到8m长，简单优雅的科技，单曲面结构配置了当代舷内外动力系统，具有总重轻盈的特征，但有些人认为这也是它的缺点，船体底部和侧面的胶合板特别轻，总体上不如当年最好的船舶交叉肋结构；

(b) CANTIERI RIUNITI dell'ADRIATTCO BORA 2C，带舱室的玻璃钢游艇的最早例子，特别注意甲板室的曲面形态，是应用了玻璃纤维而达到的效果，总长7.05m，弦宽2.45m，动力2×110Hp Volvo Penta，最快速度50km/h

05 意大利游艇设计

组图5-1

（a）龙骨和地板木材之间的结合（底部的横向肋），与动物身体内腔相似，类似肋骨和脊柱；
（b）正面视角展示肋骨（有序排列和错行）和龙骨以及船柱的连接方式；
（c）造船师傅把木材整形以便使其契合需要连接的零部件；（d）在船厂的利古里亚小渔船；
（e）在托雷德希腊港口停泊的索伦托小渔船；
（f）随着游艇文化的发展，gozzo发生了改变，忘掉了它朴素的来源，成为了当代高雅的快艇，虽然变化很大，但仍保留"gozzo"的名称，是为了强调当代船东的低调姿态

[照片（a）、（b）、（c）、（d）、（e）由Dario Sigona摄于2005年]

组图5-2

(a)、(b) APREAMARE DON GIOVANNI 小渔船gozzo，照片和总平面图，传统和创新的有趣结合（在该行业不常见），保留了小渔船的船体和甲板特征，但配置了明显现代以及与众不同的甲板室和高效的折角船体；(c) 从古代渔船发展而来，APREAMARE的渔船由玻璃纤维制造，除去圆形的船尾，在外形上与古代的渔船相同，船体侧面无装饰，使用了大量木材，不起结构作用而仅仅起装饰作用，所用木材是经柯巴防腐处理的贵重的柚木和桃花心木，不再使用当地的木材；(d) SPORTFISHERMAN渔船 SCIALLINO，该渔船来源未知，船体侧面雕刻着接近木板材纹理的装饰（全塑料），木材只在驾驶舱的船舷处使用，总体效果不像其他产品那么空洞，展示了自己的个性；(e) MENORQUIN渔船，产品的灵感来自于巴利阿里群岛，保留了很多原来gozzo船艇的特征，比如船头锁定直行装置（虽然完全虚拟），从船尾突出来的平台，从上面看是一个小阳台

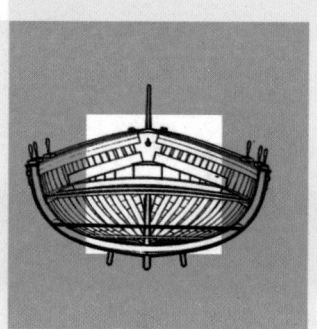

6 游艇设计

——从概念到实物

地中海风格
意大利设计的概念与发展史

地中海风格的设计师和设计案例

地中海风格的创始人是 1959 年毕业于杜林大学建筑学院的 Paolo Caliari。这样的教育背景使他很偶然地进入到游艇设计行业。

与其他游艇设计师不同的是,他在设计时充分考虑了与技术的衔接性。

使他声名远扬的是他在 1969 年设计的 Tiger 汽艇。该作品是地中海游艇设计风格❶的典型代表,也是日后派生出来的其他汽艇设计的基础。虽然随着科技的发展和用户需求的改变,Tiger 汽艇的许多特征都发生了改变,但在今天的游艇设计里还是能找到它的影子。

组图 6-2

地中海游艇设计风格

虽然 Paolo Caliari 不是地中海风格的首创者,Tiger 汽艇也非该风格的第一件作品,但 Caliari - Tiger 组合在当年开创了一种新的设计风格、功能分区,以及室内空间分配规则。

Caliari-Tiger 游艇作品

在 Tiger 之前 Caliari 也设计过许多带有独创性的有趣设计,如与瓦拉泽 Baglietto 船厂合作的 18m、16.50m、14.50m 游艇。在这些船型里已经能够看到一些地中海风格的独特特性。

最明显的特征是这些船型中舱内和舱外活动区紧密结合。Baglietto 船厂生产的 18m 游艇与之前的 Maiorca 汽艇(美式汽艇)的区别在于通过对操控仪表盘及沙龙区域的颠覆性设计,首次向人们展示了汽艇与众不同

组图 6-1

---

❶ 美国媒体经常使用这个词,于是 Med style 成为"地中海风格"的缩写,这是典型的外来词汇。

06　地中海风格

的特点（较之过去的汽艇更像大一点的游艇）。但是，即使 18m 游艇有很多创新，但依旧没有全部具备成熟地中海风格的符号和特征。

该船的船体和传统的动力系统布局限制了进一步的创新。具体来说，由于发动机位于汽艇中部，而机舱位于船尾，造成了门廊和沙龙空间之间的高差，这样内外互动性便很差，不像地中海风格汽艇那样拥有开阔的空间以及紧密结合的室内外关系。

16.5m 游艇或许是第一个具备地中海游艇所有设计特征的游艇。

她用航海胶合板制成，发动机位于船尾，门廊和沙龙在同一高度，操控仪表区域位于船头，厨房位于甲板层、机舱在下甲板层，配备了大日光浴平台、飞桥驾驶台和宽大的甲板等，以上这些特点在现今出售的大部分游艇中都能看到。

组图 6-2　　这个船型虽然也做到了创意超前，但还没有 Tiger 那样勇于挑战，因此 Tiger 成为世界公认的最能代表地中海风格游艇的船型。

Tiger 在游艇产业中引起的反响就如同艺术领域里当时达达主义长小胡子的蒙娜丽莎给观众带来的刺激反应。国际游艇产业的传统氛围怎么可能立刻接受一条磨砂黑船体带绿漆五金的游艇呢？在那个时代，它就像汽车界中 Miura 的兰博基尼，或者服装界中玛丽奎恩特的迷你裙。

组图 6-3　　此外，Tiger 明目张胆地标榜自己是一个漂浮着的情人套房。❶ 客厅的室内设施带有极简主义色彩，厨房只是个双人小吧台，最富争议的是主人舱带有第一个真正意义上的双人床，且直接与卫生间相连（一间游艇上首次带有浴盆的卫生间）。整个室内很像酒店套房，这在 20 世纪 60 年代末引起了很多声讨；而 Tiger 则勇敢的批判了当年假惺惺的保守游艇产业文化。

而且 Tiger 采用了当时最先进的技术：航海胶合板船体，舷内外船尾发动机，仪表盘仅在舱外的驾驶桥楼配置（该设计引来很多批评），铝制五金配件。室内配件极其精致，既体现简洁性，又具攻击性：发动机的通风口是一列黑洞，让人想到 Spitfire 作战飞机的擒纵装置。为了强调真正

---

❶ 带有当时的时代风格，该设计在当时堪称完美、在现在看来或许它是现代风格的始祖。

简洁的风格，将船头扶手直冲船尖，形成的凸弧看起来像一个鹫鸟之喙。

以上这些细节，以及系缆羊角和桅杆顶端承载天线的造型设计都成为了意大利游艇业之后 25 年产品的经典（我们必须承认 Caliari 的贡献和重要性）。

Paolo Caliari 的概念设计和图纸都属于一个缺乏数码工具辅助的时代，当时的设计师用铅笔画来表现三维。"每当我有了新的想法，就坐在绘图板前用铅笔从简单形态画起，之后再在硫酸纸上画"。❶

组图 6-4

绘图纯粹而自信，可以使人看到手绘制图的灵感、故事、思维。偶尔会有几笔彩色的线条，有时候是色卡式的色彩，以便清楚表现船体的明暗对比和颜色。

Caliari 方案的线条、表现和最终产品具有明显的一致性，还能够表现出很多外行不易察觉的细部设计：从甲板上的外倾角，直到不同结构对材料的不同需求。

在 Caliari 前后，世界范围内有很多设计师都做得很出色，20 世纪 60 — 70 年代游艇产业（尤其在意大利）进入一个称作"文艺复兴"的最繁荣的阶段，那个时期的游艇代表了世界上游艇设计业的顶峰。在英国的偏传统风格和美国的偏创新风格的游艇设计之后，意大利的游艇设计进入了一个特别繁荣时期，除了 Caliari、Levi、Riva、Harrauer、Consigli、Anselmi、Borretti 等游艇设计师，也同时出现了包括很多家居、汽车或产品设计师，如 Zanuso、Giugiaro、Pininfarina、Bellini、Mari、Mangiarotti、Munari 等。

意大利游艇设计师的不同之处在于意大利的高速发展阶段与游艇批量化生产时期重合，这样设计师以学科的方法及最好的产品设计规划介入具有古老传统的航海产业。med-yacht 设计大师的表现以传统航海表现方式做了很多平面表现非常精致的方案图纸。

Levi 的游艇设计技术图纸非常精美，作为一名工程师，他能在图纸上大量表现结构和机械方面的细节，其图纸超越了技术目的，而成为一部

---

❶ 正如他一次在接受 Dominique Gabirauld 采访时说的那样，该采访发表在 2005 年 1 月意大利游艇杂志第 3 期上。

06 地中海风格

带有艺术价值的平面作品。

Franco Harrauer 的设计图纸也值得具体去研究。这位设计师在概念设计和表达阶段表现出超高的三维想象能力。"航海建筑师"❶Franco Harrauer 采用从形态入手的设计方法，通过一些类似工业设计透视效果图的方法来表现出他的航海设计理念。在传统的船舶设计中，一般是先搭建船体模型、找到吃水线，然后再将模板拆解，这样上层建筑就成了次生的部分。而在 Harrauer 的设计方法中，船舶是一个整体的概念，船体和上层建筑可以结合得非常好，甚至可以接近航空器设计。

他的设计方案是航海界最有特色的设计之一，其作品大量出现在 20 世纪 70 年代末到 90 年代初。

不得不提的是他与 Renato Sonny Levi 一起设计的一条轻铝合金运动钓鱼艇，他们还一起设计过 70 年代 IAG Nautica 船厂出售的 30ft 的速度可达 55.6km/h 的 Exocetus Volans 动力游艇。最终，Harrauer 与菲乌米奇诺的 Alfamarine 船厂合作成就了 Bronte 40 运动钓鱼艇——一条 83ft 长的地中海风格动力艇。该游艇体现出设计师的"统一性思维"，船体和甲板融入到同一个舱室，这样舱内宽度和船体宽度相同，像在一条鲸鱼的肚子里一样。而船尾处具备了地中海风格游艇的符号式特征：门廊和沙龙区处于同一水平面。

同样值得一提的是拉斯佩齐亚的 Ugo Faggioni 的图纸和方案。虽然他个性比较内向，但其作品不拘一格、形式多样。他设计的游艇成为了最有趣的娱乐游艇之一。

在其短暂的一生中，Faggioni 留下的草图体现了他意大利航海设计史上无可匹敌的综合设计能力。Faggioni 拥有非常丰富的航海学知识，使他可以设计各种船型，甚至可以对旧船、旧军舰进行改造。现存最精美的两条 J Class❷：Astra 和 Candida 都是出自他手。他们由现任船东精心收藏，并

---

❶ 所谓航海建筑师（传统意义上的盎格鲁-撒克逊人），来自于我们所知道的"航海工程师"，流体动力学和流体静力学就是被定义为与"造船"有关的。

❷ J Class 是一类运动型帆船，连续多年赢得美洲杯比赛。它是巨大的单桅杆帆船（一根桅杆、主帆、前帆），帆面积相当大；它们由许多竞水手操作，需要高超的技术。该类型船在 20 世纪 30 年代传播开来，并盛行至第二次世界大战。最令人难忘的是托马斯·利普顿爵士用他的三叶草号挑战不间断航行纪录，虽然最终他并没有成功。

经常在老式船展中露面展出。他还曾经修复过出版世家 Rizzoli 家族的黑色双桅杆帆船 Mariette。

组图 6-7

用同样的知识和方法，Faggioni 还设计玻璃钢小艇、大型钢质游艇和客轮[1]，并按照船东的要求去恰当的包装。无论是小渔船还是大型的地中海风格动力艇，他的技术图纸都有施工细部、尺寸，还有辅助设计方案和施工说明。最终的设计图呈现的是平面排版的杰作：不仅严格精确，其总体也是一张参观者长期观看还能发现新信息的图纸。

组图 6-9

若想在本书里复制这种大型图纸是无法体现它们的细节特点的。用电脑绘图辅助用一个平衡又生动的构图把各种信息组织在一个平面图像之中，来表现 Faggioni 的方案效果特别突出。在无法用电脑进行后期改变的情况下，在同一个图像里组合平面、尺寸、透视、细节和制作图是一件特别不容易的事情，这也能够体现出设计思想的一致性和设计意图的可控性。

组图 6-10

凭借着丰富的航海技术和知识，Faggioni 1990 年在热那亚大学创立拉斯佩齐亚学院，并一直担任航海学教授直到离世。

地中海风格游艇及其建造者

自然界万物皆有父母。如果把设计师比作产品之父，那么船坞则是不可或缺的母体，产品在此孕育打磨，历经万难，最终成形问世。

优质的产品须由优秀的工匠打造。基于此，Levi 有幸遇到了 Anzio Navaltecnica，Harrauer 有 S.A.I. Ambrosini，Caliari 找到了 Picchiotti（之后又转向其他承建商），而 Riva 则迎来了 Riva。

Riva

没错，最后一个案例属于典型的"内部创业"。Carlo Riva 出生于伊塞奥湖的一个造船世家，从小在自家船坞长大。第二次世界大战以后，他敏感地意识到，意大利造船业即将进入一段高速发展的爆发期。受美国 Chris-Craft & Owens 船厂建造的内湖快艇启发，他根据 Dolce Vita 时期地

---

[1] Faggioni 设计的高速客用渡轮项目，应用来自罗德格斯实验的水翼艇成果、承载汽车和乘客的渡船项目。

06 地中海风格

中海地区流行风尚，对一种叫做 runabout❶的轻型快艇进行了改造。

Florida 号、Ariston 号、Triton 号，以及稍晚建成的 Aquarama 号、Junior 号和 Olympic 号，均出自这一时期。从科斯塔布拉瓦沿岸，到科斯塔·斯达尔、科斯塔斯·斯梅尔达尔达，以及卡普里、索伦托、波托菲诺、贝鲁特，乃至阿联酋、巴利阿里群岛、蒙特卡洛，Riva 快艇已称雄各海滨度假胜地，堪比游艇界的劳斯莱斯和法拉利。❷

组图 6-8

可以用碧姬·巴铎 (Brigitte Bardot) 于圣特罗佩斯 (St. tropez) 河上乘坐她的 Riva 的 Junior 游艇照片来说明，Riva 的确是地中海游艇风格中的一颗明珠。

然而，以桃花心木为主材的 Riva 快艇在各方面都很像一辆名贵的 Maggiolini 马车：珍稀木材内饰，精致抛光，繁复而"无用"的装饰件。也正因为如此，虽然它作为时代翘楚盛极一时，却在短短 15 年后，就被横空出世的 Tiger 号比下阵来。

今天，Riva 或许已风光不再，但它和缀满浮夸纹饰的贡多拉船一样，是工业时代手工艺术的一件杰作。

Riva 的游艇风格与极简主义迥然千里，是精工细作的工艺品，是精美浮夸的巴洛克风格的极致展现。

卡罗·里瓦（Carlo Riva）有一支极富表现力的画笔——杰出的建筑师乔治·巴拉尼（Giorgio Barilani）。很难说 Riva 的游艇究竟应归功于卡罗·里瓦的想象力还是乔治·巴拉尼的绘图功底。怀着对模型飞机的热情，巴拉尼进入了船舶设计领域，在此深化了对流体力学理解。成年后他又来到威尼斯学习建筑，毕业之后加入 Riva 设计游艇，从此再未离开。

组图 6-9 Barilani

从 Aquarama 精美的抛光漆面，到 Riva2000❸充满未来感的曲线，到 Riva 第一艘地中海风格游艇 Superamerica 42'，巴拉尼的笔下诞生了 Riva

---

❶ runabout，字面含义为"漫步"。

❷ 建立这种品牌形象后，Riva 接手了《符号》杂志的出版工作，该杂志在全球范围内面向这三个品牌的客户群发行。这是最早推行品牌媒体战略的案例之一，巧妙地将这三个品牌联合在一起，强化了高端品牌形象。

❸ Riva2000，由 Sonny Levi 设计，配备三组引擎和螺旋桨，建造于 20 世纪 70—80 年代。2000 在当时代表一个不可企及的数字，以数字 2000 命名来体现这艘游艇的未来感和科技感。

最华美的游艇设计。机缘巧合，Paolo Caliari 也参与了这艘游艇的设计。

在此不得不提到 Gianpiero Baglietto，他不是设计师，而是一位职业经理，正是他凭借着灵敏的行业嗅觉，大胆改造了 Varazze 的生产线。若非如此，Caliari 就不可能在 16.50 船型上有所创新，地中海风格或许会是另一番景象也尚未可知。

Baglietto 组图 6-10

Sergio Sorisio 和 Sonnino Sorisio 这对兄弟和他们掌管的 Italcraft，通过他们的巡航游艇将意大利造船业推广到了世界各地。和 Riva 改进 runaboat 类似，Italcraft 生产了一种双引擎的美式巡航游艇。

Italcraft

同样的参考来自 Chris-Craft & Owens 公司，不同的是 Italcraft 没有延续地中海风格玻璃钢做法。从号称"黄金螺旋桨"的 X1[1]，到后续型号 X31、X44，以及著名的 Drago 快艇，均出自 Levi 的设计。意大利船舶建造史上垂名的人物以及他们对地中海船舶风格的贡献远不止于此。

自 20 世纪 70 — 90 年代以来，一大批值得称颂的企业家和管理者也应载入史册。他们是：Mimmo Picchiotti（Picchiotti-Viareggio 船厂），Luciano Mochi（Mochi-Pesaro 船厂），Leopoldo Rodriguez（Rodriguez-Messina 船厂），Aldo Ceccarelli（Lavagna 船厂），Aldo Zavatta（Comar-Forlì 船厂），Norberto Ferretti（Ferretti-Forlì 船厂），当然还有 Paolo Vitelli（Azimut-Torino 船厂主），连续多年出任意大利船舶工业协会主席，谨对他们的不朽功绩致以敬意。

---

[1] X1 黄金螺旋桨：1962 年在地中海海域经典船型大赛 Viareggio-Bastia-Vaiareggio 中获胜、美国学者 Raymond Hunt 称其为"黄金螺旋桨"。

06 地中海风格

组图6-1

（a）BAGLIETTO, tipo IS-CHIA，长16m、宽4.25m，动力2×320Hp GM柴油机，速度44.4km/h，该类型产品保留了已淘汰的美式游艇的空间分配，照片中的船型是最后一个系列的产品；
（b）BAGLIETTO 18m，长18.40m、宽4.80m，动力2×428Hp GM柴油机，速度43.5km/h，这是最早能看到的地中海式空间分配的船型，主甲板位于主厅前，且在设计中甲板区与舱室尝试联通（虽然它们不在一个水平面），Caliari在此方案中第一次定义未来的地中海式游艇的特征；（c）BAGLIETTO 16.50m，瓦拉泽船厂的第一个船用胶合板组装产品，创新不仅仅在材料上，也在于空间分配上，Caliari的成熟作品，在该作品中首次显现了当时广受欢迎的地中海式游艇的特征，从此，美国、英国等造船大国开始跟随意大利风格的设计

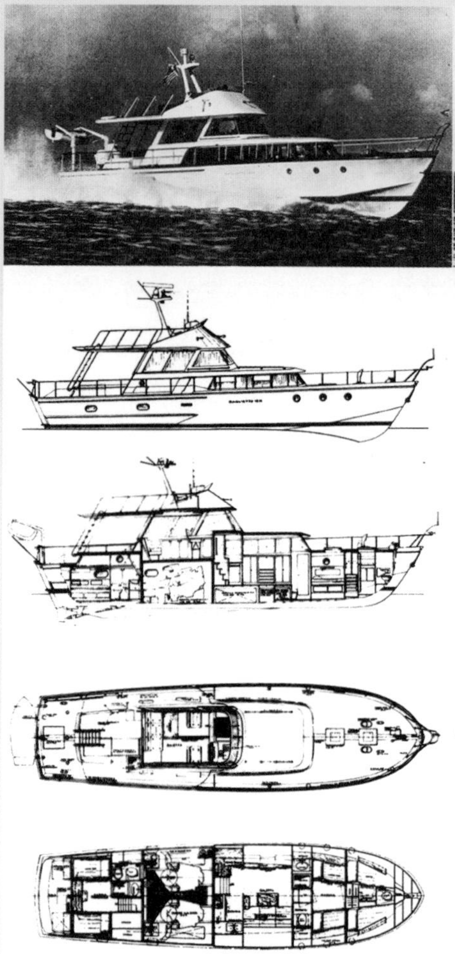

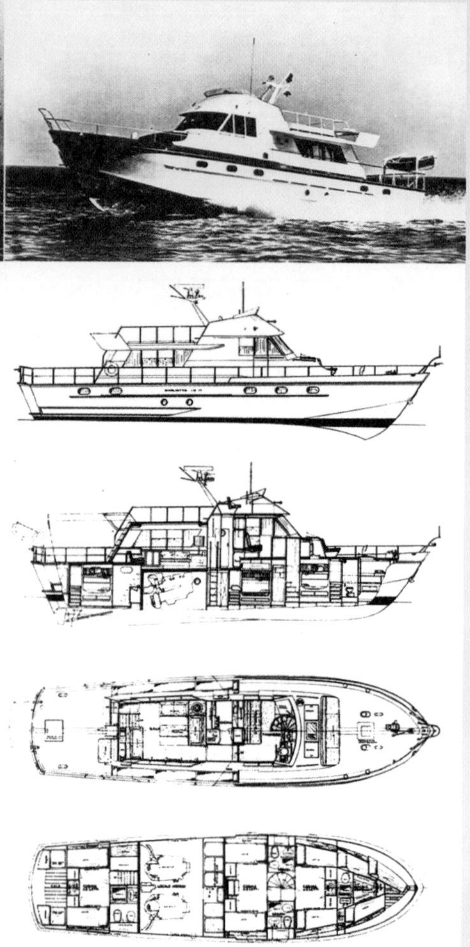

组图6-2

（a）兰博基尼MIURA，Marcello Gandini为Bertone设计的车身，Dallara工程师的方案，那个时代的象征，它是法拉利的典型相反车型，有在中心后面位置横向布置400Hp12V型缸的发动机，6双化油器推动的，跟所有那时代的GT汽车同样阴沉，Miura的外形对于它的时代很流行——没有任何镀铬，只有不反光黑色的细节，为了反抗法拉利，兰博基尼采用的颜色普遍的是青绿色和橘黄色，这是第一台批量生产超过300km/h时速的车型；（b）Paolo Caliari的TIGER；（c）Mary Quant在观看她自己的一场秀（1967年）；（d）Cantieri Picchiotti，TIGER，Caliari，总长11.20m，宽3.90m；由船用胶合板组成，最大动力2×390Hp MER-CRUISEREFB汽油发动机，最大速度64.8km/h，图片是当年的广告招贴；（e）TIGER，总图，与传统游艇室内相比，创新的空间分配，该布局更像酒店套房，双人床的配置以及直接连接到船东舱室的设计是两个非常创新的因素，在新产品介绍时引起了很大轰动，从此，该空间排布方式成为地中海式游艇的典型特征

·65·

06 地中海风格

组图6-3

（a）LEOPARD 27SPORT，总图，Caliari，这是当今流行的超级开放式游艇的前身，该船型是其设计师所有游艇设计作品中最能够代表地中海风格的系列；
（b）Caliari, LEOPARD 27 SPORT，驾驶舱；（c）Caliari, LEOPARD 25S彩色效果图

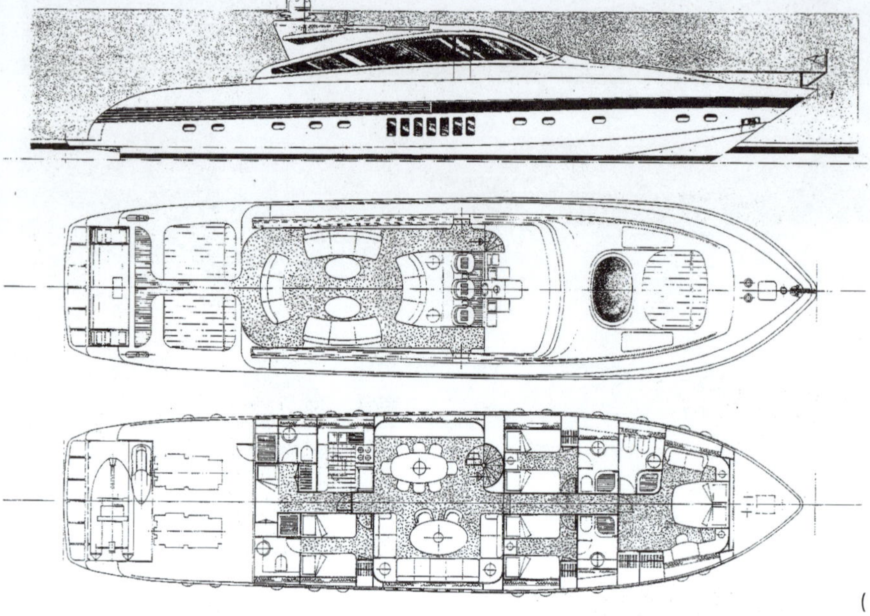

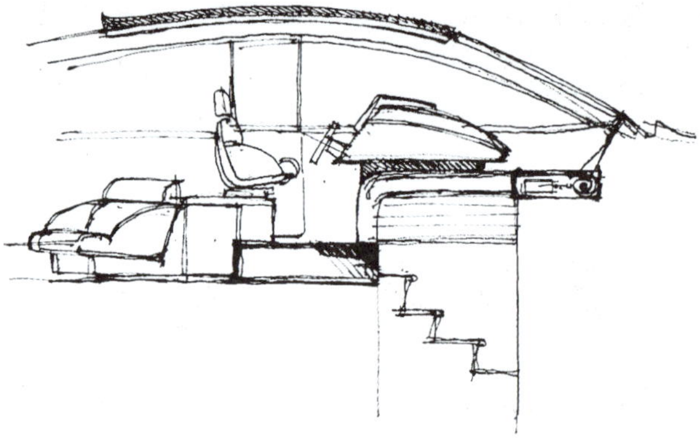

组图6-4

(a) Renato "Sonny" Levi, DRAGO 快艇, Italcraft生产, 加埃塔, 1975年, 总图, 总长13m, 船用胶合板组成, 表面超空泡螺旋桨的动力, 该船是这个成熟技术的首次批量工业应用, 为了克服当时时速超过83.3km/h时螺旋桨被动产生的气穴现象(均相液体分离), 这种现象对于螺旋桨起阻碍的作用, 通过流通可以克服这个问题, 螺旋桨以半潜式运行, 这样只有在水面下的一半螺旋桨在推动, 因此螺旋桨必须最少四叶, 否则就无法提供充足又均匀的动力; (b) DRAGO, 由Italcraft生产和Renato "Sonny" Levi设计的快艇, 第一个由柴油发动机推动的可批量生产的超空泡螺旋桨快艇

06　地中海风格

组图6-5

（a）Harrauer，ALFAMARINE，CRONOS 83，1984，长25m，宽6m，纵向剖面；（b）Harrauer，ALFAMARINE，CRONOS 83全面运动时像机身的船头，Franco Harrauer的设计研究成功地克服了当时传统航海设计的限制，并做出独特又创新的方案，Cronos 83到今天虽然已有20多年的历史，但是还能够代表极纯粹的一个案例，她超出了流行和技术矫饰；（c）切里亚莱古雷的Sciallino船厂，照片当中正在建造两个Harrauer设计的双体船，木材是主要的建造材料；（d）Franco Harrauer1971年为切里亚莱古雷的Sciallino船厂设计的用船用胶合板建造的双体船，Harrauer的设计从来都是非常有个性并且容易辨识，这尤其体现在他设计中体积的虚实对比关系上，他的设计一般都属于综合科技功能及风格的创新，他的灵感和雄心一直使他不能接受琐碎的方案；（e）IAG nautica exocetus volans，Levi-Harrauer，1972，Levi和Harrauer一起为威尼斯IAG nautica船厂的设计，设计的目标是明知不可为而为之——一条能够跟快艇一样快帆船，他们试图把表面螺旋桨、稳向板及滑行船体集成到一条帆船上，帆船在被发动机推动时的性能很一般，特别是因为这样这条船不能按照标准帆船来行驶，所以不能参加比赛，这次实验不论结果如何，其创新以及研究精神很值得关注

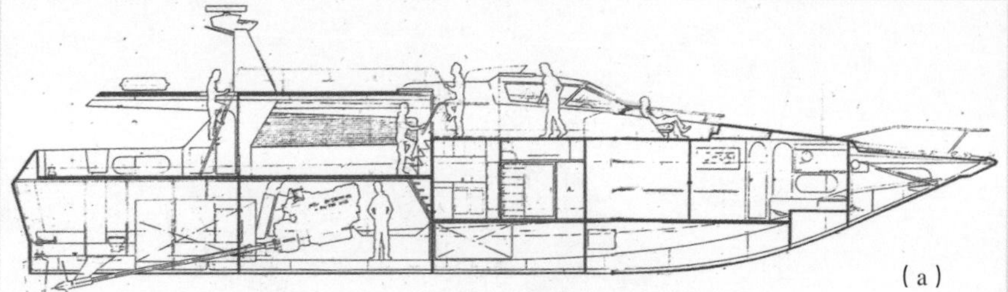

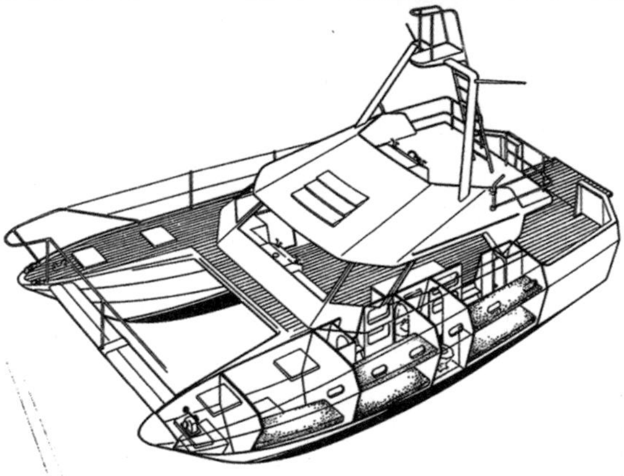

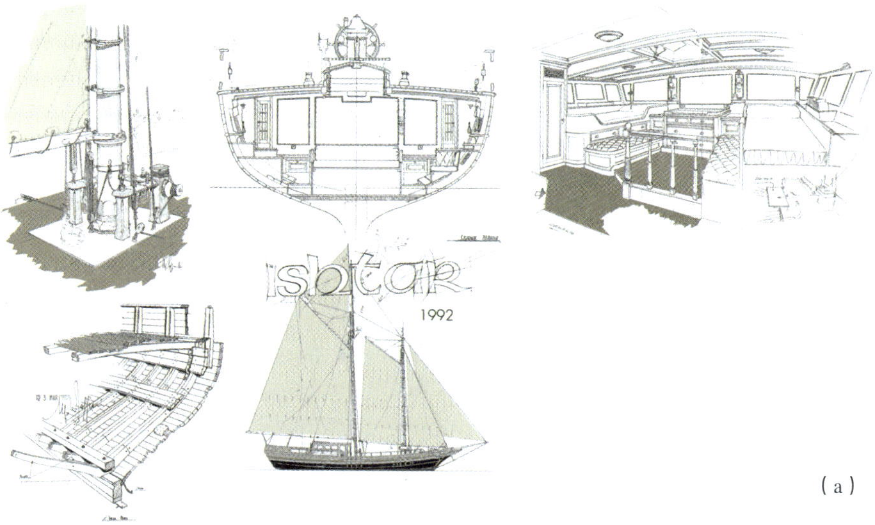

组图6-6

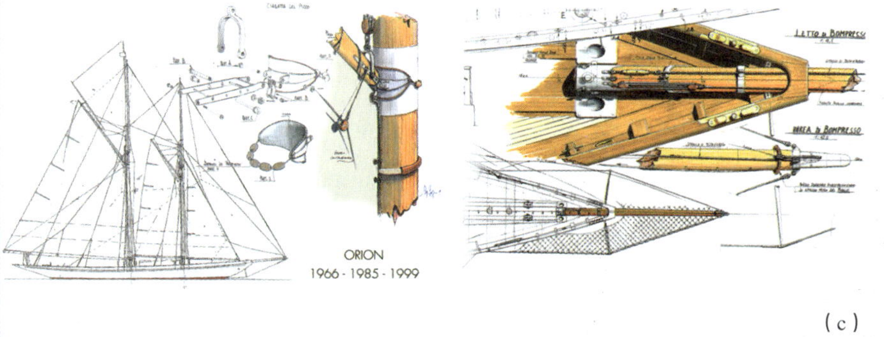

(a) ISHTAR，平面和草图，在此Faggioni面对修改设计中的问题，这些图纸与艺术品类似，在表达技术的同时也反映了设计者的美学基础；(b) AQUASTRADA，Rodriguez船厂1990委托Faggioni的轮船图纸，也就是当代快速轮船的基础，GUIZZO和SCATTO是最早的两个案例，Faggioni的图纸又一次体现了他所设计的作品的实用性及统一性；(c) ORION，Faggioni设计修改的图纸

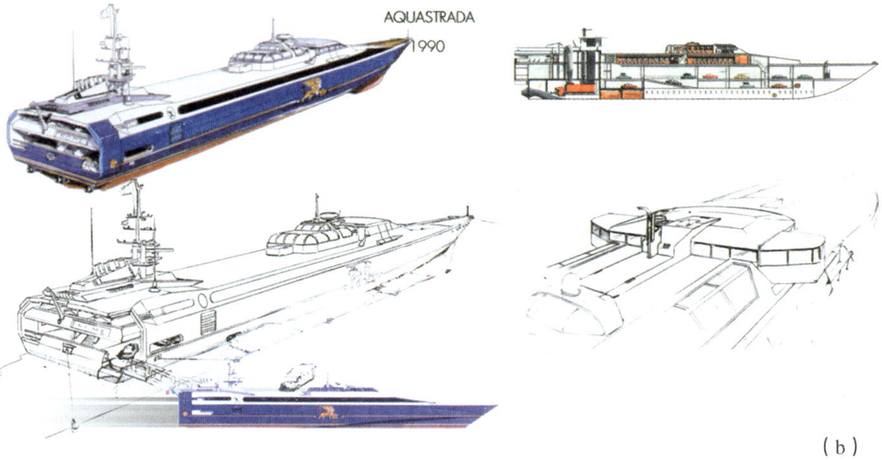

(a)

(b)

(c)

06 地中海风格

组图6-7

(a) Navalcantieri船厂, MULTI 98, 1978年, 由Faggioni设计的小摩托渔船的草图, 虽然采用低成本的玻璃钢, 但Faggioni 用技术知识来优化产品设计, 最终产品并不如图纸上的方案, 又一次证明了图纸可以升华真实;
(b) Navalcantieri船厂, MULTI 98, 纵向剖面以及内部布局平面, 增强玻璃钢。总长9.75m, 宽3.33m, 最高1×80Hp Fiat AIFO, Faggioni的最后玻璃钢绘制图纸之一; (c) MARLIN 修复方案的图纸, 曾经属于肯尼迪家族的通勤船, 为了让大银行家到华尔街上班, 能够快速在长岛和马哈顿通勤, 这虽然不是一个地中海船型, 也能够体现出设计师的特点和价值观; (d) Faggiolini, 地中海超级游艇, 具有地中海风格的设计草图; (e) 1901年Thomas Lipton穿着游艇水手服装的样子, Vanity Fair的插图, 身为茶叶商人, 他为美国杯徒劳地奋斗了5次; (f) SHAMROCK, 图纸, Illustrated London News发布的一些草图, 展示的是1930年参与美国杯的Shamrock V所带来的创新

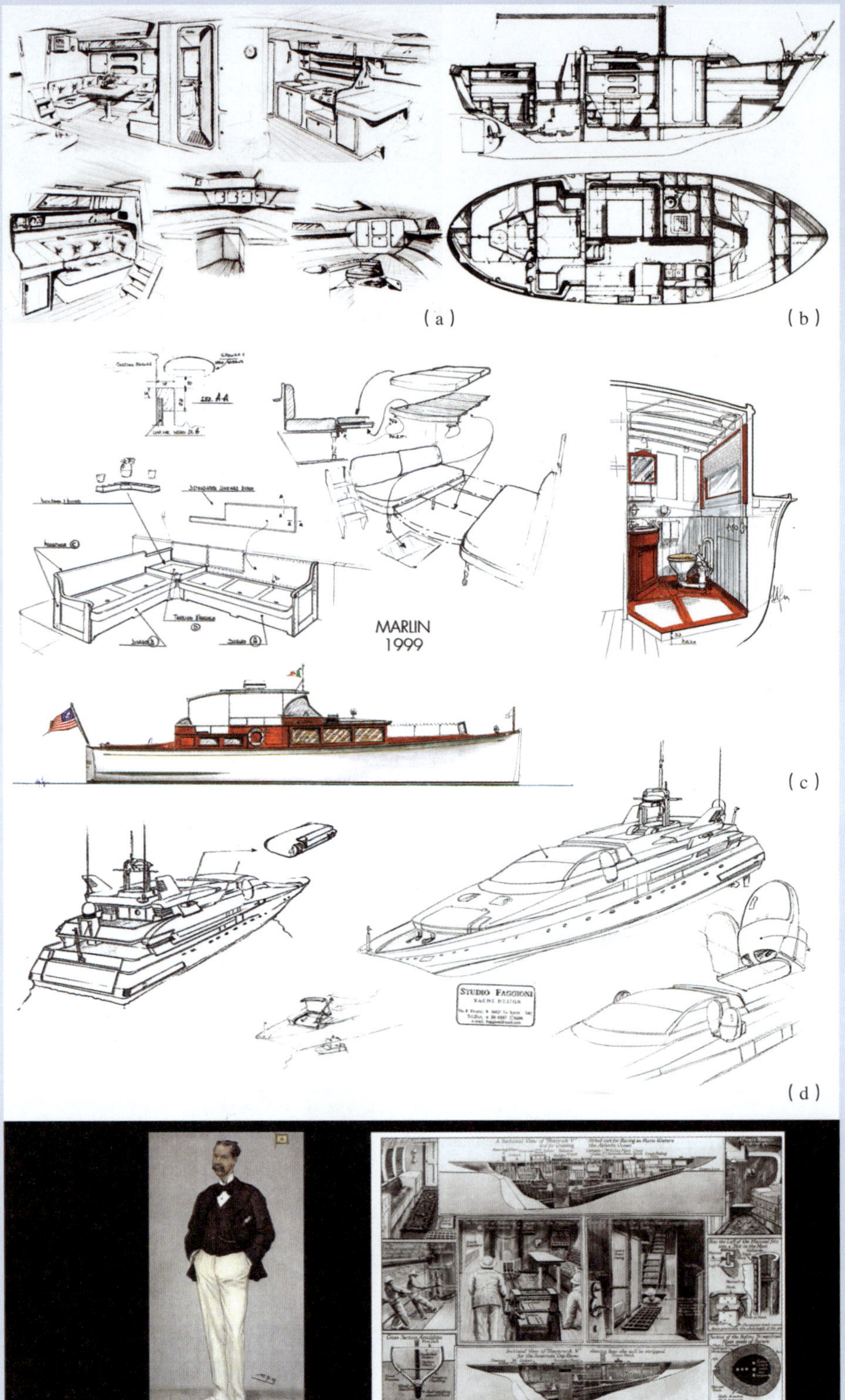

组图6-8

（a）图中是缅因州游艇港汽艇的聚会，这几个是当年在美国流行的所谓Cutwater或者Canot-automobiles游艇；（b）CHRIS CRAFT RUNABOUT，防腐处理的桃花心木的船，这种船进入了欧洲市场，算是Carlo Riva设计的灵感；（c）甜蜜生活时代RIVA的作品，ARISTON的第一个产品，带着它经典的软顶棚，一个当年的美女从窗户探出来；（d）当年Riva的JUNIOR船用胶合板汽艇的平面广告，广告的平面设计带一部分图纸、一部分草图还有一部分照片，体现当年流行的平面设计风格；（e）碧姬·芭铎在圣特罗佩坐她的RIVAJUNIOR时拍摄的照片（照片来自于Riva存档）；（f）安妮塔·埃克伯格在乘坐一条有特殊挂毯的TRITON（照片跟现在的流行风格接近，如罗伯特·卡沃利的风格）

·71·

06 地中海风格

组图6-9

(a) 1971年Giorgio Barilani设计AQUARAMA的最终改进版，SPECIAL系列，重新设计了尾板，防滑材料覆盖的镂空通道，便于连接到卫生间；(b) AQUARAMA鼻艏的细部设计，Carlo-Riva要求亲自参与每一个设计，因为怕外传文件，要求每一个设计都画在白纸上，而不是描图纸上；(c) Barilani完成RIVA 2000的设计，从Renato "Sonny" Levi的工程设计诞生，三款以汽油为动力的发动机带三个表面螺旋桨和刚刚在DRAGO Italcraft游艇上实践的步进驱动电机为整套的动力推进系统，需注意的一个细节变化——原木材扶手后来改成了更适合运动风格的倾斜不锈钢扶手；(d) Barilani, RIVA SUPERAMERICA的细节，注意舱室的螺旋阶梯，连接一个筒形休息空间，这意味着舱门采用弧形，虽然并不容易生产但是Riva船厂的工匠完美地实现了，由于它精美的质量，Riva比同级竞争品牌一般要贵一倍；(e) Symbol杂志的一个很有代表性的封面，Riva跟Ferrari和Rolls-Royce共同投资的杂志

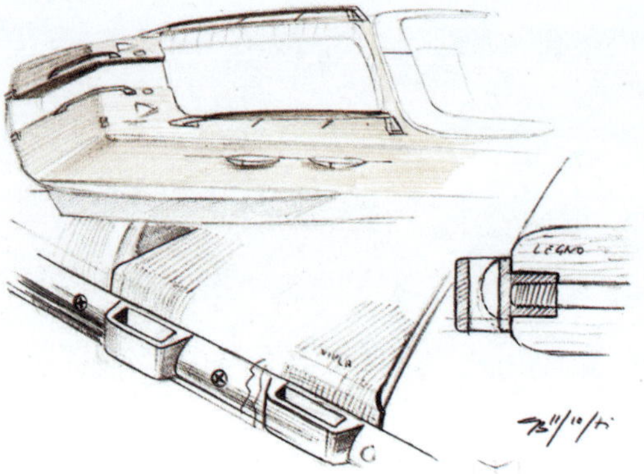

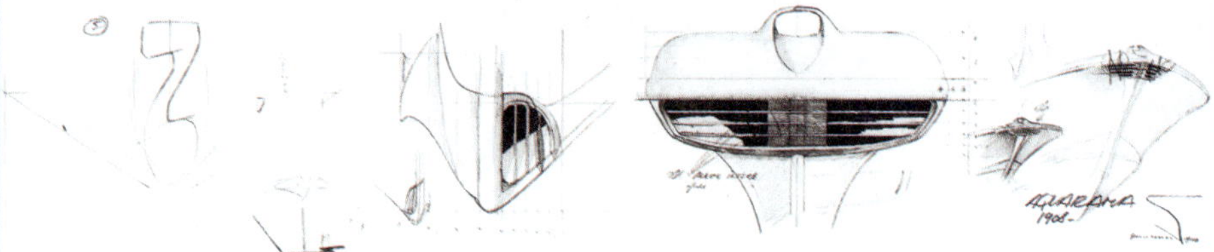

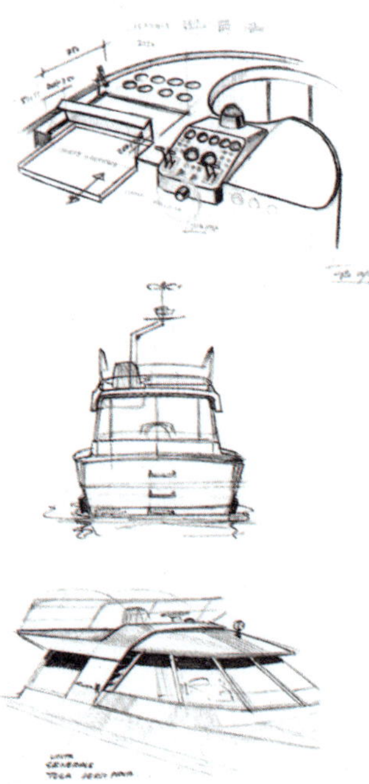

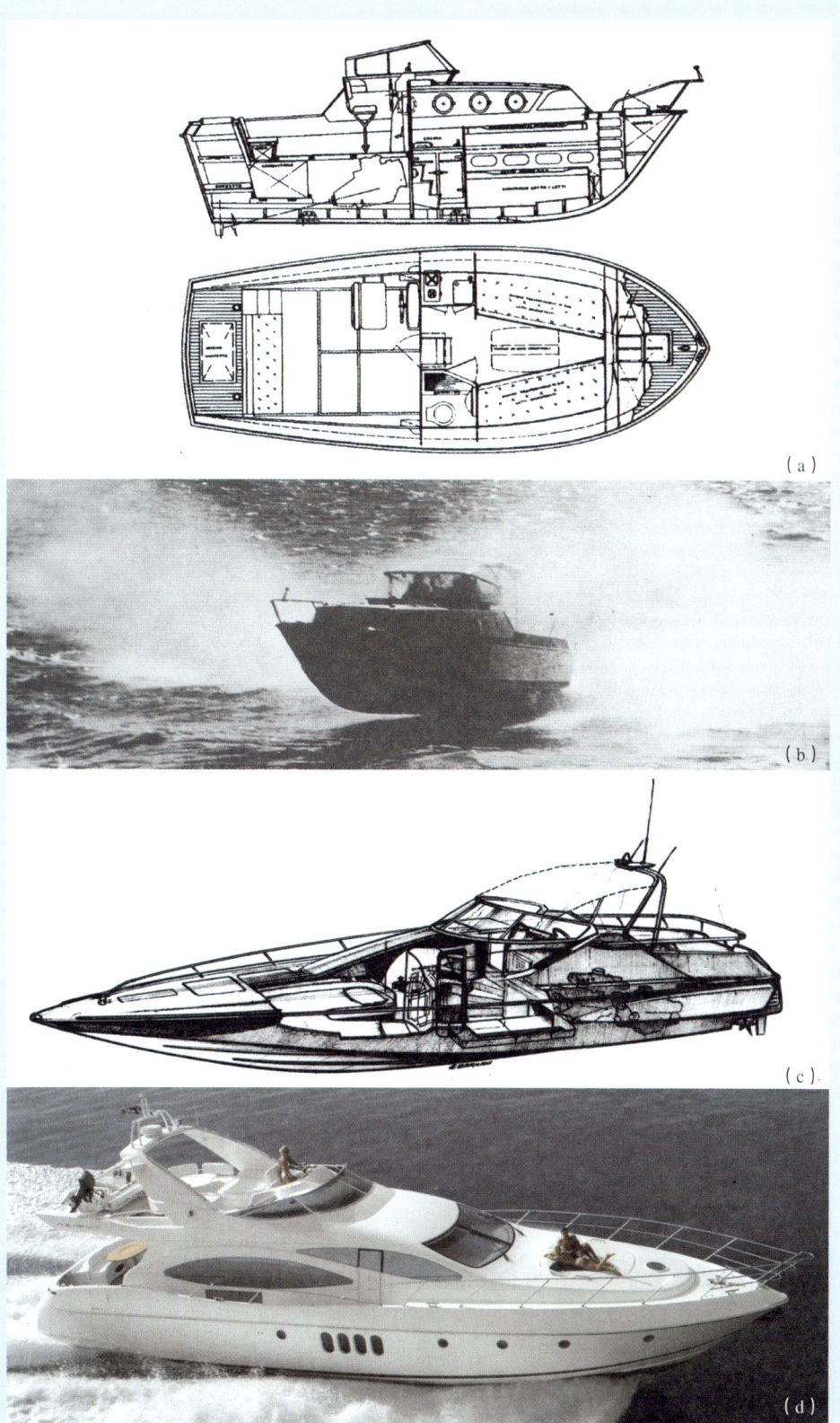

组图6-10

(a) ITALCRAFT X1 "金螺旋桨"，1962年，高速游艇，总长8m，宽度3.1m，动力2×300Hp克莱斯勒汽油发动机，最高速度78km/h，这条家用巡航艇成为第二届Viareggio-Bastia-Viareggio船赛的冠军；(b) 1963年ITALCRAFT X1 "金螺旋桨"在参加"维亚雷焦－巴斯蒂亚－维亚雷焦"比赛时的照片；(c) RIVA 2000生产分解图，Giorgio Barilani RIVA 2000，注意内部空间布局以及"monstre"机动化——三台350HpV型8缸汽油发动机，美国Crusader生产，Riva船厂改造了以后加工带有自己标识的气缸缸盖；(d) Stefano Righini设计的AZIMUT 68，这条游艇的纯粹线条和优雅的比例，构成了他的代表作，生产引发很多竞争对手复制的一款船型，也代表当代地中海游艇的原型——采用玻璃钢材料的船体制造方案，能够把不同的元素融合到同一个有机形态中去

·73·

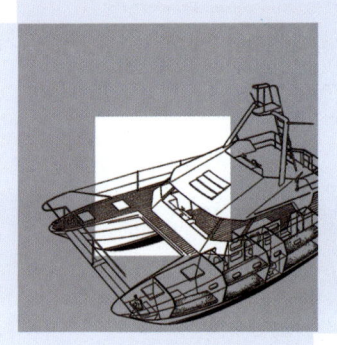

——从概念到实物

21世纪地中海风格
当今游艇设计走向何方？

当今趋势

很多人都有这样的疑问，当今的文化是追随着科学和技术的创新而发展，抑或它只是简单的追随消费文化的变化而改变，反复使用已有的各种设计方案，吸引客户认可并消费。

今天的地中海风格与20世纪70年代最初出现的地中海风格有哪些不同？客观地说，现在的贫富差距正逐渐缩小，UCINA[1]的统计数据显示，在过去的30年里，游艇的数量增加了很多。人们越来越有钱了？还是游艇越来越便宜了？航海文化大大普及了？还是航海的人数量成倍增加？用一句话很难回答这些问题。

一方面，游艇生产方式和技术的革新，玻璃钢和复合材料的普及，相比过去，现在游艇的生产成本下降很多。另一方面，社会结构也发生了很大变化，社会资源分配方法和过去有所不同，公民教育和认知也存在很大差异。低成本技术、科技的普及、消费文化、这些因素使得工业产品能够普及到大众层面，这其中也包括游艇的普及。意大利的游艇产业得到很大发展，如同法国的游艇业发展一样UCINA也积极推动。意大利政府颁布

---

[1] 意大利船舶工业协会(UCINA)：是一个非赢利性组织，致力于发展和推动船舶行业，推广海洋知识和船舶旅游。意大利船舶工业协会的总部位于热那亚，它是意大利工业联合会(Confederation of Italian Industry)的成员，隶属于交通和基础设施委员会。意大利船舶工业协会的机构工作包括与政治、社会和政府部门之间的交涉。协会积极地与基础设施部、交通部、经济发展部、环境保护部、经济和财政部开展合作，以及在游艇贸易方面与欧盟保持通达。

07　21世纪地中海风格

了一系列促进游艇文化和产业发展的政策（这进一步引发了议会针对于游艇产业的政策方向及力度）。

那么，地中海风格的游艇将要走向何方？

自从小渔船 gozzo 从生活和工作用途变成了休闲和娱乐用途，游艇便逐渐增加了身份象征的意义。在过去，拥有一条小船本身就是一种社会目标。小船代表了一种身份（而所谓的大船是不超过 10m 的带舱游艇）。如今，10m 成为法律上休闲小艇和渔船的区分标志。如果一艘小艇超过 10m 且带有功率小于 50Hp 的发动机，那么它是无法注册和办理牌照的，这意味着什么？这意味着在法律上这样的小艇不被包括在小型游艇的范围之内。

从小艇、中型游艇到大型游艇

以上情况越来越突出：因此，现今游艇尺寸越来越大。

这样，便出现了 10m 以内的小艇，10~20m 的中型游艇，以及超过 20m 的大型游艇。不过，真正私人游艇俱乐部里的游艇都是所谓的 "over-hundred"，即长度超过 100ft（大约 30m）。实际上这些超级游艇的数量很大。

超级游艇

大型游艇数量增多的原因是由于现在的世界越来越小。全球化的贸易滋养了意大利游艇业，这些企业由于制作工艺和管理水平的高超成为了世界顶级游艇的生产基地。意大利是世界上设计和生产超级游艇最多的国家。这促进了意大利的贸易平衡，也是国家生产力的一个重要指标。用游艇炫耀的需求要和当代多样化及民主的都市生活方式结合，以保证政治层面的正确性。纯粹的炫耀是恶俗和有缺陷的，这样的需求应该逐渐走向朴素。

沿着这一思维方向，最后有价值的东西必须是具有最低调的外在形象的，反而直接的视觉上的装饰会被认作是粗俗和令人讨厌的。虽然这些还很肤浅，但在航海产业中，社会学、行为学和心理学是品牌营销和策划时需要做的基础研究。将市场趋势研究与预测放在公司战略的中心位置意味着公司发展顺畅，并能促进团队的发展。反之，如果一个公司忽略这些因素，则意味着该公司盈利能力欠缺及需要裁员减压。

那些最成功的企业都是能够感知下个季度市场趋势和潮流方向的

公司。

让我们回到本节开头的提问：地中海风格的游艇设计从 20 世纪 70 年代起到现在都经历了哪些变化？

首先快速地回顾一下上述内容：随着船用胶合板技术的发展，出现了经典的地中海风格动力艇，之后人们发现玻璃钢最适合作为游艇批量化生产的船体材料。如今，原材料的塑形能力越来越强，所以船的造型越来越生动。从直线型的严谨，发展为曲线型的流畅，再到象形图案风格的个性化。 组图 7-1

随着技术的发展，计算机辅助设计能够真正实现三维建模，通过模拟生产、组装、打印、加工等一系列流程，前期设计阶段的验证提高了后期制造的质量，生产过程也越来越高效，整个设计制造的过程成本大大降低了。

于是，新千年到来之后，船厂（与帆船相比，动力艇更多）船型设计的越来越像健美选手的外形。这些低成本的曲线形式的设计方案今天已经被淘汰。 组图 7-2

最主要的创新荣誉都属于 Luca Bassani。这位优雅和具有被社会顶层认可所需要的个性的先生勇敢地简化了游艇设计，去掉了所有装饰，追求技术形态的一致性。 Bassani – wally 游艇

进入帆船界他成立了极简和高科技摩纳哥工程公司 Wally，该公司的业务是给船厂提供技术、设计、策划等服务。从第一个 Wallygator 帆船开始，Bassani 和 Luca Brenta 的设计证明了可以有另外一种游艇设计趋势。 组图 7-3
Brenta 设计师

Wally 的工作方法是：采用最新技术，通过计算机辅助设计及制造，分配给一个由项目经理带领的技术核心团队来执行。每个产品都应用同样流程设计生产。这样，Wally 能够同时将工匠的独特制造工艺与工业化的思维相结合，这有利于创造真正独特的产品，同时又具备定制化设计和批量生产的能力。

虽然有相同之处，但 Wally 和 Riva 是两个相反的概念。跟 Riva 一样，Wally 是产品的导演，同样雇用外部设计师。和 Riva 不同的是，Wally 船不带有任何装饰，是纯粹的漂浮着的极简主义（在此，极简主义不代表 Riva

便宜：在简洁的造型里包含复杂的技术和高级的材料，价格更高）。如今，Wally 代表游艇设计公司的一种新思路，他不仅仅是一个服务性企业，同时也拥有自己船厂和库房。Wally 的创新技术和性能在超过 100ft 的帆船领域里没有竞争对手。最近几年 Wally 开始研究小型摩托船的设计与制造。

Wally 生产的第一条动力船是一条补给船（Wallytender），它类似于一个 14m 长的大中控制台橡皮艇。生产它的目的是给大型的高性能帆船作配套用船。之后又生产了 Wallypower，并果断地进入了大型动力艇市场。

惊艳的 Wallypower 影响着新千年的地中海风格游艇，从她身上可以看到 21 世纪新的地中海风格的鲜明特征。虽然因为它有三个大马力的发动机，有可观的能源耗量，可能不能够算低调或理念上的正确，但是 Wallypower 设计仍然是所有将来的地中海风格船厂都得面对的挑战。这些设计词汇构成了游艇工业更广泛的新思路基础。❶ 纯粹的艇体、高识别度的元素、讲究的色彩、简约的设计，这基本上是未来产品的设计路线。

可能唯一产生的问题是关于形态和体积的过度简化，船厂需要想方设法将各种技术和机械装置隐藏起来。

组图 7-4　真正的危险在于，很有价值的设计语言一旦被严格执行，设计出来的产品不一定那么成功。这样设计的游艇仅仅模仿外在的形态而不表现设计理念的核心价值（不管是因为商业目的，还是因为设计能力的缺乏）。就像阿道夫·鲁斯和勒·柯布西耶的理念在 20 世纪 50 — 60 年代被当时的开发商曲解的一样，Wallypower 也会影响一系列制作质量不高的产品。这些产品仅仅不恰当地模仿了 Wallypower 简单的外形而忽视了 Bassani 设计的核心理念。如果将来的游艇设计师没有接受足够的专业教育，技术思维单一的设计师会设计出越来越多的类似没价值的产品。

如果将来的设计师能够超越简单的外在因素并且克服精神上的被动

---

❶ 有趣的是，Wallypower 的风格与斯坦利·库布里克的电影《2001 太空漫游》里的一个场景中出现的令人难忘的黑色石板极为相似。Bassani 大胆地一改以往动力艇朴实的外观，而使外观形态更为纯粹，可沿轨道移动、可变形的液压平台使人叹为观止，就像电影中组成人工智能电脑哈尔 9000 的透明组件。

和因循守旧、掌握当代趋势，并且将传承下来的经验（小艇、新极简主义、设计大师的作品等）融合，那么再去研究和学习大学里或书本上的内容才有可能被真正地理解和解读。将来地中海风格游艇设计的文化基础在不断地演变和创新。

大师之言

为了更准确地定义，我们认为在此提到地中海式游艇设计大师之一是非常重要的。该风格方向的真正创始人就是已提及的 Paolo Caliari 先生。目前他生活在蒙特卡罗和佛罗里达，在 40 年的游艇设计工作经历之后还在设计非常精美的游艇。

Paolo Caliari

Caliari 建筑师接受了 Massimo Musio-sale 的独家专访，他简洁地描述了他对于游艇设计的地中海风格的独特视角。他叙述基于 20 世纪 70 年代的游艇设计以及关于当代的设计趋势的反思。

PC（Paolo Caliari）：亲爱的 Massimo，很高兴再次见到你！首先很欣赏你聪明的提问，再者我回复你的问题都很简洁，跟我的性格很像。

MMS（Massimo Musio-sale）：Tiger 的成就始于多年前开始的围绕这一船型的创新过程，从 GA40 开始，通过 Baglietto 18、16、50、14 及非对称的 50 等的一系列演变。不管怎样自 Tiger 出现之后动力游艇设计就再也不一样了：也许是由于形态完全创新，或者发动机舱和空间分配非常大胆，或者是亚光黑色配开心果绿的底色，或者是由于船用胶合板组装的形态和采用的科技的变革。带领这些革命性设计的最终思路和必要条件是什么？如何创造游艇设计方式的新基点？

组图 7-5
组图 7-6

PC：由设计意志趋向决定的。

MMS：关于当代的动力游艇，Paolo Caliari 先生怎么定义地中海风格？这类游艇的基因是什么？

PC：新型的动力游艇跟地中海风格没有什么关系了。地中海风格原本是理性的、一致性的而不涉及任何装饰性。而当代的动力游艇经常被视为是地中海风格游艇退化的结果。

MMS：说到地中海式动力游艇，哪个产品的审美、形态、空间分配和技术最具有代表性？

PC：所有的 Leopard 系列，尤其是 27。

MMS：Paolo Caliari 对于船舶设计的创新不停留在 Tiger 上而涉及其他船型。在此必须提到 Puma1 和 Puma2，虽然他们的空间分配和形态与美式带开阔甲板的大汽艇及钓鱼艇中央控制台等类似，也提前预计了最近 10 年的 Apreamare 等钓鱼艇方案。为什么当年的 Puma 没有最近这些方案那么受欢迎？为什么 Puma 当年没有被理解？

PC：当年的市场还不够成熟，尤其是当时普遍认为 10m 长的船的设计应该是一座漂浮在海上的别墅，但是 Puma 只有一张床……

MMS：Paolo Caliari 和 Riva 船厂的关系：Superamerica 玻璃钢新科技的出现没有使 Aquarama 的不拘一格装饰主义消失。这个设计语言怎么结合 Tiger、Leopard、Jaguar 等船型的严谨表现语言？

PC：不拘一格装饰主义……严谨表现……你已经回答了。没有结合点。

MMS：形态和功能或者形态和科技的严谨关系，都是 Paolo Caliari 作品的要素。这些属于建筑理性的基础要素，也接近当代的极简主义。那么您怎么看最近的复古风格产品，尤其是最近 Navalia 船厂出的 Romantica？

PC：Romantica 对我来讲代表一个研究成果、一个难题和挑战，也受到我在美国生活的影响。

MMS：Leopard Sport 的现象跟保时捷 911 很像：虽然看起来一直没变，但是一直在演变……这样的现象在基于哪些条件下才会发生？

PC：经典的东西很现代，现代的东西很经典；如果一个产品能理性对待审美和功能需求，那么这个产品会具备超越时代的正确性。

MMS：在颓废的千禧年末 Wally Yacht 的设计思路逐渐趋向于将船体形态简化。您怎么看建筑领域里的极简主义以及它与当代游艇设计和科技的互动？

PC：我是极简主义者，我接受的是理性的、跟建筑学比起来更接近于工程学的教育。

MMS：Paolo Caliari 对图纸和设计的关系怎么看？是初步概念构思的深化工具，还是方案表现和展示手段？

PC：对我来讲，图纸是概念设计构思的深化工具；对观看者来讲是方案的表现语言。

MMS：在游艇设计的工业设计领域，您是不可替代的代表。

跟很多其他的设计大师不同（如 Sparkman&Stephens、Ray Hunt、Renato Sonny Levi 等），您对方案的出发点一直是产品（批量）生产的技术，而后才是流体力学。我这么说是否正确？

PC：正确，这也是因为作为游艇设计师，我之前学了多年的工业设计和预制生产。不过流体力学是游艇设计领域里必备的学科知识。

MMS：Paolo Caliari 对于大学教育的看法：除了担任 Ft. Lauderdale 艺术学院的名誉教授，您怎么看意大利大学工业设计尤其是关于游艇设计的教学？

PC：意大利的大学系统终于跟上了。建筑设计不能仅仅停留在砖上。

MMS：在哪些条件下一个工业产品会成为一种艺术品？

PC：一旦这个产品符合所有的设计原则而不是仅仅经过了设计的美化过程。

MMS：这些年以来在您所设计过的方案里您认为哪个最具备被称为艺术品的条件？

PC：其实不应该由我来回答此问题；Tiger……

07　21世纪地中海风格

组图7-1

UCINA统计数据的表格显示产品出口和超级游艇产业的产能数量关系

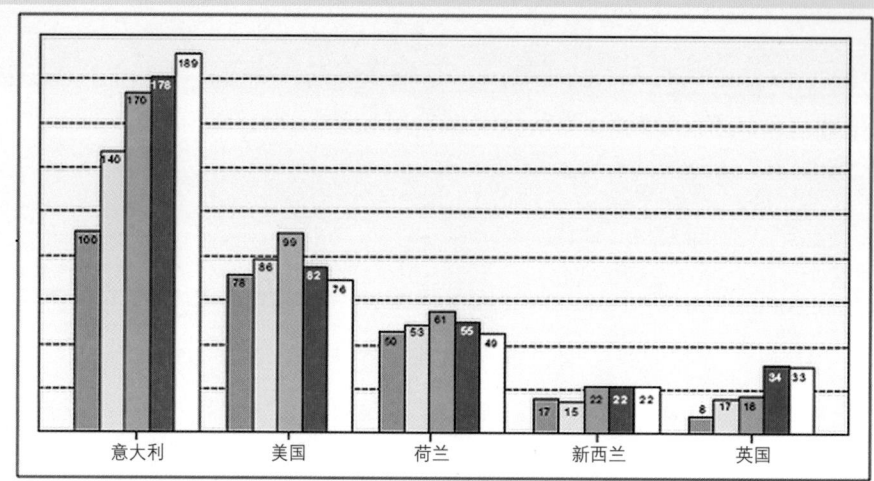

超级游艇的建造长度的前五名中，意大利的建造数增长最快，新西兰的建造数较平稳。

意大利的超级游艇产量从2000年开始比美国更多，一跃成为世界第一。

图表1

超级游艇订单排行从1998—2004年世界前五的超级游艇生产国的产能趋势。

2000年　2001年　2002年　2003年　2004年

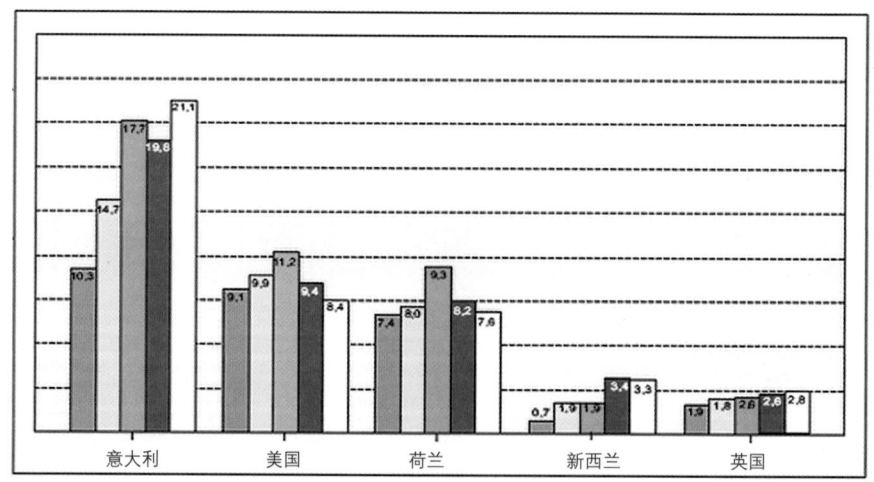

在排名的比较下，超级游艇的建造数量的图表中表明，保持游艇产量的稳定性的前三名中，一直有英国及新西兰。

与前一年的产能项目比，只有意大利和新西兰具有增长的趋势。

图表2

超级游艇订单排行从2000—2004年世界前五的超级游艇生产国的产能趋势。（长度以英尺计）

2000年　2001年　2002年　2003年　2004年

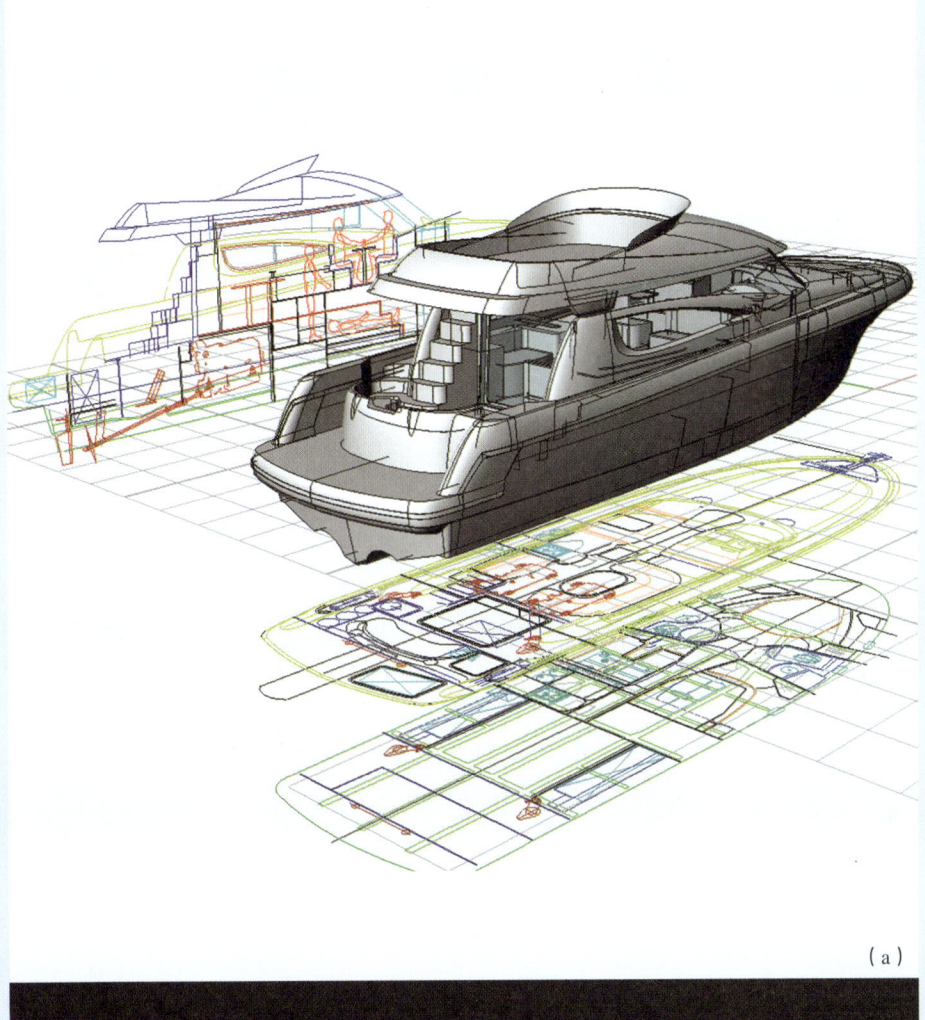

(a)

(b)

组图7-2

(a) CAD图纸的案例（Garroni和Muio-Sale为Jeanneau，通过计算机完成模型）；
(b) AZIMUT 40，侧面，2004（由Stefano Righini设计，Paolo Vitelli船厂生产，属于最新的地中海风格动力艇方案）

7 游艇设计

——从概念到实物

07　21世纪地中海风格

组图7-3

WALLY 105 WALLYGATOR 新设计思路的创立者，由Luca Brenta在Luca Bassani的指导下设计的，使用他的形态和技术从来没有人尝试过，他的逻辑是为了产品的使用便利，而使用所有能用到的高科技，相当于人体工程学领域里采用了比尔·盖茨的革命性思路，通过发掘硬件的潜力让Windows XP或者Vista能够提供之前不能想象的性能，同样Wally的船通过极具当代科技含量的伺服机构的采用，能够综合极致的性能和简单的操控，甚至一个人也能航行

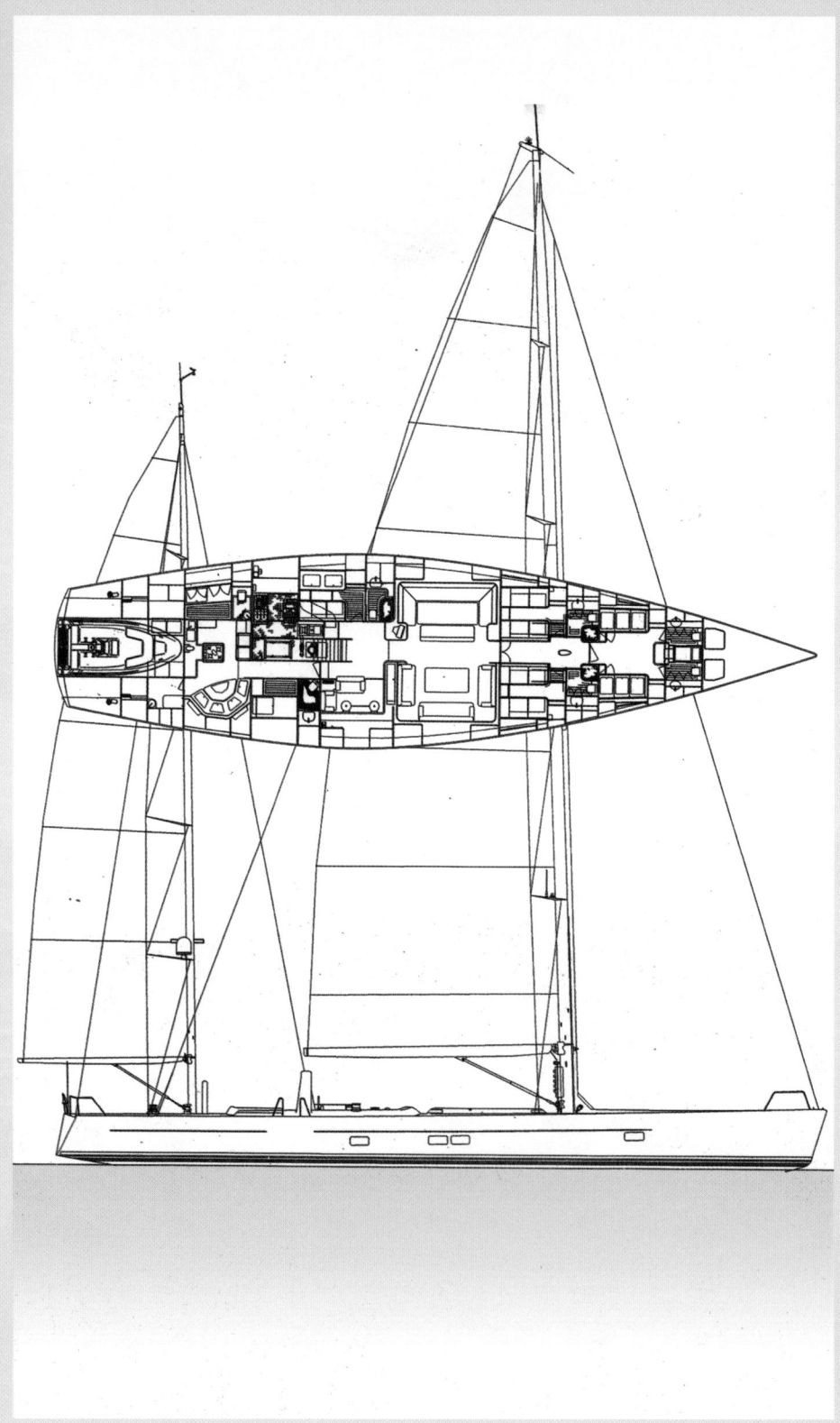

组图7-4

Wally游艇的航行测试及表演

(a) TIKETITOO，Luca Bassani思路下的一个大作，所有的部件和谐地融合到一起，图中就能看到桅杆和船体同样采用碳纤维材料，同样碳纤维的风帆也经过色彩的整体考虑；(b) Wallypower，总图，测立面图注意体积的简洁，剖面图注意加强顶层的整体性的独特空间分配，最后在室内配饰平面图上注意发动机占用的巨大面积；(c)、(e) Wally tender, Luca Bassani的这个产品原计划是给超级游艇分配的补给船，实际上最终成为了独立的一个产品，但是它的价格阻碍了它的推广；(d)、(f)、(g)、(h)、(i) Wallypower室内、行驶中、锚定时的图片；(j) 住宅单元，马赛1947—1952年，Wally游艇与柯布西耶的住宅风格类似，这是风格的杰出表现还是空间的变异呢；(k) 加里·洛克伍德，2001太空漫游的主角，1968年[(a)、(b)、(c)、(d)、(e)、(f)、(g)、(h)和(i)照片属于Wally存档]

07 21世纪地中海风格

组图7-5

（a）Paolo Caliari最近的一张头像；（b）Giorgio Barilani, Riva Superamerica标识和金属细节；（c）GA 40, Caliari, 地中海式摩托游艇的序幕，风格还没有完全明确，补给船占用了座舱的整个空间导致不能用作休闲活动，该船曾属于阿涅利，他给这条船起了这个名字是为了庆祝他40岁的生日，此船之后他又拥有了Levi设计的G50和为庆祝菲亚特百年历史的F100航海拖船；（d）LEOPARD 27, Caliari认为它是他所有设计过的最具备地中海特色的游艇

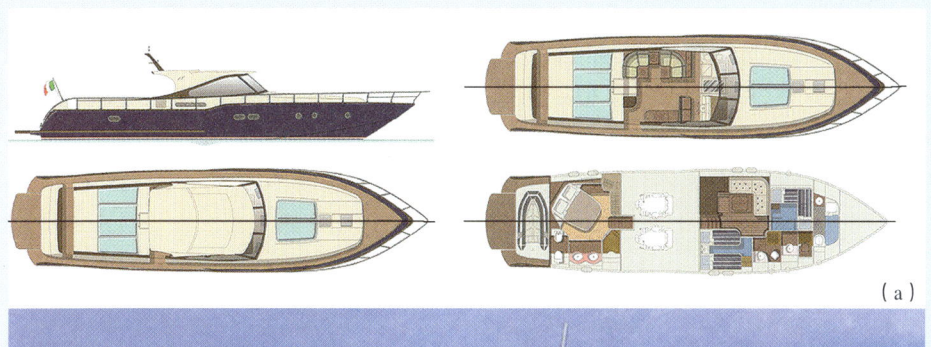

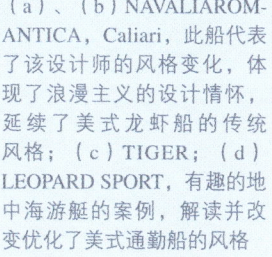

组图7-6

(a)、(b) NAVALIAROMANTICA, Caliari，此船代表了该设计师的风格变化，体现了浪漫主义的设计情怀，延续了美式龙虾船的传统风格；(c) TIGER；(d) LEOPARD SPORT，有趣的地中海游艇的案例，解读并改变优化了美式通勤船的风格

第2部分

游艇设计

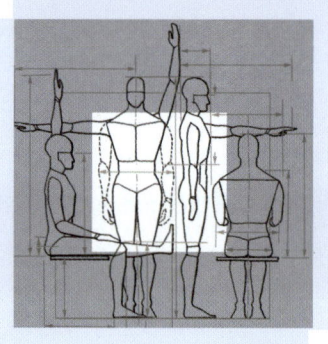

————从概念到实物

以人为本的设计
基础知识

人体工程学要素

任何与人相关的精心设计,其内在基础都是对运动学和人体解剖学的概念认知,他们被综合定义为人体工程学。

人体工程学诞生于第二次世界大战之后。随着工业产品的优化,该学科获得了广泛的发展空间和普及。❶

人体工程学随着其在工业产品中的不断应用,逐渐细化和深入发展。如今,我们可以在各大汽车和飞机制造商的信息库里找到最完整、最精细的人体测量参照模型数据。

这方面最全面的数据来源于美国航空航天局出版的 3 卷名为《人体工程学原始资料集》的研究。为了正确地测量出居住空间或模型的尺寸,第一步要做的是获得人体、周边环境以及二者相互作用关系的数据。

美国航空航天局的人体工程学研究

人体工程学对于设计非常重要,忽略这门科学会导致严重甚至致命的后果。

我们试想一下,在乘客疏散撤离船舶或飞机时,正确尺寸的紧急逃

---

❶ 人体工程学具有悠久的历史。第一部辩论该问题的完整论述是由维特鲁威于公元前 1 世纪所著。但在早期文明中,特别是在希腊文明时期,已经对该问题进行了讨论。在古代,编纂人体度量关系的本质目的是为了创造美,主要被用在雕塑领域。编纂关于人体的首部理想著作的愿望,为人体工程学的研究提供了"有力"的支持,带来了真正的理论化(有时理论化也是从实际情况抽象而来)。随着 15 世纪佛罗伦萨文艺复兴的发展,其倡导的数学精神洗礼了那时的知识分子,于是黄金比例得以确立(I:M=M:m),它是人体模块化分割的"最高法则"。从达·芬奇到勒·柯布西耶(根据《Modulor》的研究),黄金分割变成了一种被西方文明认可的比例工具,正是因为被如此深刻地认可,它依然影响着当今的审美品位和设计,并且不仅仅局限于建筑设计方面。

08 以人为本的设计

生滑道有多重要；或者再想一下，为防止意外事故而依据人体工程学原理设计的正确尺寸的儿童玩具、带栏杆的车载儿童安全座椅、摩托车头盔的盔型以及汽车安全带的位置，等等。

在继续展开之前我们先暂停一下，去回想人类进化与周边环境的相互关系。我们可以发现一些持续变化：一方面，人类从史前时代进化而来，通过改变自己来适应定居生活；另一方面，人类生产出越来越完美的产品，增加舒适度来满足日益增长的需求，实现高品质生活的目标。

观察周围环境，我们可以得出结论：人类用创造力生产出的任何产品，其尺寸大小都是由人体工程学决定的，我们坐的沙发、写字的笔、阅读用的眼镜……所有这些产品的尺寸都与人体特征相关。

"存在数以千计的人体尺度和人体工程学比例值"，正如 Albert Damon（哈佛大学公共卫生学院）认为的那样"如果要定义一些以人体工程学为目的的有用数据，以下 10 个是最重要的尺寸，按顺序依次为身高（身材）、体重、坐高、臀部–膝盖距离、臀部–腘距离、臀宽、坐时的肘部之间的宽度、膝盖离地面的高度、腘离地面的高度以及大腿前后径"。❶

十大基本尺寸

图 8-1

因此，在进行建筑空间的标准化设计时，会以人体尺寸平均数值作为人体工程学的基点值。

应该强调的是，不是必须要把"中位人"作为一般的人体标准：地域、世代、种族等诸多因素的变化会导致差异化的出现。把普遍的度量尺寸作为设计的基础，而不去对照其实际应用的环境，也许是一个严重的错误。

现实情况是，不同的参照尺度标准体系之间存在着竞争：那些被欧洲、美国和日本所采纳的标准脱颖而出，成为先进的标准。

他们汽车驾驶舱之间的尺度对比是最有说服力的例子。

尽管都是为人所作的设计，但还需考虑到人种及个体之间的内在差异。

百分位

为了尝试将相类似的个体进行统一，人类测量学的研究采用了一种名为"百分位"的评判标准。基于这个标准，可以通过 1~99 的百分数的

---

❶ A. Damond，《设备设计中的人体》，剑桥 (MAS)：哈佛大学出版社，1971。

排序来比较同一人种的多个样本。

如果我们这样假设，中位人（被检测的特定人群的中位人）的身高位于第 50 百分位，这意味着：最高和最低（身高）之间偏移了 100%，第 60 百分位比平均值大 10%，比最低值大 60%，比最高值小 40%。

将此分析扩展到人体各部位的尺寸，则还存在部位差异：换言之，两个具有同样身高的、位于第 55 百分位的主体，可能前臂长度分别位于第 52 和第 60 百分位，等等。

所以，从自然界的角度说，不存在 10 个量值全部相同的标准的人（Damon），百分之百的"中位人"的概念是不存在的。

百分位概念除了在学术领域的应用，对于空间测量也是最根本的重要参数。即可以用以将设计进行量化：在一个最小的环境里，比如船舱，其有效内部高度将用较大百分位进行测量（不超过第 95 百分位，从而使得大部分用户能够直起身子）；而另一个例子是，船舱货架的高度采用较小百分位进行测量（不小于第 5 百分位，从而使得身高矮的人也能够舒服地摸到货架）。

> 使用百分位作为测量空间的工具

像订制一件衣服一样，"量身定制"一个建筑空间是非常困难的，而且这也许是个错误的想法。

由于大部分建筑空间不是为一个人服务的（不像 F1 方程式的驾驶舱），所以总会在尺寸制定上进行妥协（通常在第 5 百分位和第 95 百分位之间），从而能够更好地满足广泛的用户需求。

在此背景下，为了更好地了解这些一般性的问题，我们在此仅将人体工程学处理为"入门的学科概念"，刻意忽略一些特殊的情况。

在用实例图片介绍之前，需要强调一些成年男性、女性身体结构尺寸的重要测量数据，以及与运动学、居住相关的特征差异。

第一个方面涉及因性别而引起的差异，通常，一个男性的形象看起来更"令人印象深刻"（作者注：我不想成为一个完全凭经验进行对比的人体工程学家）。

从尺寸参数的分析来看，一个年龄为 35~44 岁的成年人体重如下：男性 71.7kg，排名第 30 百分位；女性 69.4kg，排名第 70 百分位。

08 以人为本的设计

男性和女性的尺寸差异

在身高方面，第 30 百分位男性的身高是 170.9cm，而同样身高的女性为第 95 百分位，身高是 170.7cm；在"经典"案例里，位于中位即第 50 百分位的男性身高为 174.2cm，而女性则是 161.0cm。

如果进一步深入对比一些独特的方面，我们会发现男女身体存在明显的形态差异，尤其是骨盆和肩膀的宽度。

案例研究——坐姿

我们生活中最重要的状态之一是坐着。

椅子的正确尺寸

尽管座椅的内部结构非常简单，但从人体工程学角度来说，座椅的

图8－1

人体工程学元素——参照尺寸

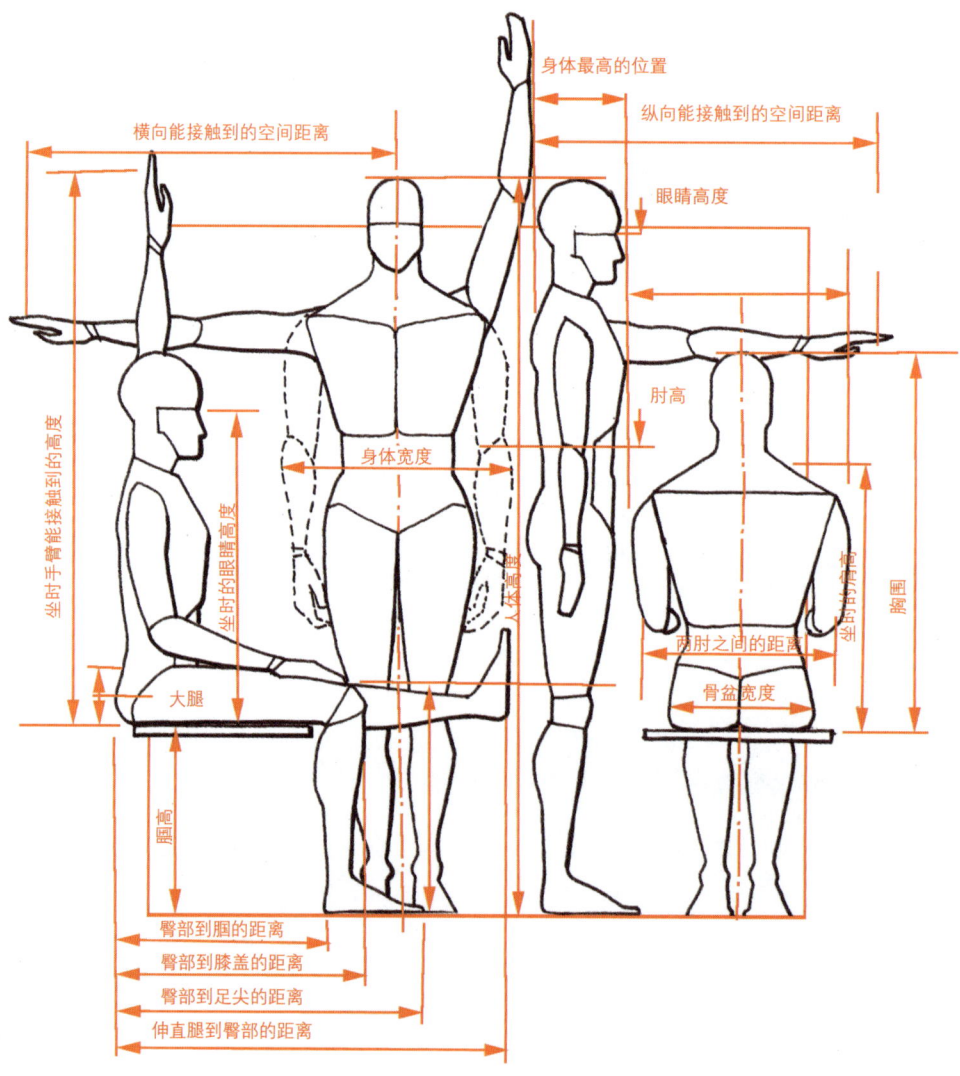

设计是对设计师最大的考验。

座椅椅面过高会使脚的跗骨区域离地，这样大腿内侧会过度收紧，导致身体总体平衡度下降，双腿血液循环不畅。

反之，座椅椅面过低会使双腿伸出过长，为保持身体平衡需要双肩前倾，这样上半身会离开靠背，导致背部缺乏必要的支撑。

座深太短，会使一部分大腿得不到支撑，从而迫使身体的重量集中到一个特别小的区域；反之，座深太长，则会对腿弯产生压力，影响下肢血液循环。

椅背的主要功能是保证对腰部脊柱形成有效的支撑，其大小与椅面直接相关；通过调节这两部分的相互倾斜角度和宽度，就可以得到不同的坐姿。

通常情况下：偏向躺一些的坐姿决定了椅面不用太高，椅面和水平面成较大的角度，椅背需要宽阔到能够支撑整个脊柱，甚至可以通过头枕来支撑头的重量。如果坐姿非常笔直，则椅面要高，椅面角度基本水平，椅背不用很宽，接近垂直。

扶手是非常重要的部件：除了帮助支撑身体外，还有利于促进总体的平衡；在具体功能方面，诸如电子操控台的管理，扶手有助于手臂的移动，使得手能够进行最精确的操作。其标准高度与处于休息位置的肘有关，而肘又与椅座高度有关。

最后，来说说椅座的填充物，其基本功能是将一直压在椅子上的体重分散到更广阔的面积上。

"椅座的柔软程度直接关系到舒适度"是一个完全错误的观点；过度填充的椅座会引起极度的不舒适和疲惫感。

关于家具尺寸的精密设计，如厨房或驾驶室设计，需考虑人能够接触到的范围大小，上半身延展时所能接触的基本范围，还需要考虑以平移和旋转运动为本质的人体运动学。

实际上，现代操控台的设计都是将操控部件放在用户的径向位置，使用户通过很小的移动就能进行最广泛的控制和管理。

座椅表面

椅背

头枕

扶手

填充物

技术空间的尺寸准则

图 8-2
图 8-3
图 8-4

接触到的范围大小

图8-2

人体工程学元素——
家具的基本尺寸（一）

注：白天活动区域（餐桌椅和厨房）。

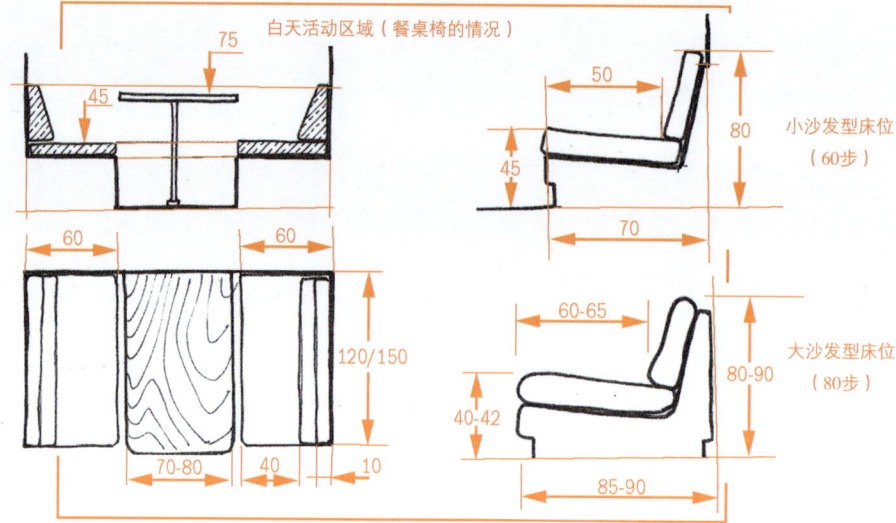

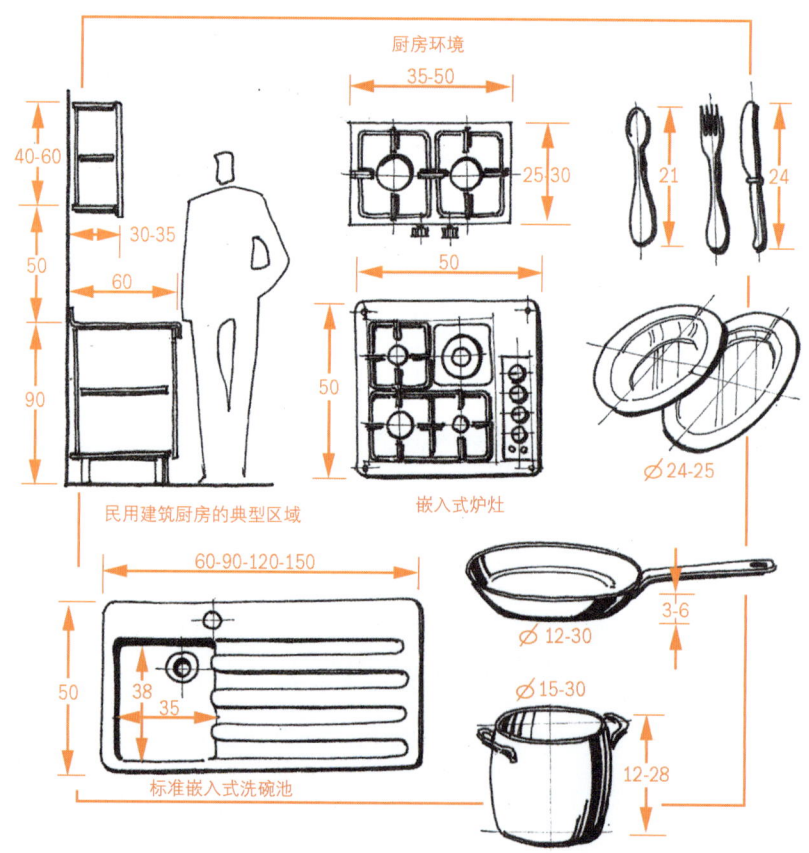

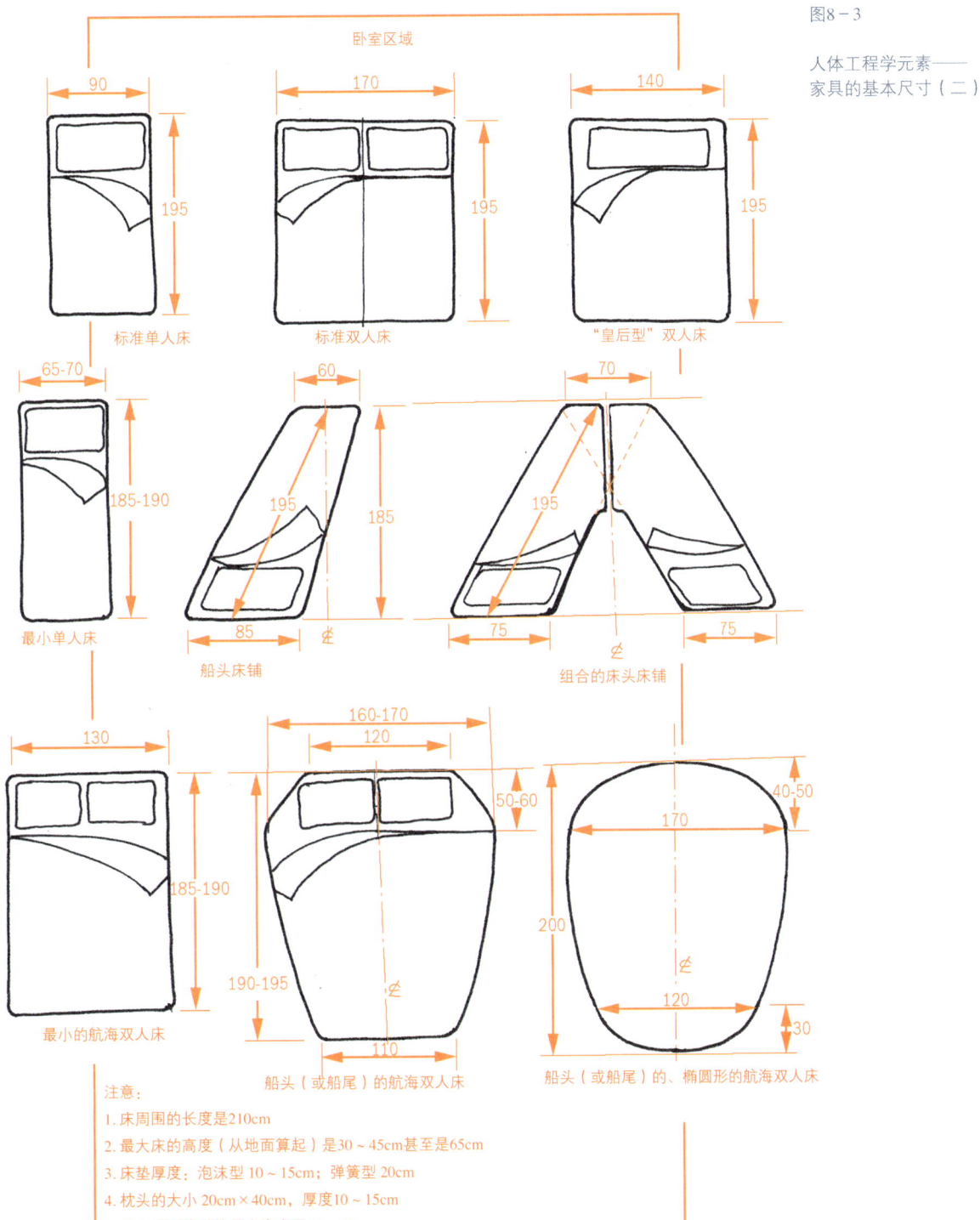

图8-3 人体工程学元素——家具的基本尺寸(二)

图8-4

人体工程学元素——
家具的基本尺寸（三）

注：卫生区域。

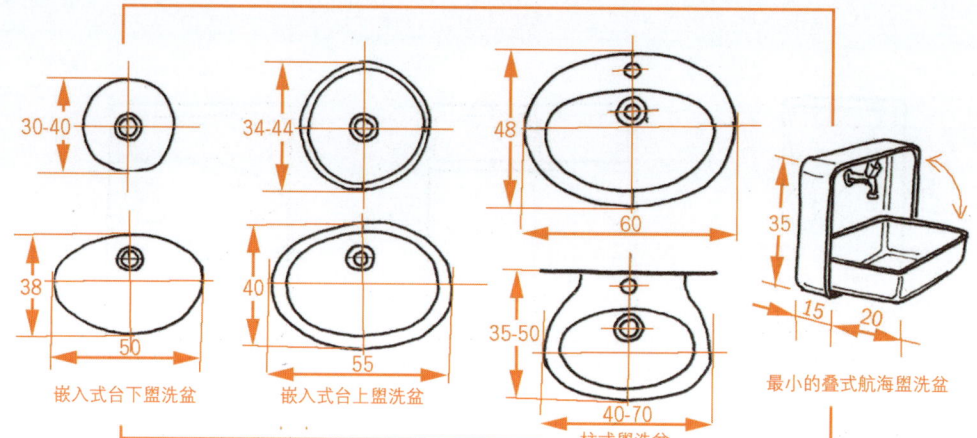

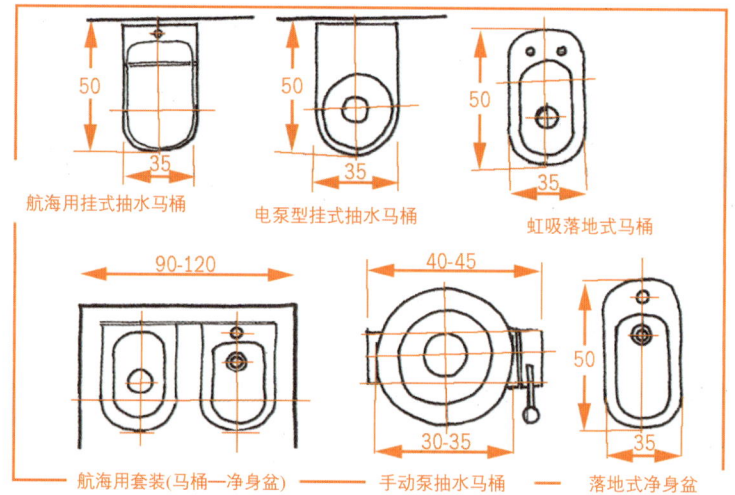

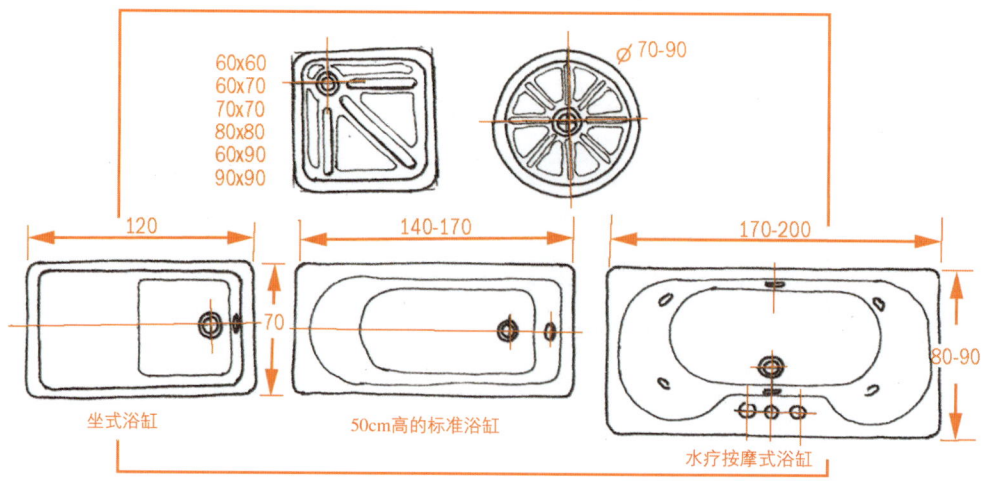

人体模型——实验验证工具

为了便于设计师确定船只内部（和外部）的空间尺寸，可以利用一种图形工具，它可以鉴别（至少可以大致地）一种环境下的人体工程学是否得到了优化。

可以用纸板，更好的可以用有机玻璃薄片，来制作人体轮廓，并且根据 Damon 的"十大要素尺寸"将其切割成相应的组件。准备好这些组件（半身，固定的或活动的头部、手臂、前臂、大腿及小腿），然后将它们组合在一起，需特别注意要能模拟一半身体的活动效果。

还有一种实用的方法就是通过一些小的连接件将这些组件组合起来。这些连接件安装在膝关节、髋关节、肘关节和肩关节。通过它们就可以进行一切主要的人体工程学的运动测量。

创造灵活的人体模型是非常有意义的，我们也可以按照施工图纸的比例，制作缩小的模型（通常的比例是 1∶25、1∶20、1∶10）。

如果进行较为深入的人体工程学研究，也可以做一对分别为第 5 百分位和第 95 百分位的人体模型。

正如我们已有的检验方式，如果仅仅根据"中位"人来决定周边环境比例，从人体工程学的角度来说，将会使至少 50% 的用户得不到满意；实际上，按照惯例，如果想要设计得更好，就必须要去验证极端条件下的使用情况。

在电子计算机的帮助下，现代设计利用三维实体虚拟建模，极大帮助解决了与人体工程类问题相关的尺寸问题。

为了能够轻松地管理设计，应创建（或寻找）一个三维数字化人体模型，该模型是根据刚出现不久的、名为"虚拟人体模型"的概念设计而成的。这些人体工程学的界面工具能在网上找到。无论如何，设计师通过虚拟建模工具能很容易地塑造出男性和女性人体模型，然后将它们放在设计好的居住空间里，从而进行必要的人体工程学验证。

08 以人为本的设计

图8-5

人体工程学元素——
人体模型

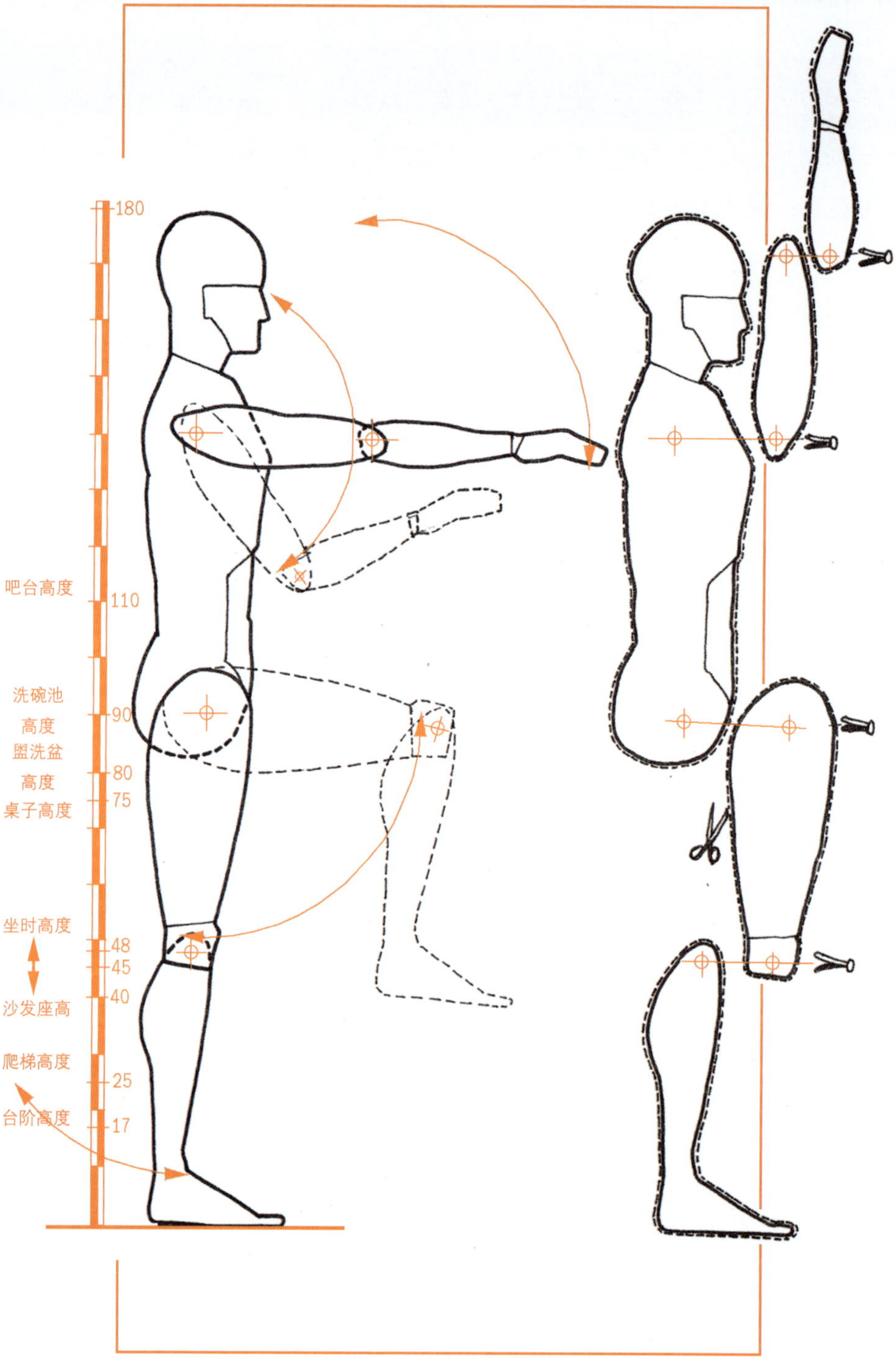

吧台高度

洗碗池
高度
盥洗盆
高度
桌子高度

坐时高度

沙发座高

爬梯高度
台阶高度

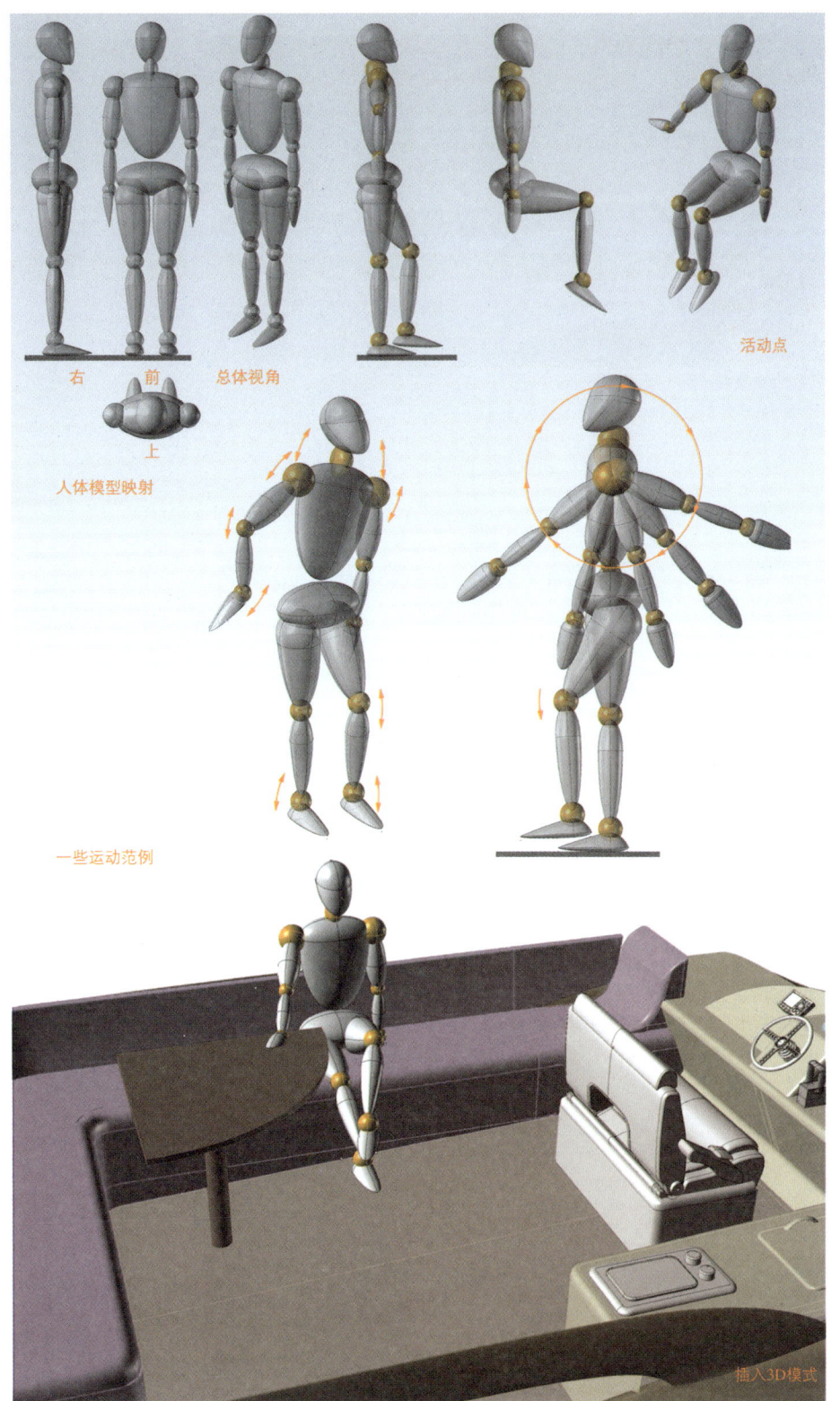

图8-6

人体工程学元素——
灵活的数字化人体模型

注：数字化的人体模型再现了人体的关节运动。各个活动点位于相应的人体关节部位。为了模拟位置和运动，只需旋转肢体或身体相应的节点。

08 以人为本的设计

图8-7

人体工程学——
人体模型数字化

注：在设计阶段，多次插入3D模式和数字化的百分位，为的是验证和控制船的内部和外部体积和空间。
(Camillo Garroni Carbonara, Emanuele Interollo, Filippo Tomasoni, Chiara Valerio，人体工程学测试，航海设计课程，热那亚建筑学院，2007—2008学年)

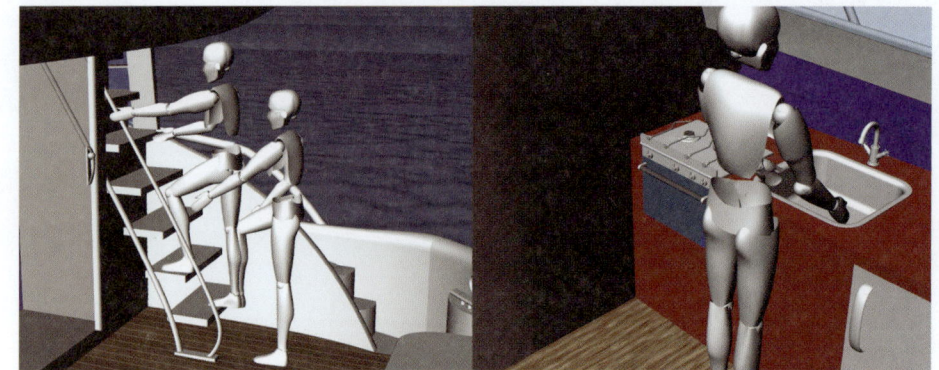
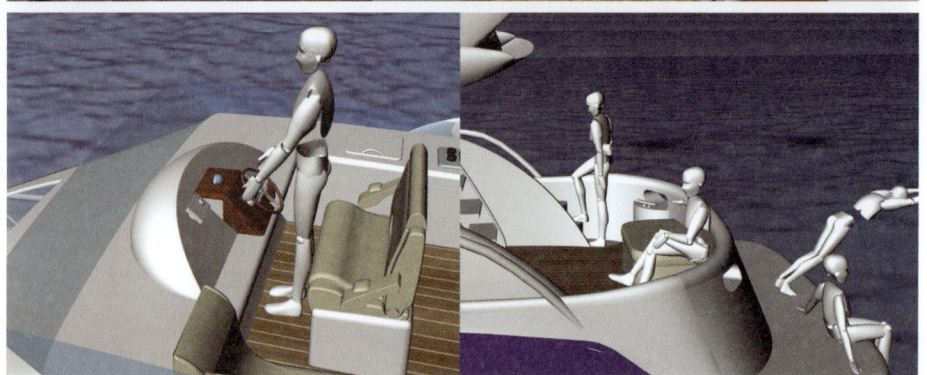
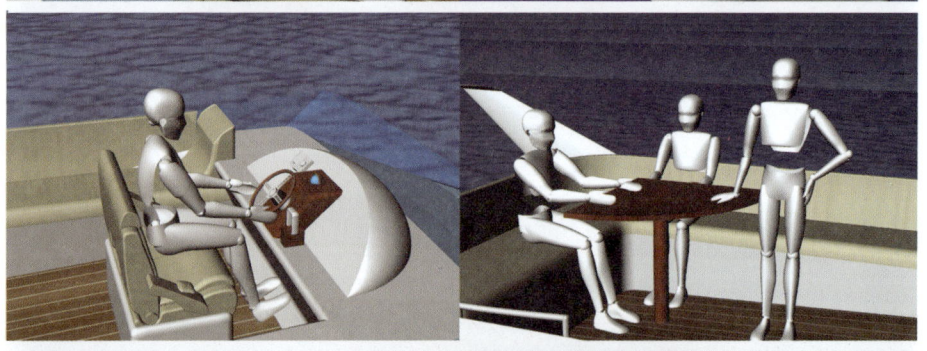
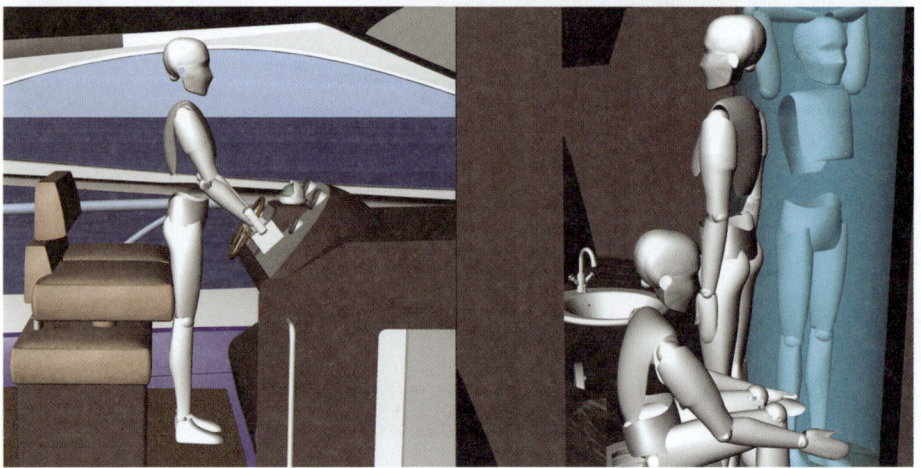

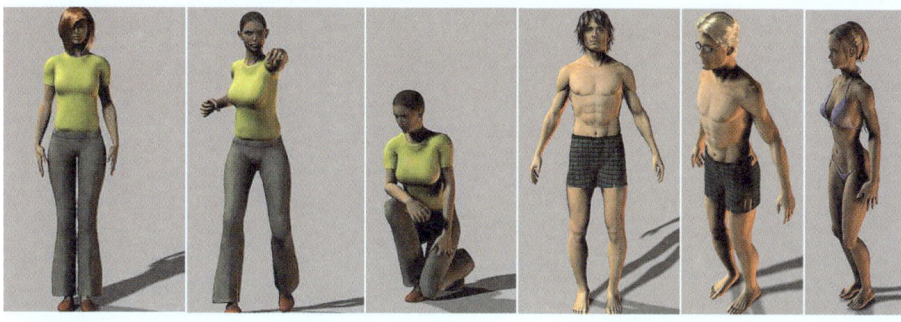
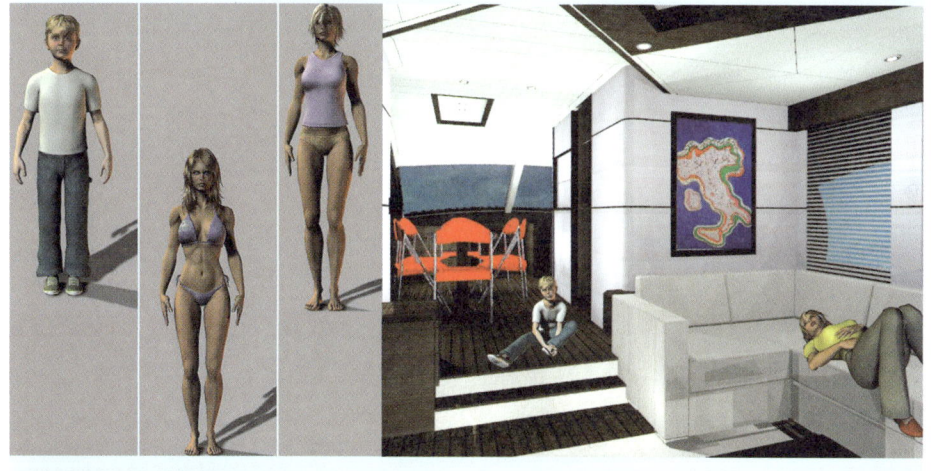
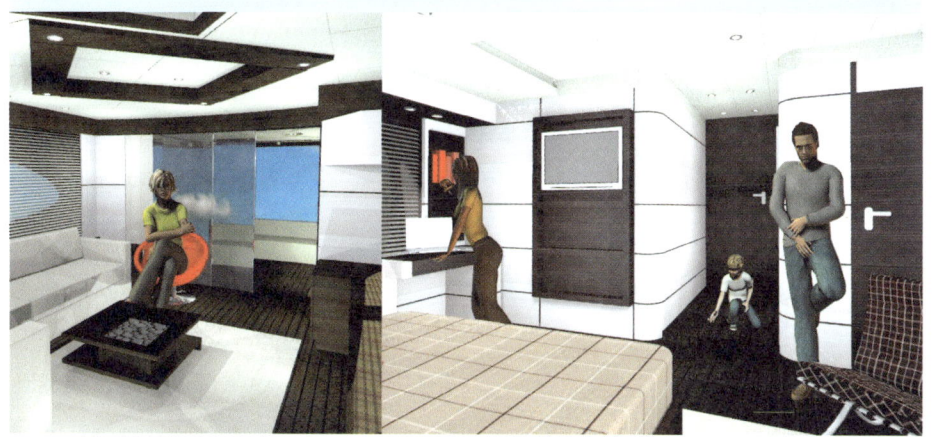

图8-8

人体工程学元素
——人体模型数字化

注：在设计的最后阶段，必须将项目提交给专业人员，以便做精细的数字渲染。在渲染过程中，需要用到有人脸的数字人体模型。存在能够生成人体三维模型的多种程序。用这些模型可以模拟人体的各种运动。通过细化细节（比如增加衣服、发型、配件……），能够使场景更加真实，创造出具有不同特点的人体模型。

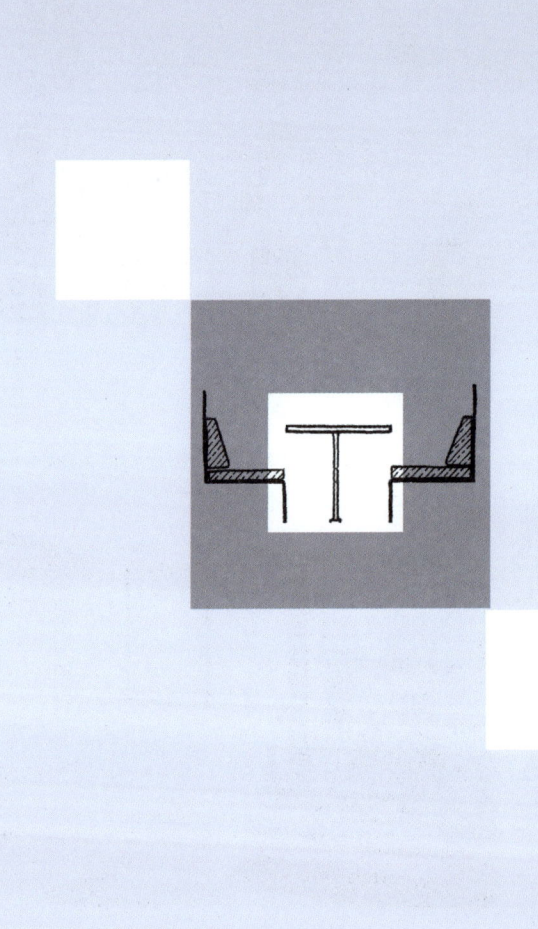

通过人体工程学设计扩大游艇的使用群体

游艇基础构造与解决方案

船体建筑障碍　　　　　　　　　　　　　　　　　　　　Marco

　　船体无障碍设计是关于尺寸、空间可用性以及规模的问题吗？回答这个问题可能是个有趣的挑战，需要将无障碍设计从建筑居住环境扩展到航海环境中。

　　不同功能的船往往拥有不同的船体轮廓。从这点来说，游艇和交通船的差异就立即显现出来：这两种类型的船体尺寸大小不同，外形不同。

　　因此，船上的无障碍设计的一个突出矛盾是各种障碍物和可以用来解决这些障碍空间的问题。

　　针对人的环境改造必然要通过空间的改造来实现，从易用性角度出发，一般会放弃专为残疾人提供的设施。"最小空间"这个词既针对普通人，也针对残疾人。解决方案通常为减少或消除一系列由于人的可达性和易用性而产生的建筑障碍。

组图 9-1

　　"可达性"和"易用性"这两个条款并非随意使用；根据现行规定，可以了解建筑去除障碍以适应残疾人来使用能达到的度。

可达性和易用性

　　水平和垂直通道构成了残疾人移动的两个基本方面。除此之外，还涉及空间和设备的易用性。这三个方面构成了残疾人无障碍设计的主要操作方向。

　　很明显无障碍设计在拥有较大空间的大轮船上比小游艇更具改造可

09 通过人体工程学设计扩大游艇的使用群体

能性。但实际上,要想在无障碍设计方面有明显改善,对于这两类船型都不是一件简单的事情。

连接和使用

如果我们来观察游艇,无论动力艇还是帆船,甚至现代的轮渡,会很明显地发现,此方面标准的缺失是建筑业和游艇制造业的最大不同。

建筑设计是在现行建筑规范下"执行命令",不能无视规范,设计师需完全按规范执行。船的设计是一个独立的领域,没有现成的强制标准。

难道只能凭感觉来设计吗?好在此方面已经有不少成功的试验。比如安德烈·斯特拉和他的双体船,以及其他一些设计师和造船厂的实例,他们都是船用规范的先行者。

游艇空间的可达性和易用性设计可能没有想象的那么复杂,分阶段循序渐进,在现有产品基础上逐步改进,可以创造出"理想模型"。

为了这个目的,首先要进行游艇类型分析,找到不同类型艇显著的固有特点。然后参考现行建筑规范,将建筑领域的规范"合法转移"到游艇领域,并尝试给出一些消除船体空间障碍的指导方法。

游艇制造由于技术和安全的要求,往往有很多的束缚和限制。由于游艇兼具住宅和交通工具属性,因此消除建筑障碍非常不容易,设计上很难优先考虑到残疾人的易用性及可认知性。

灵活性和试验

这明显地表现在游艇内外部空间上:水密舱的门,甲板的坡道或登船梯,狭窄的客厅和走廊,有高差的地板以及不规则的空间。游艇上舾装的各类设备及帆的配件,包括所有船帆设备、甲板、绞盘、导缆器、系缆桩、风向袋、桅杆的前后及侧支索锚固点、花篮螺丝……都是形状大小不一的障碍物。

斯特拉精神
组图 9-2

游艇的船体构造也是一个障碍:由于整体是个双曲面,造成甲板不同的纵向弯曲度。此外各类甲板上舾装的设备也使无障碍设计变得不那么现实。

游艇的内部和外部空间之间的环境特性和分隔很鲜明,使得需要在这种内外连接之处设一个"门槛"来"保护"内部空间,这一点和我们进入汽车驾驶座相似。但是,游艇相当于一个水上家园,对于障碍的理解要从可达性、限定较多的空间等多方面来理解才有意义。

住宅的大门变成了游艇的上船的舷梯的时候，很显然，在航海设计领域，仅仅只考虑建筑的宽度参数是远远不够的。

可以这样说，游艇的无障碍设计是通道宽度和坡度造成的障碍、甲板铺装的种类以及航海配件的安全性等因素的动态平衡的结果。

建筑规范解读

在尝试定义一种设计方法之前必须全面浏览现有的建筑法规，甚至要参考航海领域的相关法规。在拆除建筑障碍方面，最贴切的参考法规应是建筑行业的国家和地区相关法规。

快速浏览建筑规范并概括出其中的要点，着重凸显出对航海领域重要和有意义的条目。

全国性规范主要应用于两个主要领域：私人建筑和公共建筑。针对前者，设计师需要遵循 1989 年 1 月 9 日颁布的第 13 号法令——《关于私人住宅的无障碍设计》。此法令也适用于对公共开放的私人建筑。针对公共建筑，则应遵循总统法令 384/1978 号。

参考法规
第 13/89 条法令

13/1989 号法令的具体执行方法是 1989 年 1 月 14 日颁布的第 236 号部长法令——"为确保私人建筑的可达性、适应性与可访问性的相关技术法规……用以消除建筑障碍。"

总统法令 384/1978

以上所有条例的实施应结合（意大利）各大区法令，是强制性规定。

在某些情况下和某种特定领域中，一些大区法令结合国家法规作了解释和延伸，比如伦巴第大区的第 6/1989 号法令。

组图 9-1

上述所有的法律法规都适用于新建建筑和对已有建筑的改造。

关键在于第 13/1989 号法令第 3 条对于建筑障碍的定义："……所有限制或影响人对空间、建筑和结构使用的障碍，特别是当物体永久或暂时性的阻碍到人的可移动性时，包括因为任何原因引起的感官和心理上障碍。

当涉及航海设计领域时，应当引用第 13/1989 号法令中的第 5 条，该条款具体地罗列了所有适用领域。

除了已经提到的公共和私人建筑及设施，以及对外开放的私人建筑之外，它还罗列了生产性建筑、人行区域、停车场，法令第 2 段的 E 部

09　通过人体工程学设计扩大游艇的使用群体

分还规定这些法规更涉及"……公共交通工具，包括汽车、火车、缆车，还有地区间的航海交通工具。"

由于涉及的法律法规都非常复杂，因此引用所有关于空间的法律规定是不可能的。

需考虑当前的有效法令，比如部长法令 236/1989❶，它将法令以更易理解的图解和尺寸草图表现出来。

最后几项将出现在此论述的图示中。

部长法令 236/89

航海领域试验

分析航海领域的相关案例，我们发现游艇的无障碍设计是非常松弛的。

组图 9-1

❶ 部长法令 236/1989 第 2 条款中，提出了很多项定义，其中最能解读其精神的内容如下：
可达性："……即使对于移动和感官能力不足的人，也可以安全自如地抵达建筑物每个角落、随意进出并且使用空间。"
可访问性："……即使对于移动和感官能力不足的人，至少可以使用楼内特殊设置的卫生间，也可以使用所有空间、包括起居、用餐、工作、服务以及会见等功能……"
可改动性："……建筑空间可以在一定限度代价下可以改造，以此来使移动和感官能力不足的人也可以完整地访问整个空间……"
此法令针对此三项定义和对环境单位的分类，罗列了一系列常规的设计规则，以及第 8 条款中陈述的关于利用外部空间和环境的细节。这些环境单元是：控制室、门、地板、家具、终端设备、卫生间、厨房、阳台和露台、横向走道和走廊、楼梯、坡道、电梯、轮椅升降台。对于每个环境单元都有独立的规定，旨在确保建筑物的可访问性和易用性。除了这些规定，部长法令 236/89 第 9 条款还进一步描述了 15 种特定情况，被称为相关技术解决方案，针对空间尺寸、相对门之间的笔直的走廊通道，以及入口处连接走廊和相反方向的直角转弯。门的尺寸必须考虑到从入口到房间的 80cm 直线光距，以及到其他单元的 75cm 光距。非常重要的是位于门内门外的空间，它们的尺寸则需根据后文中的图示草图。以适应性标准为基础，可以将旋转门替换为推拉门。地板和门槛之间的高低差距不能超过 2.5cm。地板必须要防滑，砖与砖之间接缝的高度差不能有大于 2mm，宽度不能超过 5mm。灯具间必须具有 150cm 前后距离和 120cm 两侧距离的自由空间。以适应性标准为基础，所有的房间都应在安放家具中保证轮椅可以在房屋中间灵活移动。所有的终端设备为方便残疾人使用应将高度控制在距离地面 40~140cm。家具之间的走廊应保持在 80cm 以内的光照距离内。卫生间的位置安排和卫生设备的安置应有利于帮助残疾人士及其轮椅的正面和侧面接触。组图 9-1 为卫生设备安装参考图以及其周围最小使用面积。以适应性标准为基础，浴室环境可以通过除去坐浴盆和以淋浴替换浴盆来简化。在厨房，必须保证至少 70cm 的顶部光距距离。阳台和露台栏杆必须至少高于 100cm，面积大小必须满足可以灵活转身。水平通道和走廊必须至少宽于 100cm，且每 10m 拥有一个可以转弯的区域。坡道宽度需大于 90cm，如果是双向通行则需大于 150cm。每 10m 需设计一个休息区域。坡道的斜度必须不超过 8%。住宅电梯轿厢必须保证最小进深为 1.30m，宽度为 0.90m。0.8m 宽的滑动电梯门或者手动移门应安置在轿厢短边上。如果是对现有建筑物进行翻新，则以上尺寸要求都可以相应降低标准。

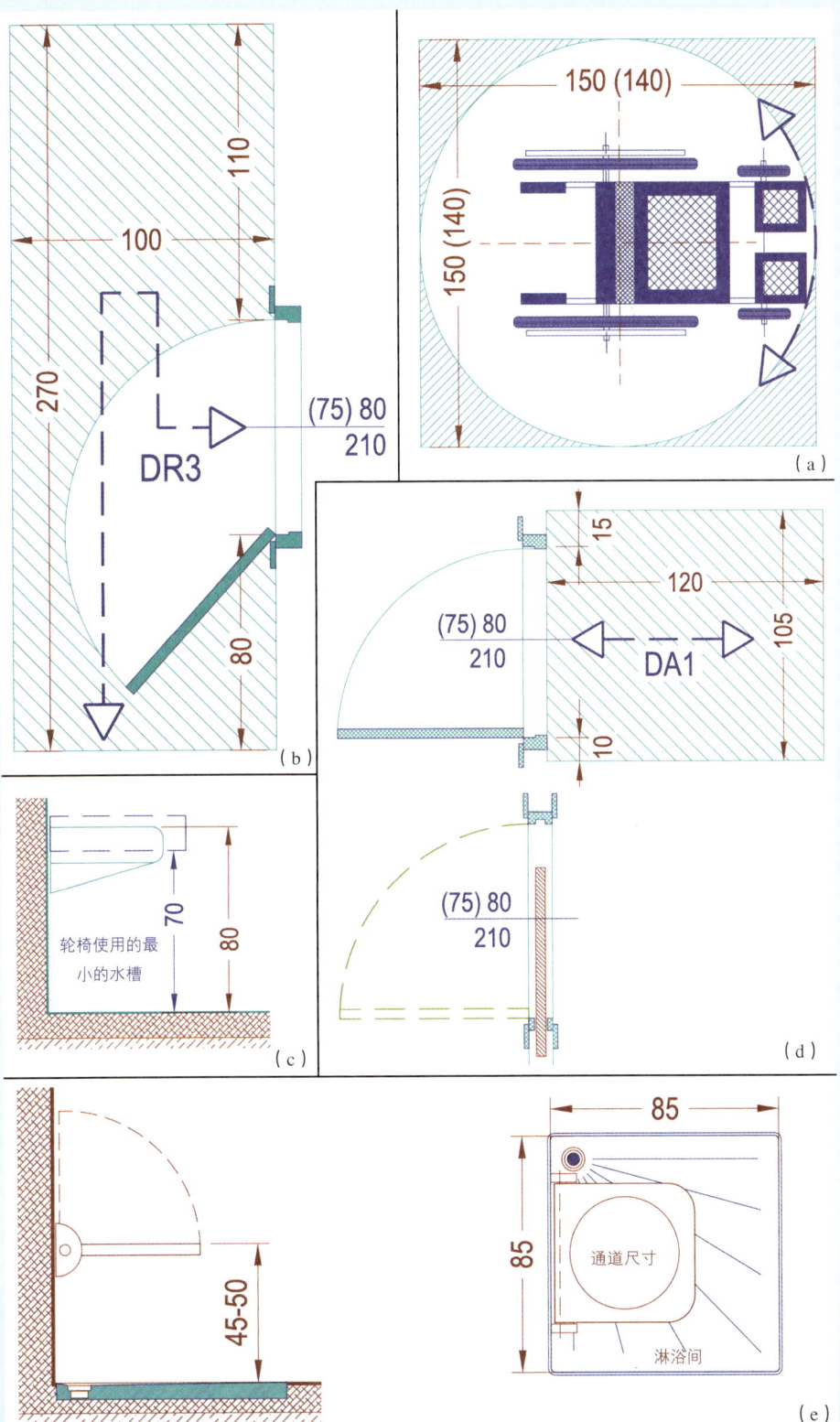

组图9-1

（a）满足残疾人轮椅活动的最小操作面积，括号内的数据为之前常规数据；(b)、(d)内部入口门前后的最小活动空间数据，括号内的数据为针对旧建筑翻新的操作数据，以适应性标准为基础，可以将旋转门替换为推拉门；(c)卫生间或厨房水池安装数据；(e)浴室卫生设备安装数据；此处的数据设置是根据现行法律关于残疾人最佳使用状态来规定的

组图 9-2

对于游艇这样的"奢侈品",无障碍设计需求变得次要。一旦有这样的需求,我们还是能够看到一些孤立的值得夸奖的案例,或多或少形成了完整的实例。源于对"自由航海家挑战"这一项目理念,希望适用于所有的船只的无障碍设计,旨在设计一个确保残疾人安全,并可实现残疾人在无人协助的情况下能够自理的体系。

FIART Genius 40

值得一提的是,除了前面提到例子的 Spirito di Stella,参考根据现行建筑法规在这一特定领域向航海领域的应用,Pontoonboat 设计了一种用于湖泊和内河的无障碍渡轮。FIART 船厂定型设计生产的 Genius40 动力艇通过机械辅助技术来帮助设计"实现"可达性并可以为许多类似船只所参考。

人体工程学和生理障碍:新的设计理念

在游艇领域,"可达性"产生了一种新的"伦理敏感"设计哲学,这和以前的舒适哲学不一样,这是一种全新的理念,在商业领域也值得推广。

消除建筑障碍的问题更多的涉及尺寸参数,而不是美学价值,这很直观。对于大型客轮船来说,其技术单元尺寸更大,容易根据可达性原则与更充裕的投资进行改造。相反,游艇的更为紧凑的空间,使用的目的的不同以及游艇私属性质和非公共性质,小型的游艇"物理上"只能采用另外一种方式。

登船
组图 9-3

我们可以以单体帆船的"登船路径"为例,作为帆船的沙龙区和码头之间的连接路径,这里的情况往往取决于周边地点的环境要素所造成的高差。

舱口的阶梯通常被定义是一个障碍。这种常规的设计是不可能通过安装一个升降台来解决无障碍设计的问题的。这就造成对最小的人机工学尺寸的重新定义,这又引发了不只是对建筑入口处尺寸的定义,而是对游艇外壳(驾驶舱、沙龙)和内舱体积的重新描述。

这样的改动毋庸置疑涉及的方面很多,所以只能被看做是一种提升的可能性而不致影响到"常规"情况下的使用。这种对游艇可用空间的减少可能会引起空间尺寸上以及操作模式上多种技术规格定义的变化。

　　所以游艇无障碍设计必须在操作和使用层面上重新定义才能支撑。在建筑领域，其无障碍设计的建筑法规既适用于新建筑，也适用于旧建筑，两者之间并没有在方法上的太大差距。

　　在游艇的设计上，不能（至少在初期不能）遵循相同的方法，设计新游艇和改造游艇的设计在执行规范时应有不同的松紧度。

　　对这个有点双重标准的设计方法感兴趣，可以参考路易吉·班蒂尼·布提教授在米兰理工大学课开设的"针对最大受众的设计"课程上关于设计、使用和人体工程学的论述："所有的人造物品都会有一定的使用难度和障碍，无障碍设计也没有一个普遍适用的固定模式，而是会因不同的生理机能、文化、行为与性能差异产生不同的体验……这样的论断告诉我们面向'所有人'的设计是为所有人，无论是正常人还是残障人提供便利而不是障碍"；还有"……设计师在设计某些产品时可以有不同的选择……比如，在使用过程中可以适当调节，设置……"；最后，"……对常规设计手法及造型逻辑统一的设计思考，会帮助用户更容易理解和使用这些产品"。

针对最大受众的设计

　　可达性转变为设计标准：产品的可操作性和适用性为先是新的产品哲学。残障人士能够使用的产品自然适用于正常人，没有必要采用另一种新的人体工程学和形态学。

从理念到设计规则

　　在这样一个快速发展的时代，意大利法规过多，许多法规有时并不具备相应的权威。在建筑领域，286/89 号法规具有权威性。在航海领域，虽然可以通过上述的法规来约定一些指导性的条文，但需要仔细地考量游艇航海领域的复杂性。

　　游艇当然可以参考房屋的设计规则，但由于游艇和水环境的相互作用，它作为"一个移动的空间"，具有其特有的动和静力学特性和安全要求。你进入建筑和游艇中，就会知道要稳定地站立在如此不同的"土地上"，需要的是非常不同的特性来保障稳定及运转的安全。

可达性船体方针

09 通过人体工程学设计扩大游艇的使用群体

组图9-2

（a）、（b）航行中的spirito di stella双体船，Andrea Stella（右图）在掌舵，选择多体船，是由于其构造具有明显的稳定性，可以避免单体船的吃水性差的特点，不利于残疾人的轮椅使用，此外，此类型的双体船还给予了更大的船宽作为生活空间；（c）、（d）Emozioni三体船，是一个由两个平行放置的船舱组成的帆船，类似于一个三体船，为了安全考虑，船具备自动扶正功能，迎风航行的时候，船的设计使其倾斜度较小，通过两个浮体提供较好的稳性，对残疾人操控位置位于船体中心，这里集中了所有的操船所需的装置；（e）、（f）单桅帆船Sabaudia是专门设计的，因此设备齐全，对残疾人来说，除了操控以外，可达性和舒适度也很高，可以注意到，对于入口台阶有一点特别的设计，设计成了一个斜坡，表面抗滑，宽度合适，两侧还有安全路肩，通道和码头相连接，使得进出更为方便，同时也解决了空间进深的障碍；（g）、（h）Easyboat，注意可以用钢索收起的登船梯，驾驶台和船头空间，得益于其方正的平面使得游艇具有完整的可达性

关键部分：路线、差异和有效空间

作为消除游艇的障碍的规范条目的一种准备，有必要通过分析找出"关键部位"作为设计重点。

可以假设，将住宅和公共建筑的规定升级的应用于游艇，然后判断其是否适用。

接下来要进行仔细但不穷尽的分析，检视游艇上特别要关注的被认为是新趋势的"技术和系统""系统和制约点"。即：

- 水平路径
- 垂直路径
- 家具及其设备的使用方式和人体工程学

为了能够迅速理解以上研究，可以参考后面的一系列草图。附图的文字可以帮助理解重点问题以及解决问题。图片中用不同颜色的箭头标记出了设计需要注意的"地方"。

绿色代表路径，紫色代表坡度，红色代表需要特别注意的尺寸，黄色代表入口。

从入口到船体，所有内部和外部的活动空间以及残疾人轮椅活动空间都属于水平路径。

因此根据外部路径，这些区域包括：码头，入口楼梯，客舱，甲板，桥楼室。

每个区域中，除了过道以外，其余都存在着明显的建筑障碍。阻碍可达性的障碍如下：

- 走道净宽度小于 75cm
- 坡度大于 8% 或者坡度有变化
- 门口处的高差超过 2.5cm
- 铺装的高差超过 2mm
- 保证轮椅减速的有效空间不足
- 坡道上栏杆缺失，或者栏杆低于 100cm
- 坡道两侧缺乏 10cm 以上的路肩

关键点

技术部分和系统

组图 9-3
组图 9-4

横向路径

- 坡通道缺乏抗滑面

水平路径的障碍如下：

- 门口处的最大高差 2.5cm

- 走廊宽度小于 100cm

- 门（有门槛）宽度小于 80cm

- 卫生间无法使用或进入，或者舒适度极低

- 厨房无法使用或进入

- 家具间距不足

- 缺乏轮椅减速的有效空间

纵向路径　　游艇上连接各层甲板间的区域都属于垂直路径。假设每个台阶都是建筑障碍的话，这个问题必须明确解决：可以安装残疾人升降台来解决无法用坡道在有限体积之下处理的高度差。

在少数路径长度够的情况下，比如船头和船尾之间的较小的高度差，利用坡道解决可以增加甲板舒适度。

很多情况下，移动升降系统并不适用于某些内部或外部空间，比如飞桥或者机舱,更不适合对一些吨位大本身装备了吊放橡皮艇吊机的游艇。

无障碍设计涉及不同的、多样的游艇使用模式和人机工学等内容，但归根结底,残疾人使用游艇的问题体现了对一种交通工具操控权利的需求。

人体工程学和使用　　分析帆船和游艇这两种类型，显然帆船在易用性上问题更大。虽然在操控帆船的技术已经有很大的进展，就像之前提过的 Andera Stella 双体船及其他的小帆船，但是对于帆船来说，由于其起居空间的尺寸限定，很难支持使用轮椅的残疾人独立操作。

可以通过人体工程学提升复杂操作来改进和提升易用性，如通过游戏手柄的方式来操控。设计建造之初就支持残疾人的使用，已经变成了如今帆船和动力艇的趋势。或许是由于船的布局不再是那样紧凑，近年来帆船比较容易作可达性及可认知性的改造。此外，多体船型的出现，使设计师更可能通过更大的设计面积（多体船的舷宽甚至可以和船长相比）来解决无障碍设计的问题，因此容易实现人员流动性和无障碍设计。

对动力游艇的无障碍改造相对容易，就像是产品售后保障一样。但是对于帆船来说，因为其特别的布局，这样的改造几乎就变成了重建。从这个问题的复杂性和以往的经验来说，很难确定对船进行改造容易还是建造一个新船更为简单。

比如之前那个 Stella 双体船的例子：相比单体帆船，选择双体船是为了更为容易解决无障碍设计吗？是的，实际上一个预先设想的无障碍设计项目，由于游艇的复杂性，其目标很难实现。

图 9-1

回顾 Bandini Buti 教授所说："一个适用于所有人使用的物品自然也应该适用于残疾人。"因此，如果之前这个产品不是一个障碍的话，那么对正常人来说，它就是一个正常物体；举个例子，比如商场的自动扶梯，在最初设计的时候就已经考虑了对轮椅适用性，那么现在看来也不是个特别的产品，因为在普通人的印象里，它已经成为一个习惯的产品了。除非人们看到之前只为普通人设计的电梯，才会发现其明显的差别。

同样的道理，如果游艇的入口舷梯在最初设计时就考虑到尺寸合理性的话，如今它就不会成为游艇的第一个障碍了。

当然，从商业角度出发，无障碍设计在游艇的设计和建造上都会造成额外的造价。但是如果改造仅仅意味着"移除"的话，那么这项改造也就不会增加多少投入。因此，对于产品、住宅或船来说，如果在设计阶段就考虑到无障碍设计，那么就并不一定意味着未来的建造会耗费更多的智力资源和资金。

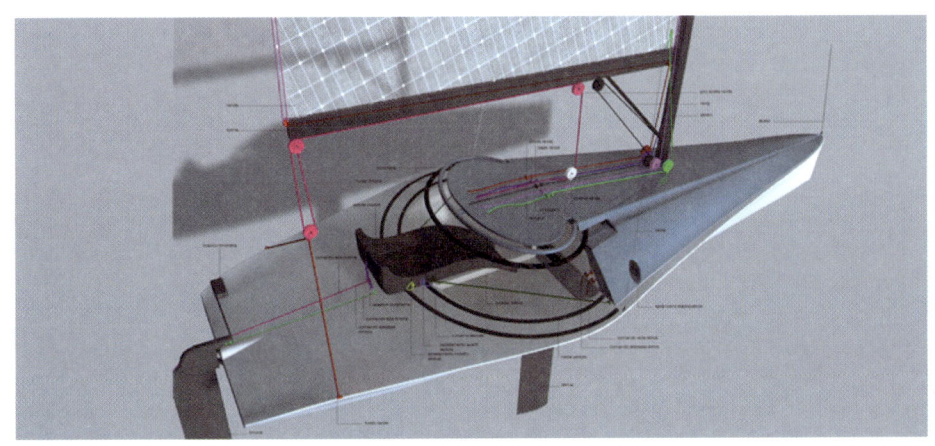

图9-1

Andrea De Giuli的一个很有趣的设计，他的舵手位置的设计和普通帆船比有很大的不同：针对残疾人设计了一个专门的可以转动的座位，在帆船顺风和逆风行驶中起到压舱的作用

09　通过人体工程学设计扩大游艇的使用群体

从理念到设计规则

　　在这样一个快速发展的时代，意大利法规过多，许多法规有时并不具备相应的权威。在建筑领域，286/1989号法规具有权威性。在航海领域，虽然可以通过上述的法规来约定一些指导性的条文，但需要仔细地考量游艇航海领域的复杂性。游艇当然可以参考房屋的设计规则，但由于游艇和水环境的相互作用，它作为"一个移动的空间"，具有其特有的动和静力学特性和安全要求。知道和立在稳定的土地上的不同特性，才能保证船只的稳定及运转的安全。

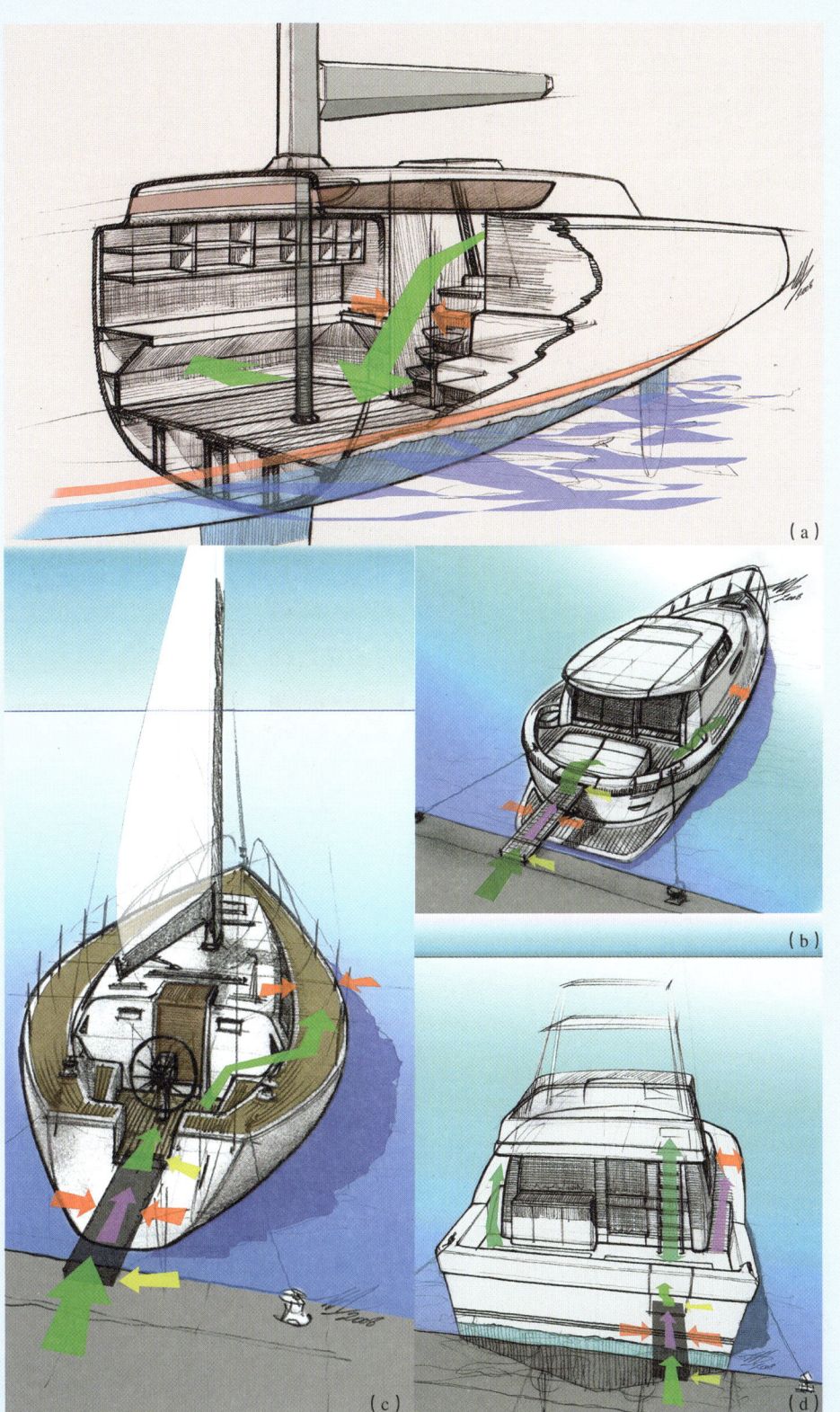

组图9-3

(a)帆船剖视图,绿箭头代表前往底部甲板和接触家具的路径,红色箭头代表宽度参数,以保证方便进出船舱,这个改造使得残疾人升降台得以使用;(b)机动船gozzo,即使从一个甲板缺乏复杂技术的帆船改造而来的机动船也会遇到相同的情况,这种例子里面,船尾的舵轮加剧了进出难度,即使船可以考虑从侧面登船,但缺乏轮椅回转的空间(至少需要140cm×140cm);(c)实现一个游艇的无障碍,特别是针对一个现成的游艇,如果不对全部的空间组织和部件进行分析改造的话,将是很难实现,由于其固有的高度、宽度尺寸,客舱和甲板间的通路对于残疾人来说很难使用,但如果针对性新设计的游艇就会容易一些;(d)"渔夫"动力艇,在特定情况下,某些种类的船利于可达性改造,这一类船座舱较低,更为方便改造,除去一些前面也提到的尺寸限定,这条船的水平的甲板门可以达到75cm的宽度要求,侧面的甲板通道的宽度也足够,但坡度不太一致,但是要想到达位于飞桥上的驾驶台,则需要加装一个轮椅提升装置,深绿色的箭头标出了需要改进的路径,或者是目前轮椅无法使用的区域,深绿色箭头代表技术上残疾人无法抵达但又是操船必须到达的区域

09　通过人体工程学设计扩大游艇的使用群体

组图 9-4

（a）动力艇，尺寸对于游艇的无障碍设计是一个很重要的部分，一个大船宽的游艇意味着可以安装一个正常尺寸（75cm）登船梯，同时对主甲板的空间不产生影响，从码头登船也可以改为从侧面登船，保证船侧后半部的通道等级、客舱以及甲板，组成了一个符合规定的流畅的甲板，能提供给轮椅回转的空间（360°的回转至少需要1.50m×1.50m）。甲板和飞桥之间可以通过一个电控升降台来连接；（b）纵向游艇的剖面——采用坡道（坡度最大8%）来解决甲板的高差明显是不可能的，因此有必要利用一个升降机机械装置，这里有两个选择，一个就是楼梯提升装置，一个是加装一个电动液压电梯（最小尺寸为1.20m×0.8m）；（c）同侧没有其他门交叉时，可以使用平开门，或者推拉门没有任何问题，将门开启扇设计75cm宽，走廊宽度控制在100cm是比较适中的无障碍设计，蓝色箭头表示设计时需要注意的其他要点；（d）登船梯——第一个障碍；（e）帆船，走廊剖视图——除了要考虑内部空间布局以外，设计无障碍的环境时，还要考虑到合适的剖面配置，因此在桌面和地板之间，要保证留有70cm高度的空间

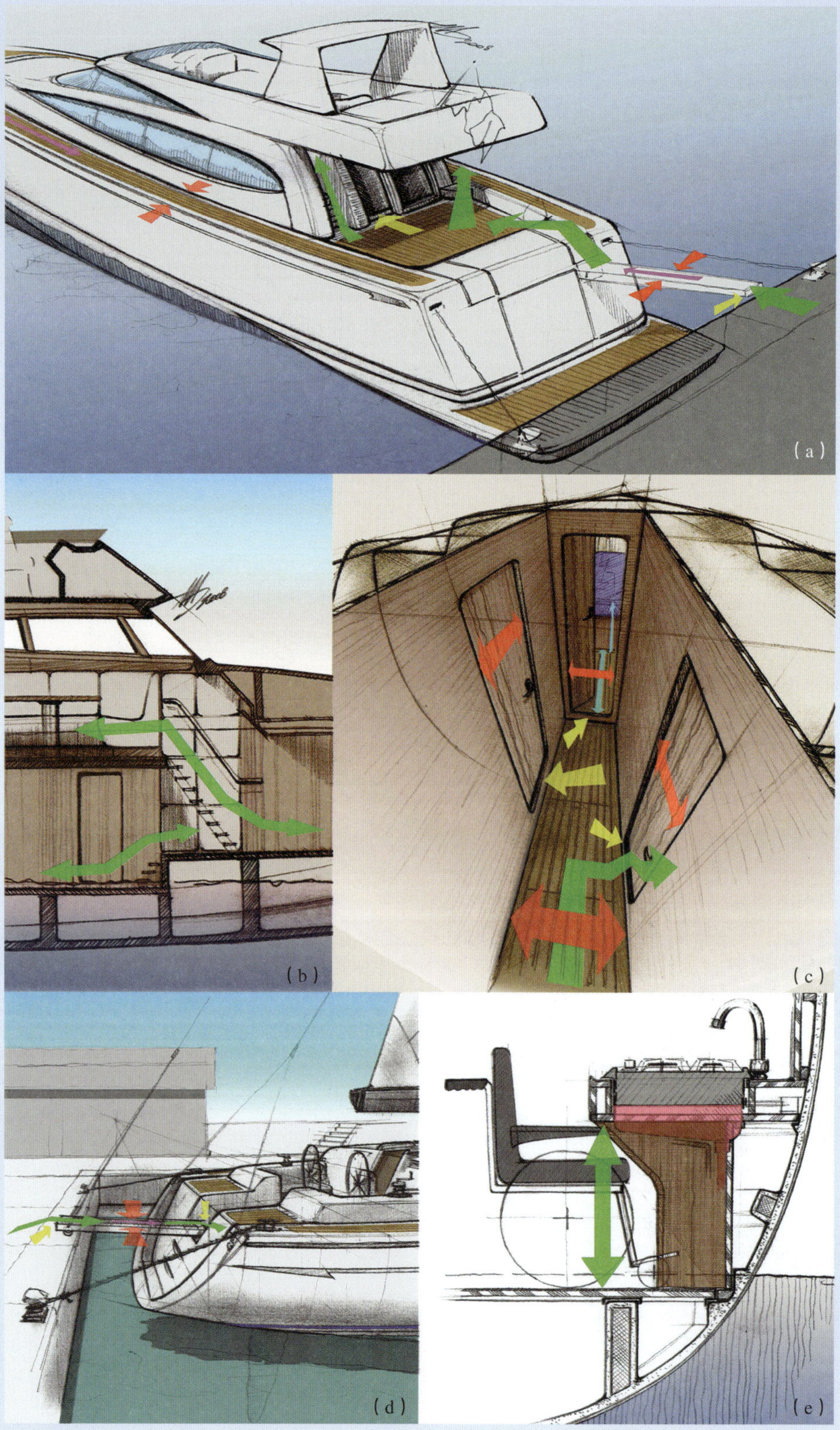

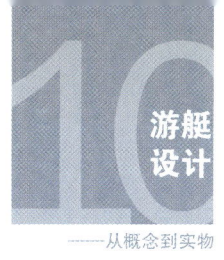

10 游艇设计

——从概念到实物

从一张白纸开始
概念设计的工具与方法

没有什么不好的：一张白纸，一支铅笔，通常还有一个全新的大脑……根据已有的那些成熟方法来帮助启动我们设计，就一定会找到属于自己的表达方法。

注意到船是一种对称的物体，它的轮廓可以通过剖立面图来更好的表达。

传统上我们一般从图纸的右边开始，这意味着在纸面上从右向左为船首及船尾。首先，画出一条水平线；称之为建造线（CL），造船厂的木匠会首先确定这条线来安置船的主龙骨。

然后我们应确定出船体的高度（即建造高度）。这个时候高度数据往往并没有给出，我们可以通过参考 5~25m 之间的游艇外形来确定高度，除了极端特殊情况以外，游艇的船体长和船体高之间的传统常规比例为 5:1。

这样，我们通过在纸上画出 5 个相邻排列的方格的方法来直观地帮助我们绘图。

五方格原则

船体的宽度是一个灵活的参数：宽长比可能会从 1:2 [对于小船（4m 以内）]，到 1:10（对于大轮船来说）。对于长度在 6~10m 之间的船来说，1:2.5 的比例是恰当的；而 10~12m 之间，比例为 1:2.8；12~18m 之间为 1:3；20~25m 之间为 1:3.5；然后以此类推依次扩大到 1:4。换言之，船体越长，则船体越窄。

10 从一张白纸开始

贡佐（gozzo）渔船

我们回到 5 个方格的草图并用它来描述贡佐渔船。

之所以首先讨论贡佐渔船，是因为它相当于所有地中海船只的"母亲船"；由它衍生出了一系列帆船和机动船等现代的小艇。

我们准备画一种由桨驱动没装发动机的传统贡佐渔船；船是由一根长的主龙骨构造而成❶（主龙骨从船尾左侧第一个方格的中间到船头最后第 5 个方格的 1/3 处结束）。船头和船尾的曲线结构（艏弧和艉弧）连接主龙骨又与船头柱和船尾柱连接起来。船尾柱是完全垂直的，起到把船体所有结构收束的作用，同时作为舵的支撑；船尾柱上安装的舵纽（一般是一孔一轴装置，对应舵上配套的一孔一轴的装置）使船只上下水时，舵都很容易取下来或安装上。船体起始于船头柱，一般微微向前倾斜，优雅地悬挑伸出船体的边缘❷，如同延长了船体长度。

简单的几笔，我们就已经描绘了船的整体轮廓。其中还包括一条代表船的吃水线水平线（平行于建造线，不是必须画的），它定义了船体在水中位置。

图 10-1　这条线英文名称缩写为 DWL，是一个相对船体承担船重量后在水中的位置。❸对于典型贡佐渔船的形状和总重量，我们发现它的吃水线位于船体高度的 25% 左右；也就是一个方块的 1/4。船体的剖立面图也应包括能够汇聚在船头及船尾的船舷的投影。

这种船的典型外观特征是有一个宽敞的低矮的几乎贴近水面的中心区域连接着两个翘起的船头柱和船尾柱的尽端。

甲板❹的纵向弯曲的定义可以通过正好位于船的中心的最低点来确定（位于第 3 个方格的一半）。

---

❶ 贡佐渔船的龙骨主要发挥三个作用；支撑主结构；发挥稳向板的流体动力作用，保证船的快速及操控；发挥滑行的作用，使得船在陆地上也可以不借助外力轻松滑行上下水。

❷ 冲力是船的一个根据浮力向前延伸的特点。是指船柱水上部分牵引的浮动力。

❸ 根据阿基米德定律"一个浸入液体中物体的浮力等于它所占液体的体积，平稳性取决于所占液体的体积和物体的重量"。换言之，船体的水下体积，等同于与船重量一致的液体体积（称之为排水量）。

❹ 船的边轮廓线斜向延伸到船舱中间一半位置，称之为甲板的纵向弯曲线（英语为 sheer）。在传统船上，一直都有这样的曲线；其正确的比例影响着船体的美丽和优雅。游艇为了强调其造型的侵略性，往往设计一个与帆船相反的凸出的弯度；称之为反向纵向弯曲线。

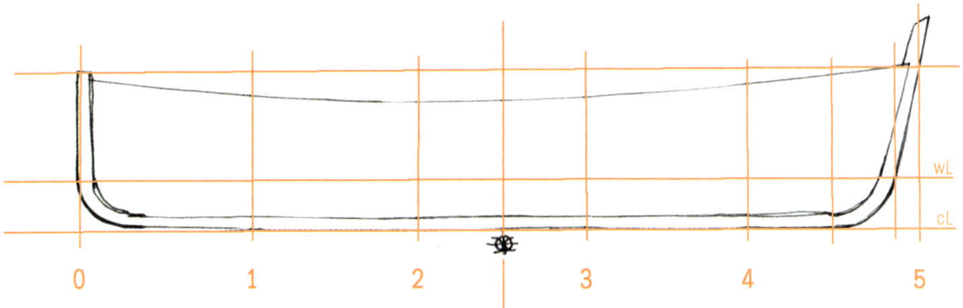

图10-1

五方格绘图原则——
绘制贡佐渔船

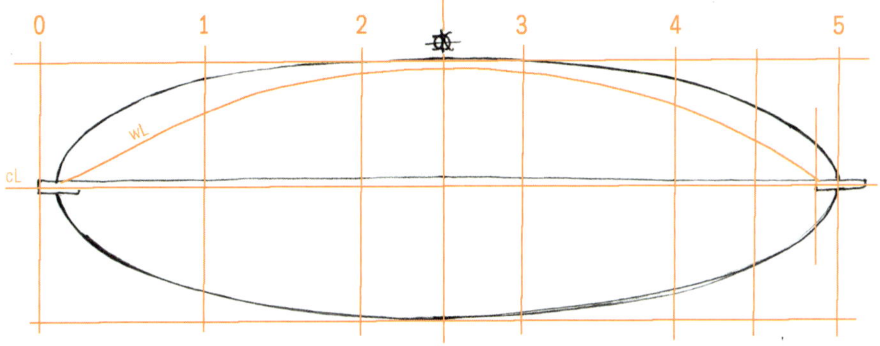

船的立面的表达现在有了必要元素：龙骨，艏弧，船柱，船舷；确定了吃水线，船体水面下的部分与水面上的部分。

但要船的体积不能仅通过一个立面来确定，至少还需要另一个关联的立面来确定所有描述船体的所需的几何尺寸。正交投影视图的画法可以很好地应对这个问题。

在船体轮廓之前，应该先画一张草图。这样的话，首先应该确定建造线，是一条对称的代表船的中心轴线。由于船体是一个对称的物体，因此，需要一半的草图也能确定整个船的形状。

船舷的曲线应完美的联结船头和船尾，同时在船总长度一半的地方同时也是船最大宽度的部位通过最低点。❶这个船宽根据前文提到的方法，在考虑不同船型的条件下应和船的长度有一个最佳比例：这样对于一个7m长的贡佐渔船来说，宽与长比例为1:2.5，其宽度大体为2.8m。实际上，对于一个用桨驱动的贡佐渔船，这个宽度尺寸过大了，这个比例更适合现代的机动船而不是传统的贡佐木船，一个更窄的尺寸：1:3的比例对于贡佐

图 10-2

平面图设计

❶ 即舷宽（beam）；横梁是最适合这种尺寸轮船的部件。用于交叉支撑甲板，又与船的骨架不同，这个部件从龙骨插入中间，从一侧到另一侧整个横穿过整个船。

渔船来说比较合理的；如果按之前提到的五个方格的长度来说的话，那么宽度就是这 5 个方格的 1/3，也就是 1.66 方格。那么一半的船宽也就是 0.83 个方块。

这样通过由对称的建造线（也就是 CL）和 0.83 个方格宽的长方形，就可以定义出整个或者一半的设计图基本尺寸。就像之前提到的一样，曲线的船舷通过位于大船宽部位的最低点连接船头船尾柱，这个曲线在到达船尾及船首的部分曲度更为明显，在中部曲度更为缓和，这样给船体中心位置提供了更为宽敞的空间，船体也由此产生弧度。

船边缘轮廓与吃水区域关系

在此很有必要描述一下吃水线❶轮廓，并关注它和船舷轮廓的不同之处。

船只在体积方面的特征在排水线上面和下面的特点是非常不同的，水线上面以船舷线轮廓为特征主要为了提供更大的空间为目标，而在排水线以下的体量主要以满足更好的航行及流体力学的性能为目的。按照此种剖面设计的船，在排水线以上，船舷线伸出更远，船中心位置的宽度和容量都更大；这是对船体弧度的扩大，在船的中段凸出，船头船尾再收回的处理的方法。

图 10-3

船只的设计师对船体积形态的设计及发展不止提升了船只性能，实际上也极大地影响了人的使用空间。即使是贡佐这样的小船，提供给站立使用的船底板❷和只高一点可以坐下的甲板的形状和布局也有很大的差别。

最终通过对每一部分的形态的定义，你完成了绘制；并通过绘制的过程来欣赏和理解船的形状、比例关系和部件。这时我们应该意识到这样的一条木船是基于结构和功能需求，由不同的组件组合而成的。深入研究船的各个配件构造毫无例外，是建造一条传统木船的唯一路径。

第一张三维草图

直径面的设计制造

有了贡佐渔船的几何特征的几张正交投影图，再来徒手绘制一个透视图并不十分困难。

---

❶ 吃水线：横截面，与设计图上的船体水下部分的排水线平行。
❷ 大致应与轮船外壳以及轮船内部主体的厚度一样，还应参考排水量吃水线。

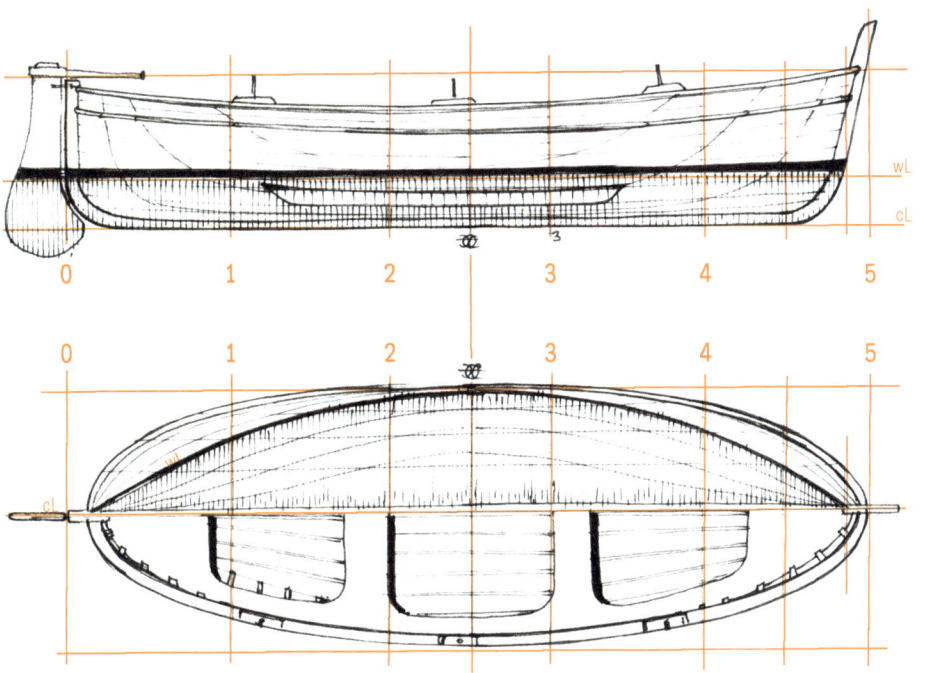

图10-2

五方格绘图原则——
贡佐渔船（一）

图10-3

五方格绘图原则——
贡佐渔船（二）

10 从一张白纸开始

首先的一步是确定视点，无论是从船头或船尾视点，或是从高一点或和低一些的视点，之后再排布那五个方格。要保证至少从上面及从船头方向可以看到船的 3/4 部分。

首先沿径向画出 5 个四方格的透视，它们的垂直边和纸张的垂边平行，纵向边从左往右侧逐渐升高；画出两条在远处交汇到灭点的线❶，低的建造线和高的是 5 个方格的顶线，形成透视的效果。在透视图的第 3 个方格的中间位置，画出横剖垂直面与主剖面交汇。此剖面与船体的最大宽度重合，同时船被分成前后相等的两部分（贡佐渔船，每半部分距离四方格纵边 0.83 个方块）。纵向的剖面和横向的剖面相交形成了绘制船的基础骨架。

主剖面设计制造　　在这个时候，我们也是绘制船轮廓投影图，不过是在径向透视图的 5 个方块上绘制出主要部分，包括船头柱和位于第一个四方格中间的曲线结构（在纸张左侧）；船尾柱和船尾曲面结构则位于最后一个四方格（在纸张右上部分），并且通过船的龙骨连接到船底。

然后在横剖面上绘制另一轮廓图，参考右侧部分镜像绘制船的左侧骨架。

在纵剖面上绘制吃水线，并且和横剖面图上的线条相交。

船头柱的顶端和横剖面的最宽处通过一个曲线连接起来，这个曲线位于跟龙骨平行的一半位置处；然后根据先前绘制的一半完成船尾部分。

漂浮区域和船边缘轮廓的设计制造　　首先绘制出前半部分船体；绘制当中需要注意参照横截面的曲线想象另一半船的部分，左右部分对称。然后完成代表船漂浮状的曲线；就像我们绘制平面图一样，我们的船将更加灵活逼真。

需要遵循船柱和左侧图，绘制另一对称部分。

为了方便识别设计图，需要用粗线凸显船外轮廓的线条，而将隐藏在内部的线条用浅色表示。

图 10 - 4　　为了更好地理解上述步骤，需要重新阅读之前的程序，然后进行对比，用铅笔一步一步画下来。这样就会比较简单，并且充分展示了图像语

---

❶ 在透视图中，空间中的平行线在无限延伸后将交汇，在绘图中称之为灭点。如果这些线在水平面上也平行的话，焦点交于水平线高线上，代表观测点（PV），参考水平投影，也就是观察点（PS）。

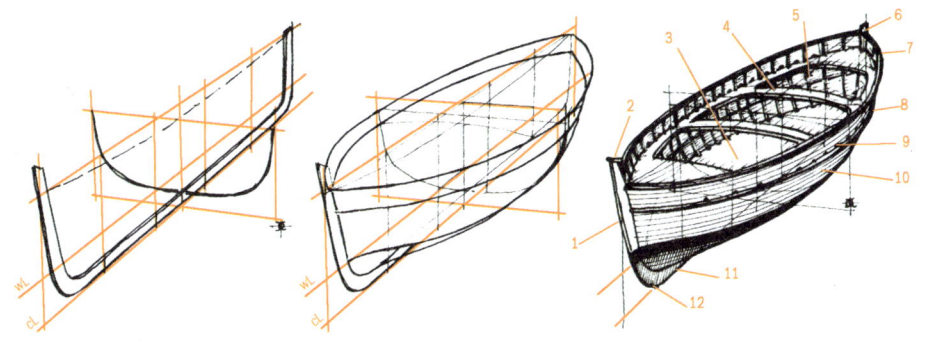

图10-4

三维构造草图

1—船头柱；2—（船头柱）延长部分；3—船舱底板；4—条凳；5—横梁；6—船尾柱；7—主船舷；8—纵梁；9—排水口；10—船壳板；11—龙骨；12—船头曲线结构

言对于解释和定义几何问题的实用性和有效性。

贡佐渔船的功能演化

在此解释了展示贡佐渔船实质形状的基本程序。这类非常容易在海滩上下水的地中海航海工具作为渔民捕鱼和运输交通工具有很长的历史。其推进方式是通过船桨来实现的。随着时间的流逝和航海线路的拓展，贡佐渔船在推进方式和尺寸都有产生了有趣的发展及变化。在利古里亚大区，有一种由贡佐渔船演变而来的船，叫乐多（leudo），是一种往返于科西嘉岛、厄尔巴岛和撒丁岛之间的运输葡萄酒和奶酪的船。即使是尺寸大到超过20m，乐多船也可以很容易地通过人力在沙滩上下水。

图 10-5

如同乐多船的演变一样，贡佐渔船在一个相当长的时段里衍生出了一个拥有拉丁式帆具的帆船版本。它在船身一半再靠前一点的地方安置了一个低矮的桅杆，上面固定有一个有弹性的长斜桁（类似弹簧片板的结构），用来悬挂一面对于顺风行驶❶非常有效的三角帆。

贡佐帆船

船头有一个相当长的（有船体的1/3长）斜桅❷，工作时从船头一侧探出。这样的设备在贡佐航海术语中，被称之为"asta"。在这个"asta"

---

❶ 顺风行驶就是全部都顺着风走的意思；从船舷到船尾始始终顺风行驶。相反，逆着风抢风行驶，利用风的升力，则可能使逆风航线交替改变，使船的左右侧交替迎风，曲折前进。这一效果是由拱内面和拱外面的不同流速造成的，就像飞机的机翼工作原理一样，外拱面的最大速度造成更为稀薄的空气，产生不同的压差的效果，转变成了真正的船帆的升力。逆风抢风行驶的船被称为 bolina。

❷ 船首斜桅：支撑船头帆的部件，纵向固定于船头柱上。

顶部系住（murato）❶三角帆一角，三角帆上帆角（penna）❷升起于（riva）❸桅杆顶端。

贡佐帆船还有一个特征就是船舵最低点很低，甚至低于船的龙骨。这样的形状，除了使船舵发挥最大作用，还可以起到稳向板的作用使船更容易保持航行的方向。最后，船舵虽然在龙骨线以下，由于它易于拆卸，并不损害贡佐的易用性，保持了船的上下水的便利性。

拉丁式帆的配置，特别是斜桁，使得船在换舷行驶有些困难。具体来说每一次换舷必须将斜桁重新置于下风处。要实现这一操作，需要首先降帆，然后再重新安装在下风一侧。这一操作很麻烦和劳累，因此只有在换舷后能保持较长时间的行驶时才会使用。当迎风行驶的时候，一般并不经常进行这一操作，只有有明显优势风的角度时才会操作。

贡佐机动船

贡佐是工作用船，高效率是其必需的天性；很明显，动力驱动装置的出现对其来说是一个很好的选择。

工作用船的贡佐慢慢地或多或少机械化了。为了容纳舱内发动机和相关的推进设备，驱动轴，船体形状需要做些许改变。

船尾柱和艉弧结构做了一些变化：缩短了船尾柱，去掉了艉弧，以便安装一个新的"反弧形结构"以完成其实体的船尾以及给螺旋桨安装提供空间。

图 10-6

还可以起到增大的船尾空间以放置螺旋桨及发动机；此空间在排水线以下，并且延长了龙骨线，接近船的舵轴。

贡佐拥有一种排水型船身，根据船身配套相关的动力。

对于贡佐，我们不用为它安装一个更大功率的发动机：一点点的动力就足够其加速到需要的速度，并且耗能极低，同时对环境影响很小。

---

❶ 嵌入（murato）：一种固定帆的方式、特别是三角帆的顶角。
❷ 三角帆上帆角（peena）：三角帆的最高角点。
❸ 升帆（riva）：将帆升到最高点的行为。

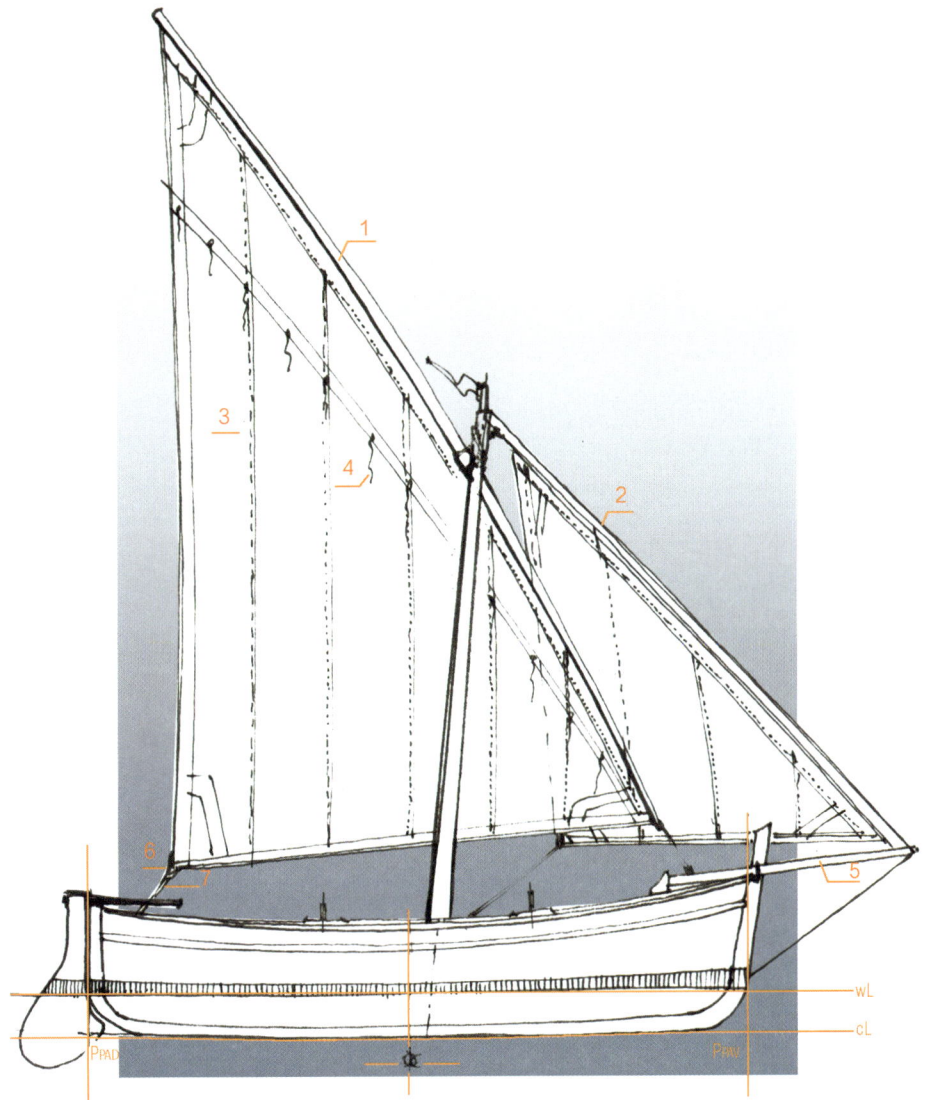

图10-5

贡佐渔船

1—斜桁；2—支索；3—（做帆的）布幅；4—收帆索；5—船首斜桅；6—花线路；7—帆角索

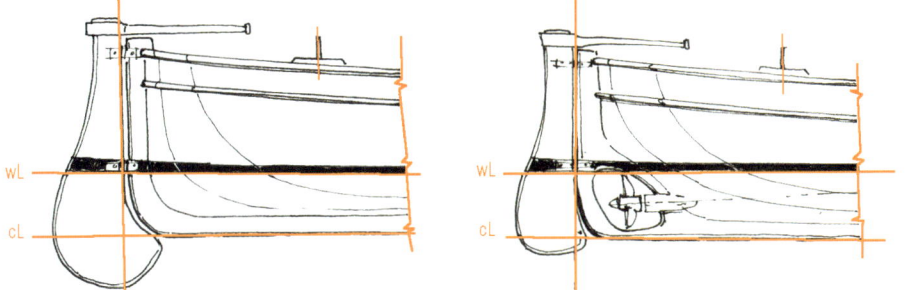

图10-6

贡佐渔船的功能性变化

注：传统贡佐的船尾（左图）与机动贡佐船船尾（右图）的不同。可以看出，船尾圆形转角留有一个孔，改成了放置螺旋桨的地方，使得船舵结合船尾螺旋桨转向更为快捷。

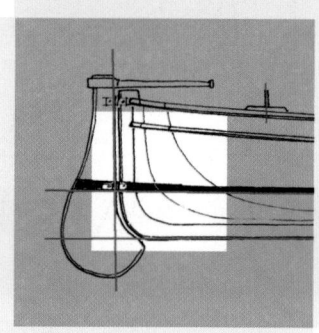

游艇设计
——从概念到实物

发动机和帆驱动
关于概念设计的基本原理

V 型滑行船体形态的基本原理

对现代滑行艇的 V 型船体的分析是理解当今的动力滑行航海技术的起点。

我们举一个典型的例子来说明主要的造型原理，在没有验证过或可参照的先例就得开始工作的特殊情况下，这些典型原理尤为重要。游艇设计很少有从零开始设计的情况（通常每个设计项目会源于对较早案例的提炼），在这个例子里，着重建立原型，以供读者使用并可能适合各种设计项目的需求。不在这里探讨和研究水下船体形态的流体力学特点和更为深入的计算，我们把注意力应该放在 V 型船体是最稳妥的能保持各方面平衡的滑行船体的解决方案这样的事实上。

简单几何形态和结构，V 型船体将快速和稳定以及耐波性完美融合，同时较好地控制了制作的成本。❶ V 型船体的游艇正如我们已经描述的，具有能够在一定速度下克服临界波从而在水面上滑行的特征。它的几何形态特征体现在船底和船侧舷分型的纵向棱角、镜面式截断船尾、还有又长又高的船头；沿着船底展现了一系列的叫做滑行装置或 spray-rails 的

棱角和滑行装置

---

❶ 该流体力学方案的理念应归功于美国人 Raymond Hunt 的灵感。他在 20 世纪 50 年代率先将深 V 型水下船体的概念和原理引入到一个 Bertram 船身上。在史上第一个远海汽艇比赛（那些汽艇快速地沿着迈阿密到拿索往返航线相互竞赛）取得胜利后，这种船体大获成功。
这之后，按照多名著名国际设计大师的多样化想法，深 V 型滑行船体方案成为流行趋势，其中不乏意大利 - 不列颠人 Renato "Sonny" Levi，美国人 Jim Wynne 和 Don Aronow［著名的"香烟艇"（go-fast boat）的创造者］及英国人 Donald Shead，仅举几例。

11 发动机和帆驱动

纵向阶梯状像利刃一样的部件，能够将由流经船底的海水形成的层状水流往外侧排放。这样可以减少船体的浸润面积，同时有效的液体偏导在滑行前进时增加船体向上的升力，使得船体部分在升出水面以上。由于其船底冰刀般的形态，在水面上船体只会有柔和的碰撞，可保证有效的航向控制。因为所有这些优点，V 型船体是如今在市场上应用最为广泛的快速和中速游艇的解决方案。❶ V 型船体形态特征在于船尾镜底部和建造基准线之间的角度（也就是船底横向斜度）。这个重要角度数值一般可以从 13°（浅 V 型船体）到 25°（深 V 型船体）之间变化。V 型船体的深度和船体的升力成反比，这就跟飞机的原理一样（那些慢的飞机有较大的机翼而那些快的飞机如战斗歼击机有较小的机翼），更慢更重的船会拥有较浅的 V 的形状，那些更轻更快的船，恰恰可以用更深的 V 形来表现它们的潜力。

船底角度 图 11-1

了解该船型特点后，可以通过绘制一张草图来帮助我们建立图解的框架。

使用上一章的贡佐案例，先绘制连续的 5 个相邻的正方形。在第一个正方形（左侧）外面，画有一个和正方形一样高度，和一半船宽一样的矩形。根据本书引用的比例数据，一个十来米长的游艇，应有的宽度大概是 3.5m，这符合长度∶宽度大约为 1∶2.85 的比率；半宽，在这个案例中是也就是比例 1∶5.7 的一半，表现出一个比基本正方形模块稍微窄些的矩形。在将纵剖线外切的构造（即 5 个相连的正方形）外部有一个矩形，在该矩形里将绘主横剖面的一半视图和在此阶段具有真正意义的船尾镜的投影；须要考虑该投影比船的最大宽度要窄大约 10%。这张图出给予船底的角度的控制是能够充分地表现 V 型水下船体的几何特征和性能。假设有 1 个 15° 左右的船底角度（船底横向斜度）的船，通过它的横剖面，我们知道相对船底龙骨船体分体线的相对高度。在最左边的 3 个正方形底

长宽比

以确定船体棱角高度为辅助目标的半船尾镜的构建

---

❶ 这个概念表达了一个航海设计学的典型特征：绝对的好船是不存在的！一艘船如果满足基础地突出了仅一个系列特征的设计方案方面的需求，它就可以表现良好。然而该船对于某些需求表现良好，但对于其他需求却差强人意。一个设计方案越专业化，它就越能更好地满足需求，但在不同条件下的运用中却反应越糟糕。相反，一艘船越不专业化，就越适合各种使用场合，而不用只擅长于某些特定场合。

边，沿着建造基准线 CL 水平地绘制出龙骨❶线，然后在半个横剖线图上投射出分体线的位置，这样可以画出分体线沿着纵剖线正确的位置。

船头柱的确定

继续绘制船头部分，首先绘制船头柱，从右边正方形端点开始，呈 45°沿对角线到达对角线中心。船头柱在这里停止是为了形成艏弧，艏弧用一条缓和的曲线连接船头柱和龙骨线端点，也就是之前绘制的一直延伸到第三个正方形的末尾。到此棱角便设计完成，同时开始绘制建造基准线 CL 直到从船尾起的第三个正方形末尾，然后开始向上绘制一个温和的宽的弧形，该弧形和一个点相连，这个点是船头柱和其对应的艏弧相连接的点。

船尾镜的描绘

现在开始绘制船尾镜纵剖线和甲板面纵剖线。首先，在应用舷外内部推进装置或者舷外推进装置的情况时，可以考虑一个朝后倾斜 13°的平面船尾镜。

其次，适合绘制一条将船尾镜（较低）和船头（较高）连接起来的曲线，从而生成一个反马鞍形的甲板的纵向弯曲弧形。❷

滑行装置的描绘

正确的正交投影应该随后对这些微微弯曲的弧形的存在而引起的所有的投影作用保持应有的考虑，比如舱顶弧度的弧形，更如凸出的船尾镜弧形，以及（构成）甲板室与甲板之间的交叉弧形，如挡风窗和甲板线之间的交叉弧形。现在我们专注构建滑行喷轨的绘制。船体的滑行喷轨，或者 spray-rail，通常和船体形转角平行放置（形成一个和船体相似的越来越小的体积），或者按龙骨到艏弧的整体平行地纵向布置。

实际上以上两种配置的效果是非常类似的；这些滑行喷轨的性能表现通常是与存在的元件的数量和在横剖面的每个元件的尺寸成比例的（越宽越有效，但同时它们会减少 V 型船体的在水面的"灵活性"）。

滑行喷轨的数量通常是每个船底侧边有两个或者三个，它们通常和一条船体棱边相组合，这条棱边除了将船底和船侧分隔开，它本身也构成了另外一条滑行喷轨。假设想要在纵剖线上描绘两排阶梯状滑行喷轨装置来

---

❶ 在这个案例中，如果是用玻璃纤维建造，龙骨会变成仅仅是一个几何学参照，但同时结构功能常常会被满足，甚至是在龙骨不存在的情况下。

❷ 关于船尾镜和存在的不同的推进设备的定义可参见本书第 15 章。

11 发动机和帆驱动

针对每个船底侧边，则在半横剖面船底范围分隔成三个等分的部分。这样就确定了滑行喷轨各自的位置，在这个操作中，它们将会被和已经设计好的转角喷轨平行地绘制出来。在纵剖线上，借助水平直线这样的符号，就可以找出各个喷轨的位置从而使线条各就各位。

平面图的描绘

需注意的是一个设计平衡的 V 型船体不应该冒具有看起来太过水平的危险，这样容易引起船头太往下倾的姿势。出于这个目的，在船尾镜前终止滑行喷轨装置的是恰当的方法。终止点决定通过船体棱角和船尾镜的结合点与艉弧的末端相连接的对角线和滑行喷轨交叉便可以确定位置。

到此为止，V 型水下船体已被设计成纵剖线图；为了更好控制总的体形，适合将该纵剖线和平面图，或者至少是半个平面图结合起来。于是在纵剖线下方绘制建造基准线 CL，它在平面图上代表纵向中心铅垂面；然后确定成比例的宽度来确定设计的外切矩形（如之前建议过的，关于比例的定义是 1:2.85，等同 3.5m 之于 10m 的长度）。

最大宽度点

接下来开始绘制船尾镜的设计（它相对于横剖面倾斜 13°，是可觉察的）。正常情况下船尾镜的宽度比船身最大宽度小一个小的百分比（大约 10%）。最大宽度实际上合适地处于靠近从船头开始的长度的前 1/3 处，然后边缘线条收紧直到和之前绘制的船尾镜结合。

现在绘制水下船体棱角线条；从船尾镜出发它们继续延伸向船头，并在总长的 1/3 都和建造基准线 CL 保持平行，然后引出这些棱角线条和船头柱处的建造基准线 CL 相结合的点，可以用来自纵剖线的注释符号直线再连接到这些点❶，棱角线条柔和地沿着一条相当稳定的曲线汇合到船头。

在水下船体上的滑行喷轨装置沿着和棱角同一的轨迹延伸，只是那个最下面的滑行喷轨装置（如之前谈到过的）在到达船尾镜之前终止，借助一条来自纵剖图的对角直线找到这个终止点。现在绘制边缘，设计图即将完成。

该边缘弧形从船尾镜开始并相对紧绷地延伸到最大船宽点上，然后

---

❶ 见图 11-1，船体棱边线条和建造基准线 CL 的交叉处有 D、E 这样的符号，从纵剖线上的 D、E 直接用垂直线连接下去可以连到平面图上的 D、E 点。——译者

它为了和船头柱连接起来变得松弛而缓和。借助一个棱角在船头柱上将船"闭合"不是一个习惯的做法，可通过插入另一个圆柱形状将右舷和左舷连起来。那么可发现，在边缘的投影上，平面设计图会表现出船身的两个侧边的圆形连接点。连接处的圆形平面随着船头柱往下到艏弧末端，面积越来越小直到汇聚到一个点上。这样这个连接体看起来是锥形的。到此为止，一个带棱角边线条的深 V 型滑行机动船体的最低基础条件就被描述完成了。

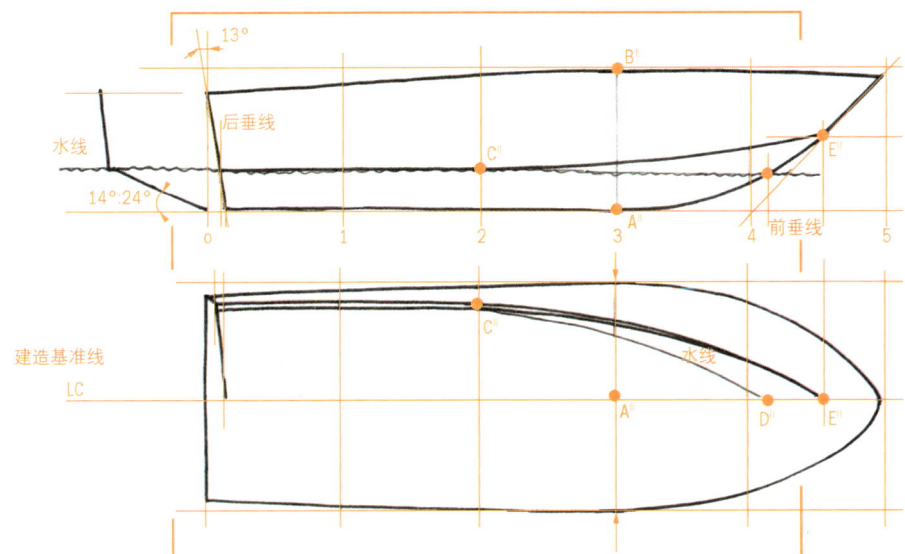

图 11-1

带 V 型船体的船只的图解示意图

圆形船身的设计原理

笔者不是要用更先进的技术来给水下船体下定义，而是要描述其主要的形态特征，以便能够轻松地画出一个恰如其分的形态，这能够构成游艇设计的第一个任务，这个造型设计是可以研究比对发展设计的基础。对帆船水下船体形态的细致设计也许比其他所有内容更能构成设计作品的首要主题。

一艘帆船的成功设计大概都是取决于其船身形态的有效设计。这样设计工作几乎总是更被设计师保护的专业"秘密"。出于这个原因，再次强调这里将探讨的只是阐述体形处理和立体形态特征；而会故意忽略对于流体动力学等高性能机密的涉及，并将其留给该领域专家进行论述。

11 发动机和帆驱动

在这个案例中也一样，从 5 个并列的正方形所绘制的纵剖线设计开始着手；底边线等同于建造基准线 CL；和建造基准线相平行，绘有一条假设的吃水线 DWL，吃水线高度等同于位于建造基准线以上的船体高度的近 25%。

龙骨与古代的贡佐渔船不同，不再是直的；它沿着一个缓和稳定的弧线展开，从吃水线 DWL 出发，延伸到差不多在长度一半的最低点的地方。这个例子说明一些船型是对 IMS❶ 船赛规则的理解的反映。尽管该船赛规则是以将风格迥异的船只进行分类为目的而诞生的，但随着时间的推移，对船赛规章条款日益精细理解慢慢产生了新的船型，这些船型能够更好地发挥设计方案的技术能动性，实际上现代帆船的船型相当精准地反映了船只的形态准则。

与直到 20 世纪 70 年代都很流行的 IOR❷ 毛吨位规定的帆船相反，现代的 IMS 帆船船身在首尾两端的部位基本不再外凸，吃水线长度非常接近整个船身的长度。

主横剖面的特征是强调几乎平的船底通过明显的舭部和花盆状的船侧舷连接。不像在老式木质帆船上那样配置压舱物，为了使帆船性能处于最好的状态，现代帆船上采用现代技术制造的鳍式稳向板被独立安装在船体外部。和鳍式稳向板类似，舵也是一种独立的附属物，在 IMS 船型里

主横剖面的典型形状

---

❶ IMS (International Measurement System)。展现最普遍的游艇帆船远洋竞技比赛分级的方式。它在 20 世纪 80 年代被 MIT (Massachussets Institute of Technology) 的两个研究工作人员改良。该方式在于通过测定船体水下部分来比较不同的比赛船只，它重视水下船体的实际合适的体形。用船赛裁判做出的比较来分配出每艘船的参赛系数，允许给性能较差的船只多些时间。因此在风格迥异的船只之间进行比赛也是可能的。在比赛结束后，会拟定两个列表：第一个列表会将实际时间表现出的到达终点的顺序列出；另一个列表，带参赛系数的内推法，将会列出在加时中计算出来的优胜者的名次。

❷ IOR (International Offshore Rule)。曾是被大不列颠的 RORC (Royal Offshore Racing Club) 俱乐部在国际远洋比赛中建议并采取的方案，直到 IMS 开始流行。它带着和 IMS 同样的目标诞生，但是通过计算某些关键的尺寸来对船身外形进行比较。这些数据跟船只体积、帆船装备和其他参数进行比较，根据这些参数给每艘参赛船只分配参赛系数。

舵的外形是窄而且特别高的。❶ 纵剖线介绍的是一艘具有一个相当宽的稍微往前倾的船尾镜的船，船尾镜在水外面连接着代表龙骨的线条的终点（龙骨只能被从形态上而不是从结构上去理解）。船底线条触碰到水的位置经常和舵轴线重合，并取了一个技术性较强的名字"后垂线"。船底线条通过最大吃水位置（如我们已看过的大约是长度的一半）后往上延伸直到吃水线与"前垂线"的重合点，在该点上吃水线还与船头柱相连。需注意的是艏弧，在现代的船型中它是一个几乎完全萎缩了的造型：船头柱实际上接近直接连接到龙骨的位置。平面图显示了一个与机动船的宽度相似的比例（这是一个流行较大船型的时代）。因此可以假设一艘 10m 长的船的宽度大概为 3.5m，也是符合 1∶2.85 的比例。

垂线

平面图

然而最大船宽点，和机动船不同，位于船长的一半或者稍微再靠中点后一些的位置上。

此外，尽管符合 IMS 规则的船的船尾镜面相当宽，但比最大船宽要窄至少 20%~25%。从船的平面图看，船有一个非常锐且细长的船头，船头比船尾的弧度稍圆润一点（这和动力游艇相反），同理吃水面积也是一样的前面更大些。船身侧花盆形状使得吃水部分船体的宽度明显比最大船宽小。

图 11-2

船舷在横剖面上显示在船首侧部几乎是完全垂直的，而在在船中部则呈现为花盆的形状，往船尾方向呈花盆形状到圆形的过渡。现代帆船几乎平的船底的处理和玻璃钢材料一体化的建造（大大减少了船只的结构部件的数量）凸显了空间的布局，也将过去的传统木质结构中隐蔽空间变得

---

❶ 这个将压舱物-稳向板和舵如同船身本身的一些名副其实的附属物一样布置的情况，在航海领域表现出一个绝对的革新：想象一下 4000 多年木质船拥有龙骨作为结构元件和稳向板元件。直到中世纪时代舵一直是用一个倾斜到船尾后面的桨构成的。直到克拉克帆船在 15 世纪出现后，舵才变成了一个控制方向的构件直到我们的时代，在 500 年时间里，它的位置一直是用铰链安装在船尾柱后面。只是到了最近的时期，伴随着和玻璃纤维加工相关的建造技术的到来，放在船身下面的剑型舵流行了起来，它和稳向板分开，不再由龙骨构建，变成了应用在成品船身上的自主的元件。

11　发动机和帆驱动

可以利用起来了。在舵手操舵的位置下方常常有 2 个或者 4 个乘员的卧室空间，在船中部甲板向下去，是沙龙客厅及控制设备间，并和所有的居住和辅助功能空间相连，在船头相对窄深的空间一般布置卧室，有时会有非常有特点的交汇成 V 形床铺。

相对动力游艇，帆船的发动机是辅助推进动力，所需的空间非常小，一般安置在船的中部，位于通往沙龙楼梯的下方。

船传动装置是用一条传动轴构成的，通常也称作帆船驱动器（sail drive）。平面和纵剖线的设计随着一条线的描绘出的微妙细致向上凸的甲板线和边缘线，从上面将船身闭合，就基本完成了，它们的弯曲形状是按照船尾镜和甲板舱顶弧度的规则来绘制的。

这些图例没有想要成立一个被盲目遵守的规则或典范，它们的目的是对设计师进行指导，特别是作为一个新手设计师去认识一个规范方案的情况下来使用，这样的规范方案能够在编辑一些初步的构思平面图上对设计师有所帮助。

一旦过了通过学习阶段，便可大胆地从完全原创的且无根据的前提条件出发来证实源自头脑风暴（brain storming）的逻辑推论，并获得可实现的和有成效的全新成果，这将会是非常令人激动的工作过程。

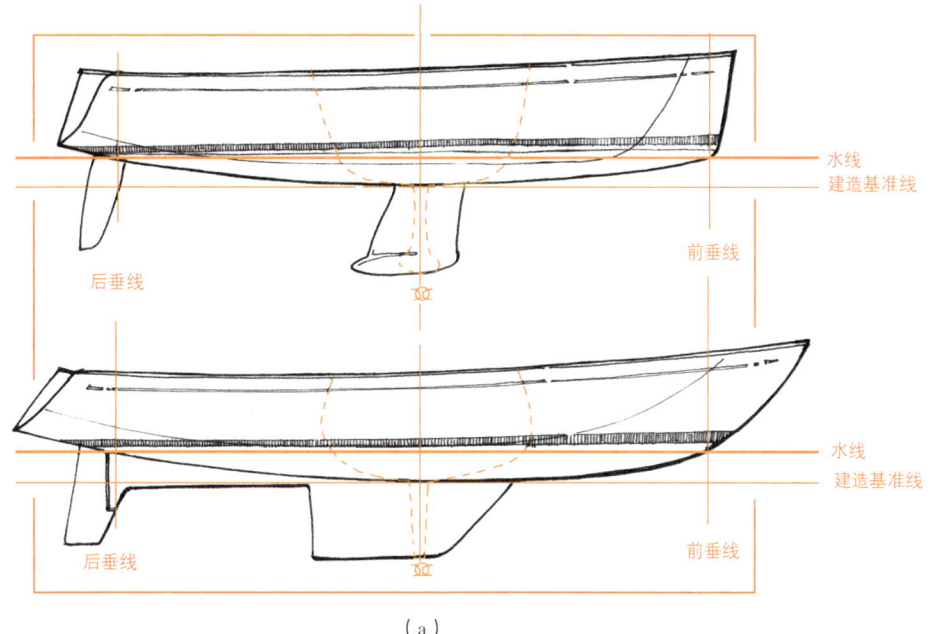

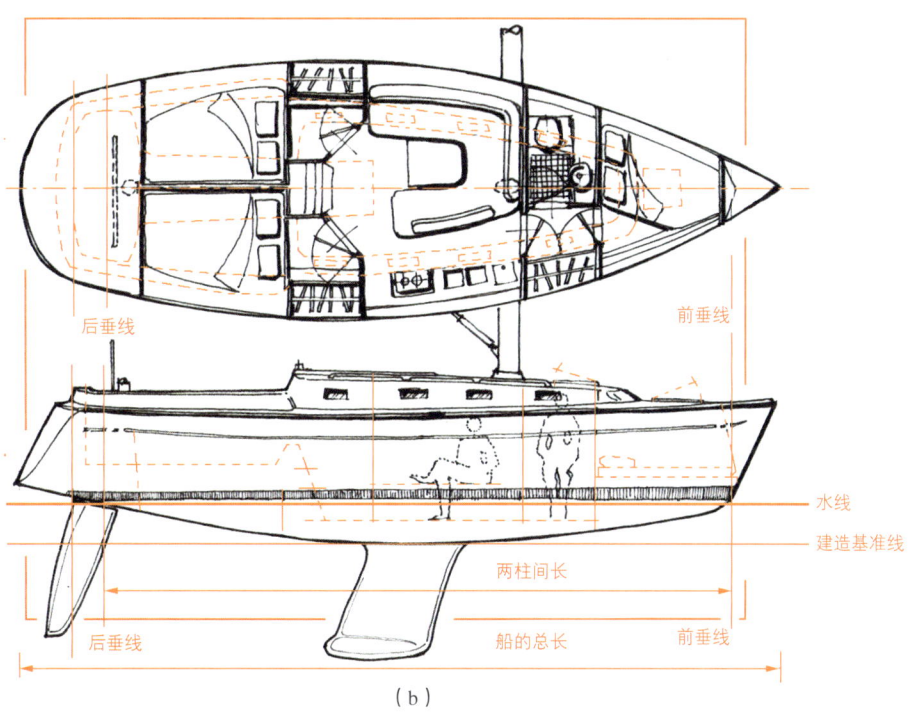

图11-2

（a）符合IMS方案外形特征的帆船和一艘从IOR方案获得的传统样式船的图解之间的对比；（b）现代巡洋帆船的室内布置——可看出怎样将可用空间利用得更好

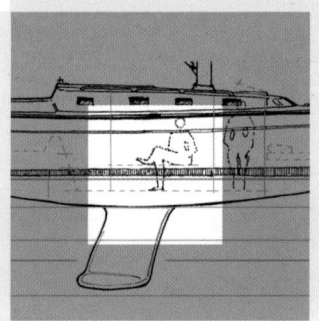

————从概念到实物

设计草图
游艇项目的设计方法

构思草图

在纸张上进行的徒手绘制创意是最有效的游艇设计方法。

众所周知，三维立体模型的形成是抽象制作的思维过程，也是思维方面的成果；通过动手利用铅笔和纸张的创作，使设计师能够立即检查出设计是否具有正确的空间体量，是最有效的工作方法。

毋庸置疑，这种方法显然很简陋，但是，它至少是第一个创造性的方法，在今天仍无法被超越，因为它是唯一一种提供了直接验证"设计－修改"的交互方式。

铅笔简单易使用，于是便成了绘图的主要工具，从而可以证实和向第三方展示其理念和思想。表达的是在设计师的头脑里早已形成了一个完整的立体形态。

有时，铅笔可实现快速变动和更改，由于可以即时地检查草稿，便可以及时对草图进行修改，虽然这是一个尚无正式定论的过程，但它的确可以修改和精炼最终的设计想法。

更明显的是，通过铅笔进行概念设计，能有效地验证初步的想法，从而不断提高"从大脑到双手"的交互工作效率。

理论上，如果一个已定型想法不能被采纳利用，这只能说明设计师的手工操作还没有达到应有的水平，实践证明不是每个人都可以充分掌控和把握这一点。

在绘制描图之前，我们必须学会观察我们周围的世界。观察意味着

验证和构思的关系

观察的能力

12　设计草图

思维的加工，这个过程与视觉感官对实体物质形状的塑形能力有关。换句话说，这个过程促使人类理解了三维立体概念：透视法。它是对数学几何方法的研究运用，是设计师需要掌握的将抽象图形与实物结合起来的思维能力（实际上我们每个人都具备这样的能力）。

通过训练双手能正确地操作之前，需要首先训练大脑，去更好地掌握对象的抽象形态，去理解对象实体的功能，去学习应用缩小比例的画法，将高光、投影、阴影、视觉符号等无限组的信息组织起来。

双手是抽象思维的工具

通过熟练地通过理解空间进深的方法观察空间（这得益于双眼的立体视觉感知能力），是为了之后抽象地理解图形层次的集合。当遇到种类繁多各异的平面形状时，我们可以利用这种方法，再现它们的构成、色形、轮廓，这就是将视觉形象转化为二维图像的技能训练。

建筑空间与设计平面图之间的影响

创意本身是一种纯粹的抽象工作。然而，设计中必须加入"通俗易懂"的表达方式，实现从三维（在脑海中）变成二维（在纸面上）并最终回到三维立体效果构图法的唯一途径。

对设计师而言，能徒手绘制透视图的能力，是一项与自身检测（首先自我检查）或与他人沟通（特别是与客户和制造商）的最有效的方法。

立面草图

最好的最有经验的工程师同时也是最专业的最纯粹的设计师。开始设计一艘全新的船舶时，设计师需要开始构思设计思路并绘制立面设计草图。但是，重要的是，尽管这种计划方案只是初步的，但仍被认为是无灭点的透视图，而不是单一的投影绘图方法。虽然两者图像轮廓上几乎是完全一样的，但是，这里需要说明前者的方法是为了尽量突出立体感。

图 12-1

有经验的设计师会将立面草图与几种抽象标记等多方面信息结合起来展现出船舶形状。

根据船体形态的粗略表达，在立面图中可能忽略了许多主要的纵向立面的造型问题。

通过观察再现曲线元素

例如，首先由船头及船尾为端点描绘出底部船体的龙骨形状曲线，以镜向方式从船尾开始描绘出边沿逐渐突起升高的，同时考虑到了逐步收窄的对称的半船宽度。继续绘制放射状甲板（考虑舱顶弧度）或船楼室和曲面挡风玻璃的体量效果，并在剖面图中保留了一种明显的体积关系。 这些草图绘制的对象与其半船宽度是吻合的。

通过研究上层甲板建筑的造型和上层建筑各个立面组成部分的比例，能展现出横向立面的效果：不透明和透明表面之间的比例关系，其中包括凸凹的比例关系，加上丰富的光影效果，在表现图中可以进行更加接近"实体"的表现。

透视草图首先应能提供大量有用信息，然后进行精心制作，并用铅笔完成绘制，从而能够快速读取所有形体的组成元素。

透视草图

与船体侧立面相结合，船体透视草图提供了许多涉及空间形象的有价值信息。

通过实践慢慢学习，用透视草图来表达改进游艇的外轮廓和体量积，设计需要从船的主要线条（龙骨线、船艉柱、船艏柱、船体型线等）构成的对称平面出发，开始画图。它们明显与半宽有关，然后绘制相对于对称面的多条对称线。我们将会得到精心制作的主体部分以及船艉封板（如果有的话）的绘图。

透视图中呈现的元素顺序

现在要绘制腰线，它被定义为上层甲板平面，我们可以在从这往上绘制船体的上层建筑，如驾驶舱和其他功能空间。

游艇外观的设计草图反映了许多船体的信息，所需要空间及功能列表，船体内部空间的思考，甲板的面积，甚至还与尺度分析相关。初级阶段的草图主要需要满足使用功能的需求。

图 12-2
内部外部综合构思

游艇设计领域的设计解决方案需要满足非常细化的使用需求，游艇设计最终的整合方案需要在不断的方案修改中得到验证，并且相同类型的游艇系列中，很难存在可替代的可能。

论及船体内部的设计时，运用不同类型的知识将会帮助建立初步的方案设计。一方面，运用现有已知的知识认知能够快速解决问题；另一方面，利用新颖有趣的空间解决方案帮助推进研究与发展。

图 12-3

在初级的设计草图阶段，我们已经为所设计的产品定义了"特征"，同时具有美学和物理的数据，比如游艇行驶速度、建造成本等设计的基本数据。

图 12-4

综合所有问题，答案从来就不是某个项目解决方案；在进行下一步

12　设计草图

之前，设计师最好不要把思维停留在某一个想法或某一个解决方案上，而是要通过多方案比较和检查得出每个部位的最佳解决方案，从而制定出最终的整体方案。

最终方案的确定经常来自对不同方案的提炼升华，因为每一种解决方案都只有一种发展思路。换句话说，可能实现的概念/草图"C"，是概念/草图"A"和"B"的综合产物，一个将要施工的解决方案，可能来自几十个不同阶段的概念/草图。满足阶段设计要求，涉及设计师对方案的不停检验。

在进行项目之前，为避免劳动力成本不必要的增加，最好为制造商和客户提供会面的机会。首先验证所提出的设计解决方案是否满足了游艇使用的需求，然后再检验船只的性能表现与美学体现。

由于各方观点不同，在处理同样的问题时往往会发生分歧，而很少会出现统一的解决方案（有时是对立的）。可能的情况下多参考制造商的观点，他的想法与雇主不同，也与设计者不同。

为了尽可能满足所有相关者的意见，适当的时候需要呈现 2 种或 3 种不同的解决方案。

如果没有明文规定，提交的方案不要超过 3 个，否则会适得其反，因为这可能会引发混乱或由于方案太多而做出错误的决断。

将不同的设计概念进行"拼贴"的方案隐含着隐患，因为这样总是导致设计不能完整地体现，虽然能够汲取不同的设计概念的特点，但这些部分拼贴到一起并不总是能有机地组合，而往往是松散的。经过这些美学、心理学上的深思熟虑，我们要再次强调的是，不要选择与第一概念方案在内容上"嫁接"式的拼凑；有经验的设计师会提前构思 2 个或 3 个预选方案；以便在进行下一设计阶段之前，从容评判各个组成部分，确保审查和选择出更满意的设计解决方案。

验证立面图

在生成设计草图的过程中，立面图是为定义船体形态最有代表性的设计表达。不像民用建筑，在游艇设计领域里这是相对完全独立自主的创作。也就是说，陆地建筑物的设计要符合周边环境并与之共存，相反，船舶是可移动的独立个体。

很多时候，陆地上的建筑有 2 个甚至只有 1 个重要的外立面（加上屋顶）；相反，船舶不论大小却始终是个六面体，有机的曲面体，面与面之间的连接是任意角度的曲面连接。

显而易见，一些特殊情况下，在游艇设计领域很难做到反映实际尺寸的图像（如建筑立面图）；经常由仅仅某些部分的局部视图所代替。因此，只有从所有的投影视图中整合信息，设计师才可以充分掌握绘制游艇的全部信息。游艇立面设计图（通常徒手绘制）应尽可能在统一比例下与其他手绘图关联起来。

> 船舶是自由地进行空间移动的"六面体"

12 设计草图

图12-1

设计草图的绘制（一）

注：设计草图包含了许多设计信息；它能够同时表达三维的轮廓和纵向剖面图。透视图则方便检查船体表面的形态。

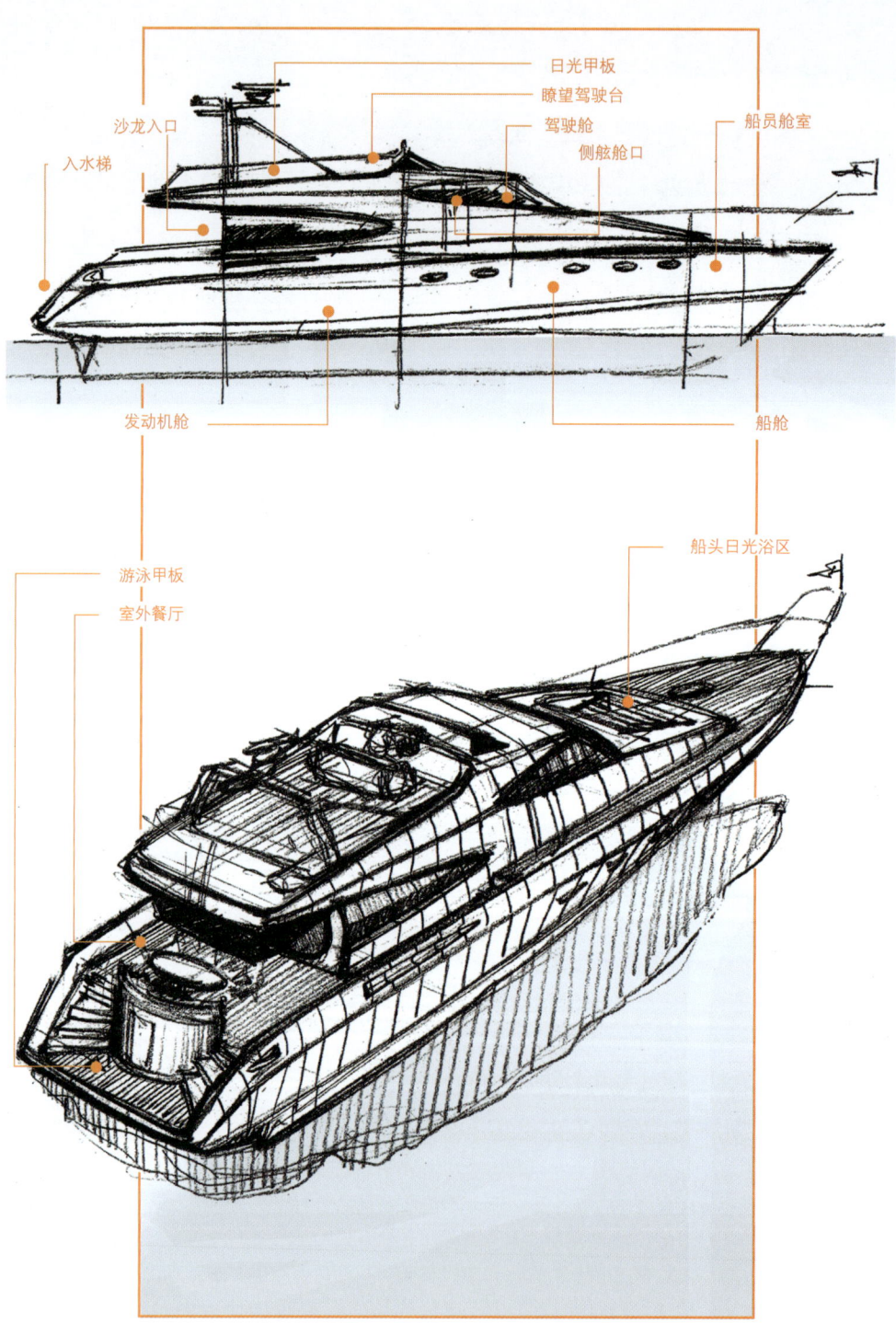

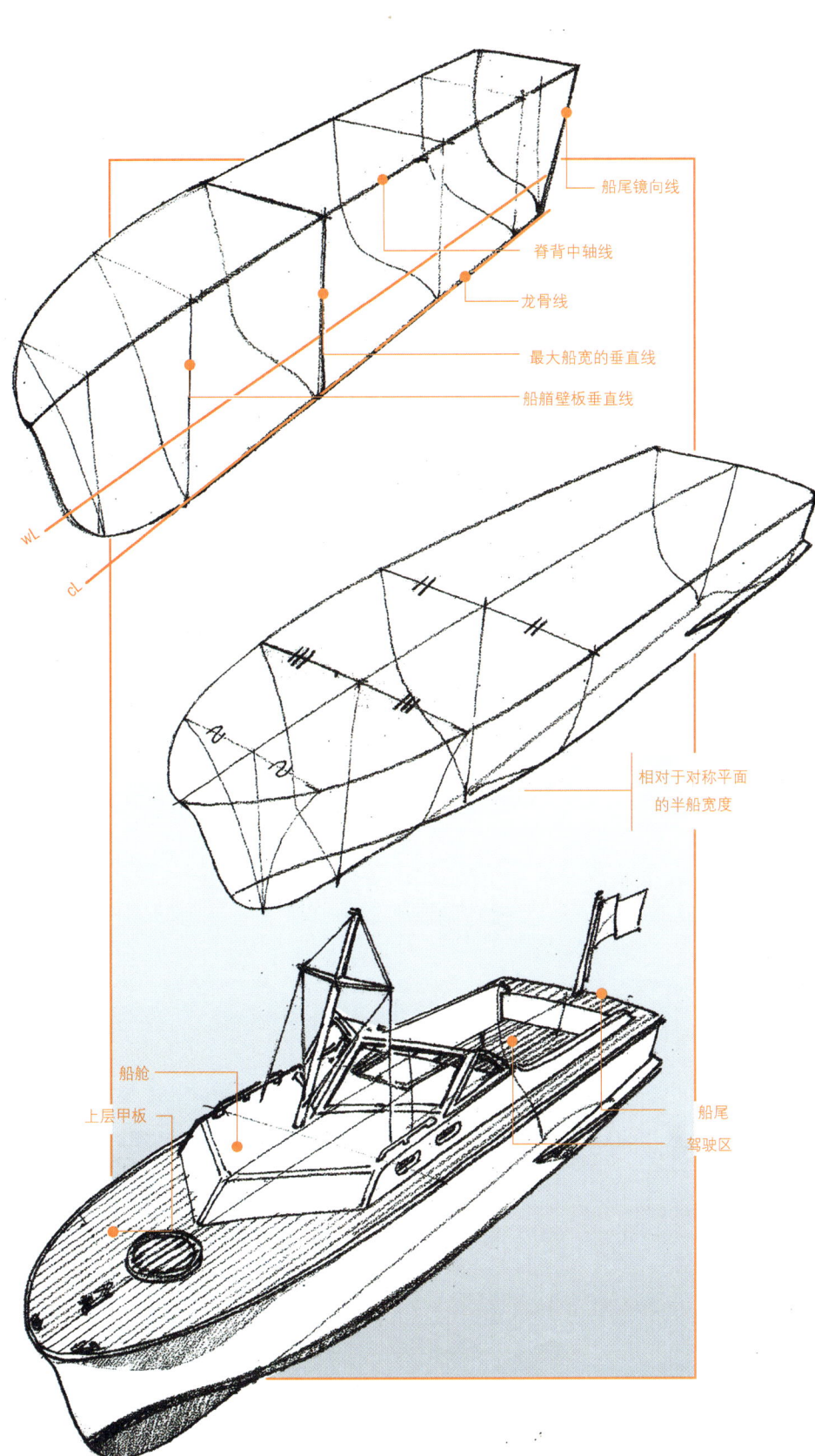

图12-2

设计草图的绘制（二）

注：绘制船只的透视图。

- 船尾镜向线
- 脊背中轴线
- 龙骨线
- 最大船宽的垂直线
- 船舷壁板垂直线
- 相对于对称平面的半船宽度
- 船舱
- 上层甲板
- 船尾
- 驾驶区

12　设计草图

图12-3

设计草图的绘制（三）

注：可以看到，在单一的草图里，它可以同时展现许多不同类型的信息。恰当使用阴影和反光面，更方便快速和简单地在草图上表达形体。三维图像与剖面相结合的草图，使得环境中的设计形象与体量通过草图的形式不断优化。

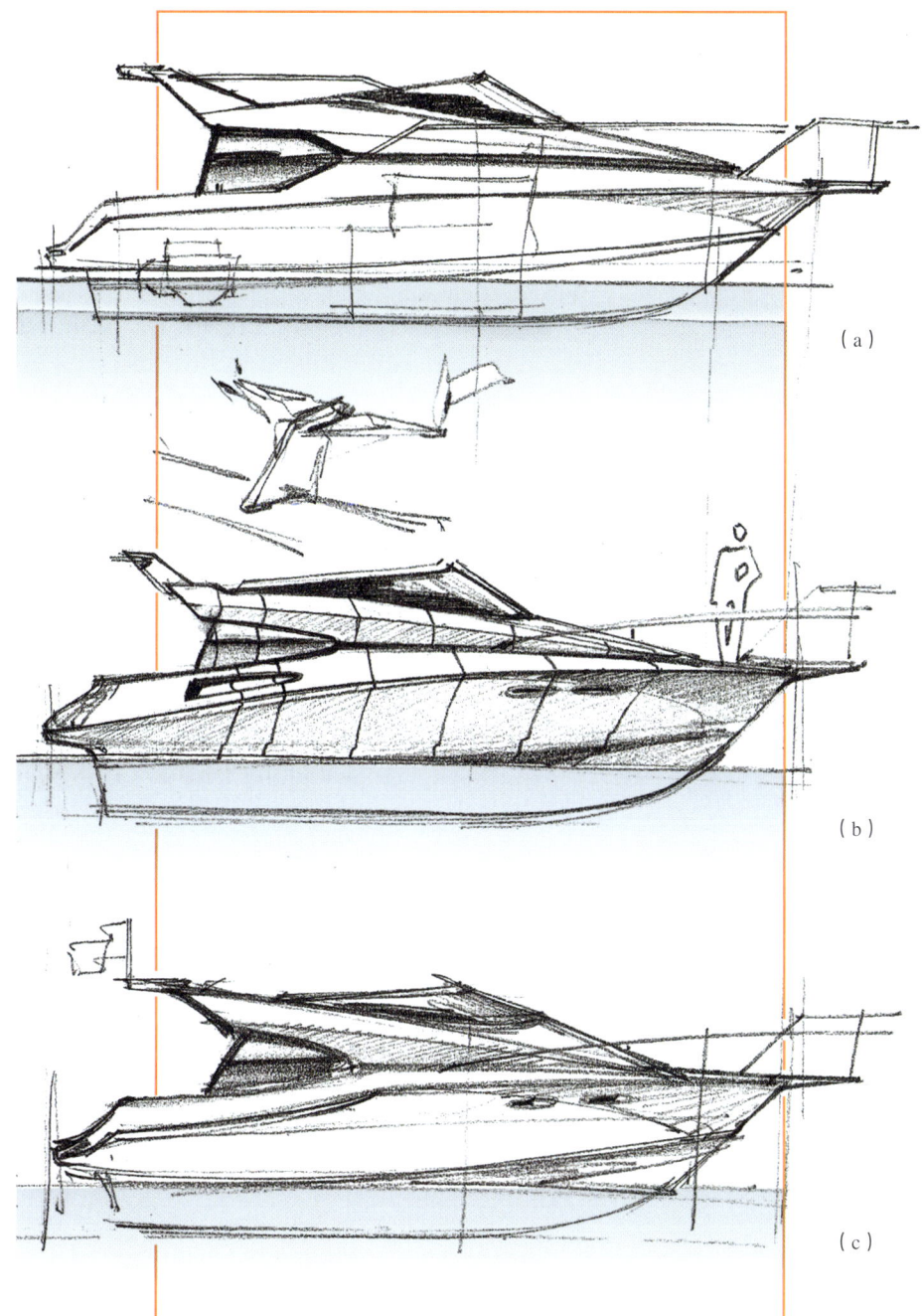

图12-4

设计草图的绘制（四）

注：游艇外观的定稿需要结合大量的设计草图的工作。利用明暗对比增强形态的逼真性。为了更好地理解一个侧面的设计进程，可以（即使不完全正确）将这一部分细部附加到立面图上，如草图（b）。

12　设计草图

不同的视图彼此相关联

　　发展一个设计方案的过程近似我们阅读工程图纸过程，也就是一连串的空间路径的平面布局及其后不断更新的各种视图。

　　根据所设计游艇类型，设计者可以从一个已经实现的船体（或由构造平面图）开始，如果该项目是原创的，可通过一系列构成项目数据参数开始着手设计工作。

施工方案影响了总平面图的编辑

　　在上述第一种情况下，在原始构造平面图上面叠加一张半透明草图纸来绘制，这可以让你在绘图时能够清晰地看到所有从下面原始图纸上的信息。开始阶段，可以将原图缩放至 A3 或 A4 大小便于绘制。这是通常发生在改造项目的状况（使用已有的船体）。

图 12-5
工程师和建筑师的任务

　　如今，专业细分的发展体现在游艇项目上，就是将一个设计任务委托给设计师和工程师两个共同合作的不同专长的人。首先完成总体方案，然后发展制订施工制作图（基于先前的总体方案和数据）用来响应下一步的工作。

　　然而，如果设计项目的总体和实施发展由同一位设计师来的话，在绘制草图的同时勾勒结构的草图才是正确的工作方法。只有这样，才能确保设计框架并定义船只整体，并且得出一个较为准确的结果。

尺寸图纸

　　假设相反，如果概念草图完全是自由手绘而成的，则应该通过缩放图纸使其具有比例关系以便测量尺寸。这是为了方便设计师能够验证船舶参数以及检验这些设计是否符合项目使用的要求。

　　利用经验可以做出初步的草图，配比与预设尺寸有关系的相应部件；换句话说，它可以结合所设计的长度设置高度，表现出令人满意的"船舶尺度"。

对船舶类型的认识，有助于测量和确定工程参数范围

　　在这种情况下，可以通过参考图像的方式把握好草图描绘过程中尺度的精确性。

　　有时简化也是必要的，比如，在与立面草图比较之前，进行第二次徒手草图绘制。用一些简洁的线条将原来用于测量尺度的潦草手绘重描，把初步的草图转换成有尺度可量取的草图是很有必要的。

　　为了绘制一张合乎逻辑的、可能会为实施提供便利的初步草图，以图表的形式简要绘制带有主要工程尺寸的图纸。纵剖面图被绘制在一组矩

形参考网格上，这多少可以帮助正确把握船体和船舱的部分。

如果设计的基础数据精确且能自洽，就可以继续定义飞桥或其他甲板部分的造型。

很大程度上取决于你要设计的船只尺寸的大小，通过一个大致的轮廓我们就可以识别出游艇而不是其他的船，类似于区别烟缸和澡盆的设计，这是一个非常简单和既定的方法。紧凑的尺寸和通过新型材料带来的结构简化，导致设计图纸可一次完成。

图12-6

半船体剖面的初始尺寸和船其他部分尺寸的关联（例如船长LOA，引擎室，对于帆船来说，就是桅杆可能的位置等）。

随着规模的逐渐变大，小游艇的设计变得越来越精细，所以船舱设计更加趋于完整和精练，并呈现空间的异型。在大吨位船舶的设计图中，习以为常的做法是，草图的绘制需要达到更精练的程度，然后才能描绘最终的轮廓图。

船舱室的设置需要考虑到甲板的层数，也要考虑到服务的便捷性与垂直交通的连接。

由此生成的反映基本框架的设计草图对整体风格的确定具有重要作用，在这一情况下，对于小型船舶，设计出真正满足美观要求的船体外观是非常重要的。

验证体积

游艇是根据不同的使用需要设计并制造的产品。

游艇根据用途可以具备抗海上风浪的能力，能在浅水中航行，或者有良好的操控性能等不同特征。只有满足了具体的不同需求后，才能决定使用哪种类型的船体形状。根据船舶性能特点，在相同的每平方米材料成本前提下，就很容易倾向于那些船舶内部居住空间利用度大的设计，但是这也带来了船舶每延米生产成本高的问题。

当然，也可以选择通过简化配置及家具陈设或优化内部陈设的船舶来降低每延米成本。设计师根据典型需求在研究流体力学的分化作用、流体静力学或纯粹性能的运行作用力上（例如，速度、自动化或其他）。同

12　设计草图

时满足空间宜居性和使用性。正是由于广泛多样的设计需求，我们才能得出一个与众不同的船体形状。

一旦开始游艇设计工作就必须考量这个游艇内部空间的体积，体现在专门的游艇舾装（室内设计）图纸中，很多时候（和推理相反）如前所述的居住功能需求会影响到船体内部平面图的设计与修改。

作为一个基本的检验工具，施工图平面需要考虑船体必须满足的设计使用的特点。因此人们注意到，需要在恶劣海况中驾驶和航行船舶，其船头更尖带来的就是内部空间的损失，在相反情况下（巡航型的船只），为了最大限度地利用船体体积，船头将更多地设计成更平和饱满的形状。

> 船体内部的可用空间从一点到另一点都有所不同

然而，在任何情况下，对于船舶内部设计，都不可能制造出一种平行六面体的封闭空间设计图（如在建筑行业中通常使用的）；人们不可能持续保证船体的每一个层面都有最佳的容积能力。

> 对可用空间的到位检查是必不可少的

因此，各组部件是否放置到了他们应在在的位置上是需要经常性地分析和检查的。也就是说，每次人们都会设计出一个小空间，一间浴室或仅仅是一个更衣室，在施工方案里你将要验证，在不同的可用空间中，组装现实设计的可能性。基于船体的自然属性，船内空间从船舷到船底是越来越局促的。

> 图 12-7
> 大型船舶里的可用空间
>
> 游艇里的可用空间

您需要考虑到较大规模船体的应用，根据船甲板（传统的单体船），需要考量吃水线下的不同标高的甲板下多种多样的船舱空间如何设计及使用。吃水线下的船舱空间变化与吃水线上的船舱的设计方法是不同的。

因此，按照常规的图例表达是为了统一船内设备的概况，实现为了表达各层结构平面图及其不断补充的新内容，而用虚线则表示（相同操作）上层甲板的空间的延伸（大致与甲板顶端天花重合）。

要注意的是，上层甲板空间会比主甲板下空间来的小，这颠覆了以往的常识。

在较小型休闲游艇类型中，特别是外挑较多的船体的游艇，通常侧舷外倾的空间会通过配置家具及放置设备来很好地利用起来，而过道则设置在船体中部。

人们可以最大限度地利用吃水深度的空间部分，为此，交通通道必

图12-5

立面图验证——工程设计

注：最好在绘制施工计划图时在上面叠加一张半透明纸；这可以让你在绘制设计图时，更好地控制形态及尺寸。初步设计图能够非常有效地检测符合人体工学的设计成果，因为它能帮助观察者建立一种意识，也就是当观察者与绘制板保持一定距离时仍然可以以放射状的视角观察。A4和A3型号的纸张很实用，方便通过常规复印机调整及重新绘制。

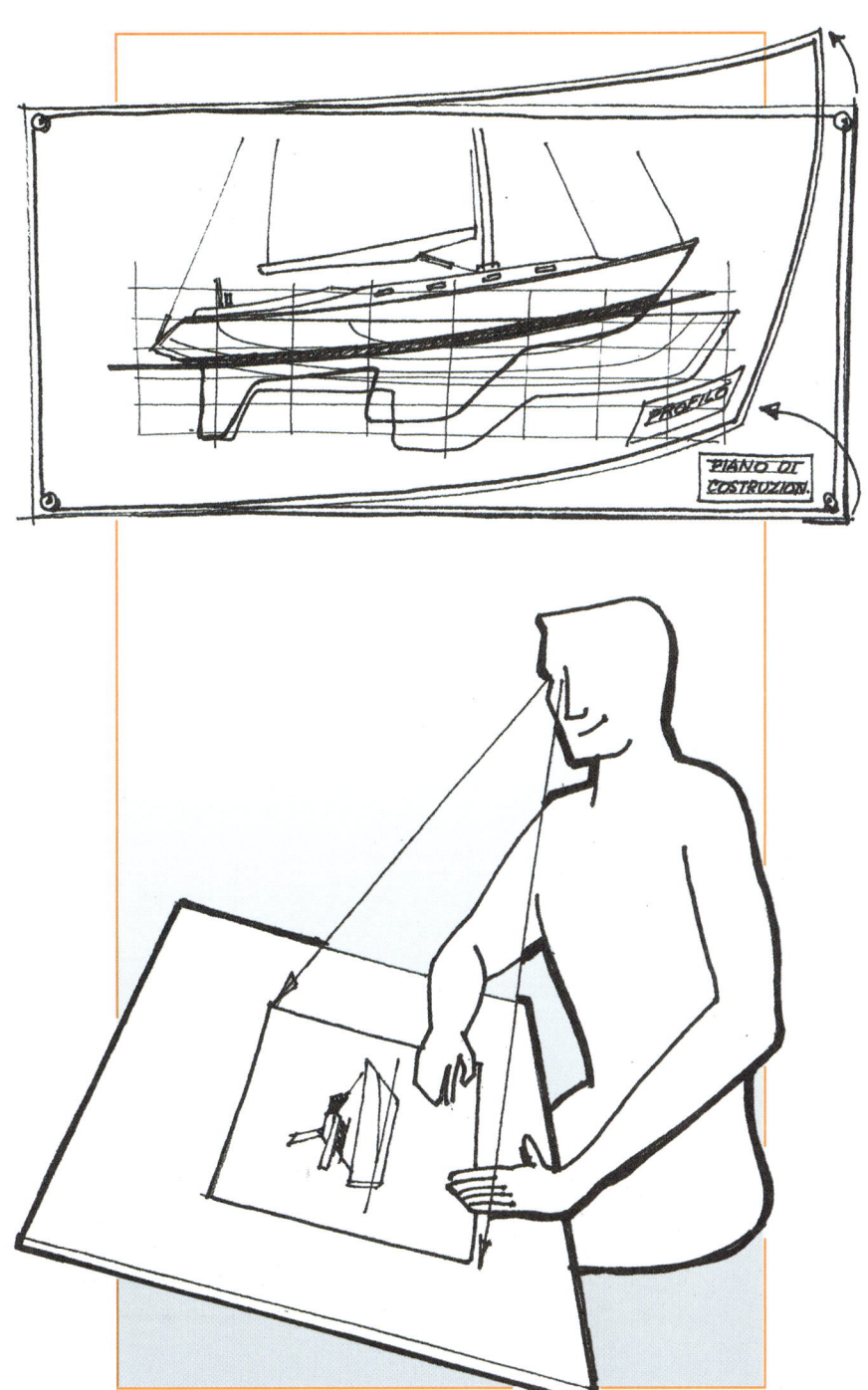

12 设计草图

图12-6

工程设计——横剖面图的验证

（a）8m单体快艇
A—船尾区；B—遮阳棚；C—控制舱；D—驾驶区；E—发动机舱；F—油箱；G—船尾铺位；H—会客区+卫生间；I—船头铺位；L—锚链舱

（b）13m帆船
A—艉部游泳平台；B—船长操控区；C—主帆操作区；D—沙龙区；E—船尾储物室；F—船尾小舱；G—发动机舱；H—公共场所；I—卫生间；L—船头舱室；M—抛锚缆绳

（c）30m机动游艇
A—置船甲板区；B—船尾观光台；C—飞桥；D—操控区；E—就餐区；F—船长休息舱；G—锚链舱；H—船员舱室；I—主厅；L—乘客休息室；M—燃料；N—引擎室；O—沙龙大厅

（d）200m邮轮
A—日光甲板；B—泳池；C—瞭望室；D—操控室；E—船员舱室；F—副舱；G—主舱；H—入船大厅；I—客舱

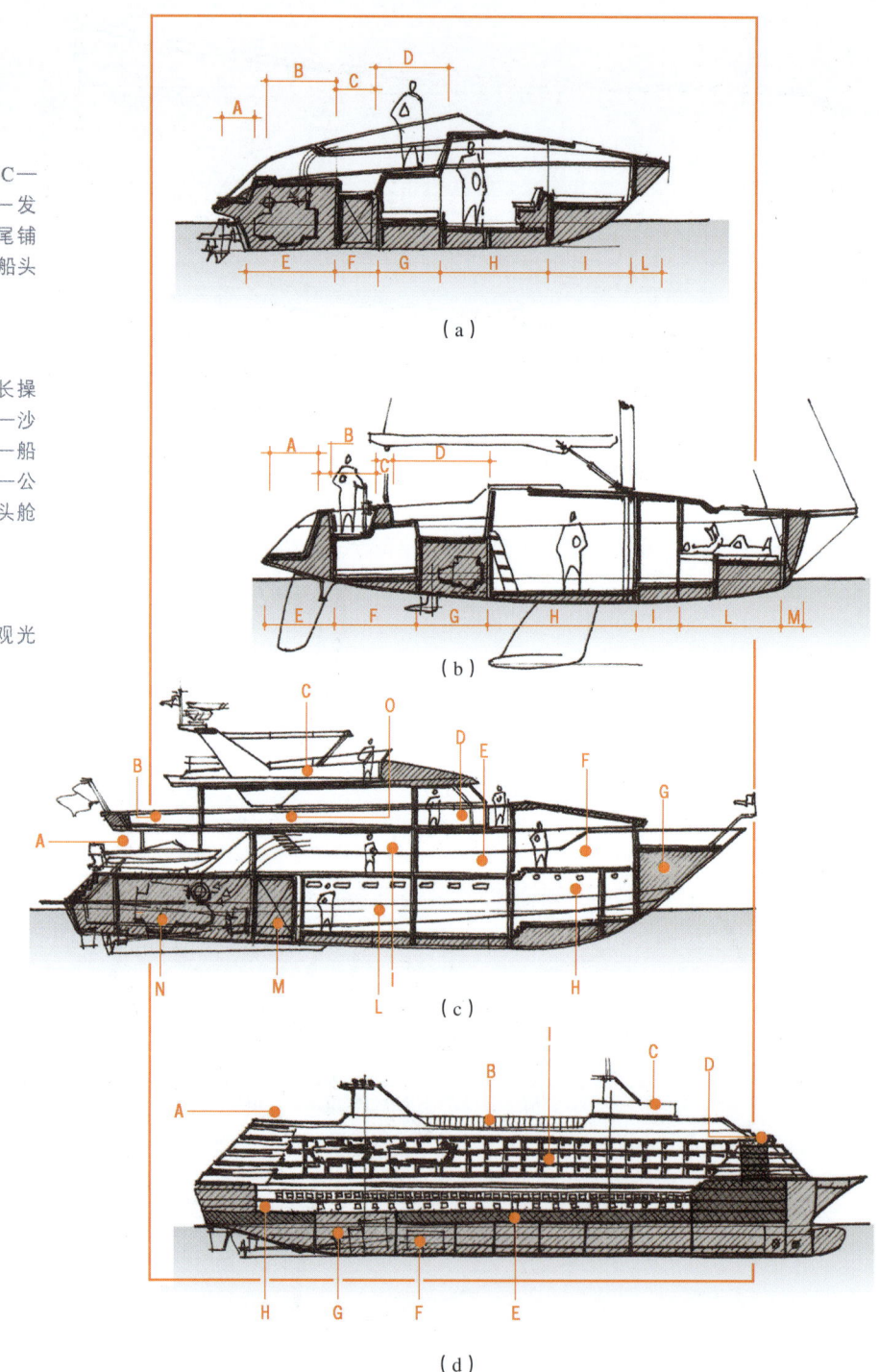

须使用有垂直高度的空间（要考虑如何增加净高）。

我们通常在船舷侧甲板下部空间里设计床铺，长沙发或橱柜（浴室洗手盆或马桶）也可以布置在外侧靠船舷，通道空间（或步入式淋浴间），也就是所有需要高度的地方，则利用有高度的船体中间部分。

舱室的内部设计，建筑师（尤其是如果他们只有住宅设计经验的）会习惯以精美的、详细布置图来表达。成熟完善土木工程图纸体系运用到游艇领域，被证明不足以表达现实中建造阶段的可行性。

设计大尺寸的船体的情况下，水线层面积利用率可以达到 90%（这部分船体大部分都是垂直的舷墙）。然而面对小尺寸的船体的情况下，同样的水线部位可能只能利用总面积的 20%~30%。

总体来说，如上所述，空间的利用基于船体的尺度的不同，由水线决定可利用的面积。

由于船体的深 V 形，在船舱结构中在依照吃水线而定位的船底舱顶板，紧靠于船底舱的底板；通常，水位线的假定位置都较低（或者说船体窄）；船体重心（比甲板线大约高出 450mm）的测量要依据较高的水位线，毫无疑问，这样设计出的船体实体轮廓要比设计图纸上所表达的轮廓宽。因此真正的侧舷的轮廓线生成于相对于高出水线平面 +800mm 的高度，其轮廓线将会溢出船底板平面的轮廓线。

根据各甲板层平面结构图来配置家具布局，将会得到一个精心安排的、家具临近墙体的安放位置平面设计图；如果我们这样考虑，有可能将船头的床铺设计在船外或者有一小部分与楼层结构水平线的尺度重叠，实际上它的位置比船体船舷线更向内。

事实上，我们应该思考的是，船头舱位吃水线要设置在比舱底板高 600mm 的位置上，在设置的船体形式中，设计的舱室顶板的净高至少比舱底板高出 1900mm。

船舶家具布置设计图显示了船体内家具的分布，会考虑到不同标高的可用空间，也会尽量接近中心点位置，而在甲板室内平面中，我们也设想出在船体上部区域的空间方案，解决这一方案需考虑倾斜舱壁、挡风前窗、舷窗或侧面护舷的限制。

图 12-8
内部空间的项目布置设计要在所有空间视图中加以验证而得来

楼层平面的划分

层间的划分

工作层的界定

图12-7

工程设计——
验证体积（一）

注：船体侧面的内部图像展示说明。它突出了序列和水位线设计，标示在剖面高度上的空间限定。

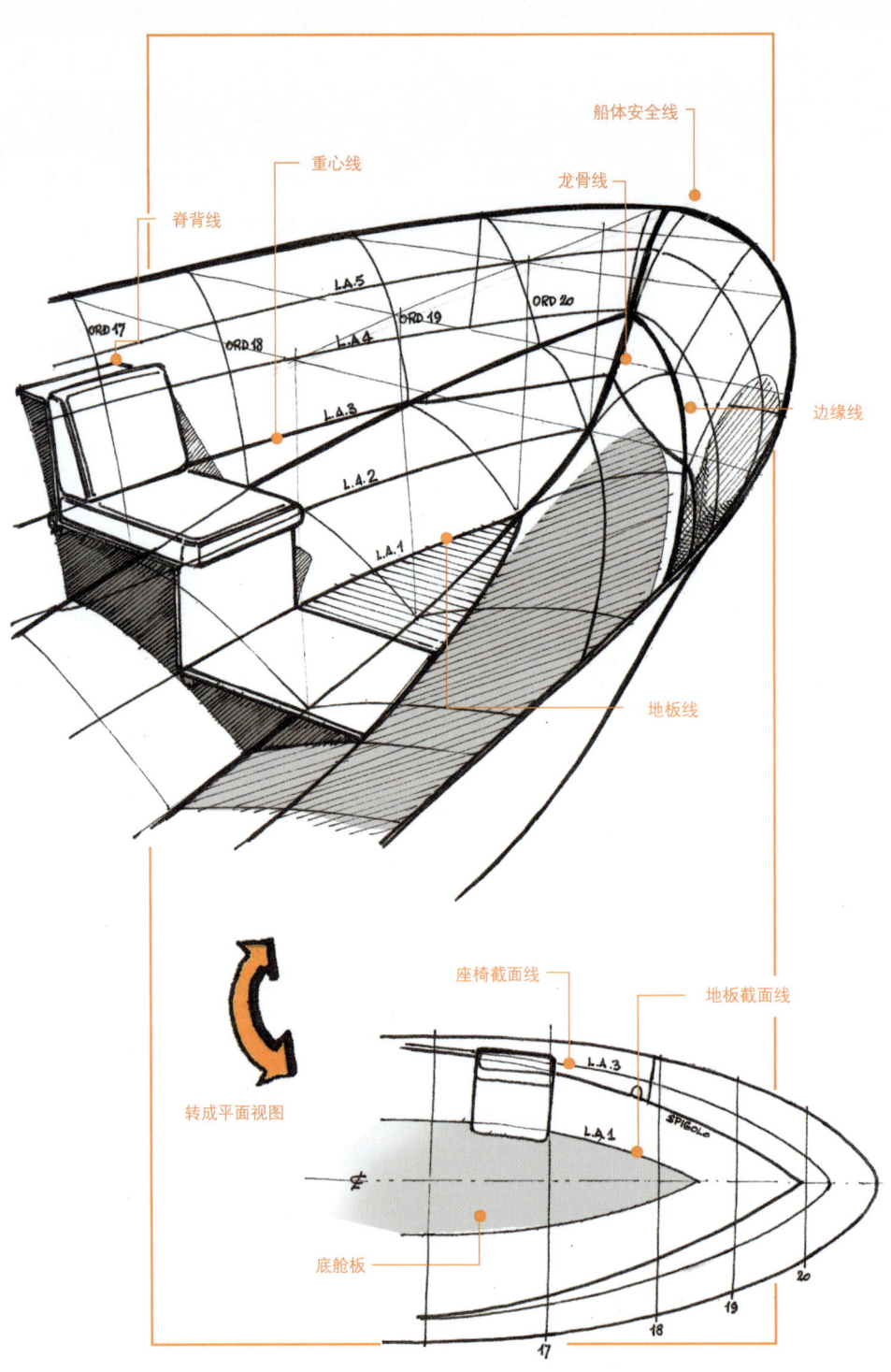

此外，请注意在编写施工图纸时，设计师在每个不同项目建议书中都应该重点描述其项目的不同之处，来帮助建造方案的实施。因此在室内浴室的设备布置上同时考虑水平向和垂直向以及不同类型管线组合的布置，也要注意依据船体轴线配重平衡的原则，使各个部件安置在恰当的位置上。

就这一点来说是为了更实用地规划舱室内的设备。必须明确的是，这种验证方法对安装机房内机器系统同样适用，每一种设备必须要在恰当的地点精确地安装。

> 不间断地验证和检查可利用的空间

船液体储存箱的安置是一个开发和利用船体空间的特殊例子，得益于船体剖面的设计，水箱（和结构一体的或是独立的）基本根据船体底部的形状设计并安装，由于显而易见的静力学要求，它们总处于船体内较低的位置，并尽可能位于船舶的重心位置附近。

设备平面图对于识别定位船舶内部装潢所需配件起到很大作用，但对于表达使用空间却没有帮助。

因此我们得知使用图纸是评价游艇设计是否可操作的快速检验方法。主要图纸是由船体立面图、船体各层平面图、横剖面图和纵剖面图组成的一系列设计图。

如果想要设计内部设施，你绝不能忽视结构给定的空间和船壳板的厚度，以及可能的舱壁或家具与船体中的支撑结构的衔接。只有通过这种方式，才可以基于精确数据设计出完美体量的游艇工程项目。

12 设计草图

图12-8

工程设计——
验证体积（二）

注：检验不同类型船只的剖面部分；需要注意的是，水线以上的舱底板可用面积一般不可能超过表面面积。

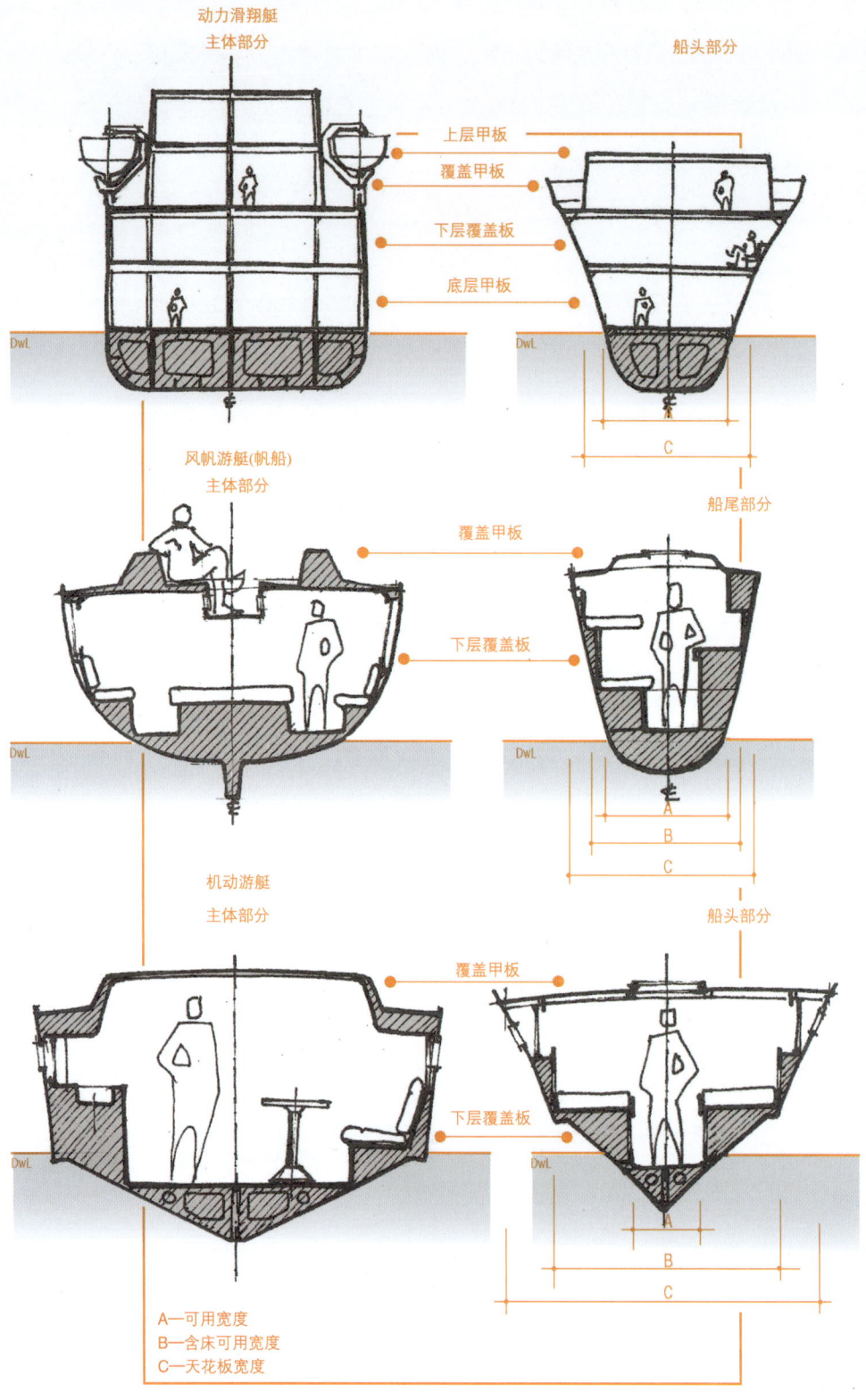

——从概念到实物

总体规划图
游艇的内外部设计

图纸绘制

　　游艇设计是一个抽象思维过程；笔者认为，成功的项目是由各方共同合作完成的。创造性设计是直接在三维空间里塑形的过程。现实中，一个平面图设计的形成与技巧和技艺密不可分，这些技艺技巧完全反映了设计师的想法。它们是在设计中创造的，囊括和简化了所有冗余信息，使任何有待参阅的物体形象一目了然。设计图是一种交流的工具，它能够表达设计的精妙之处；也可以证实实现设计想法的可行性，瞬间理解所有方面，不用担心会遗漏某些东西。设计图就是通过平面图去展示三维的复杂表象。

　　随着时间的推移，设计也会经历各个成熟和进化的阶段，但首先可以合理地针对不同的应用使其专门化，不断寻找新的规则和编辑方法，从而使得设计师能更好地分解描述所设计的物体。在设计领域它体现了一种需求，要能够易于在纸上呈现，运用几何学原理与空间现象描述等同的效果；换句话说，当运用符合实物真实大小或（至少）在一个比例基础上缩减船舶轮廓大小时，它能很快满足绘制和操作的需求。

可量取的设计

　　第一次人类接触到设计图，是在15世纪文艺复兴时期，学者在透视关系学中发明了一种物体的虚拟描述方法，具有极高效率；至今，人们对矢量化技术设计图的需求越来越强烈，显然这要把被描绘物的实际体积与绝对的和可衡量的展示结合起来。

　　在这之前设计师在设计时本能地躲避准确描绘对象，但是在法国大革命之后Gaspard Monge（1746—1818年）才创造了一套规则，即在同

13 总体规划图

正交投影图

源性准则的基础上对不同空间视觉的约束。因此产生了正交投影，这是一种表现多视角数据的方法，可以与不同的图像关联（在其中正交的）并描述完全常规的空间现象。该方法涉及的理论规定，任何空间造型现象的表现都可以被图像描绘出来，以正交的形式将它的形状投射到正三面体上。

因此，我们不妨思考在重叠面构筑起交叉线的三个直角坐标轴：通过一系列光束投影方法，使正交产生出三个一组的图像组合（主视图\俯视图\侧视图），它们在本质上彼此相关联❶，以充分完整地表达所要描述的空间和物体。

在自然的三维空间中，三个正交的平面彼此相交。在水平面（请想象是一个房间的地板）、垂直平面和侧向平面（墙壁）之间，它阐明了一个在投影几何里由顶点分散开的三条连接线（对应于原点），被称作辅助线。任何对象都可以用三个一组的图像来描述，它把设计师对非限定视距里的自然事物的观察揣摩看做是一种自然的假象视觉（如望远镜视觉中的无限透视视角）。这种视角观察从上方衍生出平面，整齐地铺设侧面和前面，生成各个视图。❷ 换句话说，同一个对象的形象（停留在空间内）投影在水平面上时，实现了一种平面图像，同时也在垂直面和侧面上组成了正向和侧向图像。

图 13-1

在游艇设计领域，正交投影代表了一种描绘船舶图样的必不可少的方法。在已有的工程案例上，您可以看到这个最成功的和最完整的系统应用；有必要基于结构轮廓的内部和美观原则来描述船舶，并把结构和构造平面图更细致地与描述性操作联系起来，而且要在正交投影的基础上进行绘制。为了达到技术要求的统一效果，帮助充分理解设计图纸内容，则需要依据由国家和国际研究机构统一制定的图形处理标准来制作图纸（UNI、ISO 特别是 UNAV）。它们明确地指出了应遵循的绘图操作的流程及完成要求。

传统规范

---

❶ 几何描述方法的应用和进一步的发展是非常可能的；当这些更加实用和可应用的注释和细节解释受到限制时，请参考其他更具体的文字注释。

❷ 为了简化的投影展开范围的学习，它提供了更加直白的假设性的例子，除了个体元素状态的表达，虽然从运动机制的角度看并不完全正确。

根据上述规则，可以找到如何选择纸张规格的规定；也可以找到如何选择描绘细节用笔的具体说明，运用画法几何学的理论的前提，正交投影表示的精致图形严格组合，并根据不同表达对象选择不同笔画的线条类型。

一个精心设计的正确想法往往在同一张纸上分解出不同的形态。在图纸上描述的平面和剖面兼具辅助线和辅助投影面的虚拟辅助意义，不含准确的尺寸信息。

13　总体规划图

图13-1

工程制图

注：正交投影的绘制图，根据欧洲公约的第一象限指定。

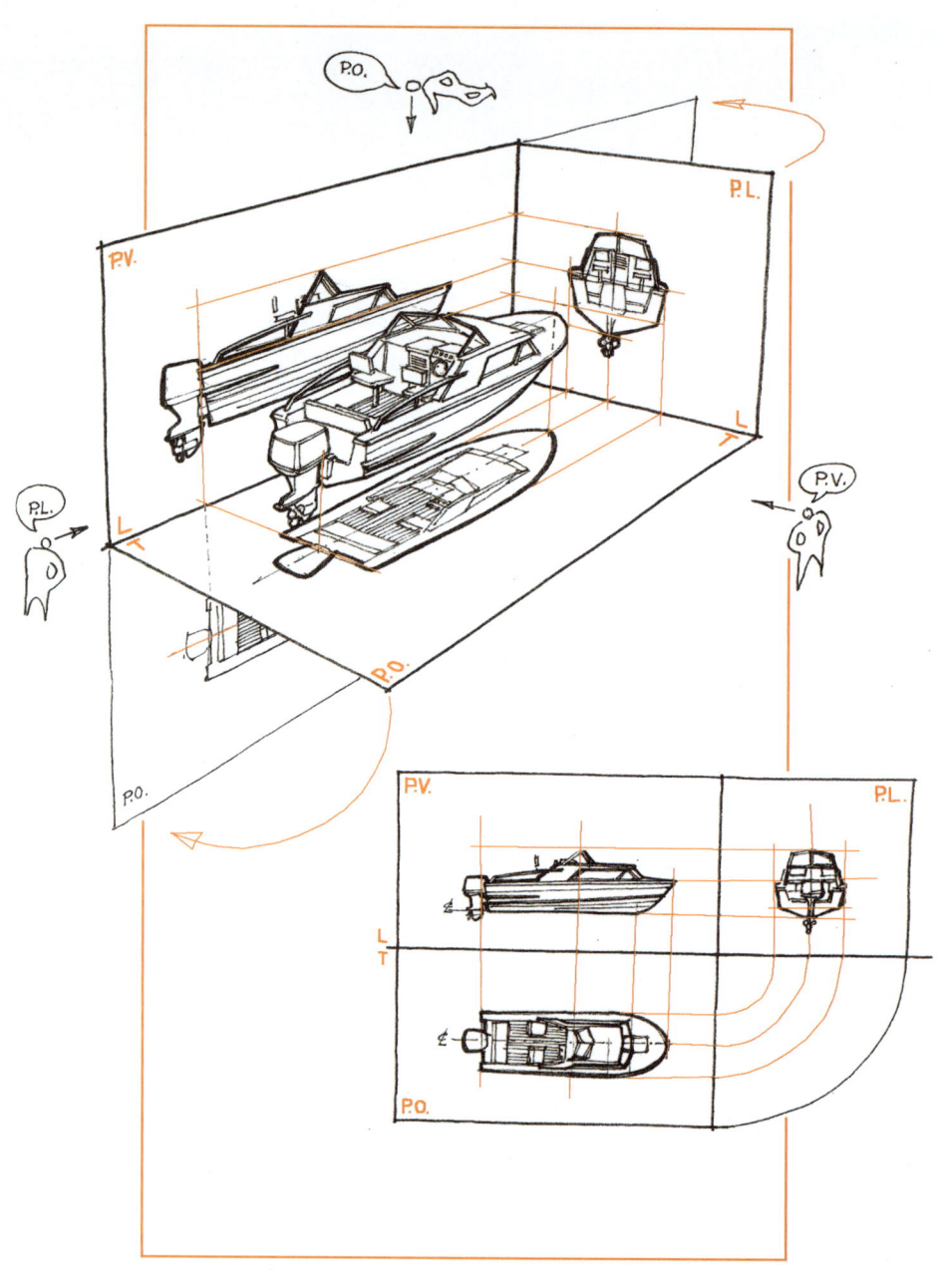

航海设计的正交投影图规范

虽然我们无需深入分析不同的特定情况（我们称之为标准手册 U、N、I），然而值得一提的是下面所要说的一些"良好的基本规则"。这些是在一般情况大家所执行的，如果没有"特别需要"，不建议采用严重不符的解决方案。

折叠裁剪和纸张的大小尺寸

为便于储存和随时查看图纸，纸张尺寸应以 UNI 规格为准。A4（210mm×297mm）或多种规格（A3、A2、A1 等）的大尺寸图纸，我们将采取适当缩减尺寸的措施，或适当裁剪纸张或折叠直到能基本获得 A4 大小的文件。正常情况下，在仔细揣摩过国际手册实际案例的操作程序后采用这种方法，但是，特殊情况下，在游艇设计领域（设计成果向一个方向延长）这样的图纸可以被生产加工，当高度每增加 297mm 时（或 2×297），使基数呈现出以 210mm 为基点的倍增趋势；在这一情况下，将它做成折叠式图纸设计，类似于"手风琴"的形状，请注意保持右侧船体形状在新绘制位置里的美观性和显著性，并为其配备了详细的边框纹式的文字来描述在图纸中表现的设计特征。

要选择最适当的规格，就必须首先考虑到展开图纸的时候，尽可能地统一整个项目计划的平面图大小。

图形规格的一致会使成果更加统一，不仅能够满足美学需求，同时还便于轻松地查看。

折叠裁剪和纸张的大小尺寸
图 13-2

笔画类型

画笔必须是"干净和清晰"的：在技术性图纸中（或纯手绘图），每条线都被赋予了表达的意义。出于这个原因，"简练"的符号是正确读取和理解设计图的基本。

根据表达的需求选择画笔线条的粗细长短。通常，在强化技术表达的视角下，最重要的是包含最多做法信息的节点详图。在结构平面图中，由

笔画类型
图 13-3

图 13-4　连续粗实线段描绘出来剖线，这是为了明确解释主体设计物的墙体或者剖断。用特别细的细实线段来绘制几何看线（如标记线）是为了指代所见部位的描绘，点划线是为了指代中轴对称线或旋转对称轴线。

当观察者用肉眼无法进行精准观察的部分，或被掩盖的部分，（在上述图纸中）使用虚线表达，或者采用根据物体的前后关系而分出或粗或细的线条。

在这个意义上，游艇图纸中的惯用规范是，用实线表示平面图中甲板内的客观对象，而虚线是用来表示突出甲板的限制的对象。通过这种策略，您可以在一个单一的视图里，欣赏到船体几何形状的"倒三角"现象（剖切到的物体为粗线，所见的物体用细线，顶上的物体用虚线），或者在最高层甲板上辨别出覆盖物的面积范围。

然而在游艇设计的平面图中，此种画法是为了说明船体的所有细节部件及其尺寸。显而易见的实际原因是，通过船体骨架坐标系统的协助，（下面说明）大型船舶能够在本层平面图的描绘下表达出来，同时，也可以表达上层甲板的边界。

舾装图纸上采用不同的笔画宽度是为了更好地表达主体结构、次要原件、家具和动力机械、辅助设备、家具配饰和补充元素，为了在正交投影图中迅速理解设计表现的内容，采用规定统一的粗细笔宽来标识图形。

惯用图形符号表示　**传统的图形符号**

有意义的惯用图例可用来表示开门的开启或上下楼梯的方向；关于后者，在图中通常采用一个箭头指代方向，在航海领域是盎格鲁-撒克逊传统（随后推广变为普遍标准），用箭头的起始点表示从该层出发。

从出发点开始，添注字母 UP 或 DN（向上或向下），这取决于从本层起楼梯斜坡是上升还是下降。对于俯视的各层平面图，尽量大规模缩减所陈设物体，（为便于阅读）这样可以最大程度简化组件所描述的图形数量。

因此，惯用条例提出用简单的图形符号来标识不同的家具。我们用细的对角交叉实线来表现床的特征。在绘制双人床时，绘制两个相对的

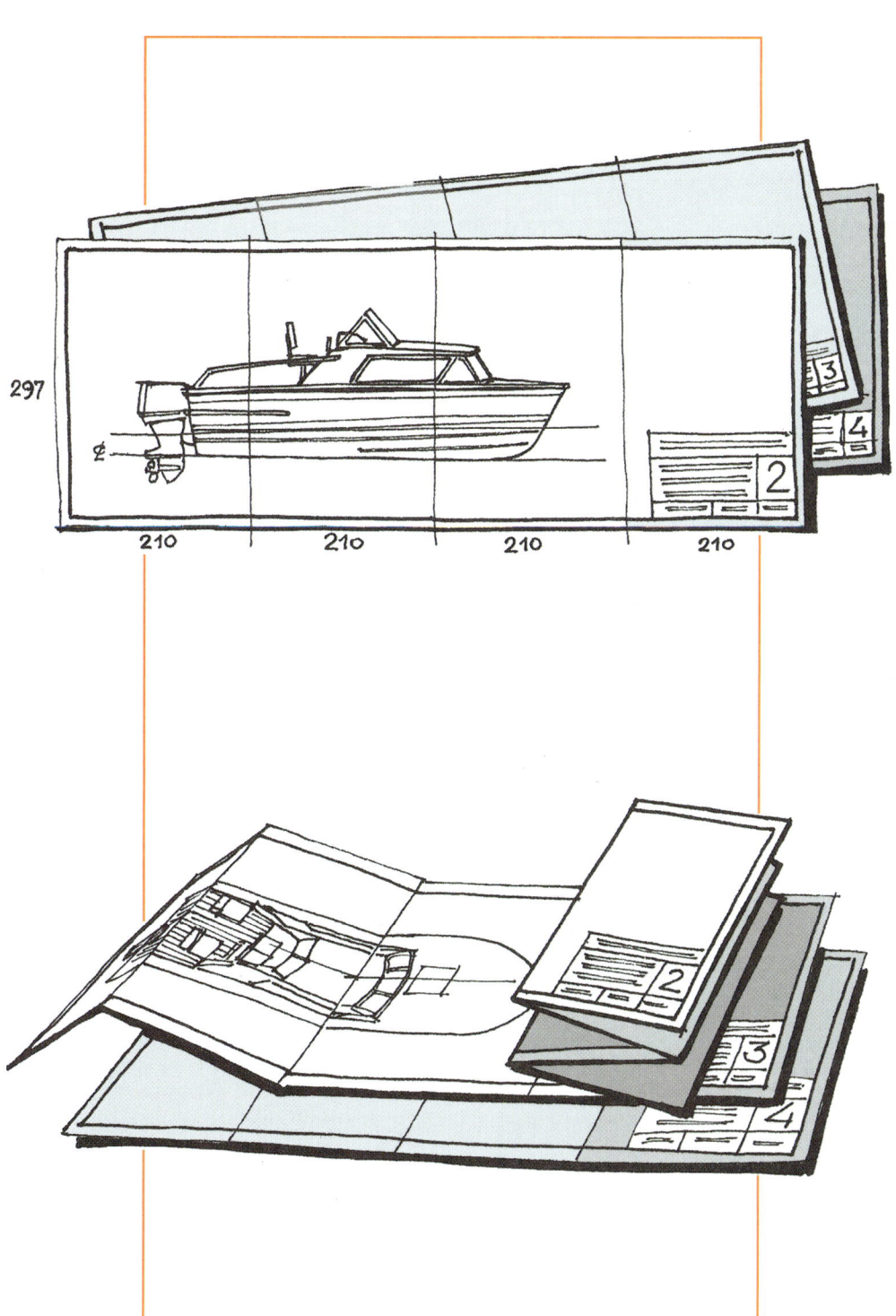

图13-2

工程制图

注：设计图纸的规范。

对角交叉线，双层床被表示成两个交叉对角线，醒目的虚线可以指示所指的上层床铺。橱柜或高级木制品也可以用同样的方法表达，每个功能柜体也可以由绘制的实线交叉表示。

在完全技术性的甲板绘制中所使用的线条，甲板下的储箱也被绘制出来，但与柜子的图形表达方式有所区别，其对角交叉线是虚线。各个室内管道（在横剖面中）由它的圆形轮廓的正交轴画法描绘出来，就如在结构布置平面图或构造大样图（从厨房炉灶到洗手盆，从照明灯具到天窗等）用细实线描出。在舾装平面图中，舷窗被设计在边界线的高处（经常与船头的投影重合），在航海领域与其他工程惯用绘图方法相一致，用真实的形态来展现舷窗。

尽管这并不是真实的几何学描述，但通过这一传统惯用的表达方式，我们会体会到室内空间摆放、对舷窗类型和大小的定位。

在设计大型船舶的情况下，多个船体甲板拼接相连时，舷窗的设计可使用上面阐述的相同方法表达上层甲板的虚拟投影的最高点。

尺寸及标注

这里有非常详细的规定，各个元素配有详细的尺寸和补充性的文字说明，并且尽可能使这些描述处于设计图纸外侧，尺度标记线的画笔线型与参照线类似，以轻细实线标示。

如果所标注内容受到空间限制可由箭头线引出帮助识别所指引的内容，或由"小圆点"或短粗的线段与45°斜线组合来标示引线。尺寸标注的数值（以数据标示）可放在上述尺寸线上，而垂直尺寸则通过从下向上书写而呈现于尺寸线的左侧。设计师必须保证能够尽可能地简单而快速地读取技术图纸的信息；而且非常有用的是，对这些信息的"处理"表明，绘图纸的可操作性是可行而且必要的。因此，设计师有意将大量可供参考的详细尺寸综合到一道尺寸线中，这样一来，设计师不必来回翻转纸张也能快速方便掌握数据。

因为观察者的视角可在90°范围内伸展，这样审视图纸并查看垂直尺寸的数据（意思是从图纸底部向上部观察）会变得方便。

在游艇设计领域，为了设置运用正交投影表达设计图，必须使用尺度标注，因为它是基础是图形的骨架。这个图形表达被表示成可定位并参照图形标尺和一个从构造线上的原点开始的建造基准线（表达对称平面的基线）。编号的原点 从 0 点开始——通常与船尾封板一致，或方向舵的垂直轴线一致，继续向船头方向继续编号递进。

假如小型船舶的船体骨架结构可以高效地帮助设计师轻松地设计出各个甲板方位上的功能联系；在大多数的船舶里，它是一个最基础的参照，使得设计师能够在总体上确定船舶每个组件的正确位置。

如果平面图上没有船体图形的结构标示作为参考的基础，就无法直观地设计甲板层的重叠和垂直连接（楼梯、电梯、管道）的正确位置，也就不可能在图中描绘整体布局图中的某一细节大样。

为了完成项目，常见的做法是绘制一整套正交投影的技术图纸。以这种新形式的设计方法所交付的设计图纸，不光显示出整艘船在整个设计实施过程中产生的调整和变化，更要阐明它究竟是如何帮助指导建造的。

通过处理上述设计图纸，最终将重要的正确矢量设计文件提交给船只所有者，并登记于船只审批机构，最后，这些文件也可以成为船长在管理船只时的操作与日常维护参考手册。

13 总体规划图

图13-3

图形惯例——
国际规范（一）

注：该规范摘录自《国际技术设计规则》M1条例1"通则"(36~37页)。

DT	技术图纸：种类、线宽、和线型应用	UNI 3968

技术图纸：线型、厚度及应用
该准则与 ISO128-82 一致
技术图纸：线型、厚度及应用

1. 目的和范围

用于本领域内的所有技术图纸，必须遵循本标准定义的线型和粗细，如果需要有更多的应用规格，也需要尊重并与已制定的规范保持一致。

2. 线型

线型的种类、该线型的名称及其对应的表达需要参考以下4点，在特殊情况下（例如排管或走线图）将会应用不同的线型表达方式，或者不同于常规线型的用线，也应该非常清楚地表达线型图例，并置于图纸中。

3. 线型的厚度

各种形式的线条的横向维度称为线型的厚度，一份图纸中最少应用2种以上的线型厚度。根据设计表达的需要，可以在以下以毫米为单位的厚度中选择：0.18、0.25、0.35、0.5、0.7、1.0、1.4、2.0。这一系列被记录于相关图纸及其文字要求的 UNI7559 文件中。在图纸中应用不同厚度的线型时还需要注意该图纸的比例、线型粗细所表达的设计对象的不同部位的关系。请注意: 0.18mm 厚度的线型需要谨慎使用。

线型	线型描述	常规应用
A ————	粗实线	A1 控制线 A2 轮廓线
B ————	标准实线	B1 边缘线 B2 尺寸线 B3 参考线 B4 辅助线 B5 剖面的填充线 B6 剖面控制线 B7 对称轴的另侧
C ～～～ D ～～～	不规则实线 规则波折线	C1 和 D1：图纸意见及不对称部分
E - - - - - F - - - - -	粗虚线 细虚线	E1 或 F1 为隐藏的控制线 E2 或 F2 为隐藏的边界线
G —·—·—	点划线	G1 对称轴 G2 对称面 G3 轨迹 G4 周长线
H —·—·⌐	点划线与剖断线的综合线型	H1 剖断线的轨迹
J —·—·—	粗点划线	J1 具有特殊要求的平面指示
K —··—··—	双点划线	K1 相邻部位的控制线 K2 家具部分的位置 K3 质心轴位置 K4 原始控制 K5 部件在剖面图中的落位
举例		

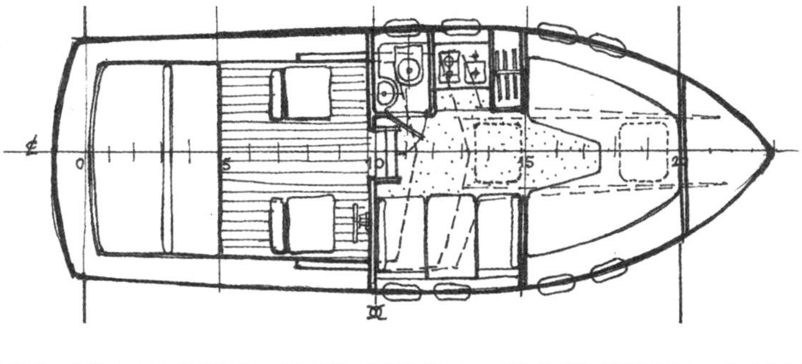

图13-4

图形惯例——
国际规范（二）

注：该规范摘录自《国际技术设计规则》M1条例1 "通则"（36～37页）。绘图规则的图例应用在技术图纸上。

图13-5

帆船的设计总图——案例（Umberta Salvarani，学士毕业论文，工业设计专业，航海设计方向，热那亚大学建筑系，2007—2008）

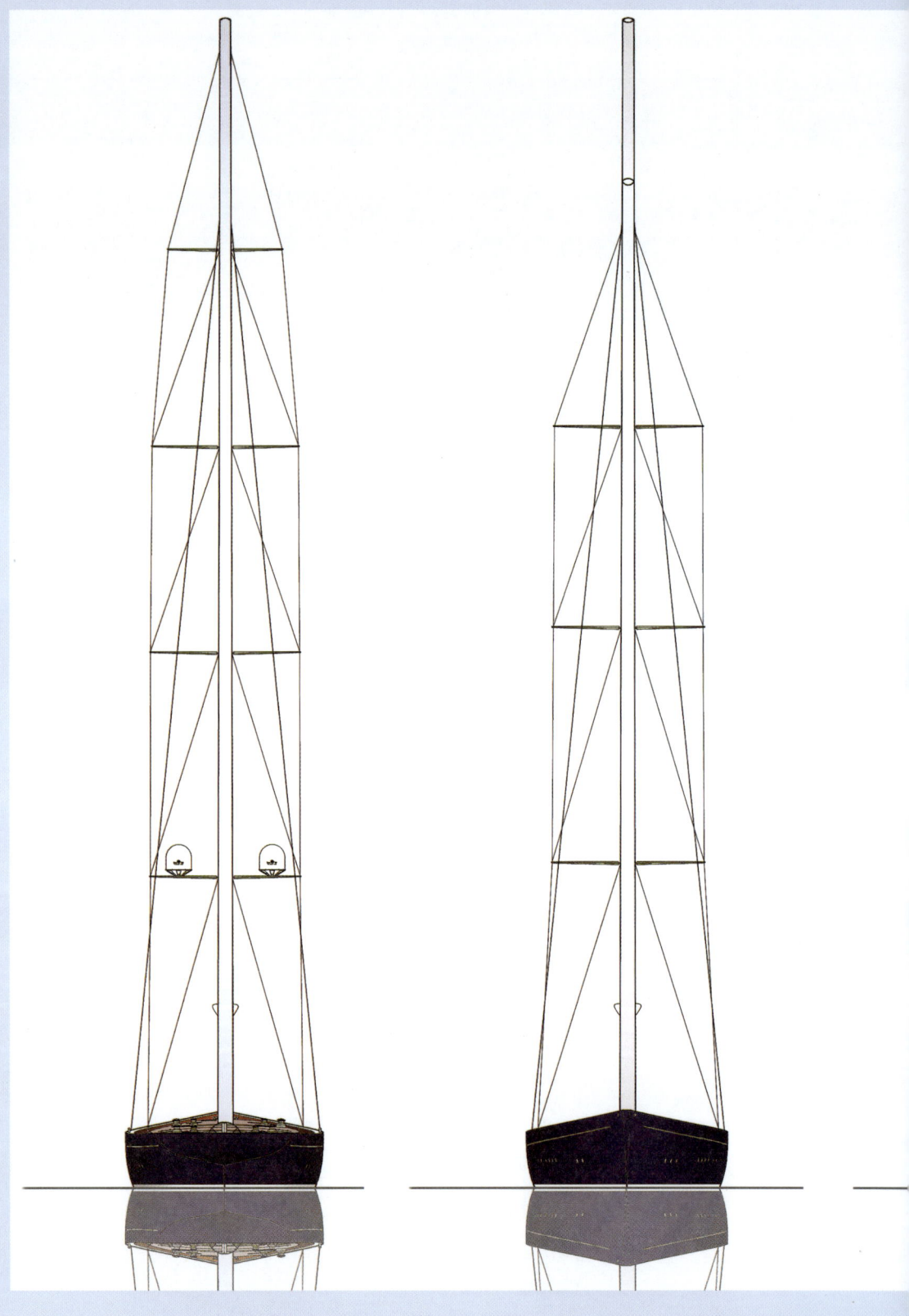

图13-6

帆船的设计总图——
动力滑翔艇
（Anna Stradella e Rita Stradella，硕士毕业论文，工程建设和航海工程专业，热那亚大学与拉斯佩齐亚大学建筑系，2007—2008）

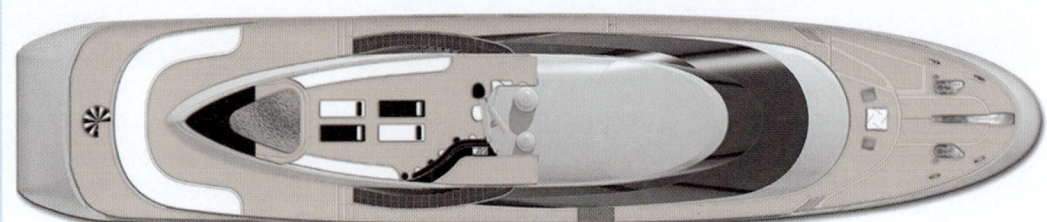

日光甲板

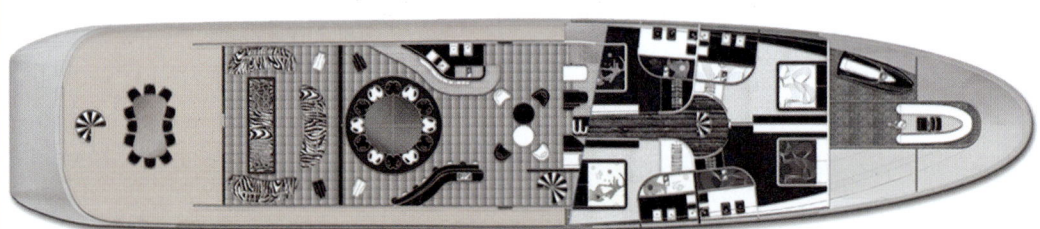

主甲板

侧立面

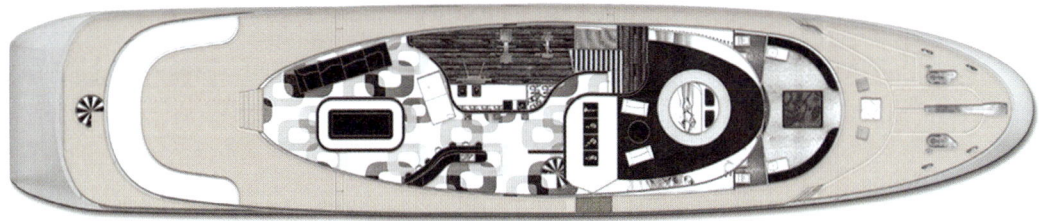

上层甲板

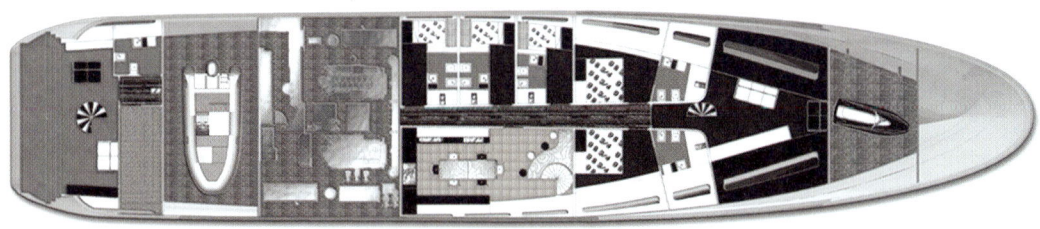

底层甲板

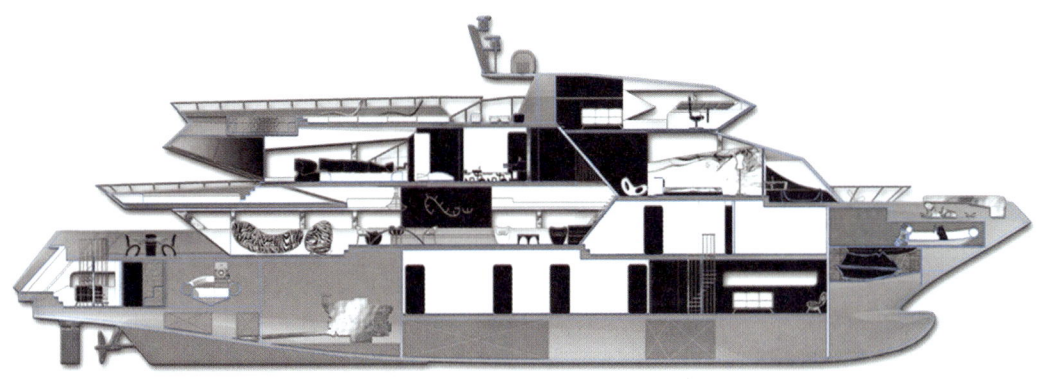

长向剖面

13 总体规划图

图13-7

16m长动力游艇的总图案例

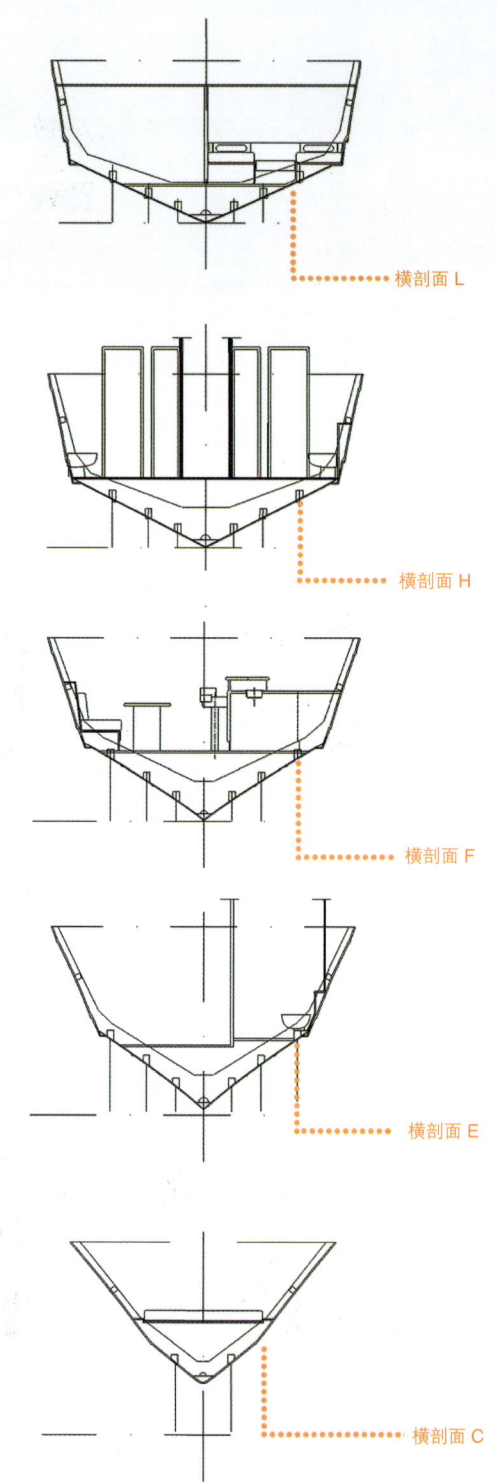

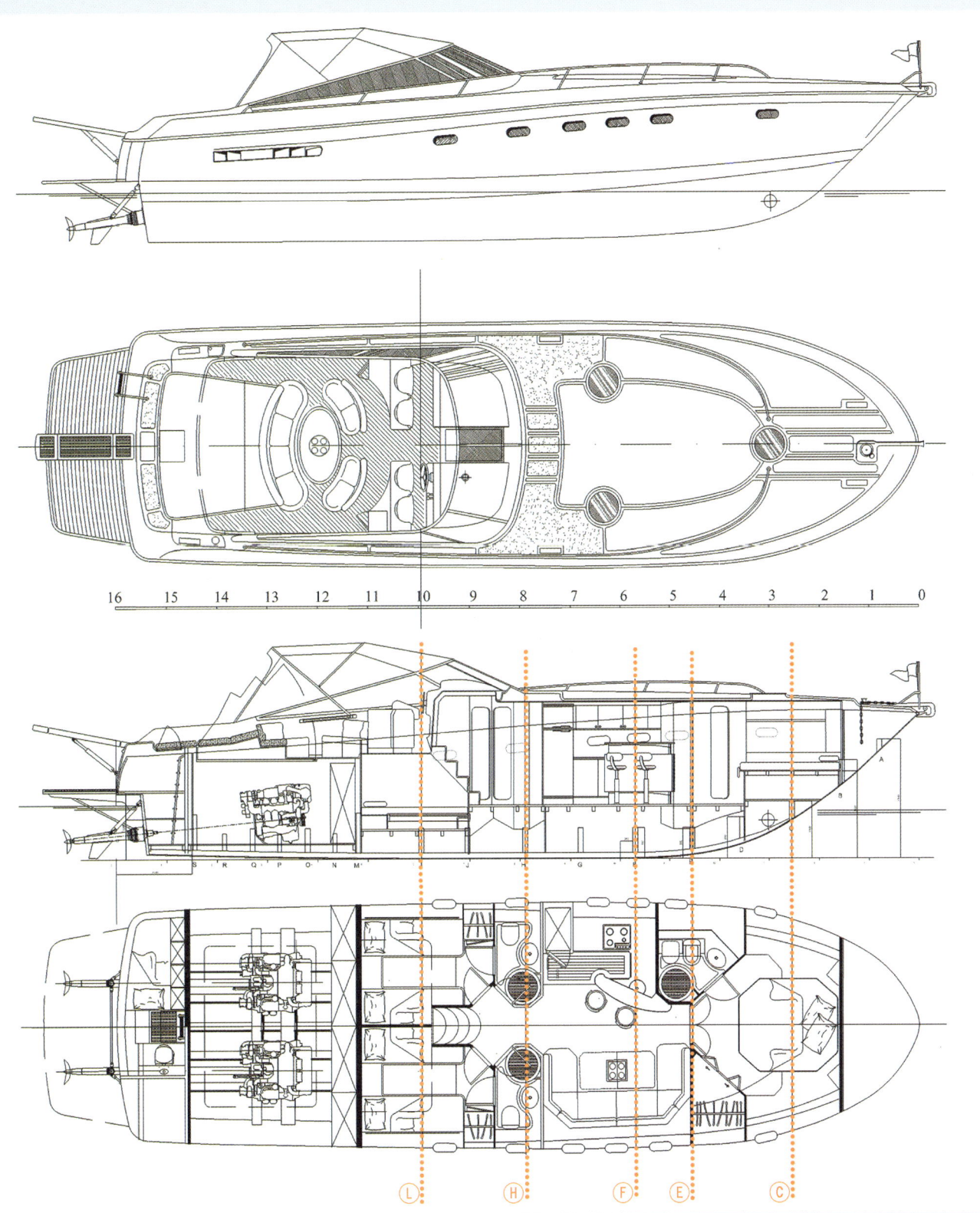

·173·

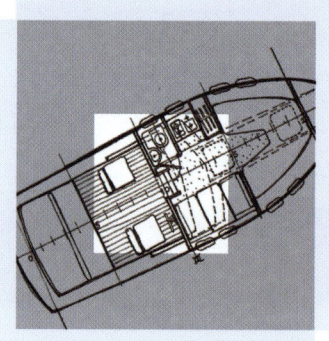

——从概念到实物

船体线型图
二维地确定船身的表面

标明相对高度的等高线投影

如果从设计方案表现为目的，一条船的图需要能够体现的设计的特点，这需要采用正交投影原理。

船的形态十分复杂：船身形状外表走势的不断变化；船头线型可能是凹形的，伴随着船侧的曲面发展和凸面产生，到船尾的末端又恢复凹面。这个表面"变化"构建了一个不易描绘的造型。然而，随着计算机技术及软件的发展，可以按照预设的算法，通过软件来绘制水下部分船体的表面，通过某些关键控制性线型（如龙骨、舷弧、船头柱、主横剖面和吃水面等）为基础来定义这些表面。但是由一个软件来决定的结果，并不能保证其满足项目的流体静力学和动力学要求。如果分析的方法太复杂，那么以经验为基础的方法也不容易简单地呈现出来。因为基本立体图形的外形简单，所以它们绘制起来很容易：通过少量包含主要特征的线条就能完美地描述一个完整的体积。比如，可以用两个垂直正交投影图就可以将一个圆锥体或者一个棱柱体完整地描述出来。在描述对象较为复杂的情况下，仅用轮廓线条来描绘其体形是不全面、不太令人满意的方法。一艘船或者任何一个其他的工业产品外形确立，都需要一个成熟的体形描述方法以便通过正确方法能够"读懂"和测定尺寸，以便准确定位产品表面的点。

基本立体图形

复杂立体图形

为了这个目的，船舶设计发展了一项复杂的多视图的表达技术，即使用等高线的投影的基本原理。该技术采用对固定高度位置的物体连续投影方式，构建一个针对三维表面的图解系统，此系统的表现建立在将产品

14 船体线型图

的轮廓线和多个剖面投影线叠合的基础上，这些剖面产生于多个等距的剖切线。获得的造型效果不仅能够评估特殊轮廓或者棱边外形的走势，而且能表达上述剖面的水平表面的走势。使用恰当的近似法则，如插值法，让剖面之间相关的点互相关联得更紧密，从而可以进一步定义表面上的任意其他点。在定义地形图和土地经营管理等类似情况时，该方式的应用是必要的，同样，在工业产品的计算机图解表达中也有广泛的应用：比如汽车车身的设计或者通过模具生产的塑料制品，设计上对这些产品造型的定义都是通过相对固定高差的多个剖面投影线的绘制来实现的。

标明相对高度的投影

其他应用
图 14-1

图14-1

在汽车工业产品范畴的线型图举例

1957 - Fiat 500
Dante Giacosa

船体线型图

船舶设计领域发展了一套特殊且成熟的绘制相对高度的投影图纸的应用。这个被称作船体型线图（Body Plan）的应用主要用于船身形态的描述，是所有的船体信息的概括，关系到一艘船的外形的定义。对于现代玻璃钢制造的船体，主要指"船壳外皮"的尺寸信息（而木质或者金属制造的船只，通常是指船壳内尺寸信息）。在船体平面图上表现出了所有几何要素❶，通过分析那些平面图视图（或者半平面图视图）和船侧立视图、纵剖线图，以及从船尾和从船头的立面视图（或者联合半立面视图）、横剖线图，就可以识别出这些造型的信息。

船体线型图

图 14-2
船体线型图的视图构成

这些图像及造型可以通过几张恰当准确的描述性剖面来构建的，这些剖面通过平面投影确定了的形状，再通过其他的两个剖视图确定空间定位（相对其他面的距离）。这样位于空间中的实体在 3 个维度上都描述完整了；通过一个多视图来图解船身体积，同时船身上的一个点也被 3 个方向的尺寸所注解，这些系列视图的等高线在 3 个垂直正交投影面上是互相严密关联的。

在船体线型图的平面图❷可以看到所有水平剖面的船身尺寸，这些水平剖面又称为水线；物理上船只会以水平姿态漂浮（沿着建造基准线并与其平行，通常帆船上还设有配重鳍），所以船身和吃水面形成的轮廓线条将与船体线型图上的一条水线重合。一个漂浮体可以通过排除水体积大小和自身重量成比例关系确定它的吃水深度；针对那些水平等倾的水下船体（也就是说船体的多条棱边丝毫没有倾斜的情况），这个参数变量取决于

水线

---

❶ 为了能够更好地用船体线型图编辑的方法理解将被说明的东西，会提到一个构成一艘船的描述参数的主要元件的目录。
船的总长 (length overall / LOA)：是船只的总长度，通常是船头和船尾两端之间的测量长度。
设计水线长 (length on waterline / LWL)：是吃水面的最大长度；有时它和柱间长一致。
两柱间长 (length between perpendiculars / LBP)：是在叫做船尾垂线 (aft p.p.) 的一般经过舵轴的基准线和叫做船头垂线 (bow p.p.) 的经过吃水面前面末端的基准线之间的测定尺寸。
中垂线 (midship p.p.) 是离船头垂线和船尾垂线等距离的它们的中心对称面的直线；一般主横剖线位于这个位置。
船宽 (beam overall / BOA)：是"最大横梁"；通常是在主横剖面上测量的，形成了船只的最大宽度。
吃水面宽度 (beam on waterline / BWL)：是吃水面的最大宽度。
吃水 (draught / T)：船只的"吃水"，也就是船身浸水部分的垂直高度；假定船只不是以水平方式漂浮，则需要确定其前面、中间和后面的吃水。
建造高度 (depth / D)：是建造基准线和船身边缘中间存在的尺寸。
自由船舷 (free board)：是建造高度和最大吃水之间的可看见的差别。该参数对于一艘船航行的安全标准的定义来说是基本的；是和"吨位"有直接联系的。

❷ 图 14-2 的下半部分由三个图构成，从上往下分别是横剖线图、纵剖线图、平面图。平面图也是水线图。——译者

14 船体线型图

重心的位置也就是装船重量是否均匀地分配了。

纵剖线　船体线型图中的立视图真实地描绘出一艘船的所有纵剖面。这些剖面是和中心线对称分布在船中心线到最大船宽位置的平行剖切的，并等宽分配在从船中心到最大船宽的位置上。

横剖线　在横剖线图上横剖面（垂直于中心对称面和建造基准线的剖面）按照其实际的几何学构造被表现出来；这些横剖面的发展，通常和一艘船的横向骨架的排布相一致。

基本描述　根据船只的对称原则和能够简明地说明问题的制图标准，船只设计传统上习惯于仅用一半船体的平面图，一个船体侧的立视图，以及半船尾视图和半船头视图的组合图的横剖线图（如我们已经见过的）来表达。

船体线型图的视图拼版　一个船体线型图的排版（也就是在船体线型图上不同剖面的图定位）习惯将纵剖线图放置在上部，并将水线放置在下部。船尾一般来说将被布置在左边，所以只能表现出船只的右边船尾。"组合的"横剖线图（船头横剖线图加上船尾横剖线图）可以被布置在上面部分，在纵剖线图的右边，或者有时（在更严密的设计时）被直接叠放在同样尺度的纵剖线图上。

制表统计

类似船体线型图　在船舶设计领域习惯广泛利用所有已获证实的案例经验；因此，在一个新的船体线型图设计中，通常会参考一个类似的或相同的已经存在的设计项目，通过一定程序分析项目来定义新的船体。那么在选择一个可以满足新设计项目要求的船身之后，通过对参考模型船的横剖线和水线间的所有交叉点处的船宽进行测定来为新的船身设计做准备。参考模型船体线型图的制表统计（offset）构建所有的参考数字信息。一个船身的几何形态数值反映出船体线型图的纵剖线的外形走势。

制表统计　为了能够按照新的设计项目需求塑造船身，需要确定适当的系数来将所需的尺寸参数与参考模型船身的数据联系起来；例如，了解设计项目的设计水线长度并将它与参考模型船的设计水线长度比较，会推断出倍增系数（乘法系数），然后根据该系数产生所有其他的长度数据。

类似的，将设计项目参数的宽度与在参考模型船上获得的宽度相比

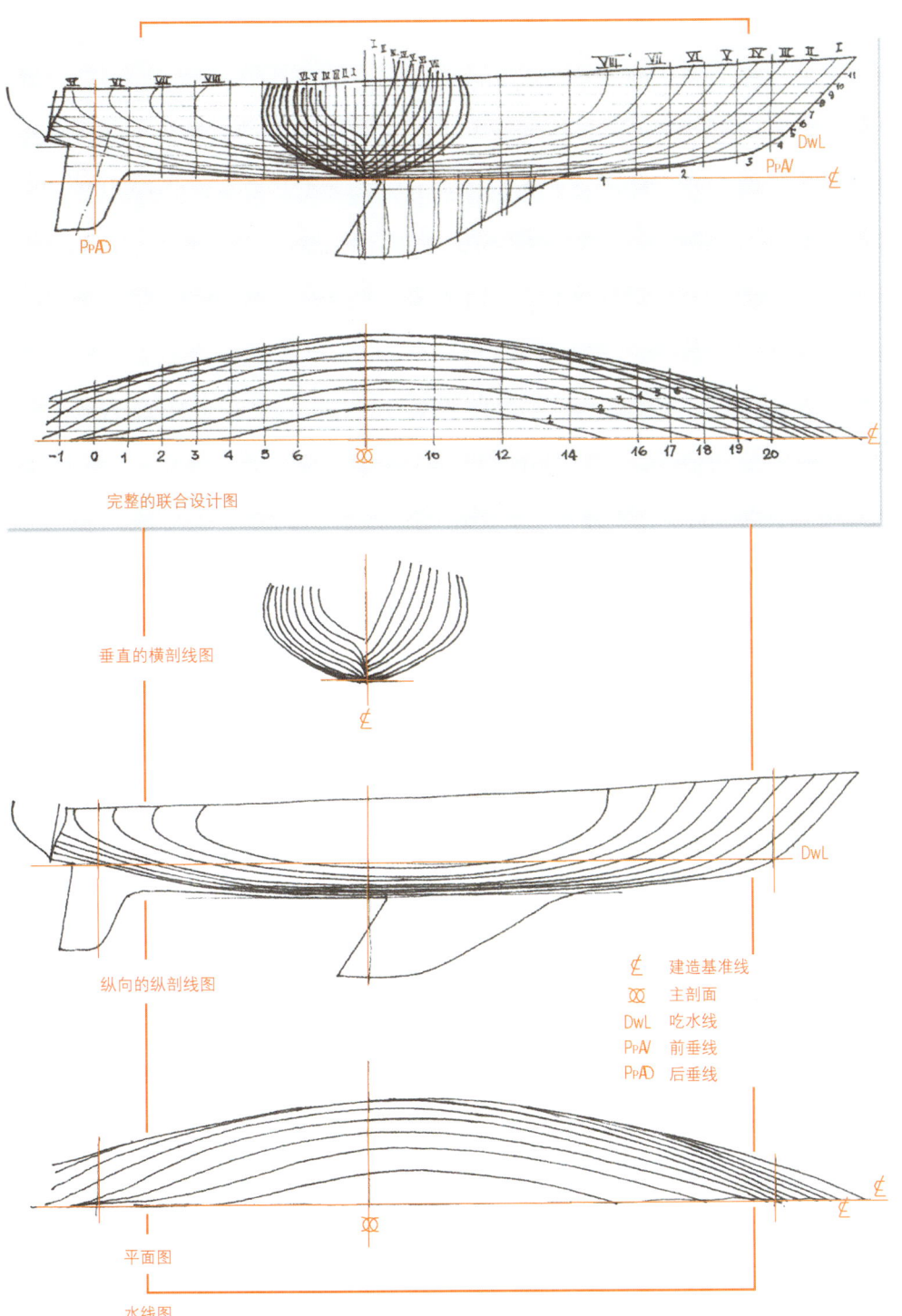

图14-2

结构平面图

注：游艇"CHAPLIN"的船体线型图于1974年由Sciarelli设计，Sangermani公司建造。船的总长16.75m；吃水面长度14.50m；宽度4.25m；吃水2.25m。船体线型图是描述船身（或者上层建筑）的表面走势的设计图解；它由横剖线图、纵剖线图和水线图联合构成。在船体线型图上可以注解辅助图解信息，如在设计的下部靠近水线的"外形平面"，在这种情况下，稳向板鳍的剖面和半船尾镜的翻转都表现在纵剖线图上。

14 船体线型图

相似系数

较，将推断出和宽度有关的所有数据的倍增系数。高度数据也可以重复以上操作，可以创建出新的数据列表，根据该列表可以起草设计项目的船体线型图。

动手绘制一个船体线型图

一个原创船体线型图的编辑

假定项目要求特殊以至于不能找到一个参考案例，或者设计师经验足够，不需要使用供对照的样板，就会出现需要拟定船体线型图的情况，所谓的从"白纸"开始。

发展程序

这情况下，采用实证过的设计程序开展工作是恰当的：从设计项目的基本数据开始，比如长度和理论上的吃水线深度，草拟一个纵轴向的轮廓；一旦船的首位确定了，就可以着手准备在平行于吃水面的船体做一定数量的剖切面，包括水下船体及上部的自由船舷，沿纵向也上做出一定数量的横剖面（一般是20份）。

高出吃水线部分进一步通过几个横剖面切分出来。完成这些之后，参考宽度数据，便可动手绘制主横剖面。在核对纵剖线图和另外两个视图之间的数据之后，可将吃水线深度和横剖线的对照协调起来。

实现的三维条件

一个实际建造的项目需要满足船体表面上的点能够在不同剖面上都能对上这个前提条件，特别是那些在水平剖面，横剖面和纵剖面的交叉点。如果这个重要条件无法满足，那么作为该设计作品基础同一对象的船体多视图条件便会失效，从而会使整个设计变得不可靠。

**图 14-3
造船匠的方式**

为了实现上述要求，使弯曲型线上所有点能够落在船壳表面且没有"偏差"，以前造船师会使用制作半个船体的实体模型的传统方式来绘制船体线型图。将厚度相同的一定数量的木板重叠起来形成一个体积❶，并在每两块木板中间插入一张黑色的纸。然后开始将叠合木块打磨形成右舷的半个船体模型。

计算机操作的方式

有经验的并有"造型感觉"的造船师通过这个三维模型，生成在纸张上的轮廓线确定船只的水平剖面线；打开各层的木板，获得了一系列的

---

❶ 每一块木板相当于一个水平的剖面。——译者

水平剖面，以此为基础绘制船体线型图的平面视图。❶

如今，随着电脑技术的普及，市场上还有不同的为船体线型图的开发和起草而专门设计的计算机辅助设计程序。

这些软件，除了能生成不同船体线型图之外，还可以根据成型的船体，计算船身面积、体积等的有关数值。

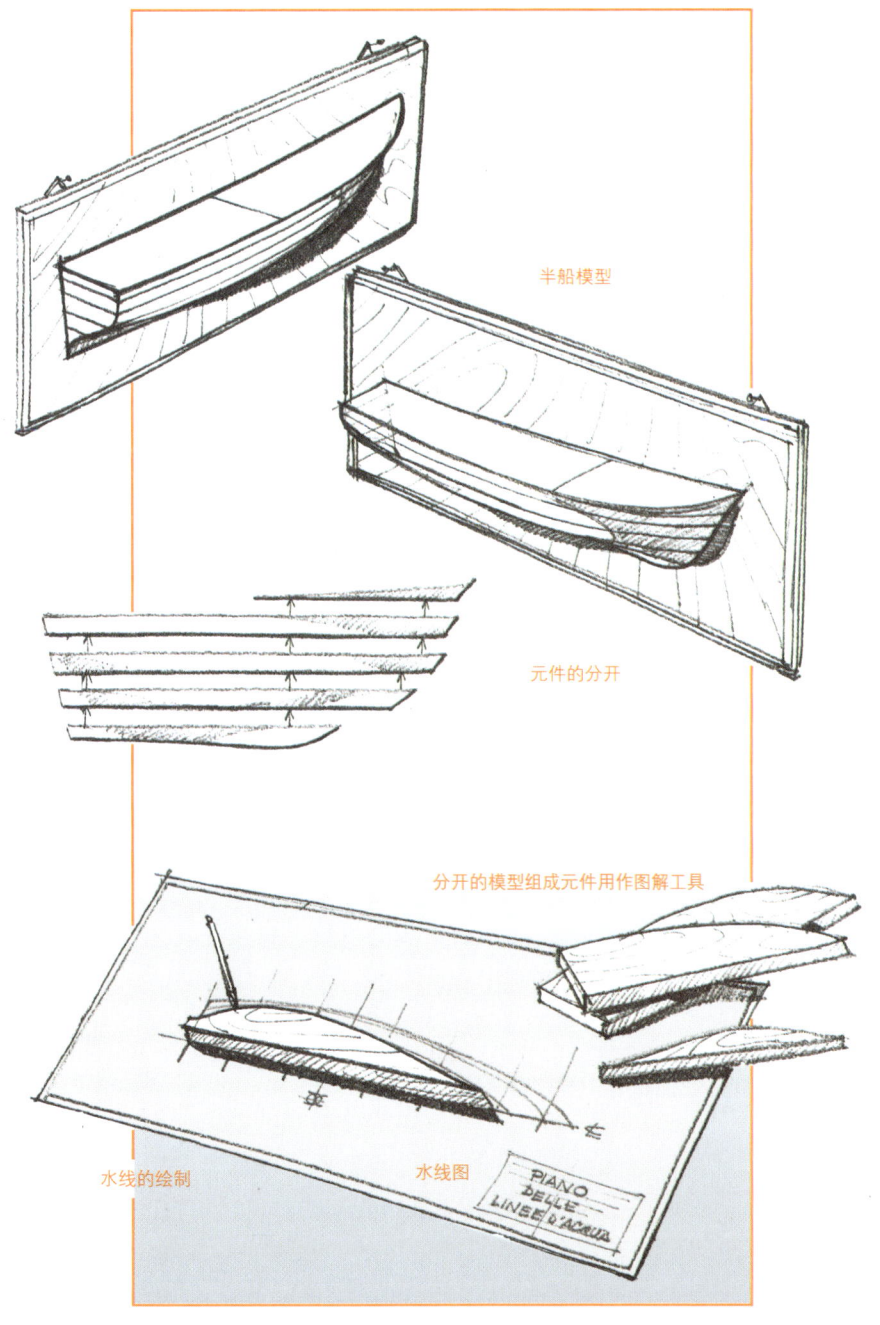

图14-3

船体线型图——
半船模型的方式

注：雕刻重叠木块来获得所需的木质半船模型。

---

❶ 同理，还可以制作纵向、横向的剖面视图。——译者

14 船体线型图

用这种方式可以在获得船只的流体静力学检验的全部所需数值。

船体线型图的传统起草

尽管存在精心设计的电脑系统，但更清晰流畅的船体线型图还是只能通过讲究的船舶设计师用铅锤和曲线尺靠手工完成绘制。这些基本工具加上尺与铅笔是设计师正确设计船舶图解草图不可或缺的装备。

图 14-3
图 14-4

曲线尺，或者曲线尺木条，虽然有不同的式样，其特征大体上都是能够沿着船身各个剖面的曲线的方式来成形。

因为本身的自然属性曲线尺木条维持一定的结构刚度，于是为了将其固定在事先定好的点的位置，可以使用铅质的压尺器。这些压尺器是由一个重的铅体和一个尖端头构成，将尖端放在木尺的一端可以固定木尺。那些不同弧度的曲线尺是纵向木质纤维结构；由于中心和两端的厚度不相同，它们能够以为了满足船身不同曲线的发展的方式而重叠起来：这样，为了绘制曲线，经常利用有较细的末端（较柔软）和一个较厚的躯干的曲线尺。这样能够更自然地顺着船尾的"闭合"或者船头的型线而延展。

因为这个目的，更现代的异丁烯酸酯塑料材质的曲线尺，由于其厚度是不变的，因此它们不太适合被应用于船舶设计的绘制。

普遍规则

能够手工绘制第一张船体线型图是不错的开始；一旦证实了不同的点之间的同源性，可以通过进一步的深入研究，用曲线尺的帮助来"更新"草图，多亏了其自然属性，曲线尺是唯一的工具，可以用来贴合一条没有"凹陷或者凸起"的线路来绘制一条规定的曲线。

制图专家完成设计作品后，将开始实现对型线的有效检测（也就是船壳表面的质量检测），位于一个倾斜度较大的角度，只用一只眼睛在光学上检查设计图。❶

通过既在单独分析层面，又在互相关系层面上评估剖面，这样斜着看图实际上会突显出不同剖面的所有绘制缺点。

高清并准确地将船体线型图绘制出来是很重要的；事实上这一点构建了实现船舶项目的所有设计的出发点。

需要以船体线型图作为参考的工作有❷：流体静力学计算，线型剖

---

❶ 闭着一个眼睛，用另外一个眼睛斜着看设计图，且斜度很大，从而光学地检查设计图。——译者
❷ 原文的意思是下文这些工作是给船体线型图提供参考的。——译者

面，毛吨位计算，舱内室内设计和设备安置等任意其他的细节或者任和能够有关联的项目。

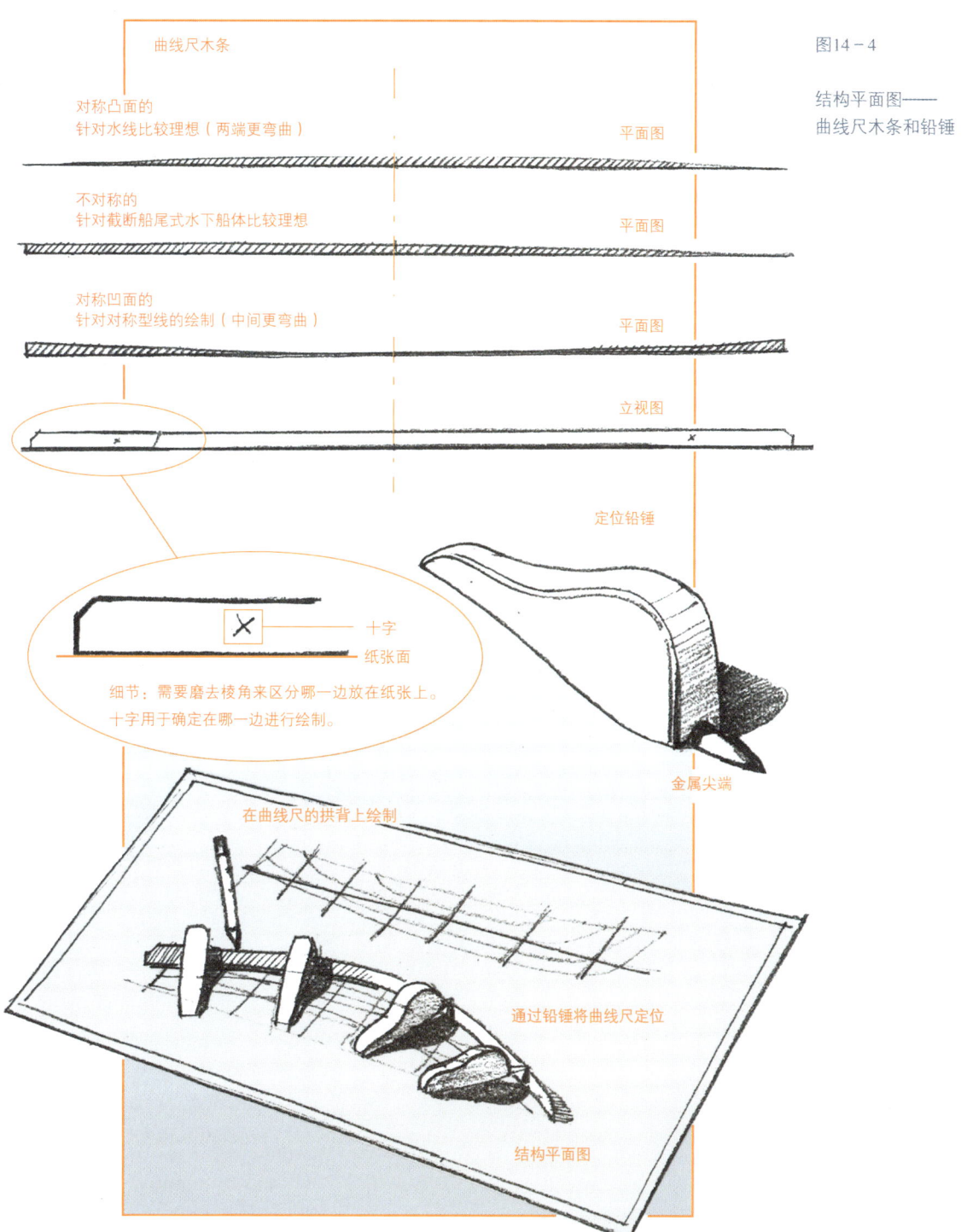

图14-4

结构平面图——
曲线尺木条和铅锤

图14-5

船体线型图——一艘帆船的船体线型图举例（Umberta Salvarani，学士毕业论文，工业设计专业毕业课程——船舶航海设计方向，热内亚大学建筑系，2007—2008）

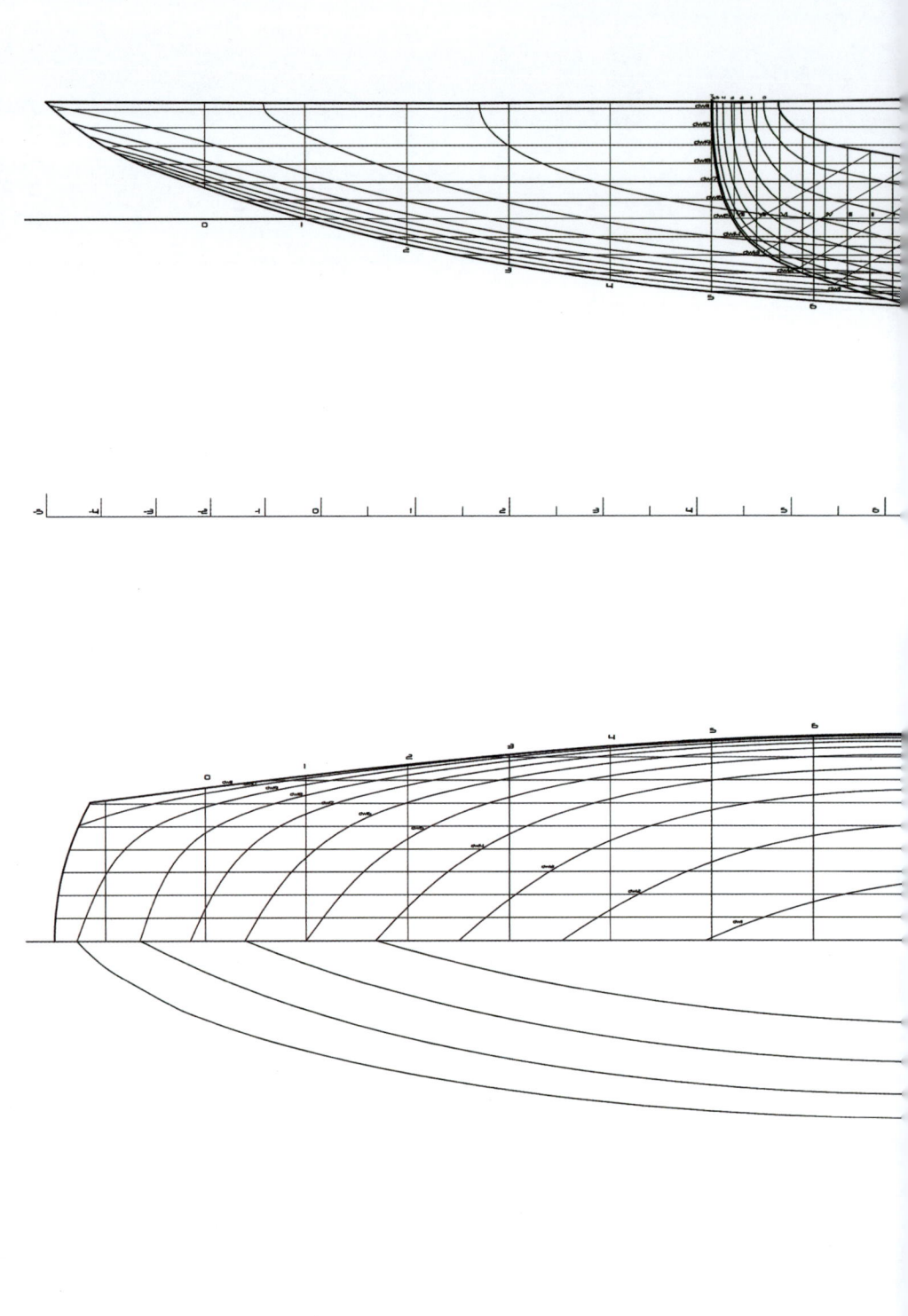

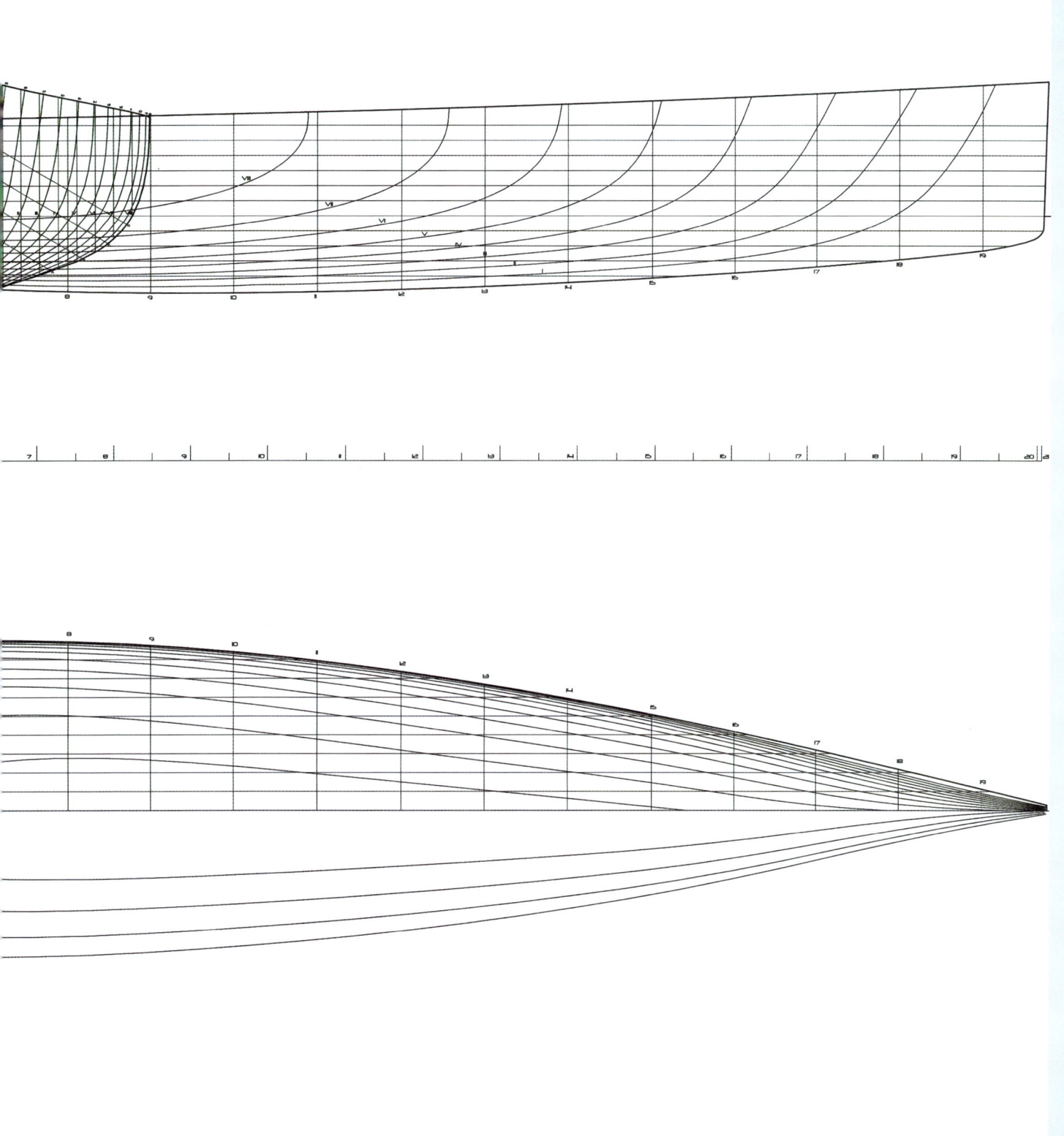

14 船体线型图

图14-6

船体线型图

注：来自一艘机动汽艇3D模型的船体线型图的三维结构视图。

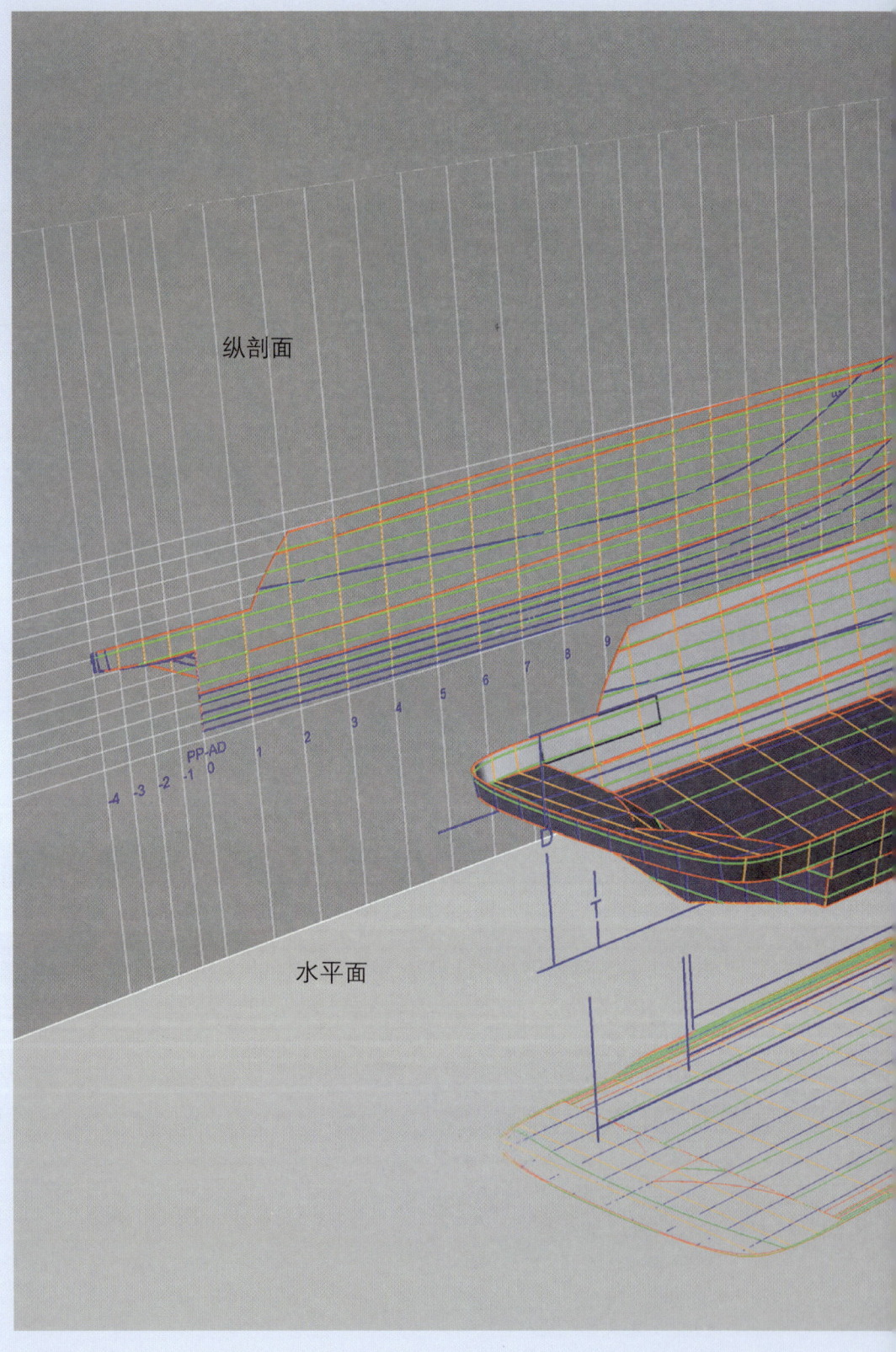

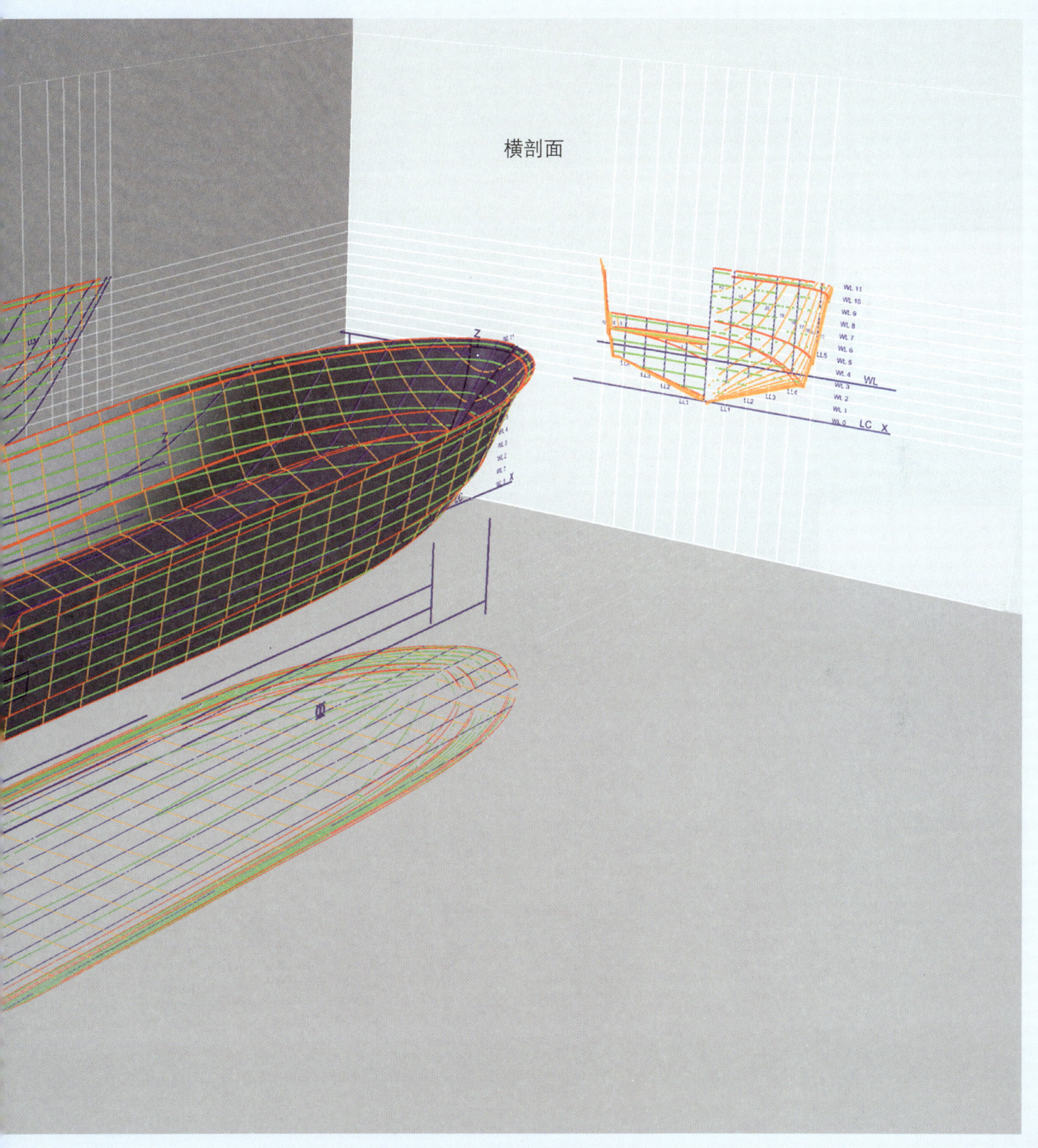

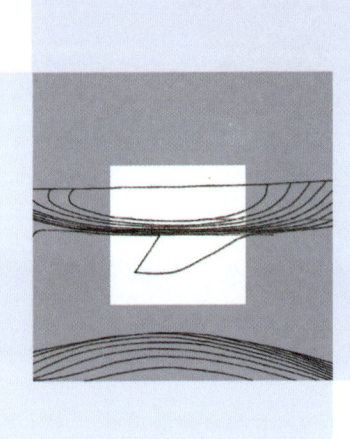

游艇设计
——从概念到实物

船舶重要部件
外形线图定义的问题

在船的垂直正交投影描述范围内（如第 12 章第 1 节中提到的），需特别注意某些组成元件的图解复原（船只的特征），这些元件有助于一艘船的基本构成。

根据传统，建议船身外形的建造技术和日趋成熟的理论知识尽量要做到具有流体动力学上的有效性。因此从历史上流传下来到我们时代的船只一般都具有圆润的船身和耸立的船头和船尾。随着船舶结构的发展和成熟，这些特征（弧）被归纳总结，并用来准确描述和区分不同的部件。

这些船只的特征是由空间上许多不同的弧形组成的，它们同时也定义了船身本身的复杂外形。为了能够可以这么改，船体线型图的表达方法出现了。对于描述船体来说这是一个非常严谨的系统，但由于甲板室的体形倾向于更简单和线性，因而在后者的管理上船体线型图显得十分大材小用。

为了这个目的，总体平面图通过体形的简单正交投影被确定下来；然而只有在对一艘船的各种外形特点有了正确的认识之后，才能在总体平面图中（把它们）正确地表现出来。

甲板的纵向弯曲状和舱顶弧度

我们已经看到，出于流体动力学以及结构上的目的，历史上的船舶（的轮廓）是十分弯曲的。❶船侧，如龙骨一样，是明显翘曲的。

---

❶ 典型的案例可参见意大利威尼斯的著名的摆渡船贡多拉（Gondola）。——译者

关于甲板的纵向弯曲状和舱顶弧度的问题

图 15-1

因此甲板和甲板室也会表现出那样的弯曲；这些元件（甲板和甲板室）显示出特殊的弧线，纵向（沿船长方向）的弧线叫做鞍形或者甲板的纵向弯曲状❶，横向（垂直于船长方向）的弧线叫做舱顶弧度。❷

近年来，至关重要地是出于节约建造成本的目的，在大型船舶里面，显示有一个将其外形"变直"的趋势；所有这些因素使得大型船舶由三个主要的板块构建而成：船头型线，中部躯体（叫做圆柱体）和船尾型线。

这个精简也使得甲板的纵向弯曲状通常情况下会缺失，并因此而得到一些建筑上的优势。

出于技术上的和美学的目的，这些优势却不涉及小型船舶，特别是帆船的建造。❸

有关艉封板的问题

所以，虽然在一艘没有甲板纵向弯曲状的大型船舶里甲板纵剖线等同于是一条直线，但是一艘游艇帆船的甲板的纵部线则不是同样的情况，除了纵向弧线外，毫无疑问也存在横向弧线。

设计一艘船的纵剖线，应该描绘出甲板的梁拱的顶部，在船身中央，甲板顶部随着甲板纵向弯曲状的弧线延伸；与甲板的纵向弯曲状相连的是船侧和甲板之间的交线（即船舷线）。船舷得比甲板的纵向弯曲状线条更低，并且它们只在船头和船尾两端互相连接。❹

艉封板

图 15-12
图 15-13

艉部的截断面称为艉封板。

这部分通常会（呈现出）一个轻微凸出的形状；在一艘船的纵剖线的表现中，这个造型现象绝对是不能被忽视的。

首先应该绘制艉封板的纵剖线。虽然没有一个明显的棱角，但跟甲

---

❶ 即舷弧。——译者

❷ 即梁拱。——译者

❸ 甲板纵向弯曲及横向弯曲的技术原因在以木材为主材的造船年代主要考虑到材料的结构强度和排水，所以纵向上设计为艏艉高中间低的鞍形、横向上设计为中间高两侧低的拱形。——译者

❹ 本段描述了由于梁拱的存在而在侧视图的绘制时需要注意的部分，但不限于此，模具设计全过程都需要留意梁拱对模型的影响。——译者

板的情况相同，这条线条代表关于纵剖视图的最大突出部分的轮廓的母线。在这个突出部分里面，可识别出艉封板和船侧之间的交叉线条（通常是右舷的船侧）。❶

甲板室和甲板的交线

现在我们能够评估一个带有甲板并在船尾闭合的船身的纵剖线的设计。

那么甲板室体形的描绘不能不考虑它所处的圆滑的基座。

可以把甲板室想象为一个的简单的体形，类似于一个平行六面体，（图 15 – 2 案例 A）我们应该假定这个平行六面体和上层甲板的圆柱形表面相交。

根据舱顶弧度的弧线和甲板的纵向弯曲状的弧线来改变平行六面体（甲板室）的形状，我们会发现六面体（甲板室）的上表面，在甲板室屋顶的部位，也具有同样的表面走势。

另外，通常甲板室以这样方式建立，使得乘客能纵向通过上层甲板。

这个现象表现在甲板和甲板室侧边之间的交线的空间比船两端的空间更窄，允许人们沿着两个对称的环绕通道即舷边甲板行走❷；在纵剖线视图里，这个比较窄的宽度体现为一个比船舷线更高交线高度。

在纵剖线上甲板的表面表现为被船舷线和（更高的）纵剖线之间包含的部分，这部分逐渐构建出在一个靠近船中心的体形，然后在纵剖线上的参照物也将会在这里靠近船中心，因此它比任意其他靠近船舷的点更高。

为了测定这个效果，可以假定我们的"类平行六面体"的甲板室有一个船头风挡，并且这个风挡由布置成 V 形的横跨在中船线上的两个平面构成。（图 15 – 2 案例 C）。

在纵剖线视图里，甲板和甲板室建筑之间的相交线是一条曲线。

有关甲板室和甲板的交线的问题
图 15-2

舷侧甲板

---

❶ 本文的绘制习惯未特别申明均是指艏向右艉向左的绘制方向。——译者
❷ 即留出舷侧走道的位置。——译者

15 船舶重要部件

图15-1

和甲板的纵向弯曲状和舱顶弧度有关的问题

1—甲板的纵向弧线呈马鞍状，即所谓的甲板的纵向弯曲状(Sheer)；2—甲板的凸出来的横向弧线，即舱顶弧度(Camber)；A—中纵剖面线；B—侧面边线条（较中轴低的）；C—甲板室和甲板的结合：纵剖线里可以看出在甲板室和甲板的交线上的舱顶弧度的效果

注："虚拟"一词指的是在舵手座所处的甲板的纵向弯曲状的延长线上。

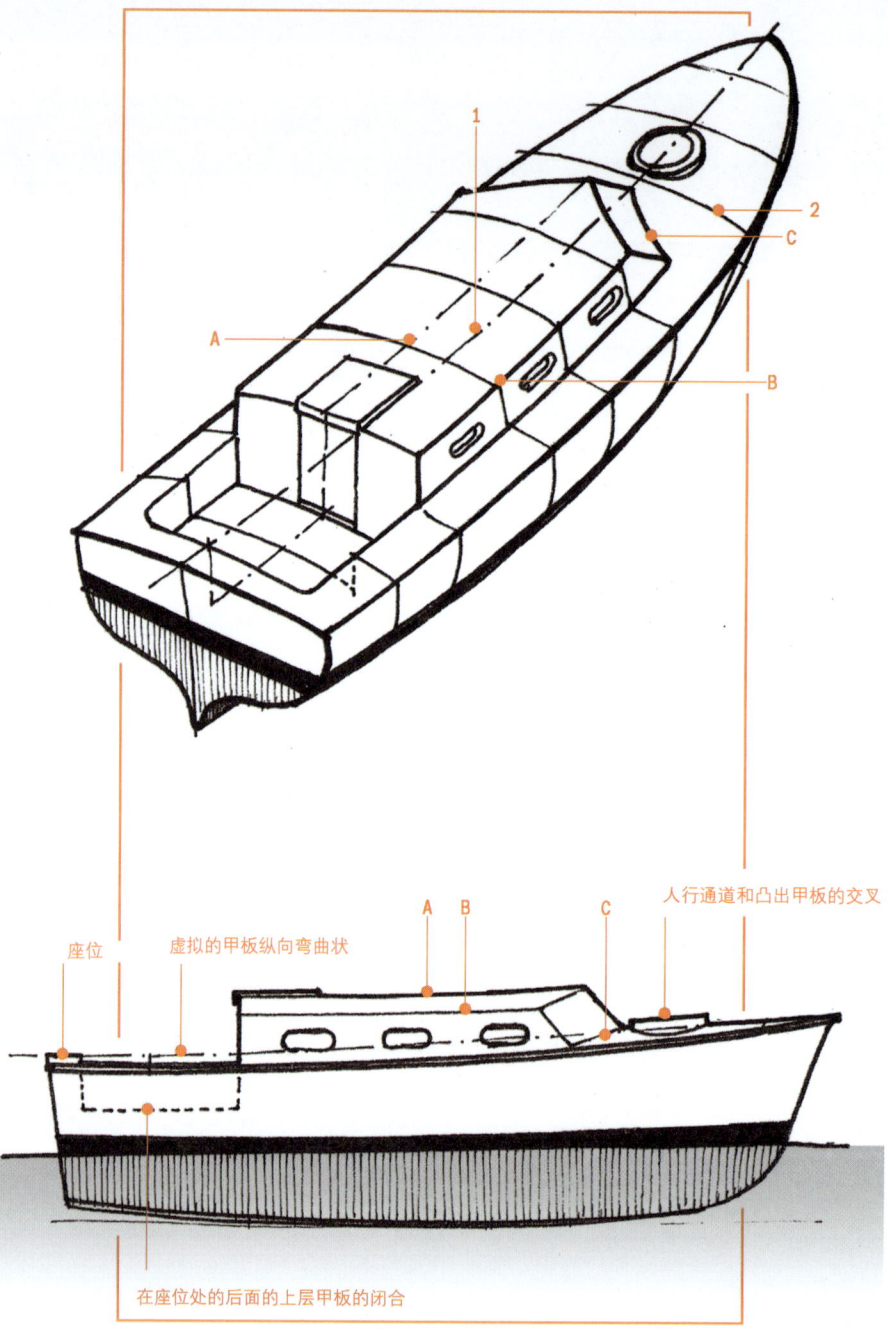

这条曲线的走势类似于船的边缘（船舷）走势，同时在船头风挡的区域，上述交线（的这部分）是由一条连接甲板室侧边和船中心的点的曲线确定。在平面图上显示出的这个点，位于中船线上更靠前的地方。

基于被描述物体的几何学等效原则，可以认为这个甲板室船头风挡与甲板的相交线是由于一个平面和一个圆柱形表面互相穿插渗透而产生的交线（想象一个垂直的正方棱柱呈45°穿过一个大直径的水平圆柱体）。

更复杂的是如果把我们的假定甲板室的船头风挡也想象为被描述为圆柱体的一部分构成（图15－2案例B）。

在这种情况中的交线类似于在两个圆柱体之间的穿插渗透中形成的交线。

如果这两个圆柱体有相同的直径，在纵剖线视图中交线将呈直线；反之，如果在纵剖线视图中它们的直径是不同的，同一交叉线条将显示为一个外接在较大直径的圆柱体上的凸状弧线。

挡风窗

两个圆柱体表面相交的情况往往发生在甲板和艉封板之间的衔接处，而且也常常出现在沿着在甲板室屋顶（明显带有舱顶弧度）和现代圆滑的挡风窗底座的衔接处。因此应对弧形挡风窗的建造进行特殊的深入论述。为了能够更好地将弧形挡风窗设计并建造出来，需要将它划分为若干简单的模块。

有关挡风窗的描绘的问题

因此可想象在平面图上设计一个由两个侧面和一块单独的正面面板构成的简单的挡风窗。

挡风窗和平面
图 15-3

考虑到甲板室外形（类似）倾斜的金字塔状，然后绘制出挡风窗的平面图；这样便表现出比挡风窗顶部更宽的基座（如同梯形体的一部分一样）。暂时不管挡风窗正面和甲板室顶（具有舱顶弧度）之间的交线的情况，可想象这个正面在平面图上可以用一个简单的等腰梯形表示。

第一级别制圆❶只考虑到挡风窗正面面板的弧度。因而我们想象用从

---

❶ 原作将绘制一个弧形的风挡分解为三个部分：第一部分即为基础的直线结构；第二部分开始将正面改为弧面；第三部分为弧面和平面的衔接。此处的"制圆"即第二部分。——译者

15　船舶重要部件

带弧形面板的挡风窗

一个锥体（非常高的圆锥顶，几乎呈圆柱形）的一截中提取出来的一个面代替原始的平的那一部分。在平面图中绘制了一个圆周的一段弧形，它的中心在中船线的平面上；通过该圆弧将挡风窗的两个侧面与挡风窗的基座相连；用稍微小一点的弧度（依照之前假设的锥体的高度）绘制出第二个弧形和上方的那些点相连接。这样便获得了一个令人满意的挡风窗，它的建造考虑到平坦的侧面，明显的边框结构和弧形的圆滑的正面面板。

事实上挡风窗可以由一块丙烯酸（有机玻璃，聚碳酸酯，热塑聚碳酸酯等）薄板热弯❶而成，钢化玻璃材质的薄板也能按类似的工艺加工出（这个造型）。

在空间上，与挡风窗正面面板和带舱顶弧度的甲板室屋顶之间的交线条相关的造型可参照在艉封板与甲板相连接时已经举例说明过的走势。通常情况下如果挡风窗的基座带有跟甲板室舱顶弧度一致的弧度，那么其顶部也应该发展成相似的弧度。

全弧形挡风窗

第二级别制圆考虑到将上述的棱角磨去。需要在挡风窗的锥状正面和平的两个侧面之间插入两个圆滑的部件来获得一个从船的一个侧面到另一个侧面平滑连接的弧面。

那么我们想象去掉正面面板边缘的棱角，使各个元件分开。在被空出的位置上，现在我们能够安置两个对称的元件，它们也类似锥状（几乎是圆柱形）表面的一部分。与正好在正面面板的那部分比较而言，这些元件的弧形通常显示出更小的弧度。然后这些元件处于相切的连接位置；这样做会使得之前因去掉棱角被断开的面得到恢复，以保证所需的效果。

在设计里我们准备在平面图上绘制两个圆弧形，它既在挡风窗的基座上又在其顶部，并能够恢复两个侧面和正面之间连接的相切性。

挡风窗将会由两个平的侧面、两个弯曲的连接部分（可用丙烯酸材质用模具制成，或者用玻璃这种更贵的材质在模具上制成），以及一个或者多个有较大弧度的正面面板构建而成。这些元件的安装一般是通过一些金属框架进行的，这些金属框架将位于弧面的不同部分连接了起来。如今

---

❶ 上述材质要弯曲成型都需要加热烘烤才能软化成型或者采用高成本的铸塑工艺。——译者

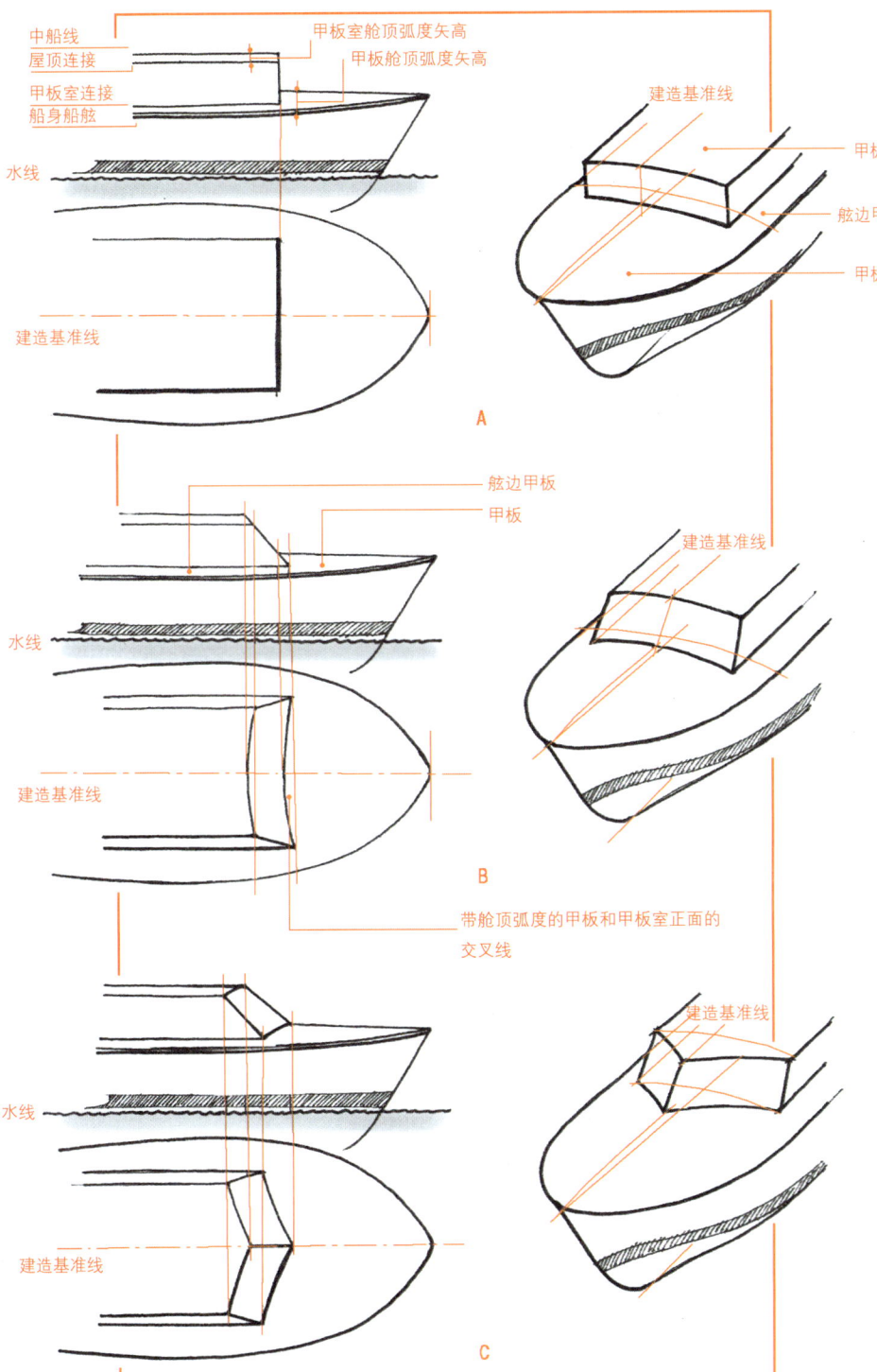

图15－2

特殊案例——
存在舱顶弧度情况下甲板室和上层甲板相交

15 船舶重要部件

大部分游艇都涉及复杂且昂贵的方案（如全弧形挡风窗），然而由于经济上的原因，它们并不适合商业船舶或者工作船舶的建造。

图 15-4

在小游艇建造行业，越来越大的弧形挡风窗需求使得零部件工业化生产以减少成本。玻璃制造的挡风窗至少在雨刷的作用区域需要达到一个必要的硬度系数；弧形玻璃的难以实现性推动了预制件的工业化生产。

为了设计一艘具有弧形挡风窗的动力艇，可以考虑通过使用已有的（标准）预制件来构建挡风窗。这个配件的工业化带来某些符合几何学逻辑标准的简化设计，可以尽量避免不确定的因素。

预制结构的挡风玻璃

图 15-5

更剧烈和直接的精简是取消因甲板面梁拱导致的弧度❶：任意的预制结构的挡风窗是在一个完全平的底座上安装的。

另外，可使用的弧形的尺寸范围选择性很窄；假设准备使用一个工业标准产品的弧形挡风窗，那么必须在确定甲板的外形之前就做好标准件型号的选择以配合甲板设计。

合理考虑市面上提供的各类标准部件可以使船舶的设计最优化。

然而聪明的设计师能够将这些和生产成本紧密相关的因素与奇特而原创的解决方案结合起来。

当船的规格超过小型动力艇范围（即超过 12~13m 的长度），挡风窗将无法再用上述方法预制。

可能的解决方案也受到其他与建造工艺相关的约束。

应更经常采取多面玻璃的方案。但在大型运动船只的案例中，尽管是使用价格昂贵的复合材料定制品，弧形挡风窗还是得到了广泛的应用。

模具制造

如已经提到的，甲板室建筑的典型特征是一个锥台的形式。可以说整个船体（直到船舷）的线条都趋于向上张开，而在该界限（船舷）以上再趋于闭合，形成一个弩状的外形，其最大宽度在船身和甲板的连接处。这种逐渐闭合两个船侧并往上延伸的趋势是由关系到重量分配的稳定因素以

---

❶ 通过在甲板的玻璃钢模具上设计一个基座来垫平风挡底部使其成为一个平面而不是弧面。

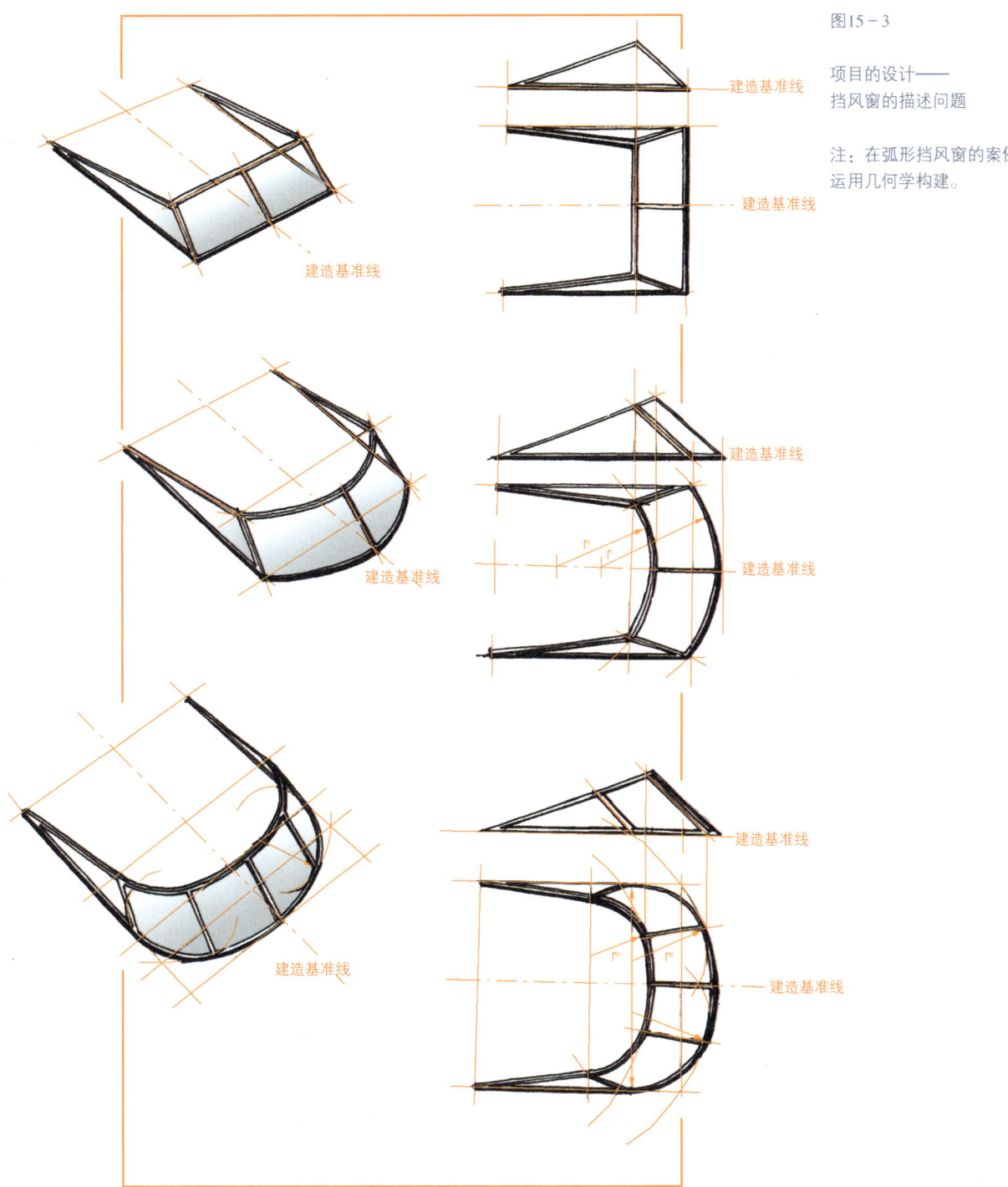

图15-3
项目的设计——
挡风窗的描述问题

注：在弧形挡风窗的案例中运用几何学构建。

15 船舶重要部件

模具建造的问题

及美学因素造成的。

就实际操作而言,这种造型则是用来满足脱模的要求。

玻璃钢材质或者类似的塑料材质的船舶生产工艺已被广泛应用于中小尺寸的产品中。

随着 20 世纪 60 —70 年代的到来,多亏了与这个建造技术相关的材料供应价格的降低,游艇运动才可能传播开来。

因此玻璃纤维船能够完善建造技术并制造真正的大船是符合逻辑的。

新的解决方案考虑到实际生产,经常采取模块式的安装方式,使得大型船舶即使只做一条,跟钢质船比也有价格优势。

归根到底,一艘用复合材料制造的船舶的实用性,是与在模具上成型的部件的批量生产的难易度紧密联系的。必须能够容易地将产品从凹模中取出是脱模产品外形设计的主要制约因素。

因此构思出具有合适脱模角度的形状以保证上述操作的容易进行是必需的。

在船舶里这个特性一般表现在两个主要部件上:船身和甲板。

根据情况,可以把每个部件设计为单个的部分,或者由多个部分来组成一个完整的部件。

简单模具
图 15-6

船身一般来说是一次性压模完成的;为了能够用整个模具(即船体部分的模具)将其完成,这个船身应该保持在现行的生产技术可实现的尺寸内(RINA 的规范目前允许最大 60m 长的玻璃钢船体),另外需要船体水下部分的外形,特别是船侧的外形,不要出现其表面的闭合度超过"理论上的"180°限度。❶

用其他的话说,将一个船侧没有呈现花盆状(由下至上船体的宽度逐渐增大)的产品脱模,是不可行的。

使用一个数学对比,我们可将用模具完成的一个产品的外形跟被二重积分鉴别出来的外形关联起来。

因此,就像为了描述整个外形延展的表现必须使得两个不同的二重

---

❶ 即出现如图 15-6(b)中所示向内弯曲的情况。

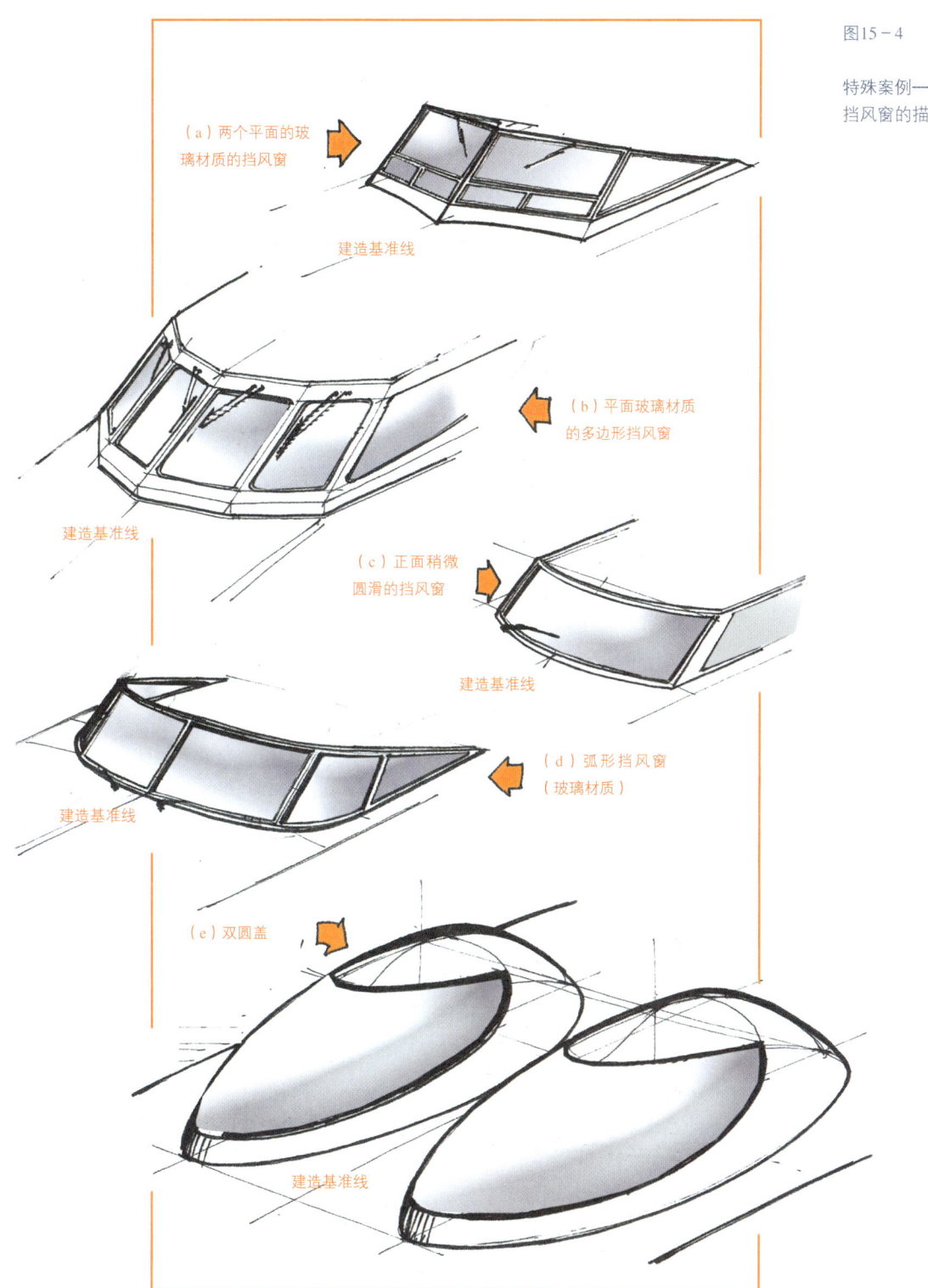

图15-4

特殊案例——
挡风窗的描述（一）

15 船舶重要部件

图15-5

特殊案例——
挡风窗的描述（二）

注：成品弧形挡风窗和一艘现代动力艇的玻璃钢甲板室结合起来观察的图解效果说明。

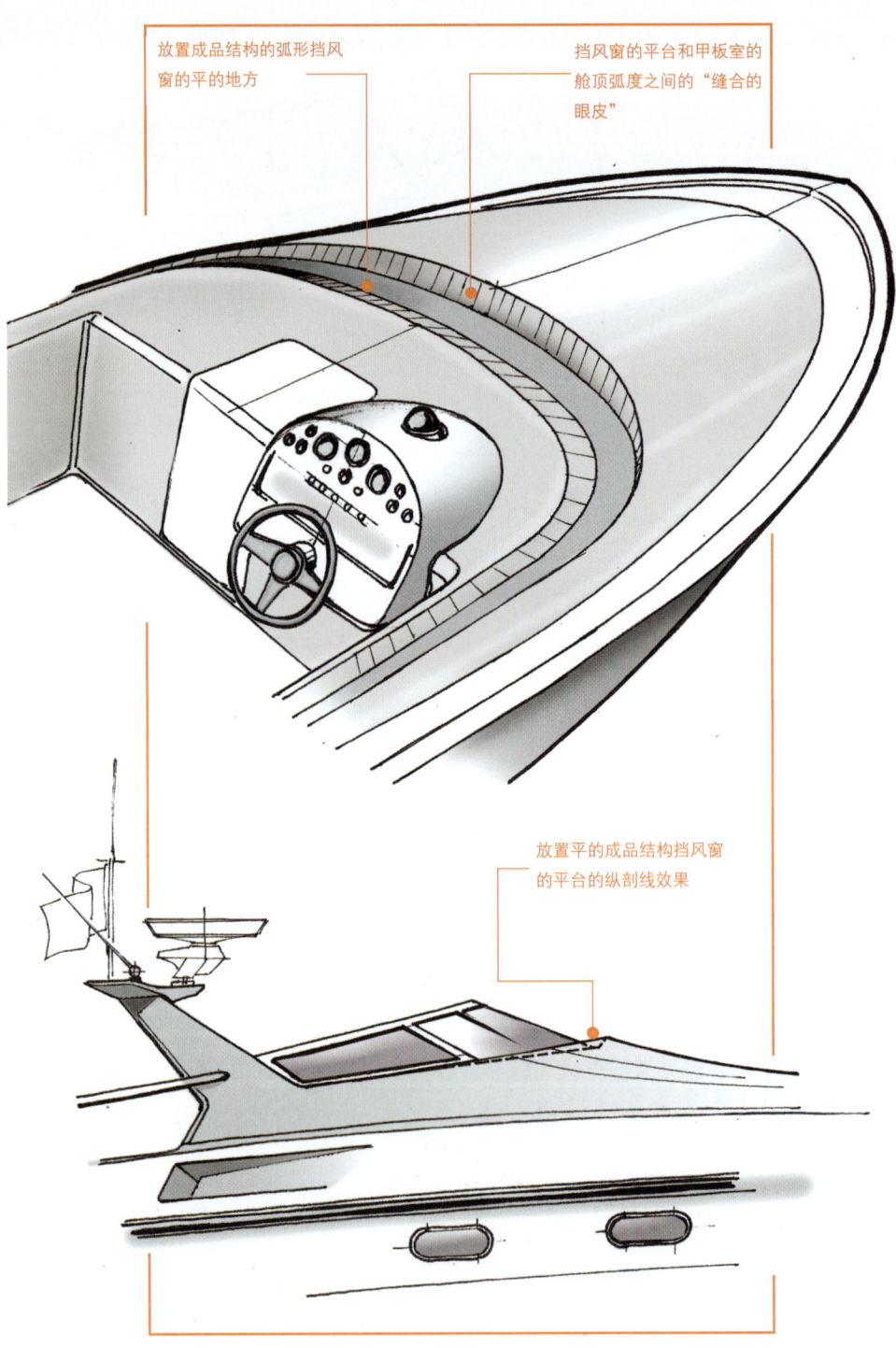

放置成品结构的弧形挡风窗的平的地方

挡风窗的平台和甲板室的舱顶弧度之间的"缝合的眼皮"

放置平的成品结构挡风窗的平台的纵剖线效果

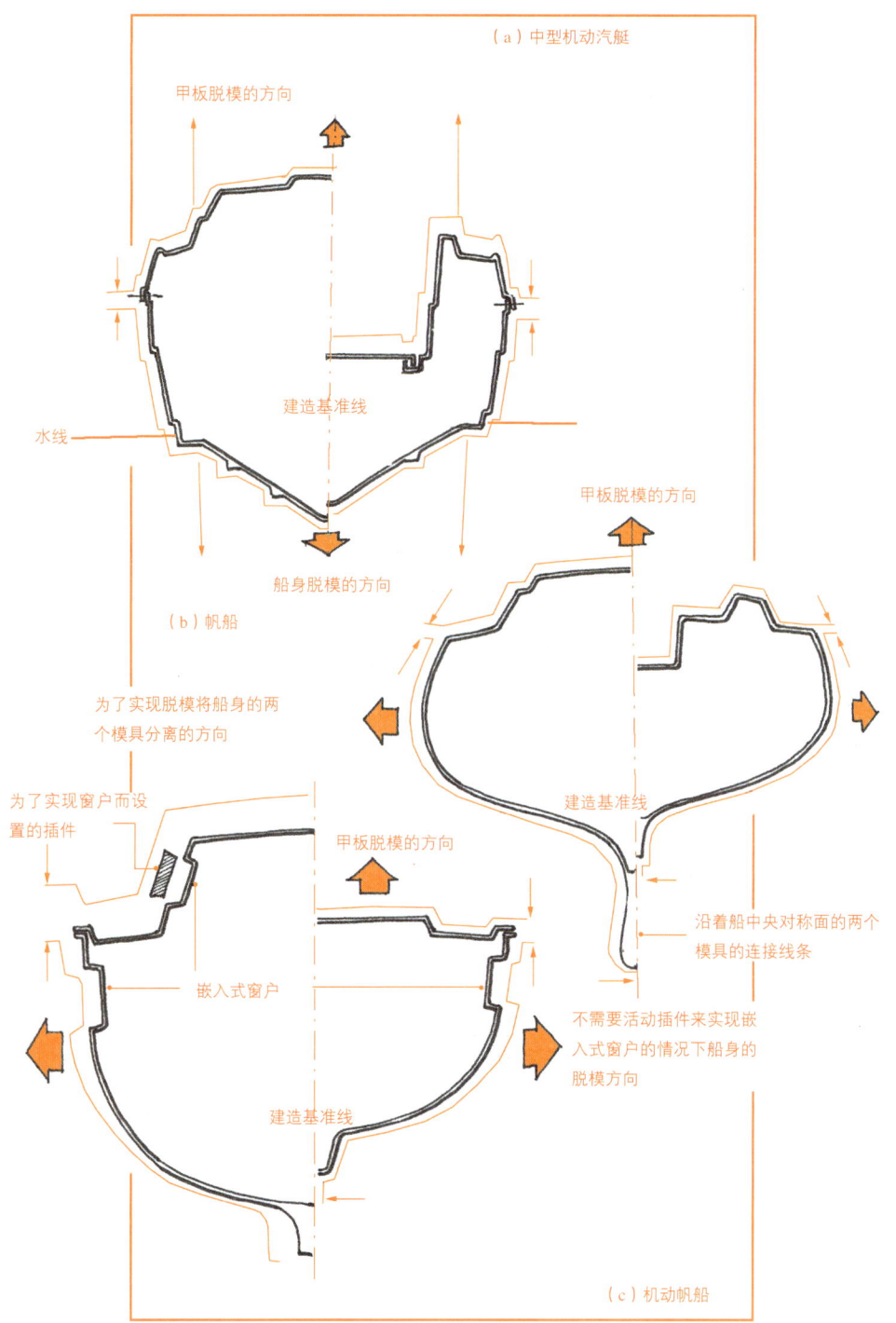

图15-6

特殊案例——
与模具建造有关的问题（一）

（a）中等大小的机动汽艇仅需要两个模具，一个用于甲板，一个用于船身；（b）带闭合船侧（即船舷宽度比船侧壁最大宽度要窄）的帆船需要三个主要的模具，一个用于甲板，两个对称地用于船身；（c）带嵌入式窗户的机动帆船，有三个主要模具，一个是带有可拆卸部件的甲板模具，两个对立地用于船身

15 船舶重要部件

图15-7

特殊案例——
与模具建造有关的问题（二）

注：通过应用一个移动插件来实现在船侧的嵌入。

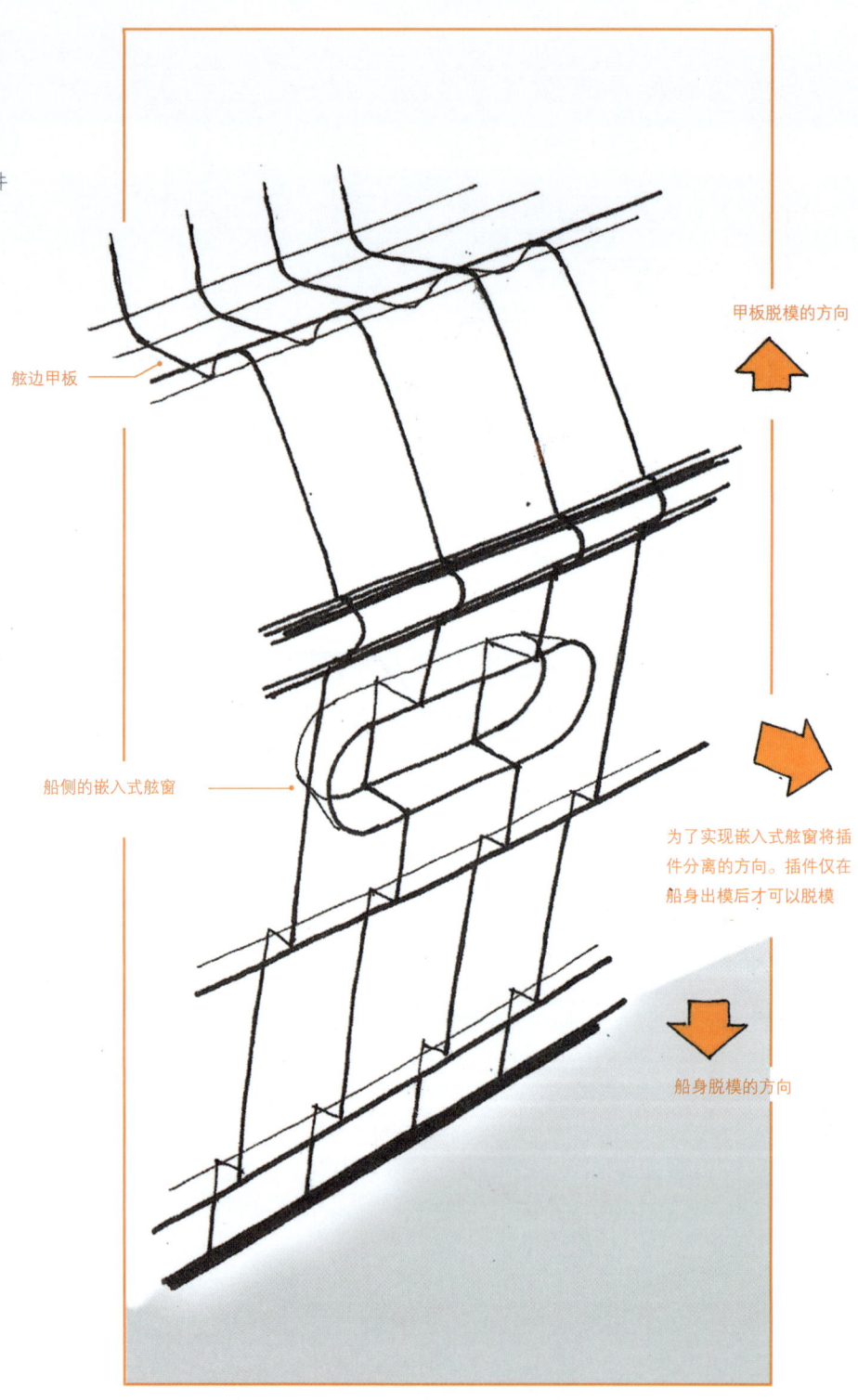

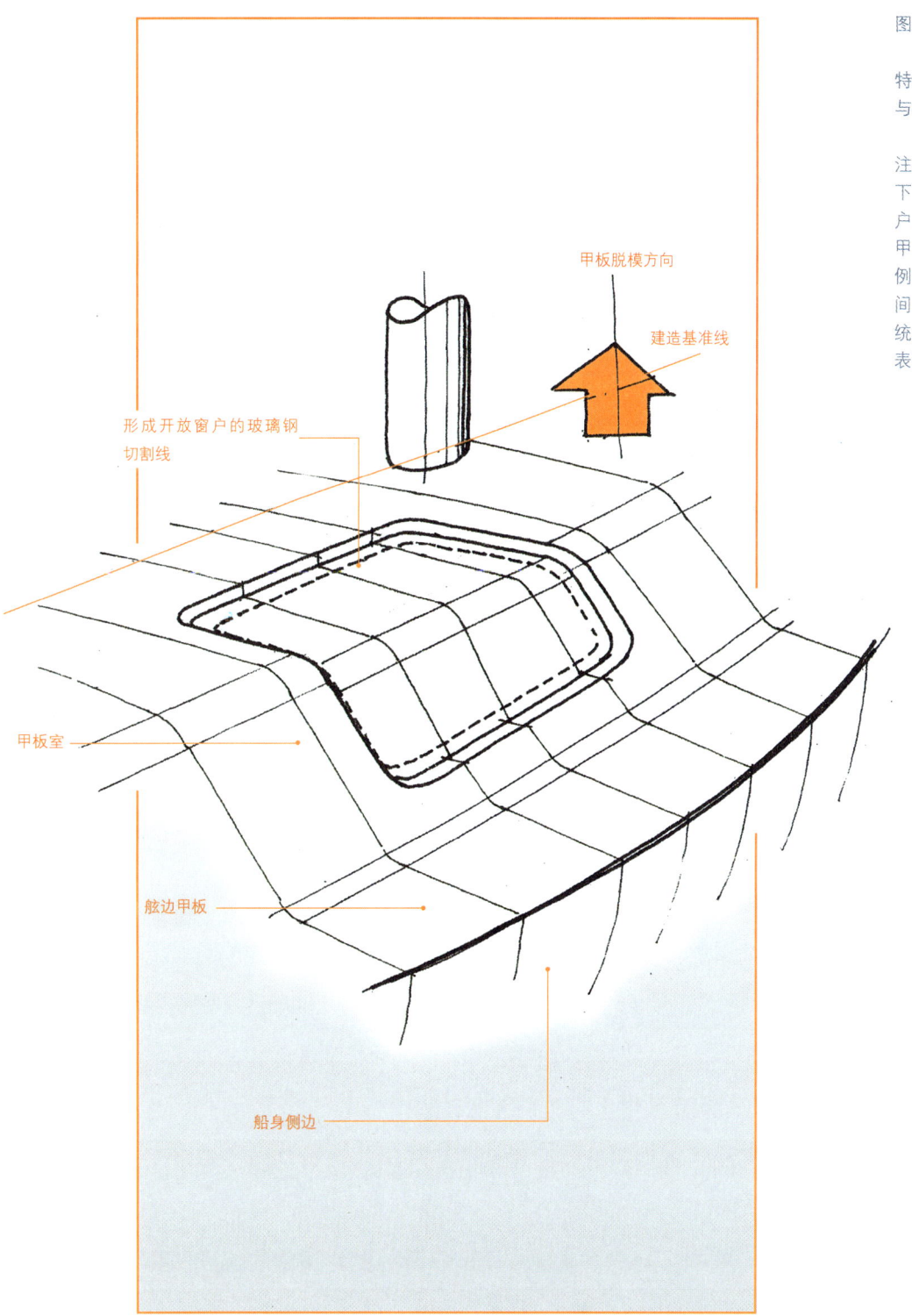

图15-8

特殊案例——
与模具建造有关的问题（三）

注：在没有移动插件的情况下，在甲板室实现嵌入式窗户。嵌入的安排不影响取出甲板模型的容易程度。在案例中谈及在甲板室上的设备间兼休息室的窗户的实现系统。有机玻璃的厚度修复外表面使其变得平滑。

15 船舶重要部件

积分函数并存一样，实际情况中也需要两个不同的模具来构成一个带船身和甲板的船舶。

使用玻璃钢建造的船舶的两个船侧之间部分的拔模角度至少是 3°；当然这个数值却是和制成品的尺寸有关：制作大面积产品时，在"平行的"面之间的拔模角必须增大才能够容易脱模。

可打开的模具　在某些案例中，船身表现出在船舷位置的两个船侧的闭合 [图 15-6 案例（b）]，船舷成为船身和甲板的连接物；为了能够生产这样的船身，需要使用一个可打开的模具。一般来说合成的模具由两个可以在中心对称面（通过法兰边对锁）连接起来的部分组成。

为了能够将船身（一次性分层）脱模，按照一条水平线（向左右舷方向）来打开模具（在下一个产品积层时它能再次闭合）是必然的。

使用合成模具的必要性和项目的形态学紧密联系在一起。

复杂模具　以产品的经济眼光来看，一直力求在元件合成的复杂性和加工单一元件的简单性之间寻找最好的平衡点。

如果按照理论，模具数量越少产品越经济，但这样每个模具的尺寸会很大，可能会使加工异常困难；这样就解释了为何单一产品要由若干个模块拼接组合起来生产。

现代技术和产品的工程技术的发展，使得制作出具有倒钩的复杂形状成为可能。

在这些案例中使用了一种技术，它考虑到制成品须得按照一个主要方向出模，该制成品结合了一些补充的元件，这些元件确定了倒钩部位的成型。只有这个产品从主要的模具脱模出来之后，这些较小的模具才按照互不影响的方向从产品中（二次）脱模出来。

图 15-7
图 15-8　设计师在设计一艘用玻璃钢建造的船舶时应该时刻考虑每个压模元件脱模的难易性。

虽然这不应该成为一个在初步设计阶段的制约因素，但试图将外形最优化以正确合成不同元件是合适的。

应该特别注意连接点和所谓的反面，玻璃钢的加工只考虑一个处理好的表面。因而每个元件应该整个被压模（用盒状技术来处理），或者在

一个可打开的模具中用模压技术来加工,这个技术广泛地应用于帆船现代的舵的加工。❶

---

❶ 模压技术有别于真空覆膜技术,真空覆膜法的压力来源于大气压,故单位面积的受力不会大于一个大气压产生的压力,对于一般情况,这种力量都是足够的,但是在一些对强度要求特别高的部位,如舵叶、桅杆等其他部件上,一个大气压提供的压力不足以让纤维材料达到足够紧密,以至于最终产品的强度不达标。这时候就需要使用模压技术,模压法的压力来源不是大气压,而是内部的压力袋或类似结构,只要向压力袋中泵入高压空气,就能轻易获得远超过大气压所能产生的压力。

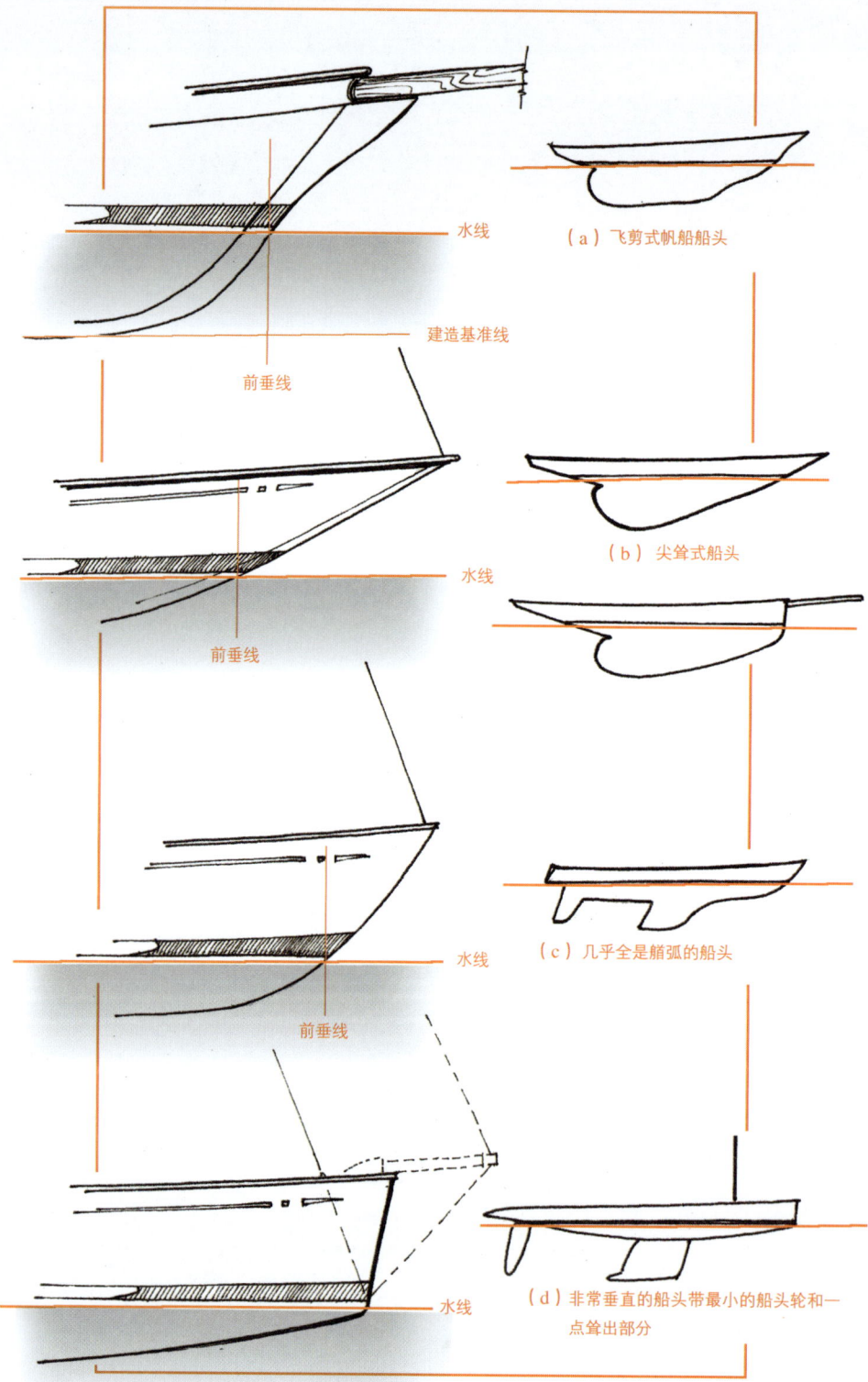

图15-9

帆船的船头

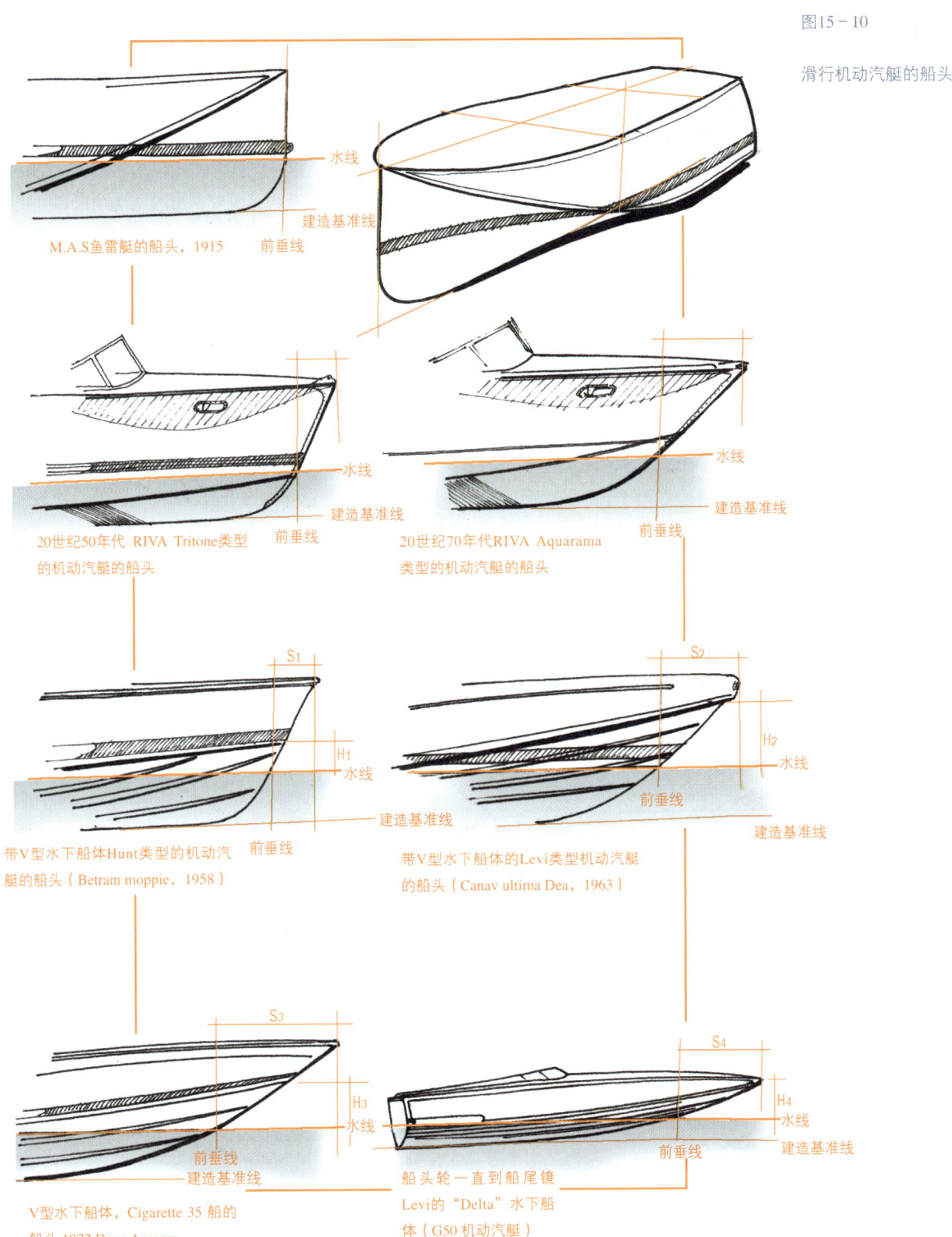

图15-10

滑行机动汽艇的船头

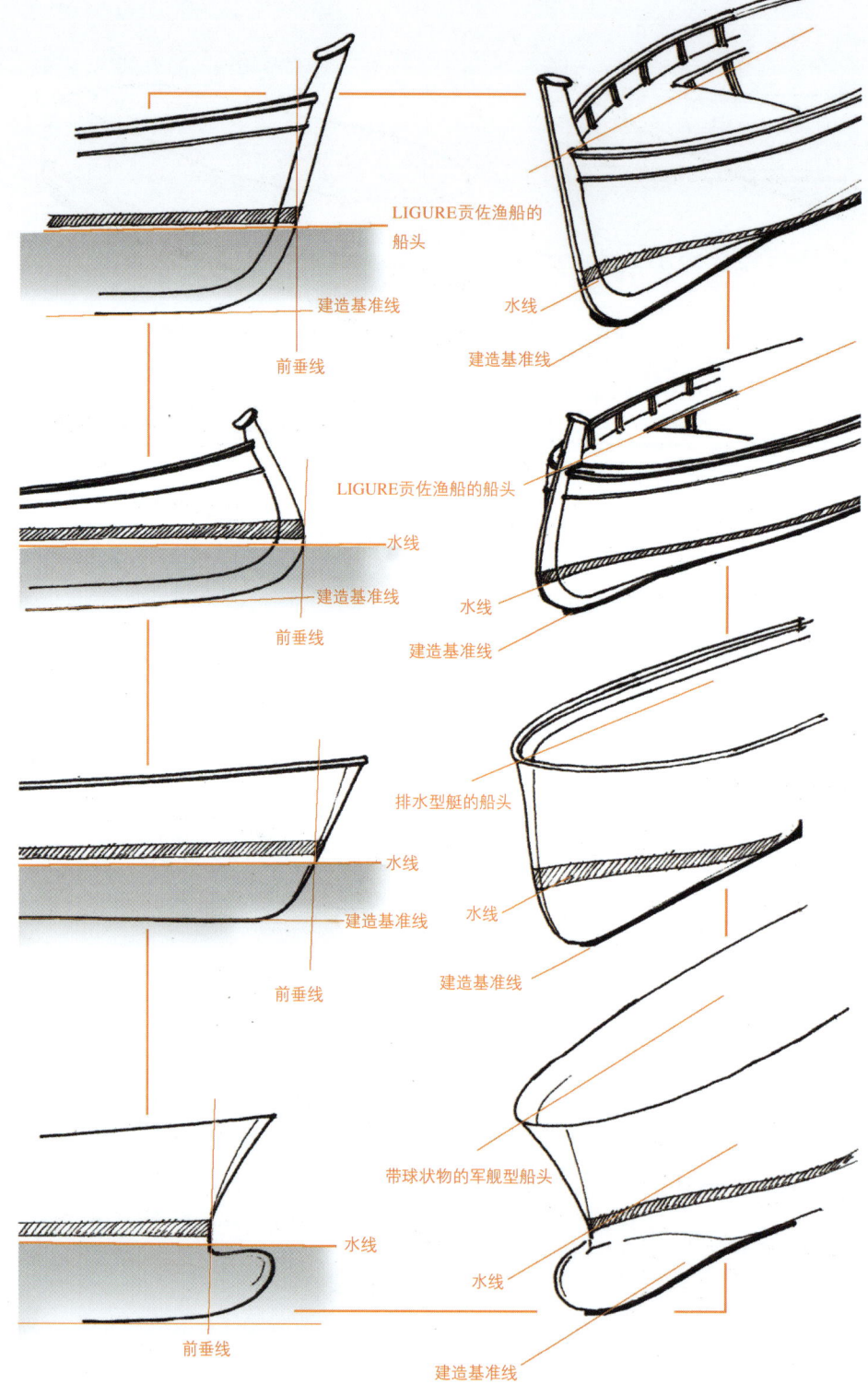

图15-11

其他类型的船头

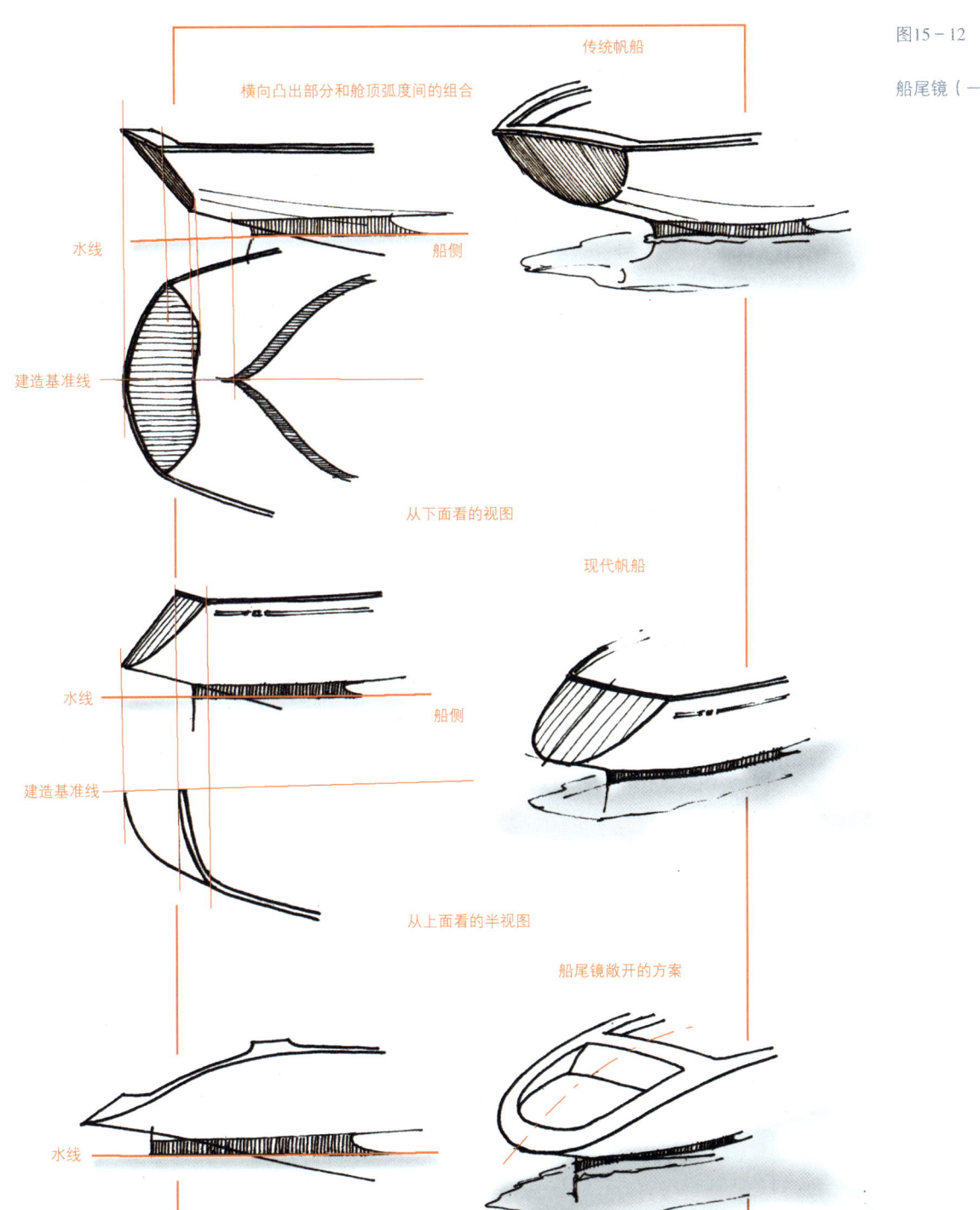

图15-12 船尾镜（一）

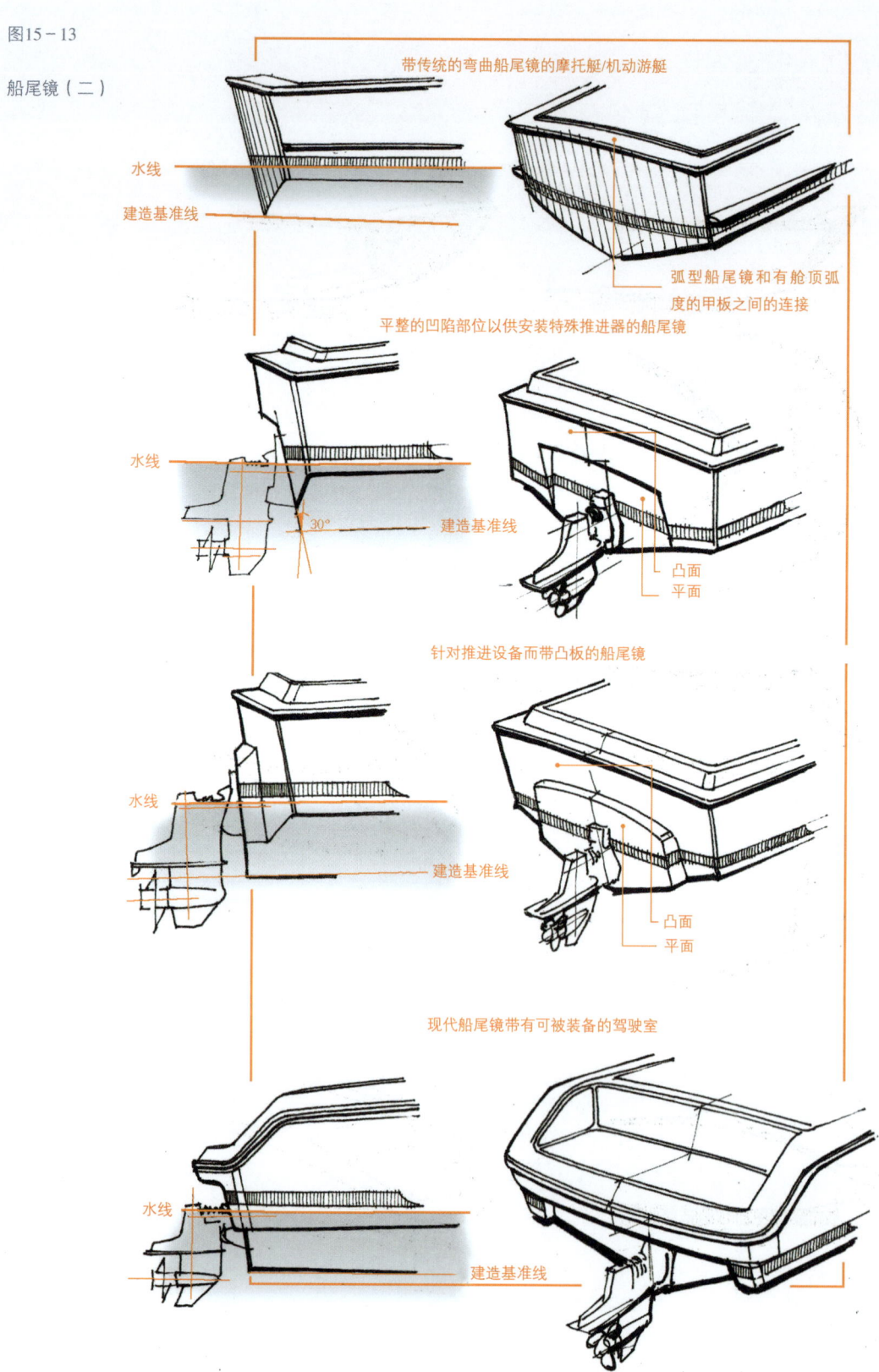

图15-13

船尾镜（二）

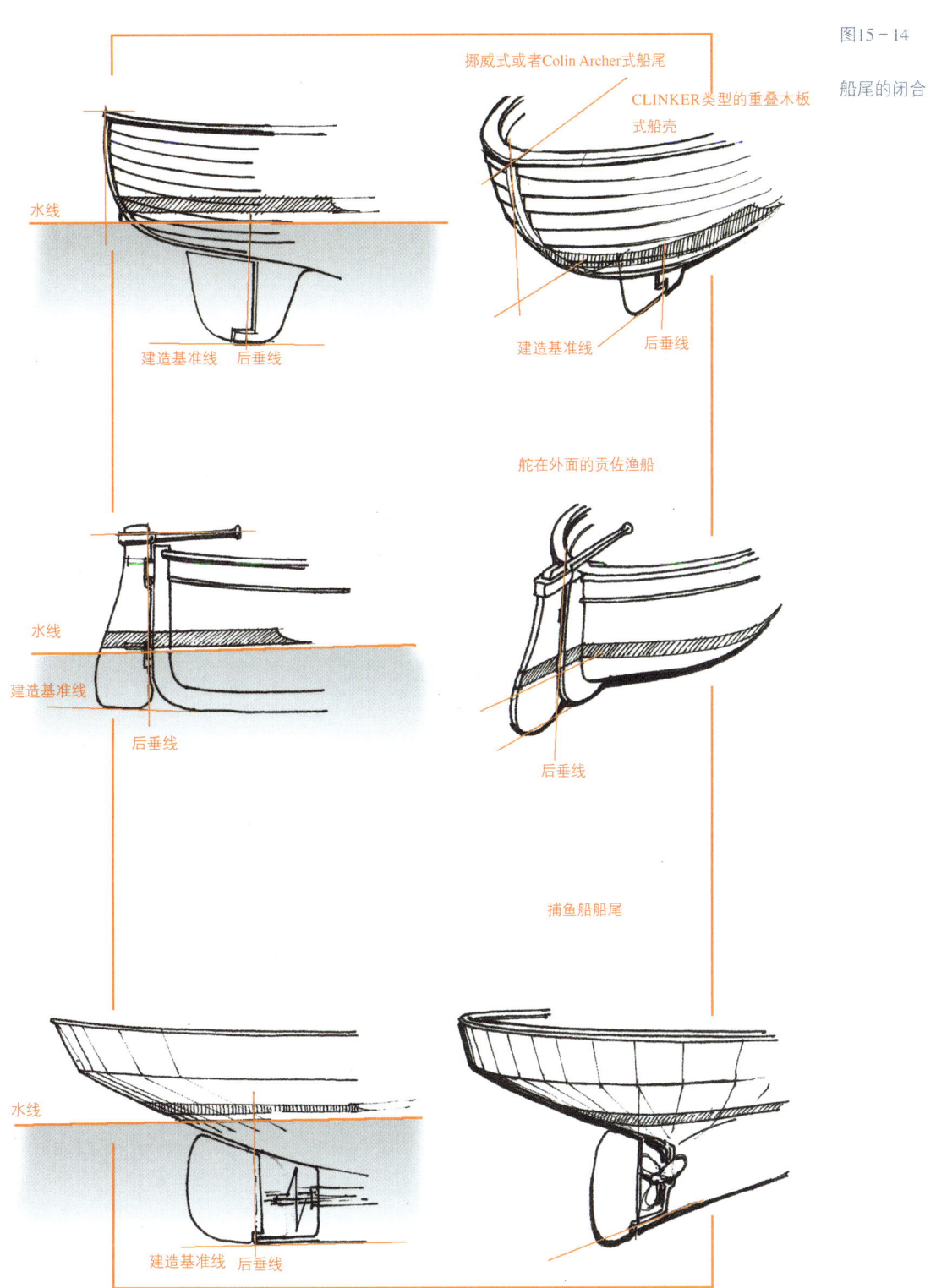

图15-14
船尾的闭合

· 211 ·

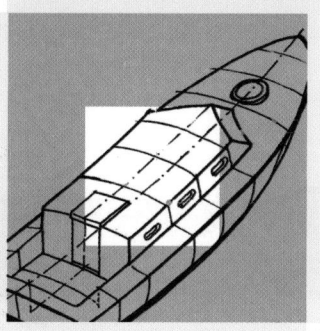

船体零部件的设计概念
推进器、设备和附件

航海领域的批量化生产一般是指能制造几十艘,或多至上百艘船的生产线,对于大型船舶,两三艘船就可以算批量生产了。和真正的类似汽车工业的批量生产相比,按照完全相同的样品制造的情况是极为少见的。显而易见,一艘通常由数万个零件组装成的船只所遵循的设计理念与汽车行业是非常不同的,因此很难用真正的工业化批量生产理念去建造船只。在游艇领域,需要特别关注的"批量化"生产制造主要是指零部件的批量制造,通过反复的探索,某些特定零件及系统部分的批量化生产在游艇领域是可以实现的(如座椅、仪表盘、挡风玻璃等),从不同的游艇上常常可以找到相同的零部件。一家造船厂只为其内部需要的配件去开发专属生产线是非常罕见的,但也同样存在许多零部件制造公司生产的普通配件无法被多数造船厂使用的情形。

游艇推进器设备

船舶推进系统设备市场是船舶零部件制造领域的重要市场。在游艇领域,一些大型企业制造的高功率发动机不仅用于游艇领域,也会用于其他领域的机器。

游艇发动机的工作原理相当简单:主要系统围绕传动轴组成,发动机通过传动轴和变速箱相连,通过一个特制的由支撑鳍片固定的轴管穿过船体,将动力传递到不同形状和性能的螺旋桨上。绝大多数情况下,游艇采用双发动机的推进系统;少数情况下采用单发动机系统(一般用于进行

16 船体零部件的设计概念

舷内发动机组
图 16-1
图 16-2
图 16-3

短距离沿海航行的游艇或是用于竞技比赛的专门赛艇）和装有 3 个或 3 个以上发动机系统的用于特殊目的的游艇。出于这个原因，以下将主要讨论双发动机组推进系统的安装。

发动机通常是集中在一起、对称安装在船体中心线和船侧舷面之间，这样可以将发动机的重心和游艇的中心汇集到一点，同时也需要在发动机间保留足够的空间来进行维护工作。可以这样简化思考：发动机就是一个长方体，被安装在船体内部；沿着长方体的长向中心轴线绘制的线将

螺旋桨轴

是传动轴穿过船体下部连接发动机及螺旋桨的轴线。螺旋桨和船底部之间必须保留不少于螺旋桨直径 10% 的距离以避免水流通过螺旋桨产生漩涡的激振力（有时也会采用在螺旋桨外部加圆形箍来解决）。

所有部件，包括螺旋桨、发动机、传动轴及支撑鳍片，需要在横剖面及纵剖面上绘制妥当并准确定位。我们注意到临近螺旋桨的支撑鳍片的低点水平方向和建造基准线（CL）保持一致，而它的延伸方向和螺旋桨轮毂保持一致，顶部和船体底部传动轴出口处位于同一高度。换句话说，通过横剖面的草图，设计者能够精确地观察到传动轴和船体底部"交叉点"的确切构造，即传动轴线从船内部向外部经过了哪些地方。通过纵剖面草图，一条简单的水平虚线表现出传动轴通过船体的开口和支撑鳍片的关系[图 16-2（b）]。

熟记 V 型滑行艇水下部分发动机布局（传动轴轴线、螺旋桨、支撑鳍片）的几何关系是很重要的。传动轴和建造基准线（CL）的角度呈 10°~14°，最小倾斜角度设计决定了其水平推力的传动效率，而水平传动效率的情况决定了发动机是否能够拥有最佳的性能。❶

在任何情况之下，设计师都要满足动力参数及效率的诉求，我们希望尽可能地把传动轴的倾角做到 10° 左右（甚至更小的度数，最理想的当然是 0°）。然而，倾角小和更好地利用船舱空间会有冲突。很多时候，这

---

❶ 这种现象很容易理解。设想一下，通过水平和垂直的方向来分析力的传动系统：推进力是根据螺旋桨轴线的方向（即倾斜方向）作用于船体的，它可以被分解为水平及垂直两个方向的力量，前进推动力和垂直方向上的力几乎无关。显然，最好的和最具成本效益的系统是和建造基准线（CL）呈 0° 入射角的推进系统，也就是水平方向上的推进系统。

两个方面的要求相互对立、无法两全。这也就是为什么很多商业船只传动轴倾斜的角度会达到 14° 的原因。[1]

虽然从能源效率和动力角度来看，这种安装方式不能令人满意，但由于其简明的安装方式及较低的维护成本，这种方式还是被人们普遍接受，并广泛使用。游艇装配周期严重受到各自不同渠道供货的系统和零件安装的影响，而其中最重要的部分就是动力推进系统的安装；其中一个非常棘手的问题就是如何将发动机和螺旋桨传动轴轴线准确对位。技术难度之外，高技术人才的缺乏也导致了高昂的游艇总装费用。

低功率的舷外发动机系统的应用一直在高速发展着。这些小型推进器系统随着开发它们的企业一起成长，变得越来越重要，并赢得了广泛的声誉。通过大范围统一产品规范，舷外机系统在世界范围内得到广泛应用，其技术也发展出了更高的功率和更有传输效率的系统。其中，广为人知的有舷外发动机船尾动力系统（也称为 Z 型动力系统）、高性能的超空泡铰接驱动系统（Arneson-drive 或者半浸动力系统）、特殊的喷射系统（jet drive system）以及最近出现的 IPS（Inboard Performance System）推进器（由沃尔沃公司最先开发）。这里提到的所有系统都拥有统一应用标准的工业产品，并适用于不同的情况。要关注这个重点——采用标准化推进系统的前提是需要在设计之初就按照发动机的选型来设计船只，才能使后续的安装更为顺利。

舷内发动机组

安装舷外机组需要一个恰当的向外倾斜约 13° 的船尾板。船体内部需要预留为操作舷外机头部翻转时足够的空间。在实际操作中，在船尾的甲板内部设置能够自然排水的小型舱室，由于推进器组装置安装的限制，这个小舱必须离船的吃水线非常近，并且能保证所有舷外发动机同时运行。在船舱内，需要将推进器区域和居住区域分割开来，并且需要配置较高的隔离墙来防护整个区域。直到最近，在装备有高功率舷外发动机的摩托艇上，开始流行一种在船只外部安装小舱的设计。通过臂型支架系统

舷外发动机组
图 16-4
图 16-5

---

[1] 由于传动轴角度越小，意味着传动轴越长，同时发动机的安装位置越靠船身前部，故而侵占了前部甲板下的可利用的空间。——译者

16 船体零部件的设计概念

（一种由金属管或玻璃纤维组成的特殊组件）将舷外发动机的接口和小舱的表面连接在一起。这样就会有三个优点：第一，可以充分利用船体整个外部长度的使用空间；第二，船体的结构会更加坚固，可以将整体重心倚靠在腰线更高的封闭的船尾上；第三，由于船体底部的螺旋桨需要在一个水流流动较小的区域进行，这样可以提高整体的推进力。

由于Z型驱动发动机（舷内外机）的特殊设计和舷外发动机不同，船尾可以保留坚固完整的高船尾板。安装Z型驱动发动机系统，仅需要在船尾板中心开一个孔洞，用来穿过推进器的传动轴。同时尾板需要向后倾斜13°（正如舷外发动机那样）。需要注意的是，由于Z型驱动的发动机舷内外部分的设置，一方面使得船只非常易于打理并"具有美观性"；另一方面，它并不能简化发动机部分的设计以及推进器的安装。这个发动机舱事实上从各方面来说都和传统游艇里的机舱是相同的，区别仅仅在于位置。

Z型驱动推进器组 图16-6

前面提到的高性能的超空泡铰接驱动系统（Arneson-drive 或者半浸动力系统），和上述系统的船尾构造相比，它们的底部结构是一样的，几乎没有什么的不同，都是来源于以往传统船尾构造设计的经验。在这种情况下，还必须设置一个位于船尾部分隔开的发动机舱，同时还要设计一个向后倾斜13°的船尾板。

船尾螺旋桨组 图16-7

随着这些设备（这些设计是将一个长的弯曲轴向后方延伸到没有任何保护的螺旋桨的位置）的逐渐普及，基于配备此类动力系统的游艇造型和人机工程学研究发展出了新的船尾造型的设计，这个设计可以遮挡住发动机组隆起的部分。这个设计方案（采用类似于烟囱帽的形状）体现了以下几个优点：第一，通过包裹住螺旋桨系统来保护其免受外界的冲撞；第二，挡住螺旋桨高速旋转时溅起的水柱；第三，当游艇停泊在海滨时，这个区域还可以变成船上的亲水平台。这个具有相当大的商业吸引力的设计可以说是非常成功，深受大众欢迎并流行起来，甚至不采用这类发动机的巡航帆船领域也有这样的设计。这也推进了该动力系统的应用。

喷水式推进器 图16-7（b）

喷水式推进动力系统和上面提到的螺旋桨推进系统相比，历史其实更加悠久，但直到今天才开始被我们广泛使用。这种推进系统的应用范围非常广泛，其优点是具有高速性能以及能够潜入水中（这里指的是完全装入推进器管道内部的螺旋桨）具有抵抗冲撞的安全性能并且易操作。

因为这一系统不可能采用前面提到的系统的安装方式，这就需要特殊的设计来满足船体（通常配备 15~20m 长度左右的游艇）内部的制作要求以及人的使用要求。因为喷水推进系统的管道大部分沿船尾底部的曲面设置，要特别注意喷水式推进动力系统的安装和螺旋桨系统的相对一致性标准是不一样的。

除了喷水推进系统需要沿船体长向设置一个入水的曲线管道并延伸至船尾之外，从理论上说，其他部分和超空泡系统并没有太大的区别。在设计安置喷水推进器时就不仅仅要考虑和船尾板的构造关系，它必须非常精准地安置以便和船体界面及喷水管路吻合。不像之前推进系统所需的 13° 的船尾板，喷水推进系统需要根据厂商的设计说明来确定其船尾板的角度（通常是垂直的）。

在最近比较重要的的应用中，尤其值得一提的是由沃尔沃首先设计并生产出来的 IPS 传动系统（Inboard Performance System）。这个系统传动装置装有一对同轴对转螺旋桨的发动机（沃尔沃设计的用牵引方式驱动的解决方案）。传动轴和船体底部下方是平行的，并通过一对呈 90° 的圆锥曲线传动轴连接到螺旋桨位置，所以也叫 C 型传动。由于推进器轴线和船体龙骨线是平行的，因此螺旋桨功率的损耗不再受到上述系统传动轴倾角的影响。这些年来，拥有一对同轴对转螺旋桨 IPS 系统（舱内外发动机的传动装置）显示了超强的"咬"水能力，特别是在恶劣的海况下，能在两个海浪的波峰之间获得宝贵的动力来控制船只。这样的流体力学设计的优势就是前置的螺旋桨不会受到传统系统中位于螺旋桨前的传动轴扰动水体形成的涡流的负面影响；事实上装有螺旋桨前置的 IPS 推进系统的船只拥有更好的加速性。

IPS
图 16-8

因为这种和船只龙骨保持平行安装的系统的出现（也得益于电控液压操控系统的出现），船只的操控性超越的安装传统的传动系统的船只，使得船只在狭小空间及下风等情况下的操控变得可能和更容易了。电控系统使用一个简单的类似游戏杆的控制杆界面来实现对推进器的角度及旋转

16 船体零部件的设计概念

转速的控制，这也是对传统的舵轮系统的一个补充（在长航情况下的使用更舒适）。在喷水推进系统的船只上也有采用类似的操控装置的，不过在IPS系统的船只上安装的操控系统更为普及，更可靠。在实际运行当中，IPS系统的缺点除了造价较高外，还有（和其他舷内机系统相比）前置的精密螺旋桨系统是完全暴露的，即便在船首设计了切割装置来避免磕碰，仍不免会和水中漂浮物（如塑料袋、木箱或是浮在水面的绳子）发生碰撞，带来不可避免的损害。

总的来说，在市场上所有供应的动力推进系统中做选择会基于更为普遍量产和更为标准化生产的系统。和那些特殊订制的系统比较而言，这样的系统更好地平衡了性价比，同时使用和实践更多，也更为可靠。特殊的设计制造并不一定意味着更好的质量。

以帆推进

图 16-9
图 16-10

帆船使用船帆以及用来控制帆所需的装备来前进。

船帆一般是由专业的公司使用现代防水布料制成。一般采用涤纶纤维或者尼龙材料，赛船船帆也采用凯夫拉尔纤维或碳纤维材料制作的。为了能够扬起船帆，帆船用桅杆来撑起船帆，同时桅杆需要用的左右支索构成的结构来固定在正确位置上。

传统帆船的木质桅杆系统需要用非常复杂部件技术来安装，在今天也意味着更昂贵。现代科技能够更好地通过轻质合金挤出的型材来制造桅杆，很好地控制了成本。这些桅杆是由不同的专业公司，根据不同的受力需求，按照延米来生产和销售的。

桅杆对于赛船的性能来说是一个非常重要的因素，因此往往是用碳纤维或其他先进科技制成的材料来制作，而把成本放在第二位。

如前文提到的桅杆会用钢索固定，在桅杆两侧的称为侧支索（shroud）；而将桅杆顶部与船头和船尾固定的称为前后支索（stay）。

后墙纵帆　　船尾帆❶通常为三角形，通过桅杆后部的滑槽和桅杆进行连接。系在

---

❶ 称为后桅纵帆或主帆。——译者

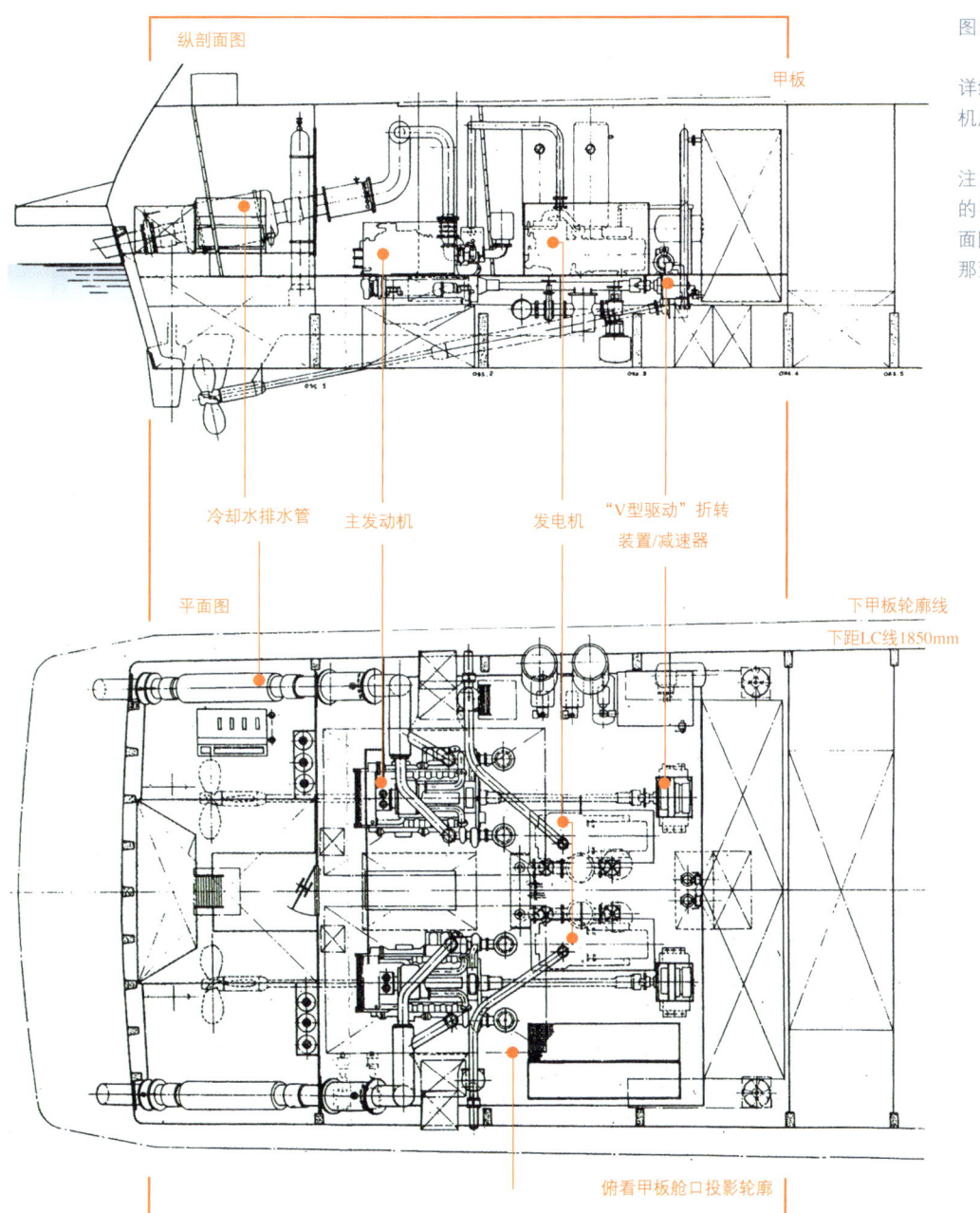

图16-1

详细设计——
机房布置(一)

注:30m的大马力游艇的机房平面图及纵剖面图(Mario Grasso,热那亚)。

16 船体零部件的设计概念

图16-2

详细设计——
机房布置（二）

（a）一艘约30m长的游艇机房横剖面（Mario Grasso，热那亚）；（b）示意图展示了滑翔艇舷内双发动机的安装结构，要注意，整个发动机螺旋桨需要向船体龙骨线倾斜10°~14°，螺旋桨位于船体底部的下方

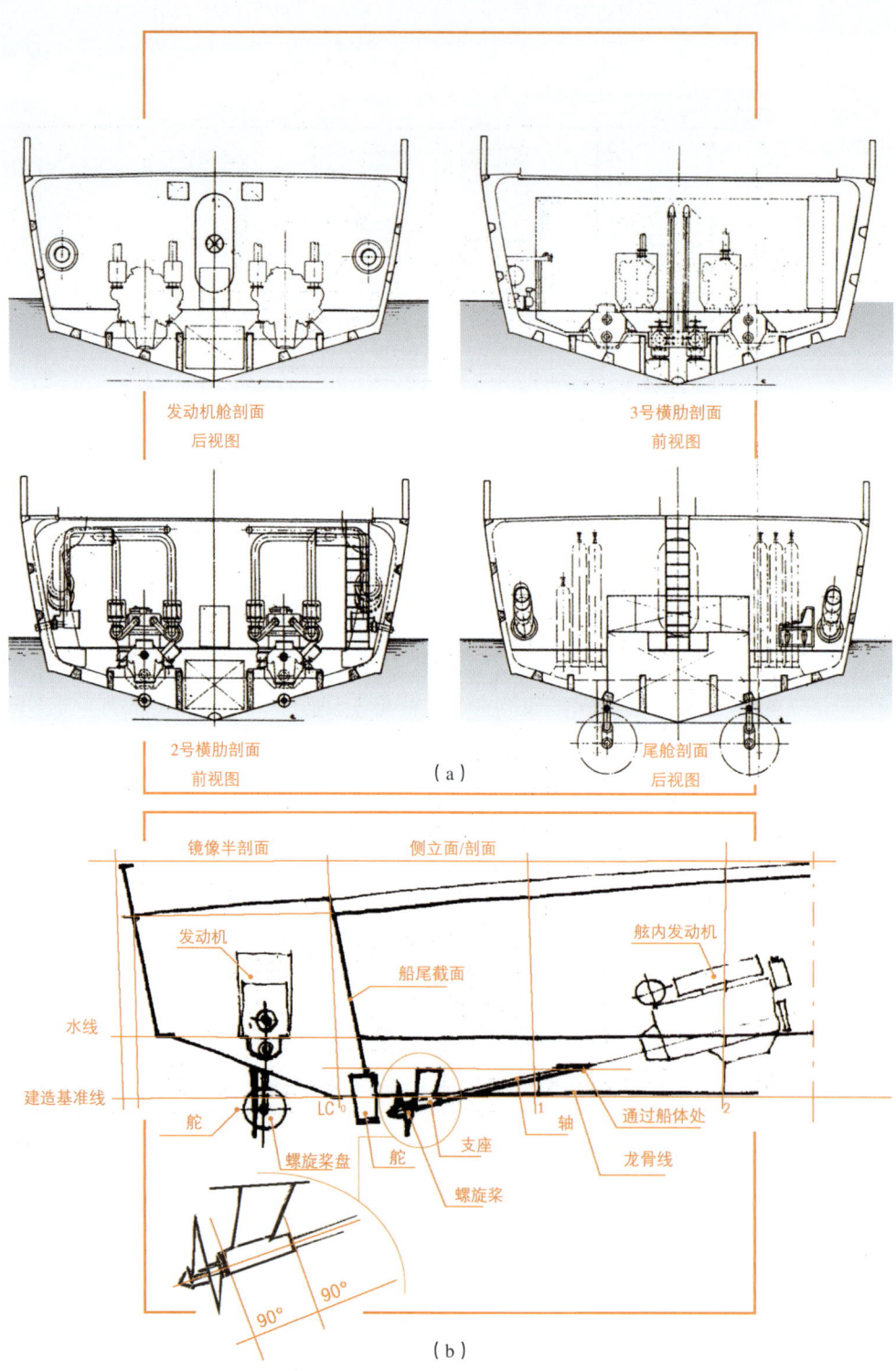

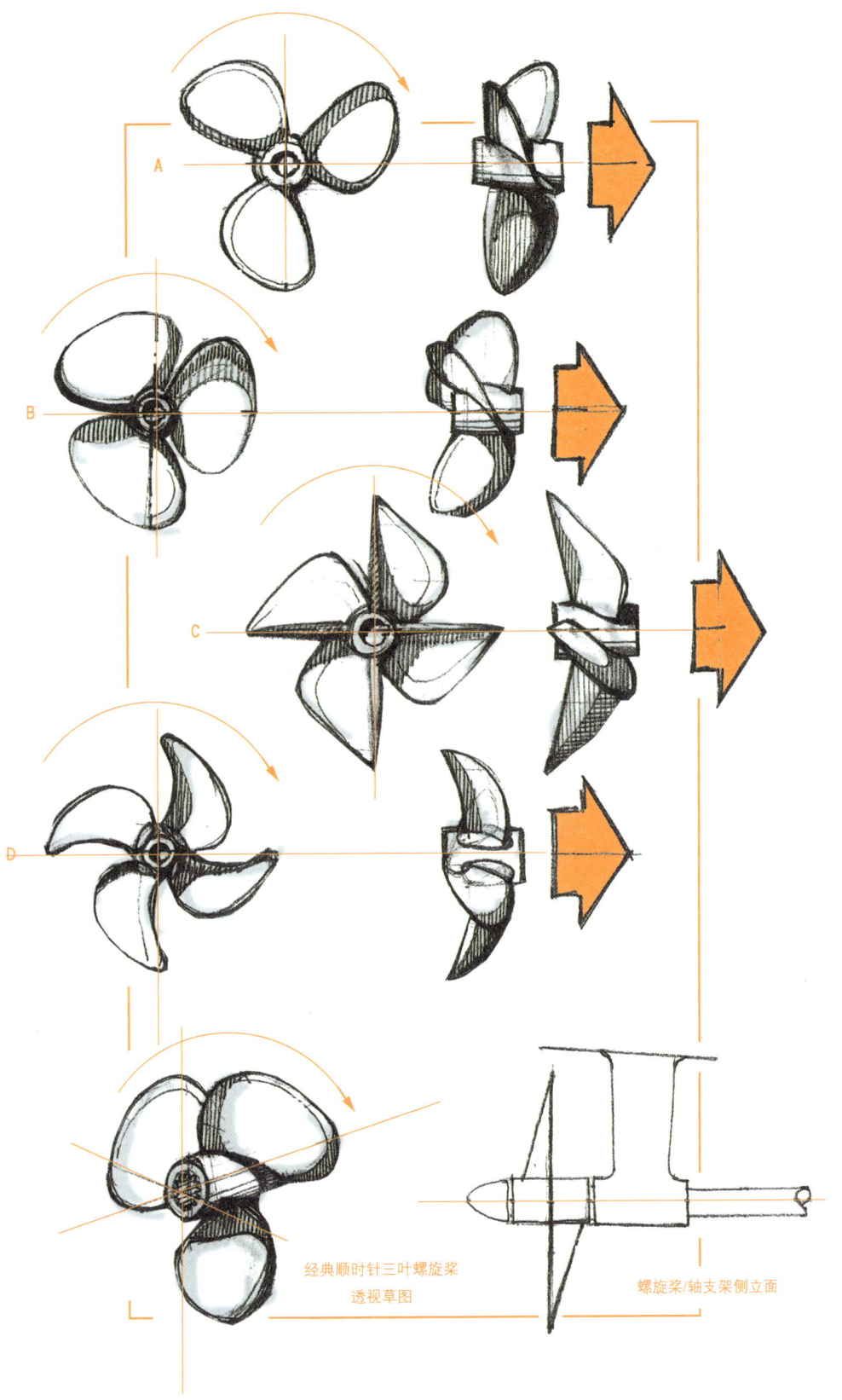

图16-3

详细设计——螺旋桨

A—三叶片顺时针旋转螺旋桨，经典轮廓；B—三叶片顺时针螺旋，闭合"斩波器"轮廓；C—超级四叶片螺旋桨，"劈刀型"叶片轮廓；D—现代可变化顺时针螺旋桨，可变化的"弯刀型"轮廓

经典顺时针三叶螺旋桨
透视草图

螺旋桨/轴支架侧立面

16 船体零部件的设计概念

图16-4

详细设计——发动机

注：6缸涡轮船用发动机的图像。

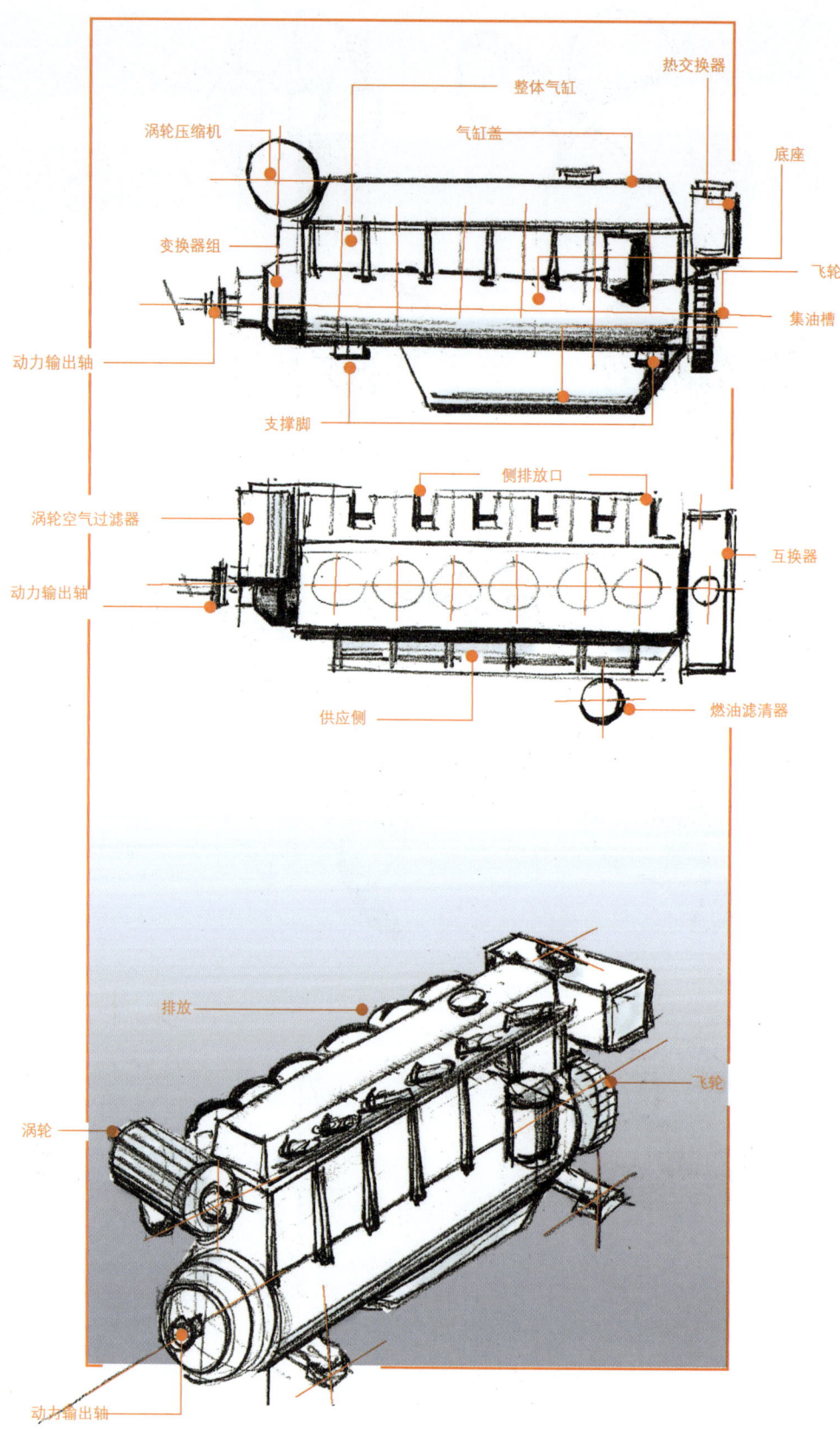

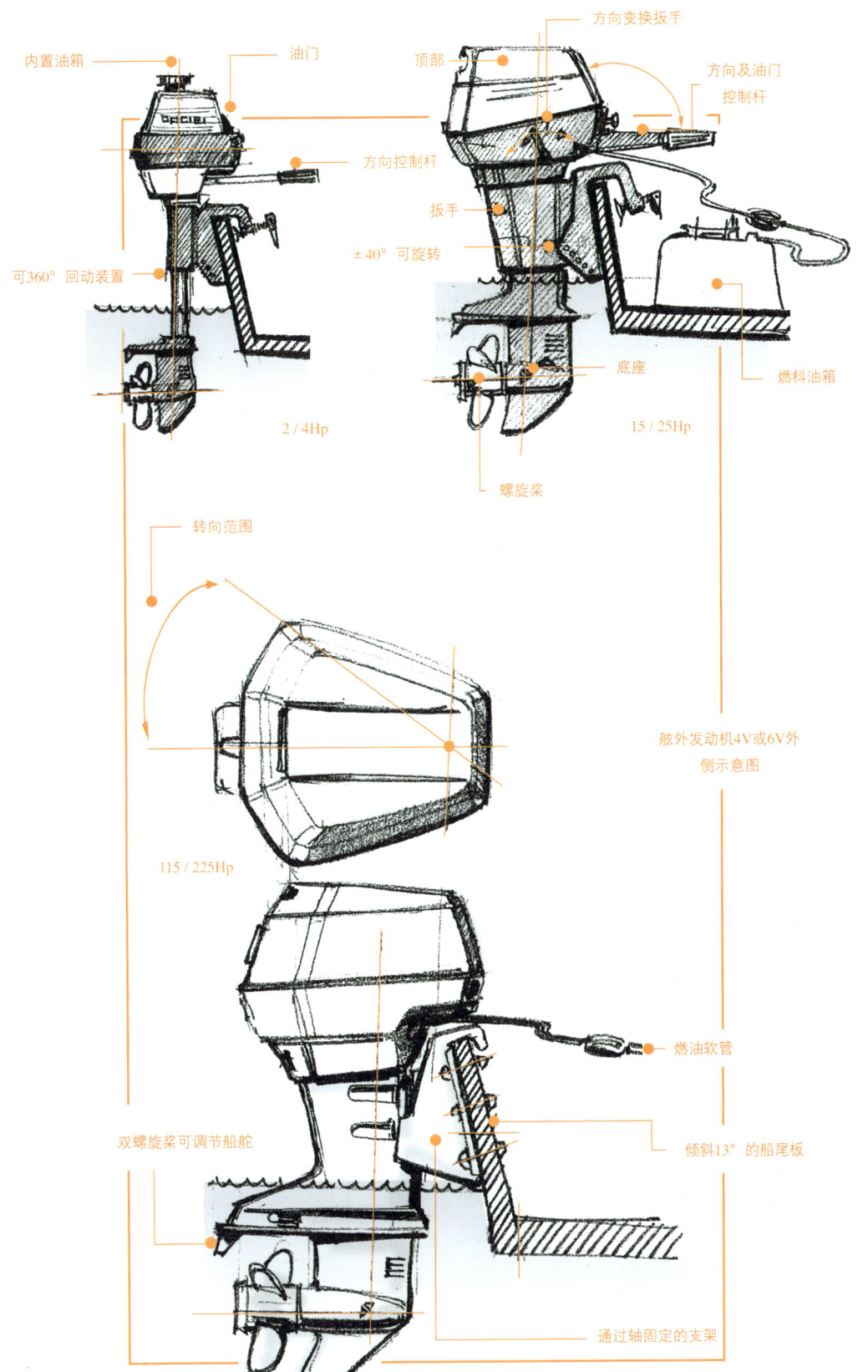

图16-5

详细设计——舷外发动机

16 船体零部件的设计概念

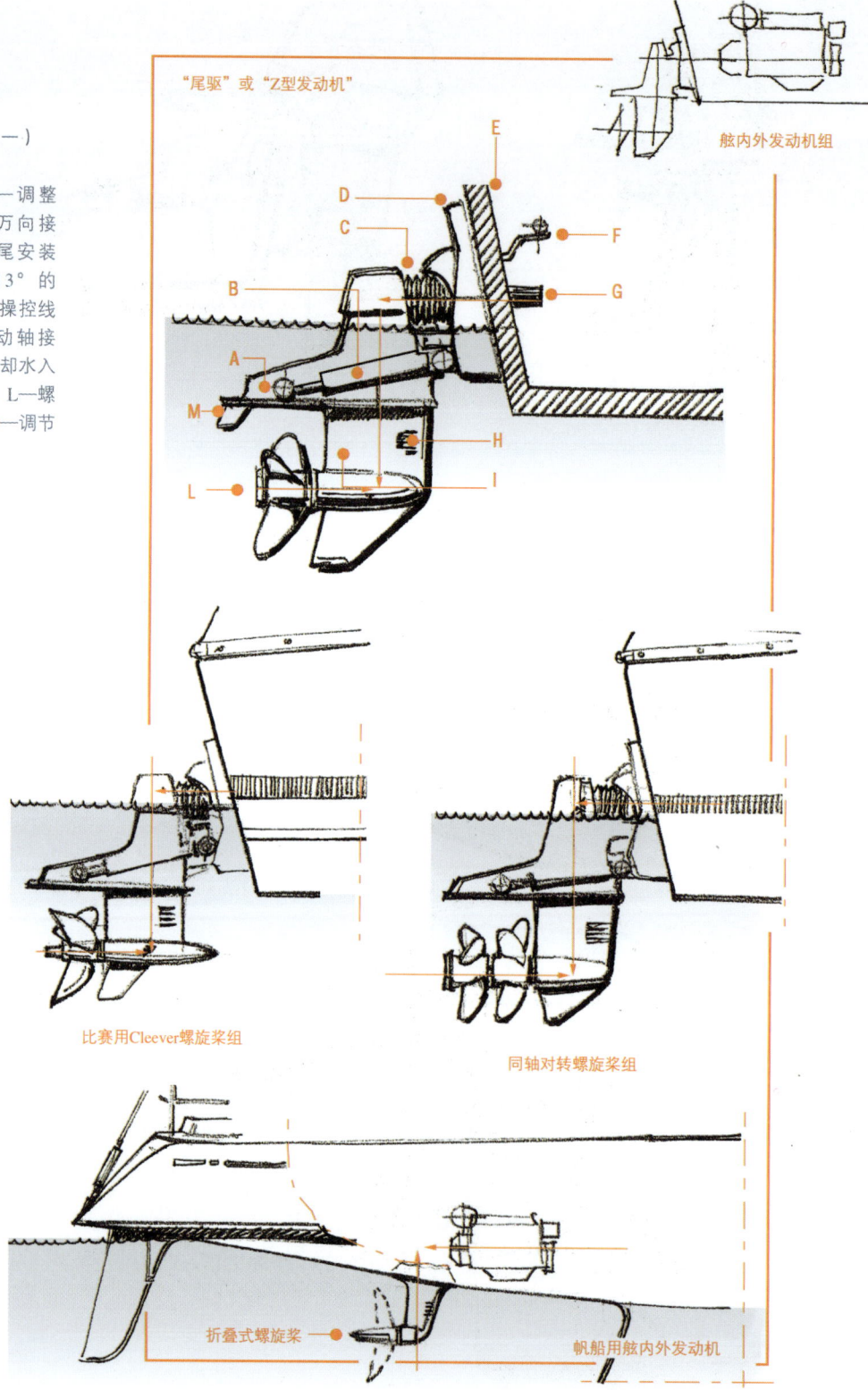

图16-6

详细设计——
舷内外发动机组（一）

A—压浪板；B—调整液压活塞；C—万向接头护套；D—船尾安装板；E—倾斜角13°的船尾板平台；F—操控线连接处；G—传动轴接口；H—发动机冷却水入口；I—橡胶底部；L—螺旋桨排水轮轴；M—调节方向的船舵

"尾驱"或"Z型发动机"

舷内外发动机组

比赛用Cleever螺旋桨组

同轴对转螺旋桨组

折叠式螺旋桨

帆船用舷内外发动机

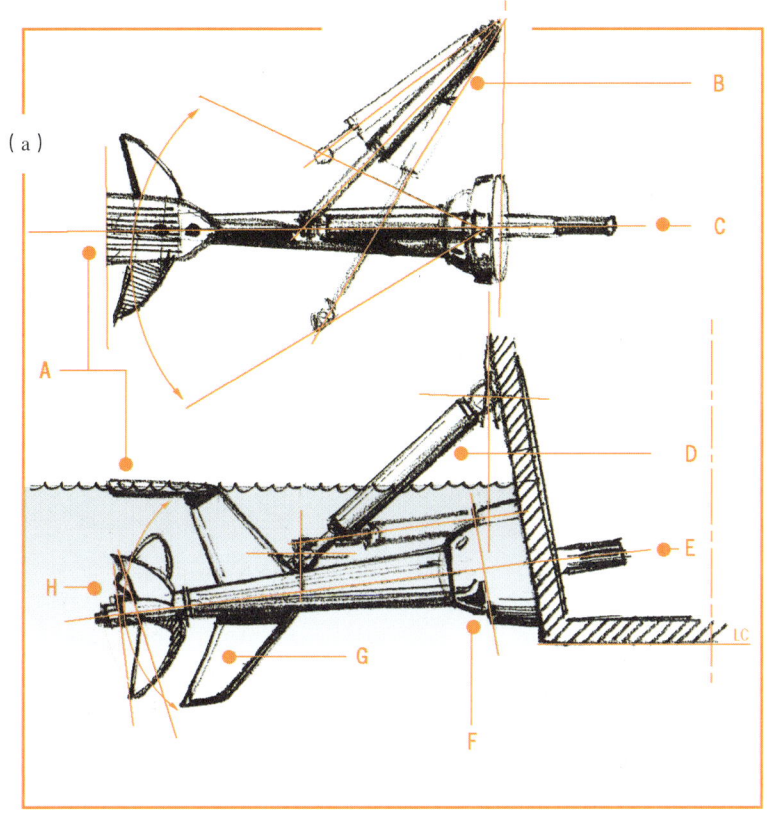
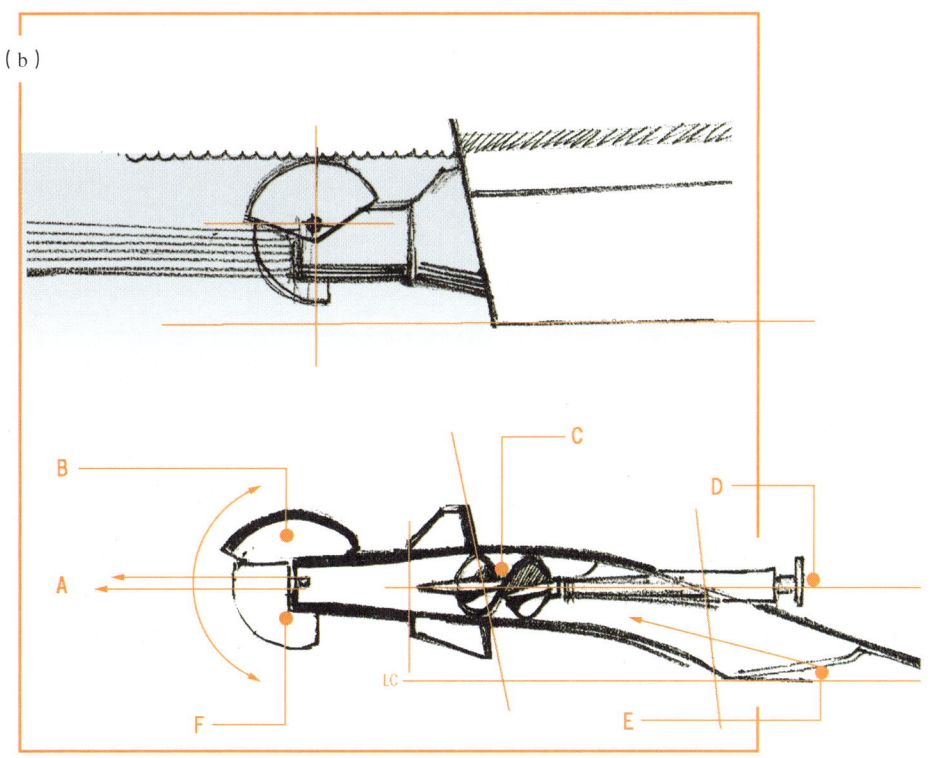

图16-7

详细设计——
舷内外发动机组（二）

（a）超空泡发动机组
（Ameson Drive）
A—尾流压制板；B—转向控制活塞；C—动力输出轴；D—纵倾调节活塞；E—动力输出轴；F—传动接头；G—防倾板蹼板；H—半浸螺旋桨

（b）喷水推进系统
A—喷水嘴；B—带回动装置的保护盖；C—推进器涡轮；D—动力输出轴；E—水流入口；F—方向舵

16 船体零部件的设计概念

图16-8

详细设计

（a）IPS系统，沃尔沃3D模型Penta（档案，沃尔沃）；（b）著作者绘制的平面图

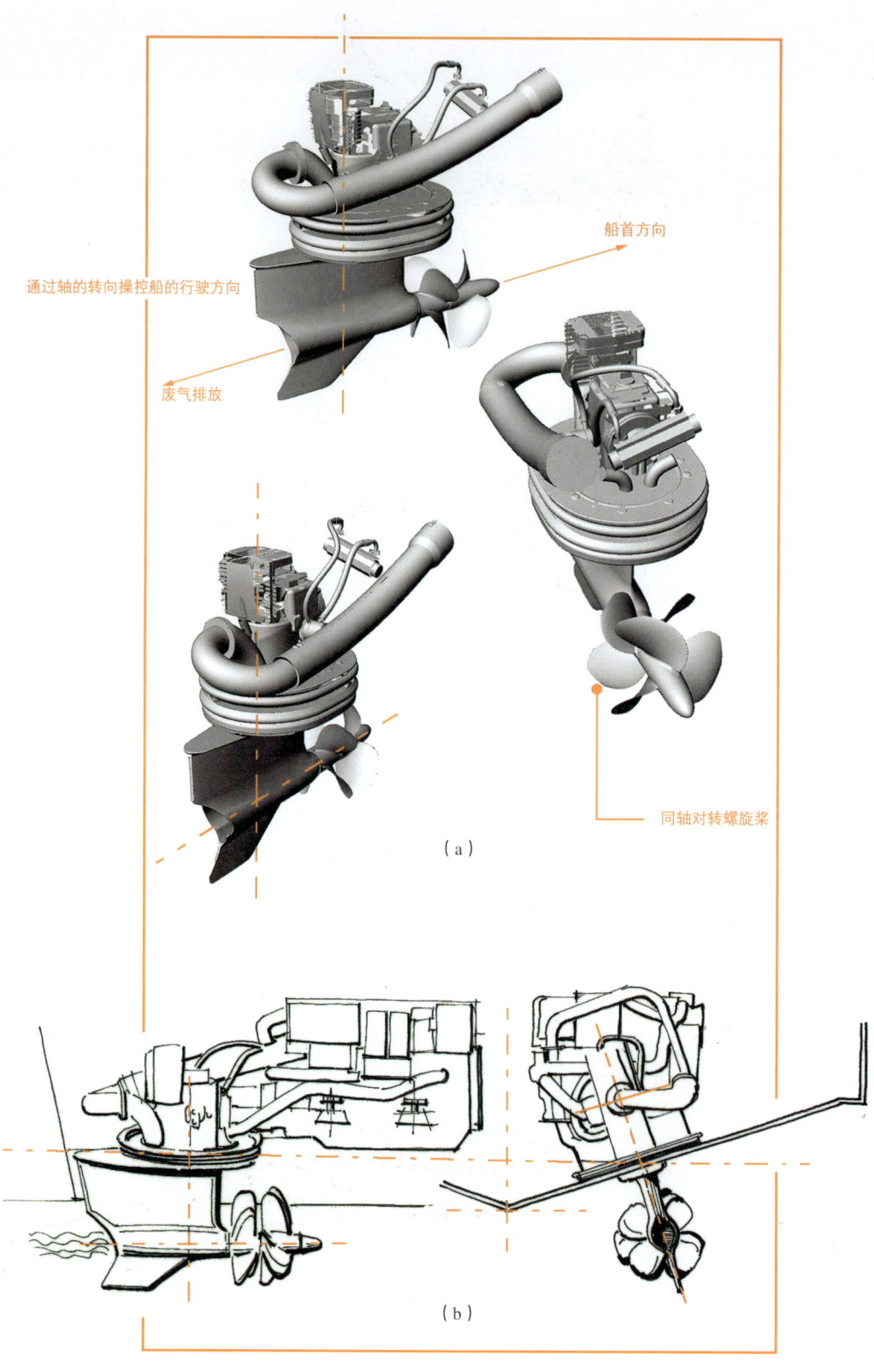

帆顶部的缆绳拉动帆,圆柱形状的帆的前缘在桅杆垂直的槽内部的滑动,这样就升起了主帆。主帆的底边由一个刚性的水平杆件连接,称为主帆桁杆。主帆桁杆通过一个旋转轴连接在桅杆。

主帆桁杆的末端通过帆索连接到杆桅顶部。主帆桁杆前端下方通过斜向的连接和桅杆固定（通常是刚性部件），称为斜拉器（vang）。

连接帆顶部缆绳称为升帆索（halyard），而那些连接下角的则称为控帆索（sheet）。调整船帆（往往需要较大的力量）需要使用特殊的缩放绞盘（来放大力量）。为了使控帆索保持在合适位置,厂家提供了不同型号的夹绳器。船首的帆（通常称为前帆,jib）也是呈三角形的,通过套在前支索的吊环连接前支索。和主帆一样,前帆通过升帆索升起,并通过控帆索来固定。有一种为巡航帆船设计的专用前帆配件,通过连接前支索来简化前帆的控制。通过它连接前帆底部和船桅顶部,能够向不同方向旋转卷起或打开前帆,使前帆在任何状态,受风或不受风都能收起。这个非常有用的设计在巡航帆船领域广泛使用,甚至影响到了类似的可收放主帆的配件设计。

图 16-11
三角帆

为了更好、更完整地理解上述内容,请参阅附图的介绍。除了船只零部件中最重要的推进装置,还有很多其他的构成甲板舾装的零部件。这些零件舾装,有些从建造角度来看（例如挡风玻璃）,有些从实用功能角度来看（例如指挥驾驶室或机舱入口的滑动移门）都相当复杂。

图 16-12

驾驶室

驾驶室是船只的首要组成部分。与其说是一个部分,不如说是一个能够实现完整控制操控船的部分。

动力游艇和帆船是两种不同类型的船只,驾驶室的配置也有着显著不同,分属于不同的体系。但在指挥及控制的功能上是一样的。

摩托艇
图 16-13
图 16-14 (a)

游艇的驾驶室被设计成让驾驶者以更为舒适的姿势使用,同时缓冲船只运动时产生的跳跃力量。

驾驶室通过舵轮控制游艇航行的路线,而速度则由一个连接发动机变速器的操纵杆系统控制。控制功能通过仪表的数据（转速、温度、压力

图16-9
详细设计（一）

（55ft跨洋赛船侧面图，参考示意图）

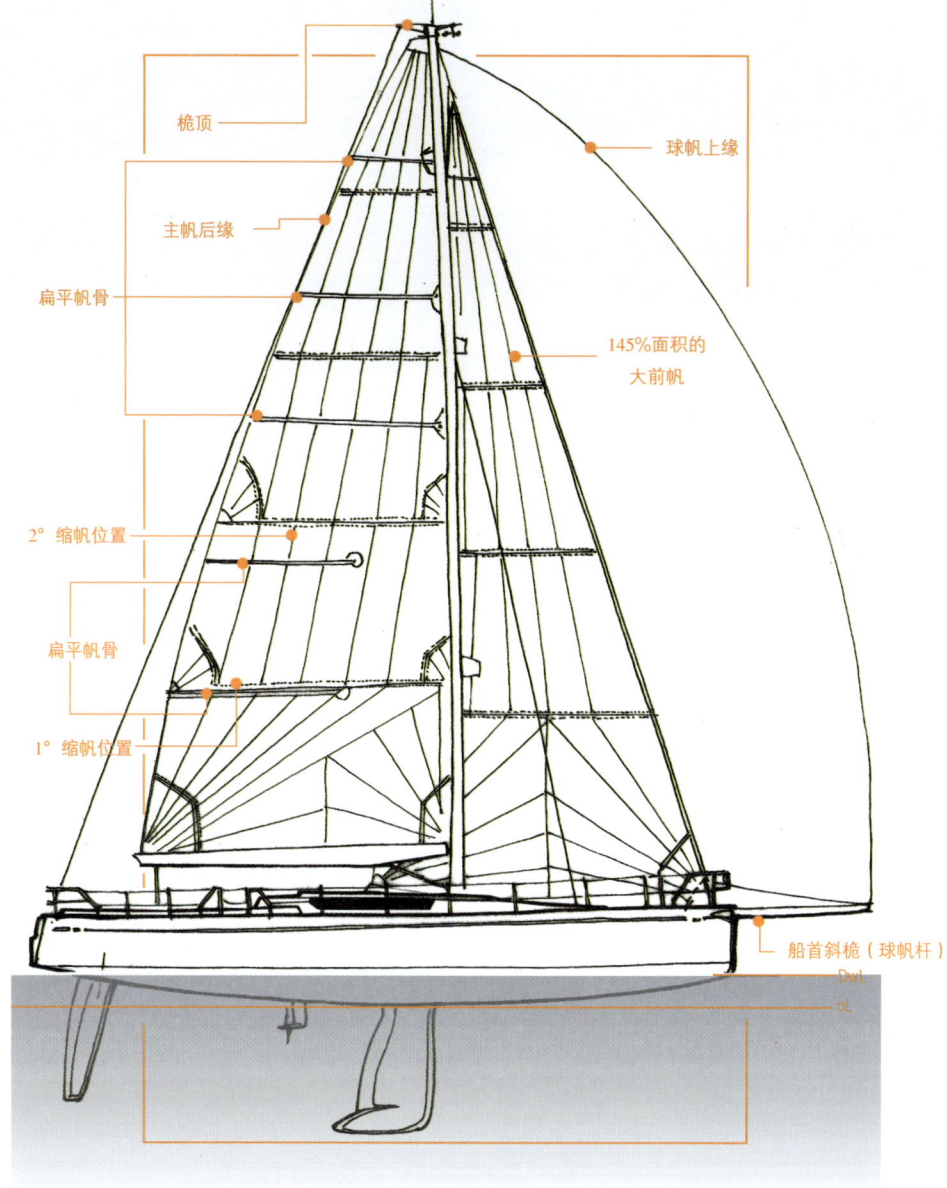

指数等）查看动力系统的工作状态，通过 GPS、罗盘、雷达、计时器、远距离无线电导航系统等数据准确控制航行路线。

因此，驾驶台的仪表板必须妥善有效地排布来实现上述功能，同时需要注意符合人机工程学的要求。

帆船
图 16-14 (b)

帆船驾驶和控制则是通过完全不同的方式进行：帆船的行驶（一般情况下）比起游艇更为温和，而航行路线也总是在风的方向角要到达的地理目标方向之间作折中调整。操控船只方向通过船舵——通常是长舵柄或者

图 16-15

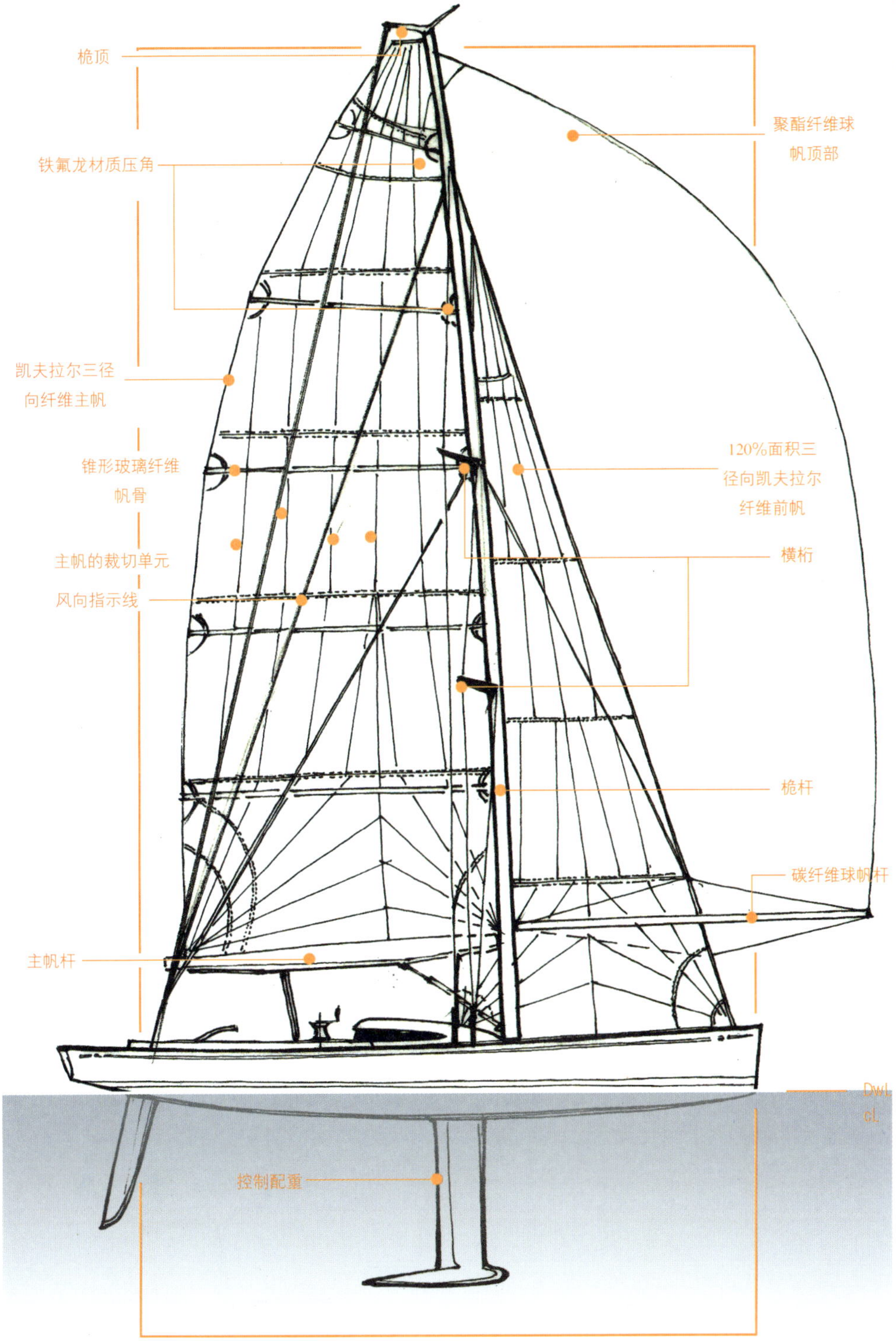

图16-10

详细设计（二）
（28ft跨洋赛船侧面图，参考示意图）

- 桅顶
- 铁氟龙材质压角
- 凯夫拉尔三径向纤维主帆
- 锥形玻璃纤维帆骨
- 主帆的裁切单元
- 风向指示线
- 主帆杆
- 聚酯纤维球帆顶部
- 120%面积三径向凯夫拉尔纤维前帆
- 横桁
- 桅杆
- 碳纤维球帆杆
- 控制配重

DWL
CL

16　船体零部件的设计概念

图16-11

详细设计——主帆及相关设备

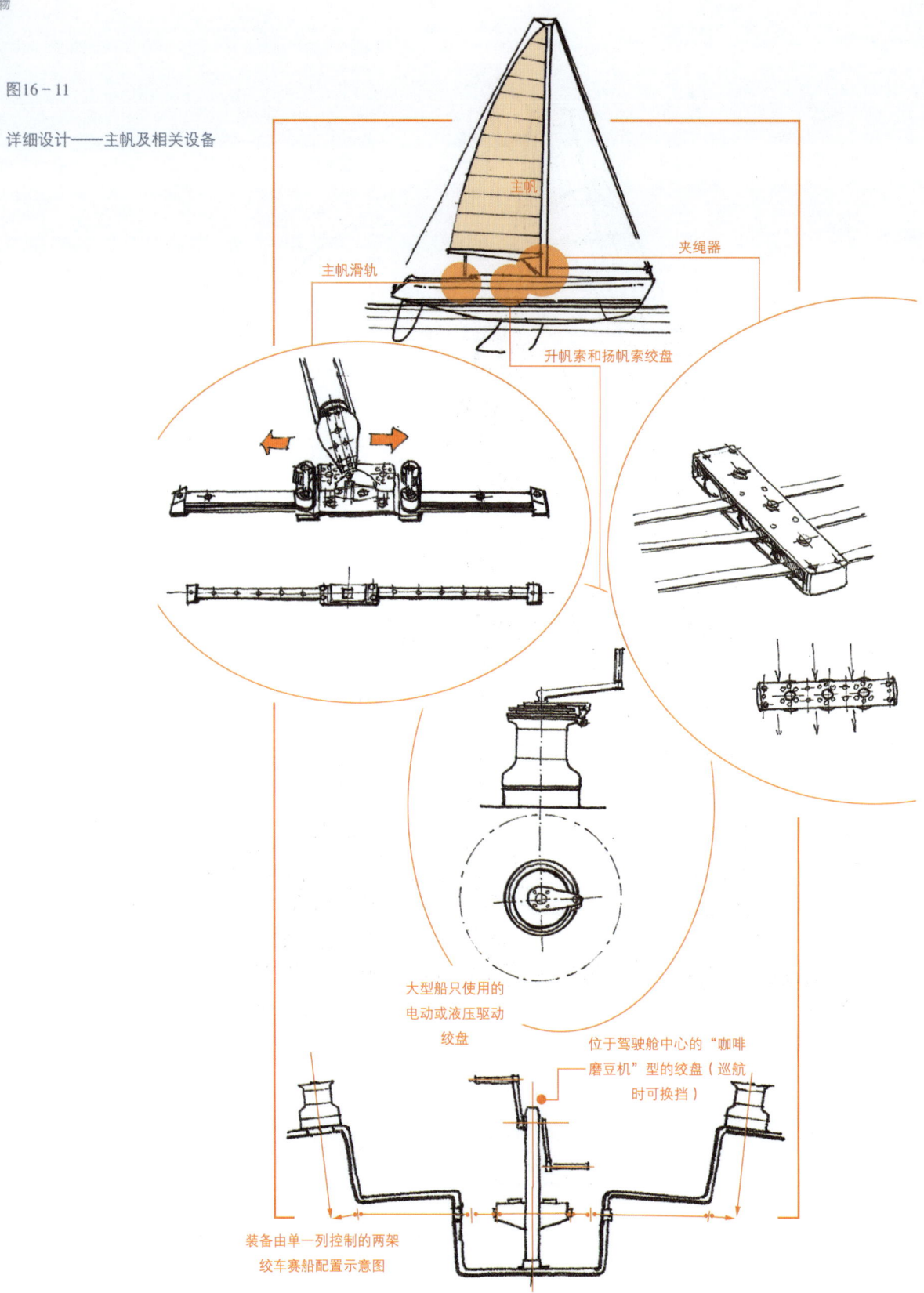

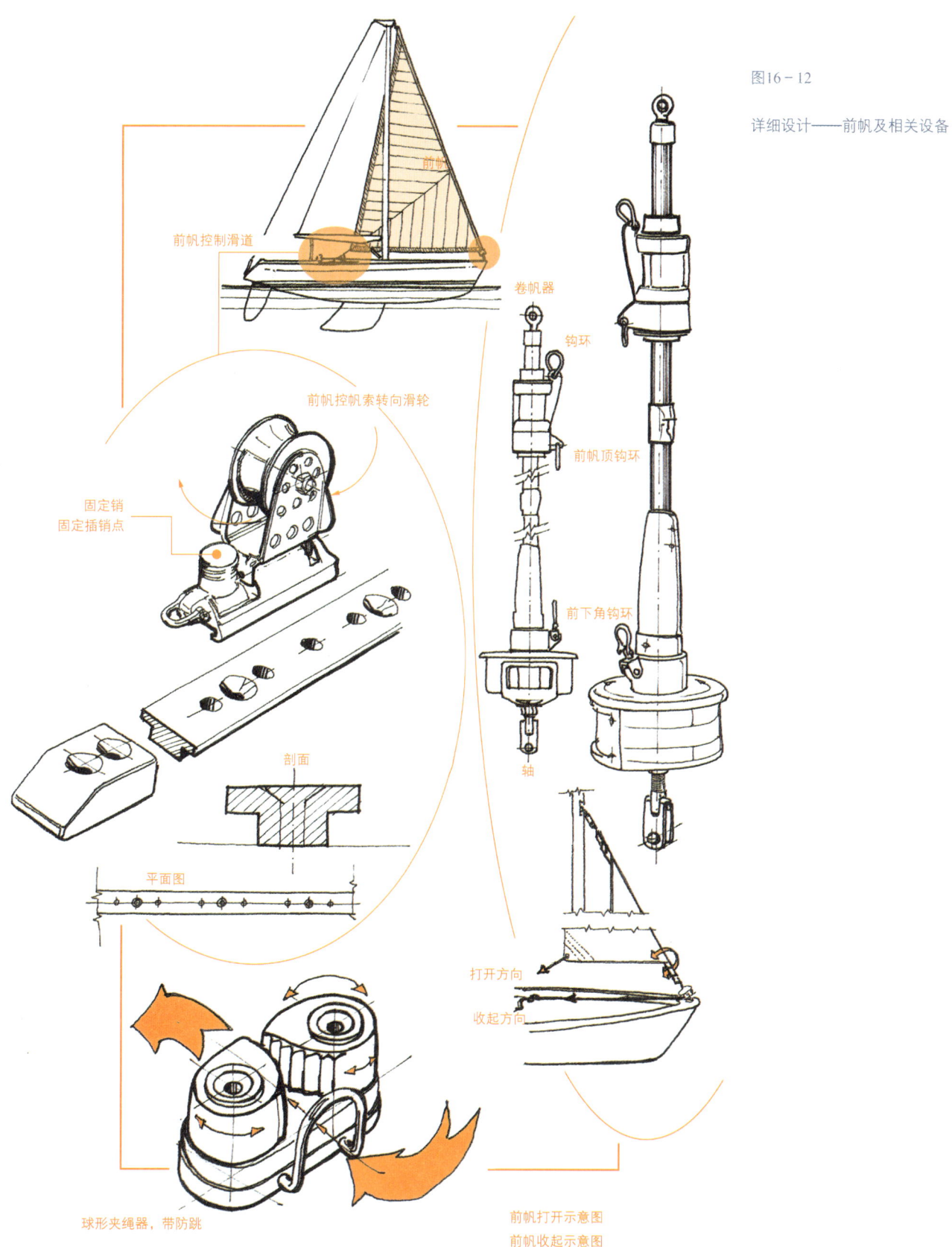

图16-12

详细设计——前帆及相关设备

16　船体零部件的设计概念

舵轮——的调整来实现。通过一个大直径的舵轮可减轻操舵所需的力量，同时驾驶者从上风或下风处能够更容易地控制舵，还可以使其在更为微小的范围内调整航路。当然帆船的方向控制还要通过正确调节帆的位置来实现。

图 16-16　　在现代巡航帆船的设计中，为最大限度地缩减船员人数，设计了将所用控帆索连接到驾驶人附近，甚至在极端情况下，一个人就能驾驶船只。同时通过直接观察和对特定仪器（风速计、舵角、风向角等）读取数据作为补充，来确认帆的角度及航行方向是否正确。另外帆船上还有很少一部分控制及驾驶系统来连接辅助动力推进器系统。

连接船内外部相的配件

舱口盖图
图 16-18　　在甲板设备中，我们要注意了解甲板上供人使用的舱口以及进光的开口。典型的船舱"入口"通常分成两部分：在垂直一侧，是一扇固定于门轴上旋转开启的"门"；在上部（对应舱室的顶部），是一个水平滑动的滑板，称为舱口盖。

通过一个很陡的楼梯，这个开口使得进入内仓变得更为顺畅了。

舷侧窗
图 16-19　　这些部位的防水性能是非常重要的；请参阅本书的图片，了解轨道、扶手及接口的正确位置。

光线入口则由甲板天窗和舷侧窗构成。

这些窗口通过铰链可以打开。开口周围使用"box-cover"的系统也就是在舱口的四周铺设橡胶垫圈来确保实现舱口的密封性。对于舷侧窗，唯一能保证防水性的系统是通过夹钳及螺栓的紧固加压来保证窗户周边的密封性。

远洋船只还会在舷侧窗上加上一个可以关闭的气闭性金属盖板，在暴风雨期间可以关闭。

请参见示例图片，以便更好地理解这些配件的特殊性能以及现在市面上可用的、不同型号的模型。

甲板五金和配件

系缆桩和导缆器
图 16-20　　船只的停泊功能——系缆桩和相关的导缆器。

这些部件一般都是基于统一的技术标准，由专业厂家直接进行批量的生产，制造各种规格和型号的部件供市场选用。

下面的图示具体展示了在目前市场上最常见的部件。

船只的停泊功能由锚来解决，锚也成为航海的标志。

最传统的锚是所谓的皇家海军锚，由两个组件构成，一个部件可以在通过另一部件的孔洞中滑动。这种锚具早已被使用在古帆船上。即使在今天，这种类型的锚具仍被使用在所有类型的船只上。 锚具
图 16-21

近代出现了针对不同需求的各种形态的锚具。丹佛斯（Danforth）锚具是一种专门为海底泥泞沙质设计的锚具，普遍应用在游艇上。它特别的平板形状的锚爪板和中心凸起可转动的轴，使它能够被固定在船身锚链孔处或甲板面的导缆槽上。另一种称为 CQR 锚，在帆船上非常流行；也具有中心轮轴，主要用于泥沙的海床上。 图 16-22

最近，又出现一种叫做布鲁斯（Bruce）锚（根据其发明者名字命名），虽然结构简单，但功能良好，可以在各种海水深度中使用，且没有什么特别的缺点和不足。由于它的不对称设计，布鲁斯锚还能够在到达锚链孔前自动扶正位置。 图 16-17

最后介绍一下霍尔（Hall）锚，所有的船只都会用到这种锚，设计上有些类似丹佛斯锚，但是更适用于大部分状况，特别是在岩石水底使用，而在沙地或者泥泞地上效果稍差。通常它是成对安装的，在船首的两侧锚空各放一个；还有一种更精致的解决方案，将锚隐蔽地收纳在船舷两侧的袋状构造内，回位后的锚正好将锚链孔封闭。

人们在甲板上自由移动的安全性要通过"护栏"加以保障。在轻型船只上，这个功能通常由甲板平台（pulpit）和扶手代替。

而帆船，即使在恶劣海况下航行也必须要调整主帆和前帆，甲板平台的设计需要能非常有效地工作。某些航行于恶劣海况的帆船会通常设计船首，船尾两个甲板平台，通过坚固的不锈钢管（或者铝）材料的护栏连接起来。

在侧甲板内侧和船舱室顶部，一般设有较低的扶手。这些设计辅助了在船尾和船首走动或船停下来时甲板上做日光浴等活动。

16　船体零部件的设计概念

图16-13

驾驶室

注：9~15m左右双发动机游艇的驾驶室。

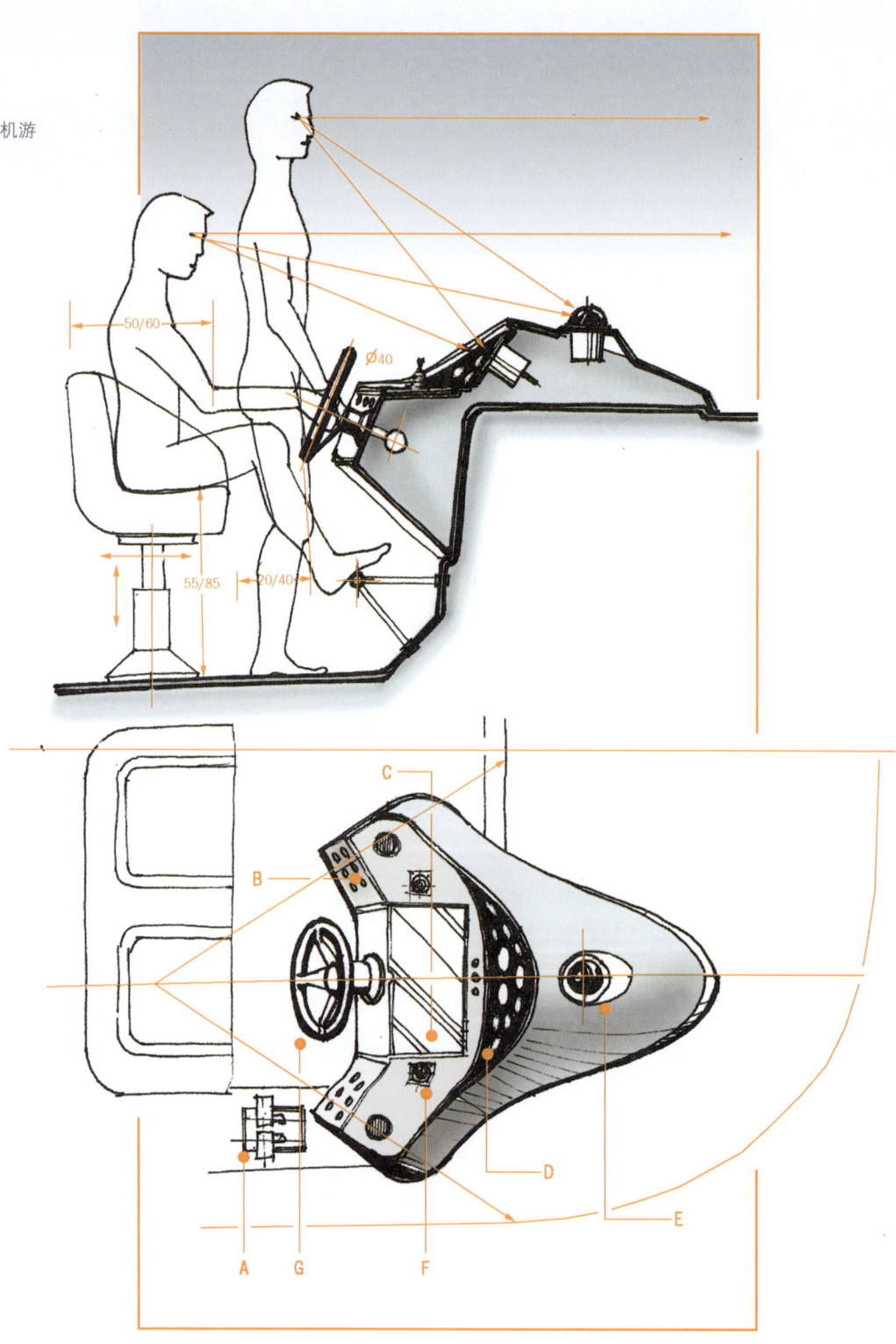

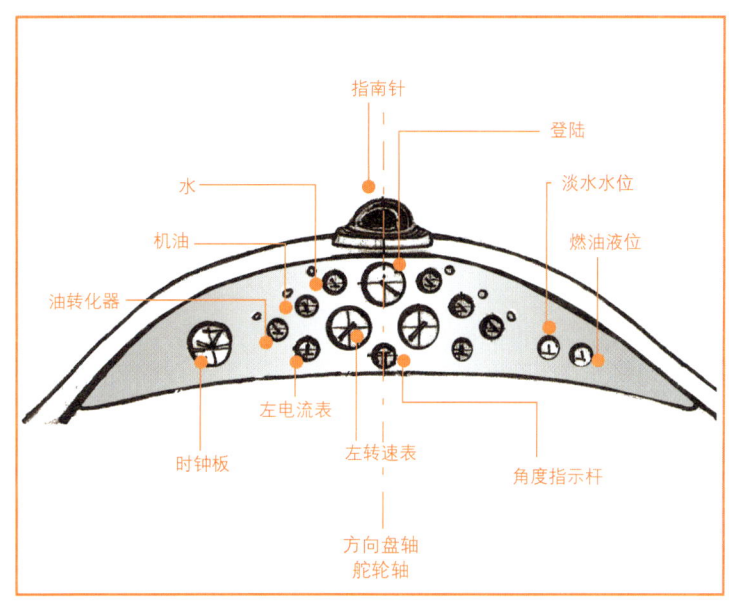

(a)

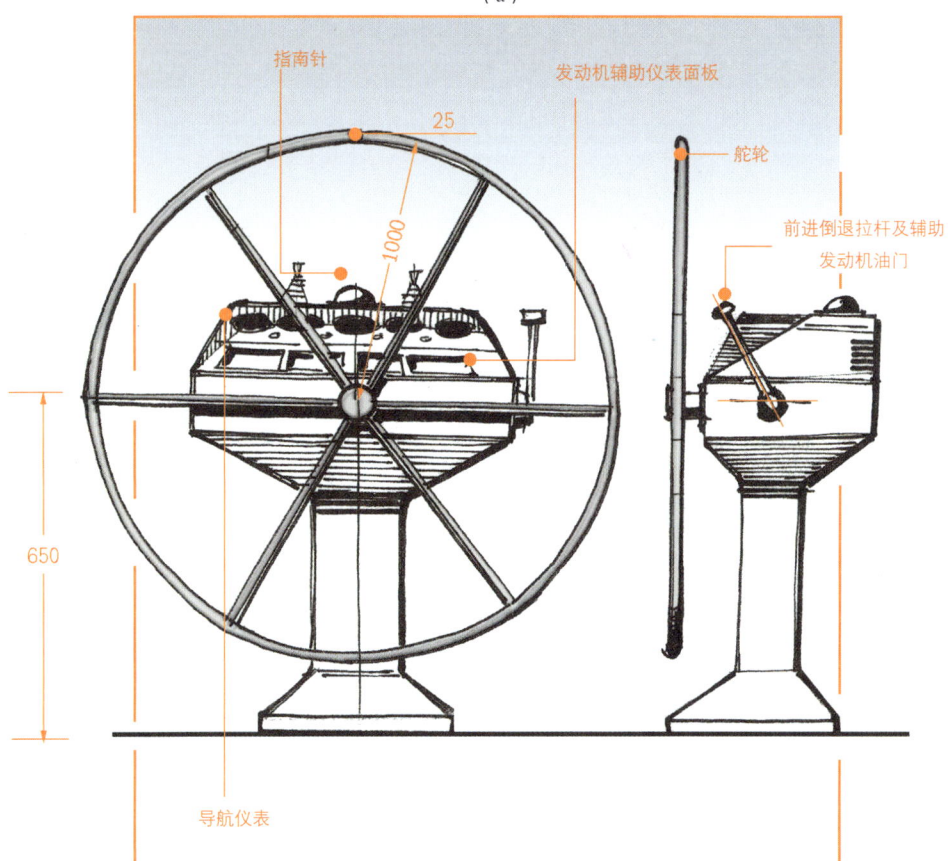

(b)

图16-14

细部

(a) 驾驶室（图16-13的驾驶室图示）；(b) 控制台 [大小在15~30m (L.O.a) 的帆船控制台的范例，注意Joy-Stick型用来控制帆船绕线指挥的表现形式]

船只控制工具：
· 风速
· 风向
· 倾斜角
· 航行记录仪
· 倾斜角

· 235 ·

16 船体零部件的设计概念

图16-15

细部——船舵控制转盘

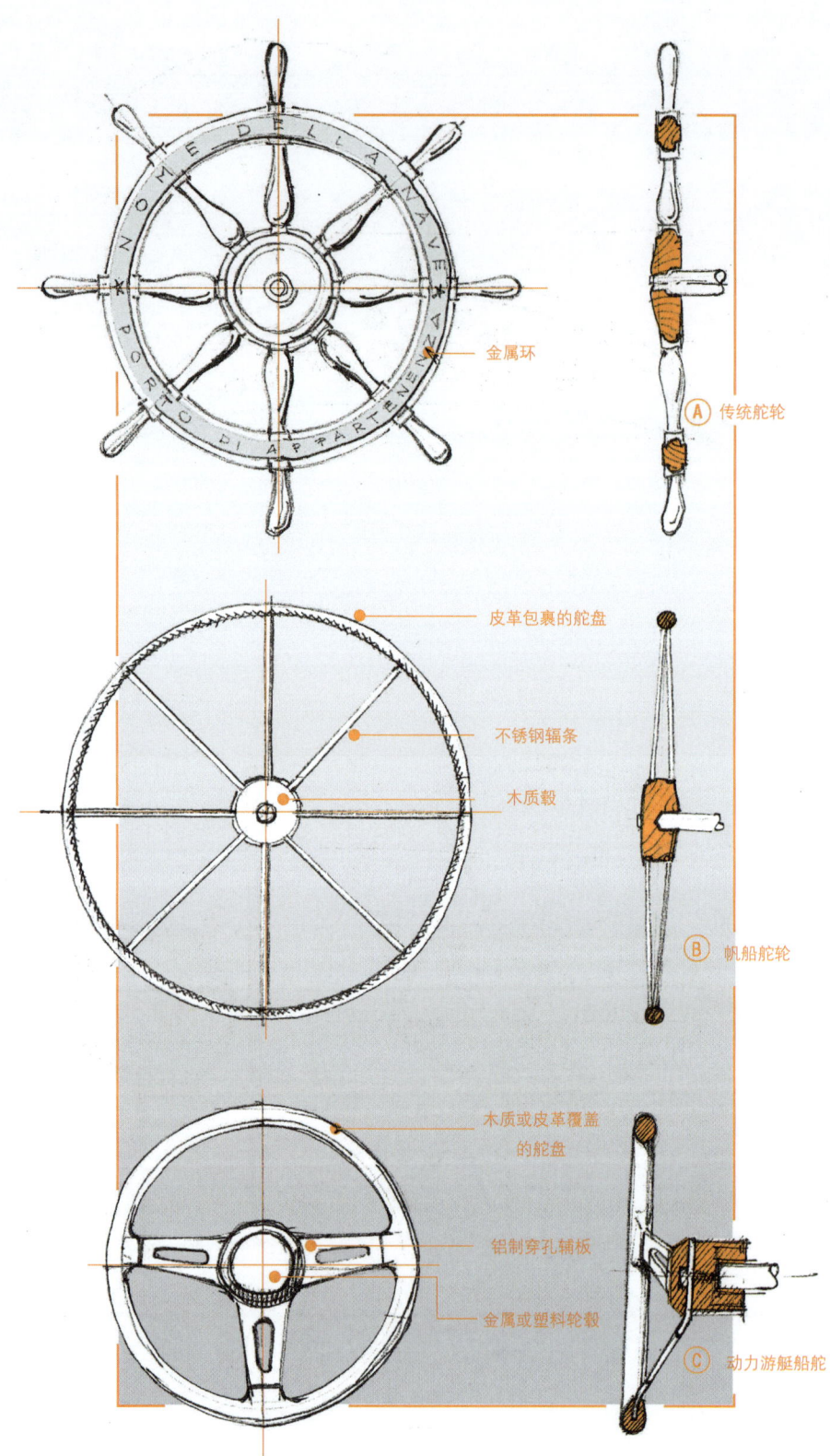

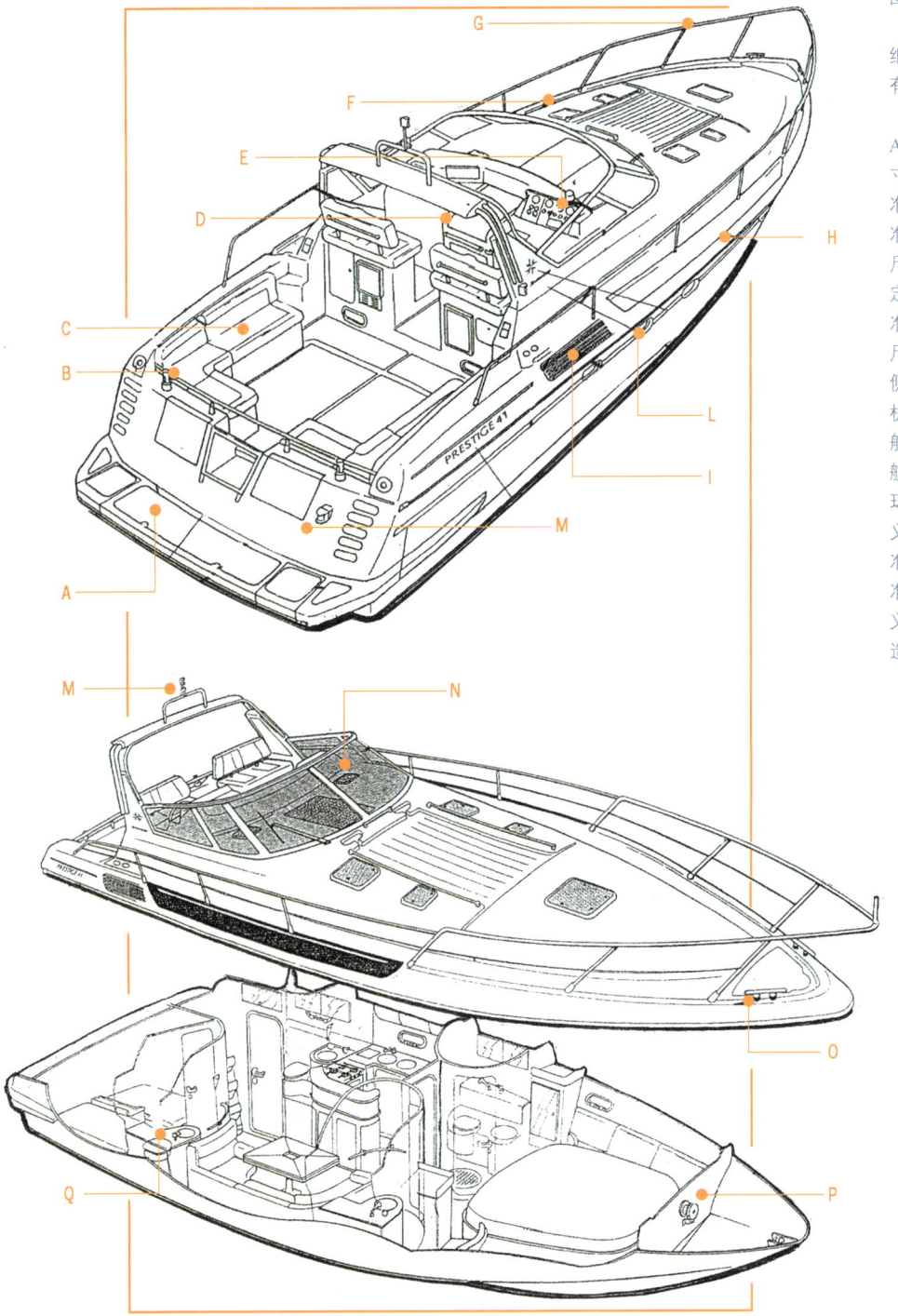

图16-16

细部设计——
有单独驾驶舱的游艇附图

A—登船梯（自定义尺寸）；B—吊艇架（标准）；C—座椅（标准）；D—扶梯（自定义尺寸）；E—仪表盘（自定义）；F—船舱口（标准）；G—扶手（自定义尺寸）；H—不能打开的侧窗（自定义）；I—发动机舱出口（自定义）；L—舷窗（标准生产）；M—航行灯光（标准）；N—环绕式挡风玻璃（自定义尺寸）；O—羊角（标准）；P—锚链绞盘（标准）；Q—卫生间（自定义）移动式玻璃钢材质制造后嵌入

16 船体零部件的设计概念

从下列图示中（剖面图设计）可以观察到，它展示了两条临近的平行通道的设计图，绘制时两条通道的平面会有一些留白，这些留白代表了光线反射，通过这样的绘画技巧展现这两条通道是能够被阳光照射到的。

与船只安全标准相关的很重要的方面是船只是否能在航行中具备发射视觉和听觉信号的功能。第一个功能是由航行灯来完成；在船只各个部位会安装不同的灯具，船舷左侧是红灯，船舷右侧是绿灯，白色灯光一个位于船首，一个位于船尾。船只在锚泊，而不是靠泊在码头时，会使用一种能够照射360°的白色灯光（锚泊灯）。

还有很多其他根据航行需要的信号灯类型，可以参考航行手册来全面了解。

为了美化船只，不少船只使用额外的灯光，市场上也出现了（经过相关组织注册认可）"组合功能灯"。

天线
图 16-25

最后，还有一些位于船只上层建筑的部件。例如无线电天线、雷达天线、"球"形的卫星天线、旗帜以及其他部件，船上通常都会装备这些部件。

本章附图展示了几种情况，主要以帆船、机动船和商船为例，通过船只侧立面图来说明。

舱内隔墙、通道组件

在总结本章之前，还要特别讲解船只内舱室的门。

和我们平时观察到的相反，船上的房间之间的隔墙是非常薄的。它们通常由航海胶合板材构成，厚度约为25mm（而在陆地上，最薄的隔断墙壁厚至少也要在100mm左右）。在尺寸较大的游艇上的船舱中，通常还会在隔墙两侧增加两面预制的装饰面板（甚至有隔声功能），因此隔板总厚度大约为 10+25+10=45~50（mm）。然而在较小的船只上，考虑到成本、重量和船内的空间，所有组件都会简化。因此船舱壁通常只有一层双面已复合饰面层的海洋胶合板隔板。

要知道，由于船舱壁结构通常是固定在船体上的，它们也是加强船体整体结构强度的一个必不可少的部分。因此，我们考虑和设想舱壁如何

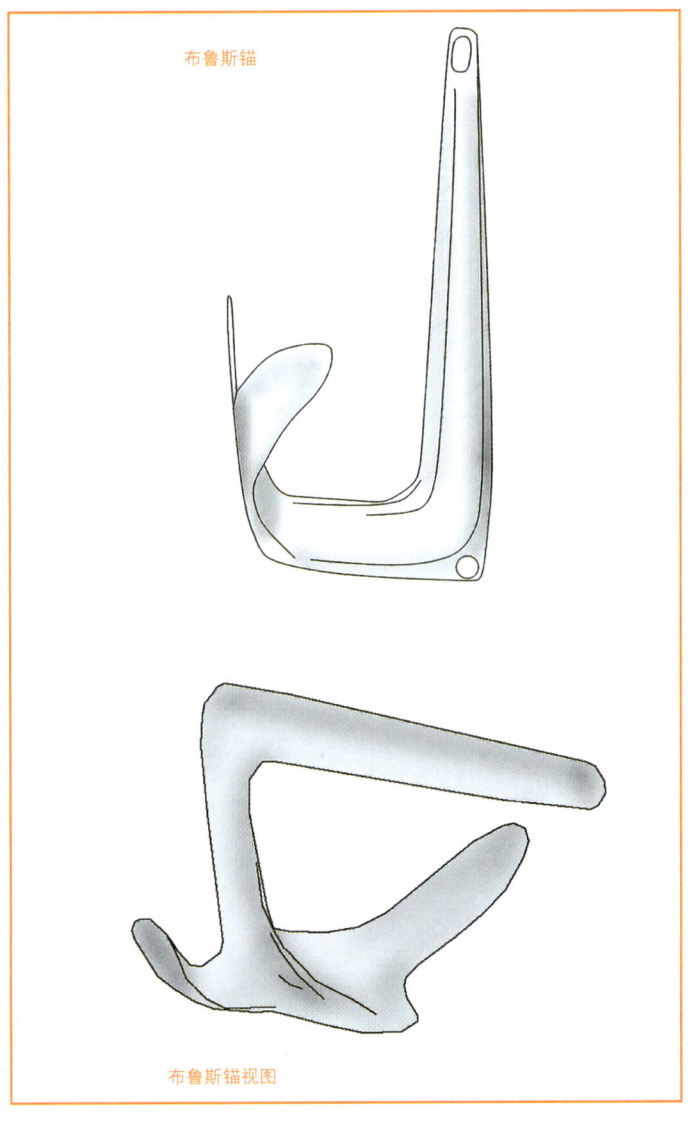

图16-17

细部设计——布鲁斯锚

布鲁斯锚

布鲁斯锚视图

分别与船体内侧底部（下部区域）、船体内边（高度方向）和上盖的下方（上部区域）连接在一起。

由于模具制造不能生产一体化的船体及上层建筑的模具，也就是说只能独立生产各个部分，因此大多数情况下，是通过舱壁隔断来连接这两部分之间的分层结构。对于这一点，可以这样说："舱壁支撑浮动的甲板。"

在这种情况下，一个空间和另一个空间之间的开口涉及甲板之间被高于甲板的门槛所分隔（尤其是小型或中等尺寸游艇更为常见）。在家

16 船体零部件的设计概念

图16-18

细部设计——滑动门

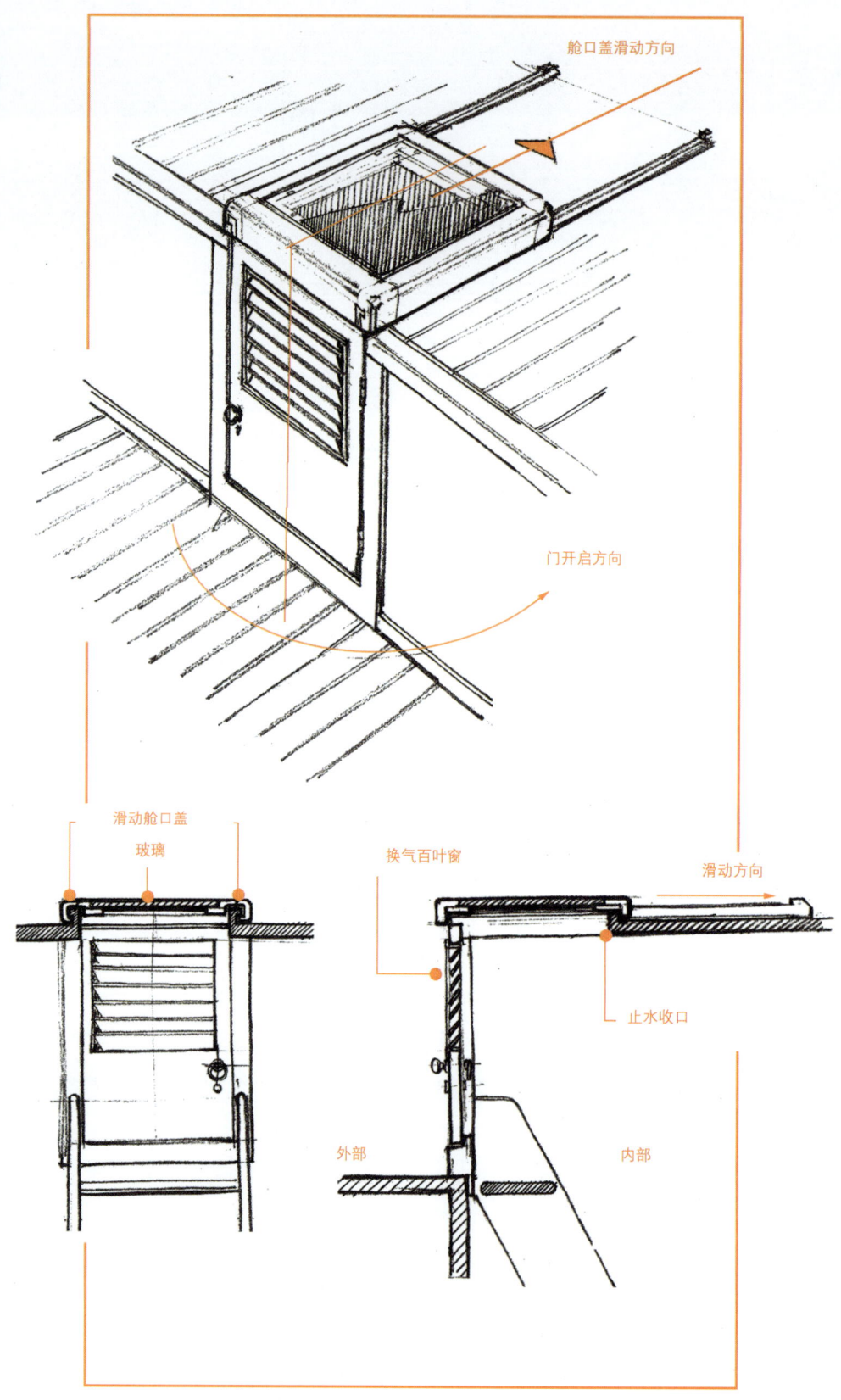

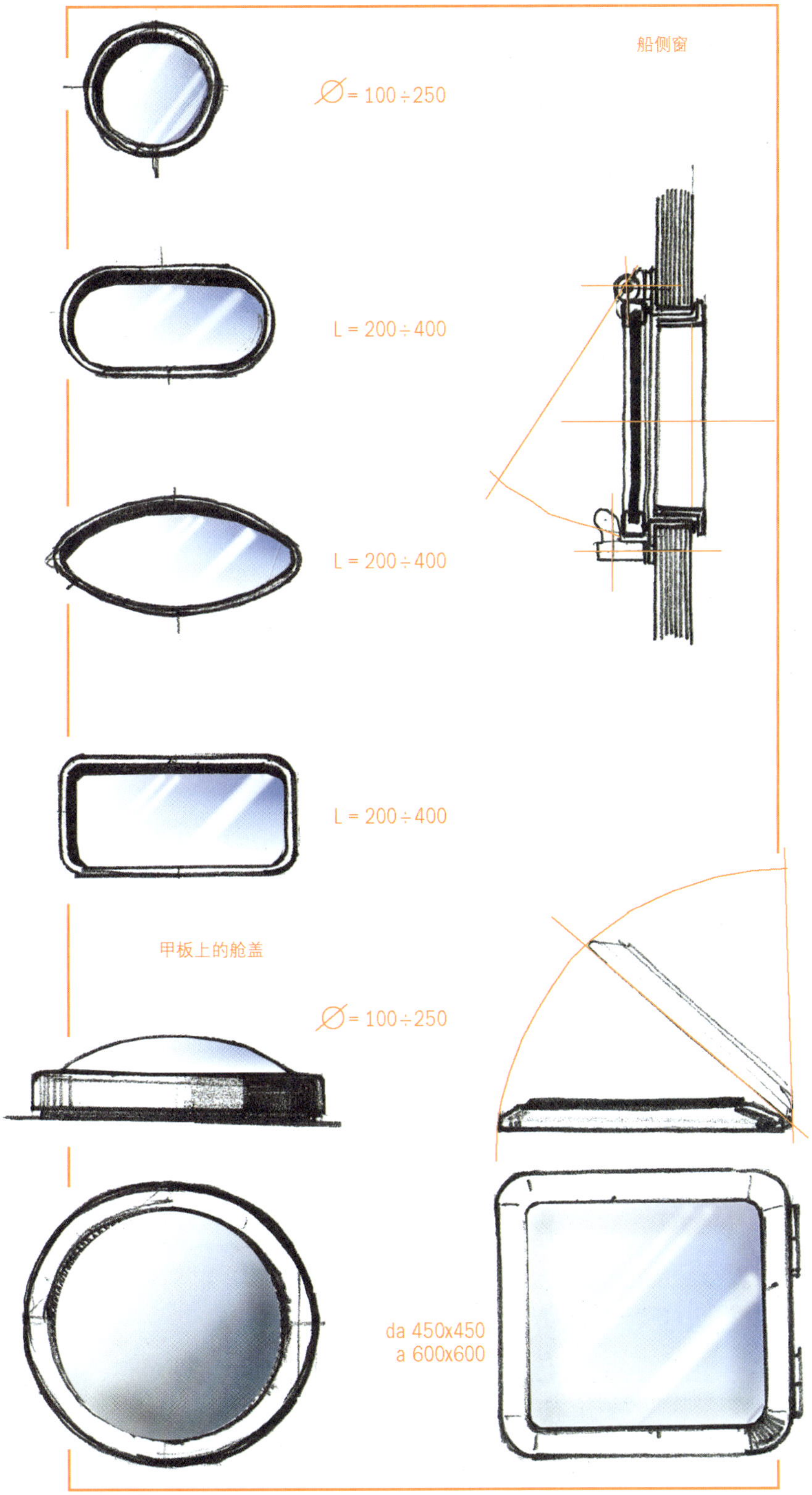

图 16-19

细部设计——舷侧窗和甲板窗

船侧窗

∅ = 100÷250

L = 200÷400

L = 200÷400

L = 200÷400

甲板上的舱盖

∅ = 100÷250

da 450x450
a 600x600

16 船体零部件的设计概念

图16-20

细部设计——系缆桩和导缆器

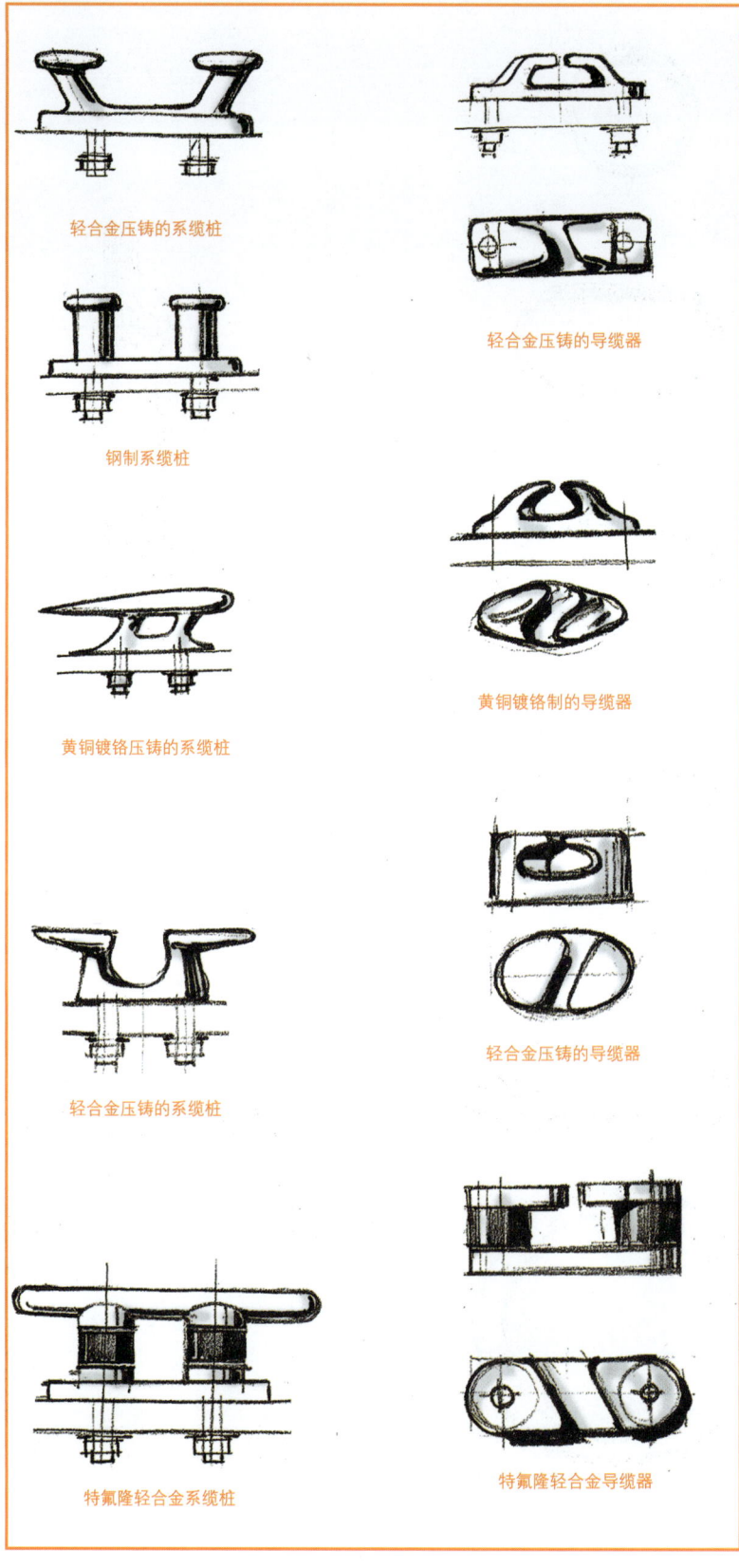

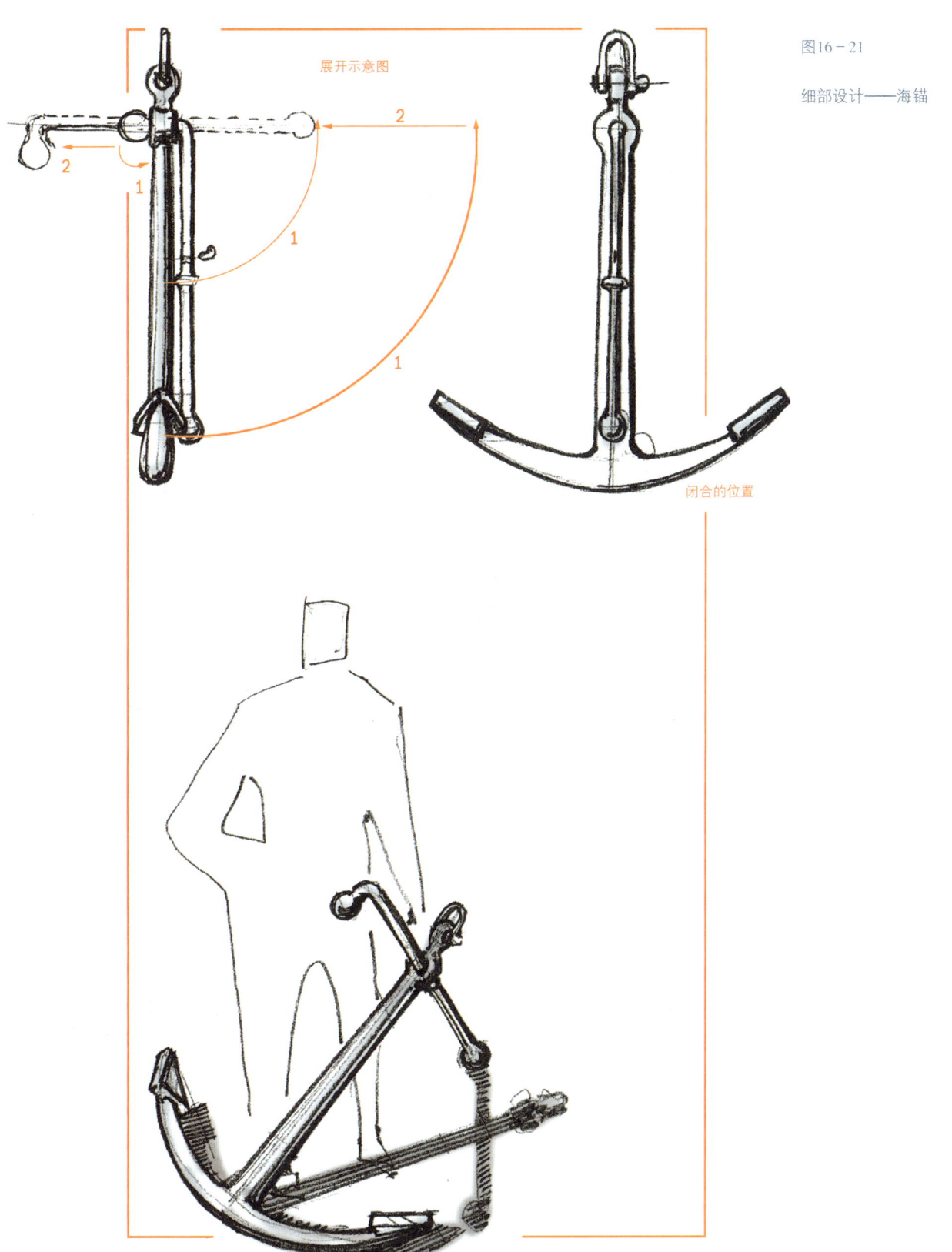

图16-21

细部设计——海锚

16 船体零部件的设计概念

图16-22

细部设计——锚和相关部件

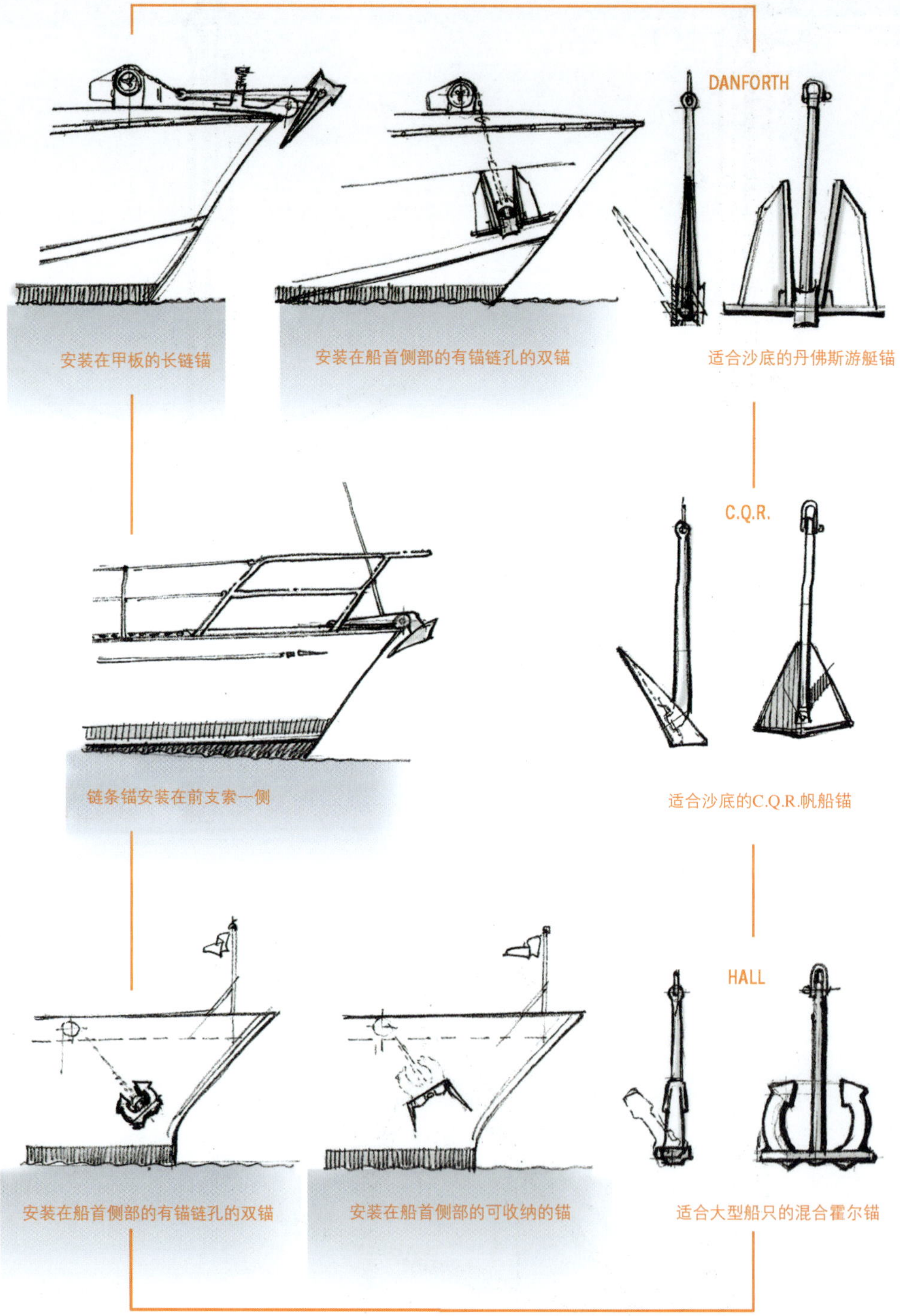

安装在甲板的长链锚

安装在船首侧部的有锚链孔的双锚

适合沙底的丹佛斯游艇锚 DANFORTH

链条锚安装在前支索一侧

适合沙底的C.Q.R.帆船锚 C.Q.R.

安装在船首侧部的有锚链孔的双锚

安装在船首侧部的可收纳的锚

适合大型船只的混合霍尔锚 HALL

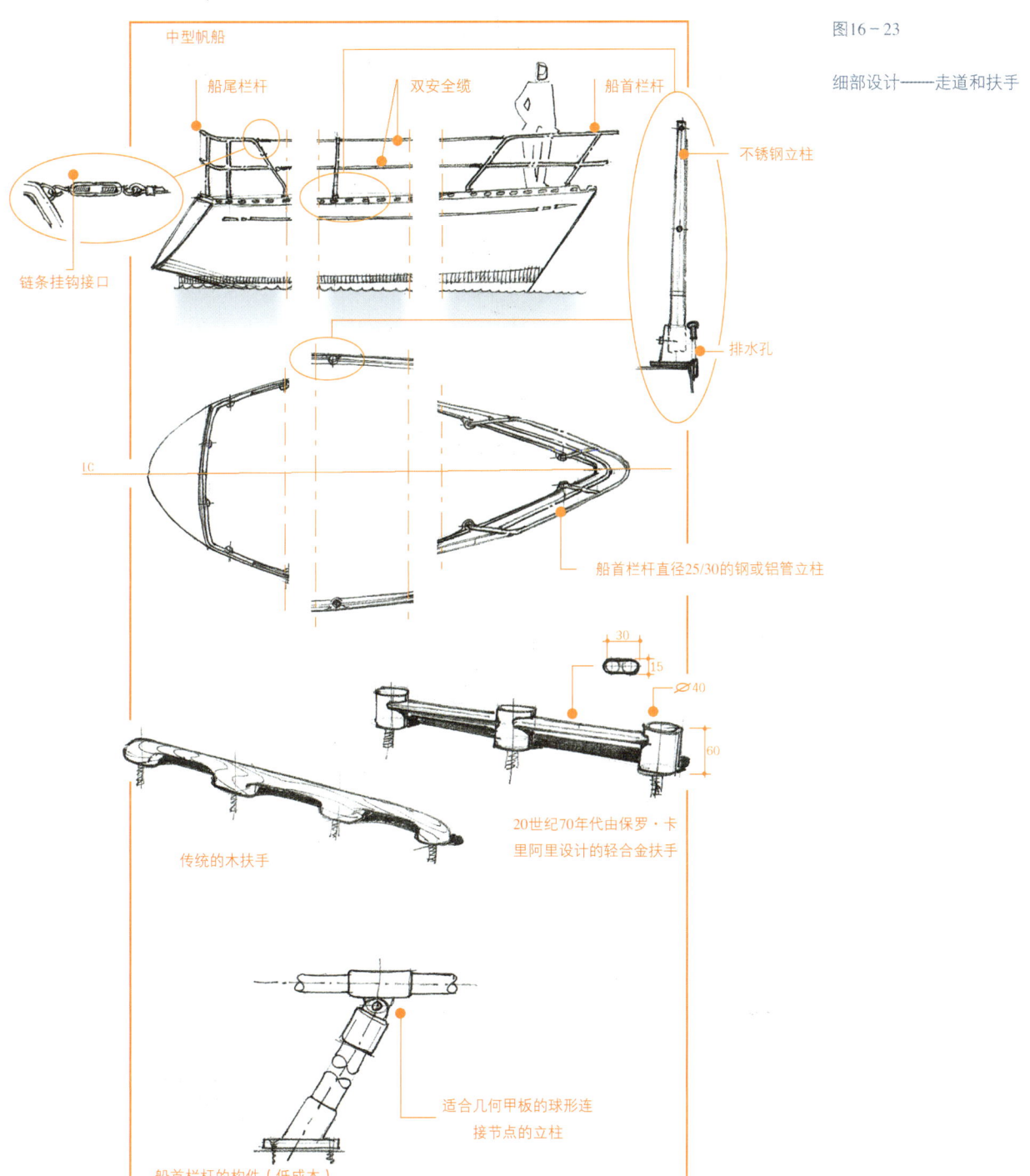

图16-23

细部设计——走道和扶手

16 船体零部件的设计概念

图16-24

详细设计——船灯和附件

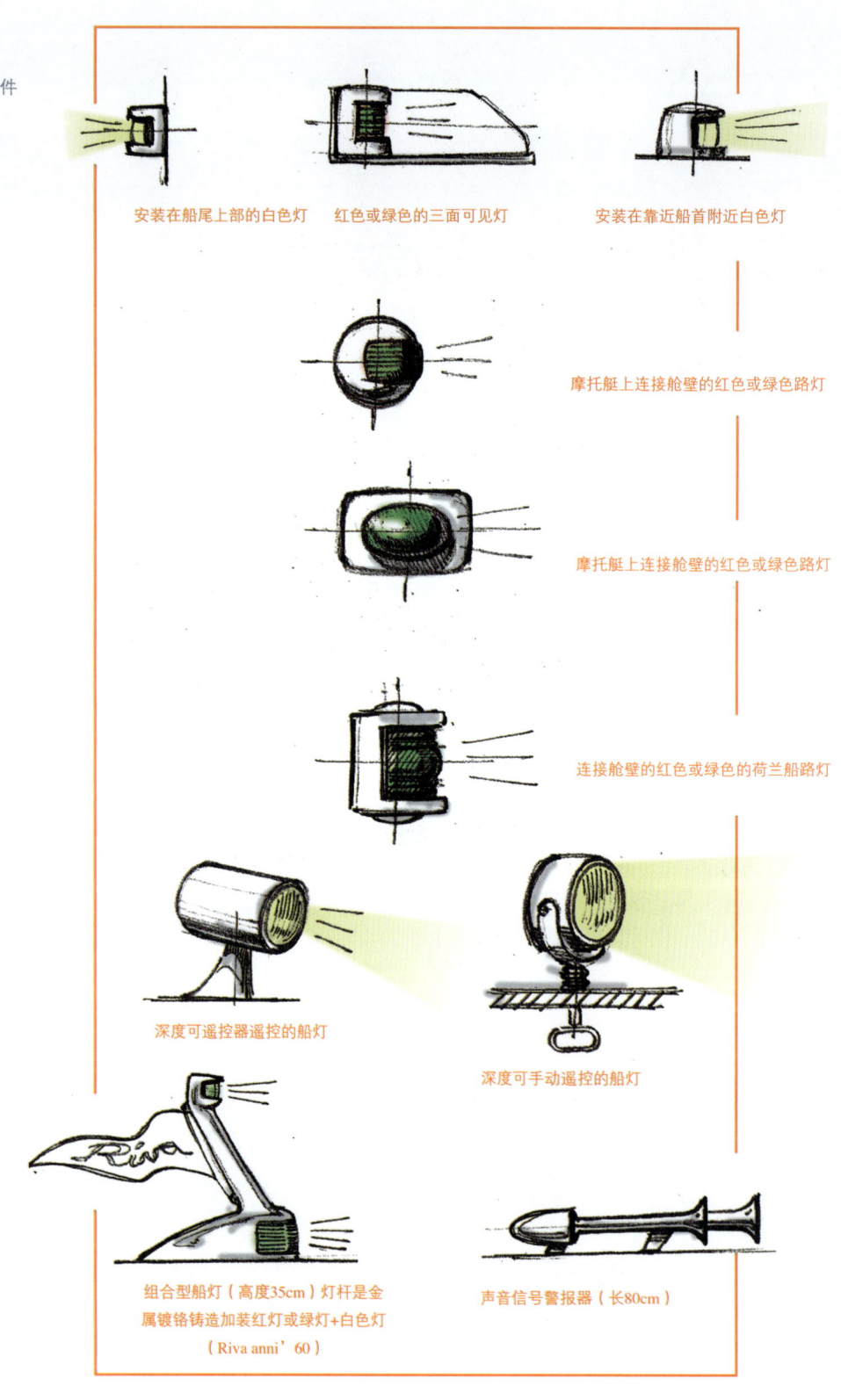

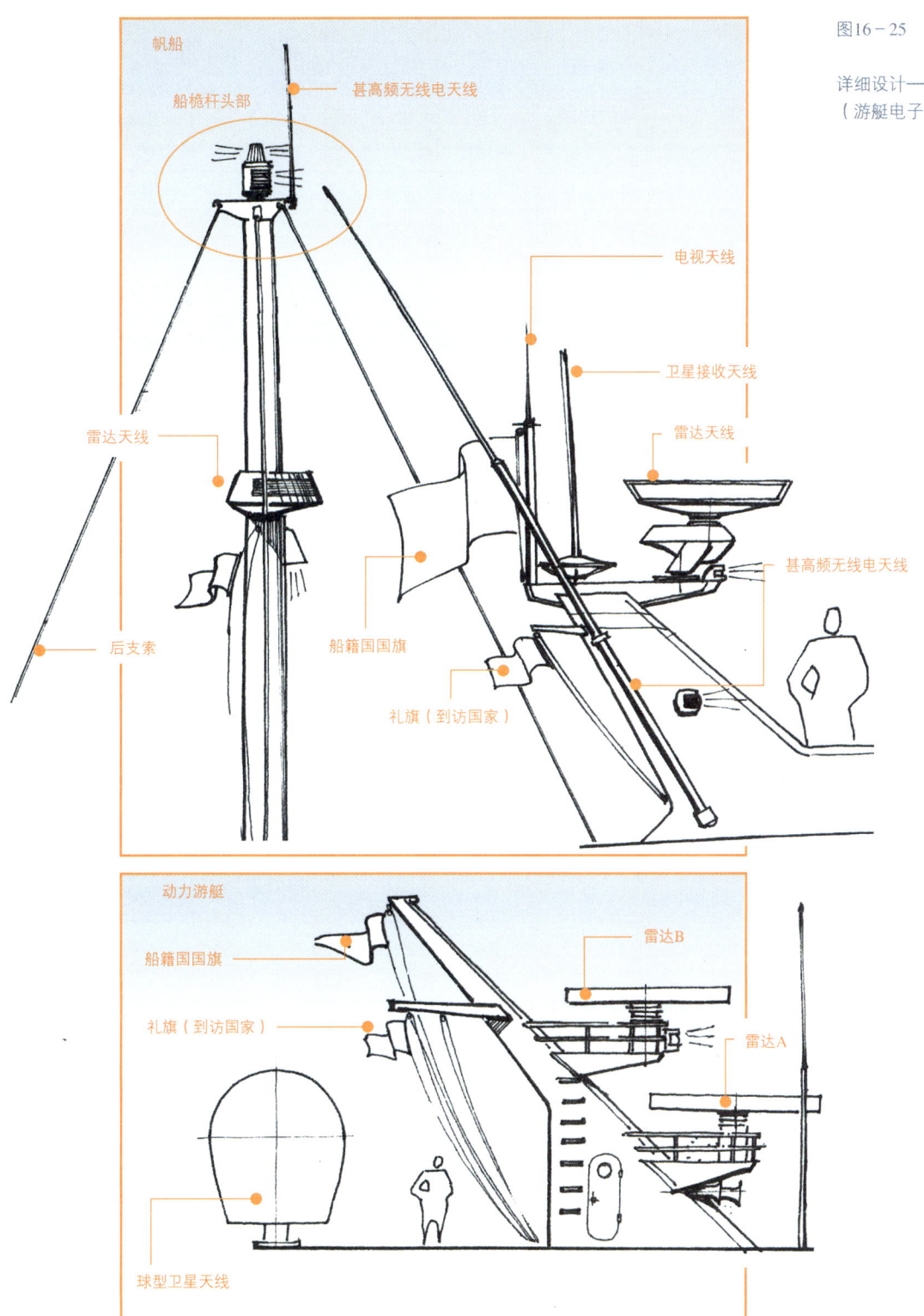

图16-25

详细设计——天线和旗帜
（游艇电子设备的天线配置）

里，我们已经习惯了门是垂直于地面的，而地面则是延续贯通于不同的空间的。而在船板上，为了连接上下两个水平空间，有些舱门是平行于地面的。这是因为"陆地上"的门只是将两个房间分开，而不是将两个环境完全隔绝开来，因为在船上要避免水的渗漏。

在船上的门的开口更像是从舱壁上剪裁出来的，呈现出一个突出地面的人们穿过时需要跨越的门槛。这样的设计使得门能够更有效地实现隔声，并且从安全性和人体工程学方面来说也是有一定帮助的。在船上大部分人是赤脚行走的，那么门槛以及圆滑的门角可以保护脚趾免受由于粗心大意或紧急时刻门的开关引起的意外伤害。在家里，一扇门也能成为伤害赤脚的武器。

通过这些简短的举例，我们能够更好地去理解船舱的门是如何设计、如何加工的。隔板是用海洋胶合板制成的，在板中部有开口（采用曲线锯或通过机械工具加工形成准确的开口）。

开口的两侧通常加上门框。这两侧的门框通常采用金属或者实木制成，形成一个交圈的闭环，以支撑安装门扇并对隔断墙的开口进行收口。

门框是一个L形截面，满足安装锁所需的厚度。在门框另一侧安装门的铰链。门的副框，除了起到固定门板的作用以外，还可以用来安装橡胶垫，橡胶垫可以缓冲门闭合时的力量，并密封门和框的缝隙。门框和副门框通过螺钉安装在一起，为舱壁收口并固定整个门及门框体系。这些螺钉可以根据船只内部的整体设计风格选择明露或者隐藏（为了简化图片，没做标注）。

门的厚度不超过门框的厚度并分开独立制造（用船用胶合板制成，具有轻巧的蜂窝状内部结构）。门的厚度包含门锁锁芯部分，而门把手则可以占据门外部的空间。在与门锁相对的一侧的门框，至少安装两个铰链来固定门扇。现代技术的创新提供了更多的不同规格和特点的从门轴，单片合页到烟斗合页等各种安装方案。关于整个系统的更为详尽的信息，还是得查询木工方面的手册，而本次研究并不能详尽这方面设计。

弄清了船上舱门的构成系统后，就知道如何进行表达了：如参考图示中1、2、3、4阶段展示的那样逐段安装；①完成门洞的开口和门框定位；②注意由于有门框的安装及收口增加了厚度；③在横截面图上，我们可以看到，门槛的部分和其他部分比总是最厚的，因为门框在这里闭合成一个整体；④门的开关范围要达到90°（基于门的合页为起始点，尽管这是常识，但还是要强调一下）。

在门扇中轴线，如附图所示的轴线可以作为绘制图纸整体定位基础。

如果实际图纸表现允许（例如比例为1:25），也可以将门的实际大小展示开来。在图纸上，门的旋转动态可以通过通常为45°的弧度展现。在门系统的图纸表达中，需要尤其注意各种图例，要能够区分各种图例的实际意义并且合理规划：首先要用最粗的线标出剖面部分，次粗的线表现投影部分，最细的是动态和机械部分的图例。

门的展示
图16-26

16 船体零部件的设计概念

图16-26

详细设计——内部的门

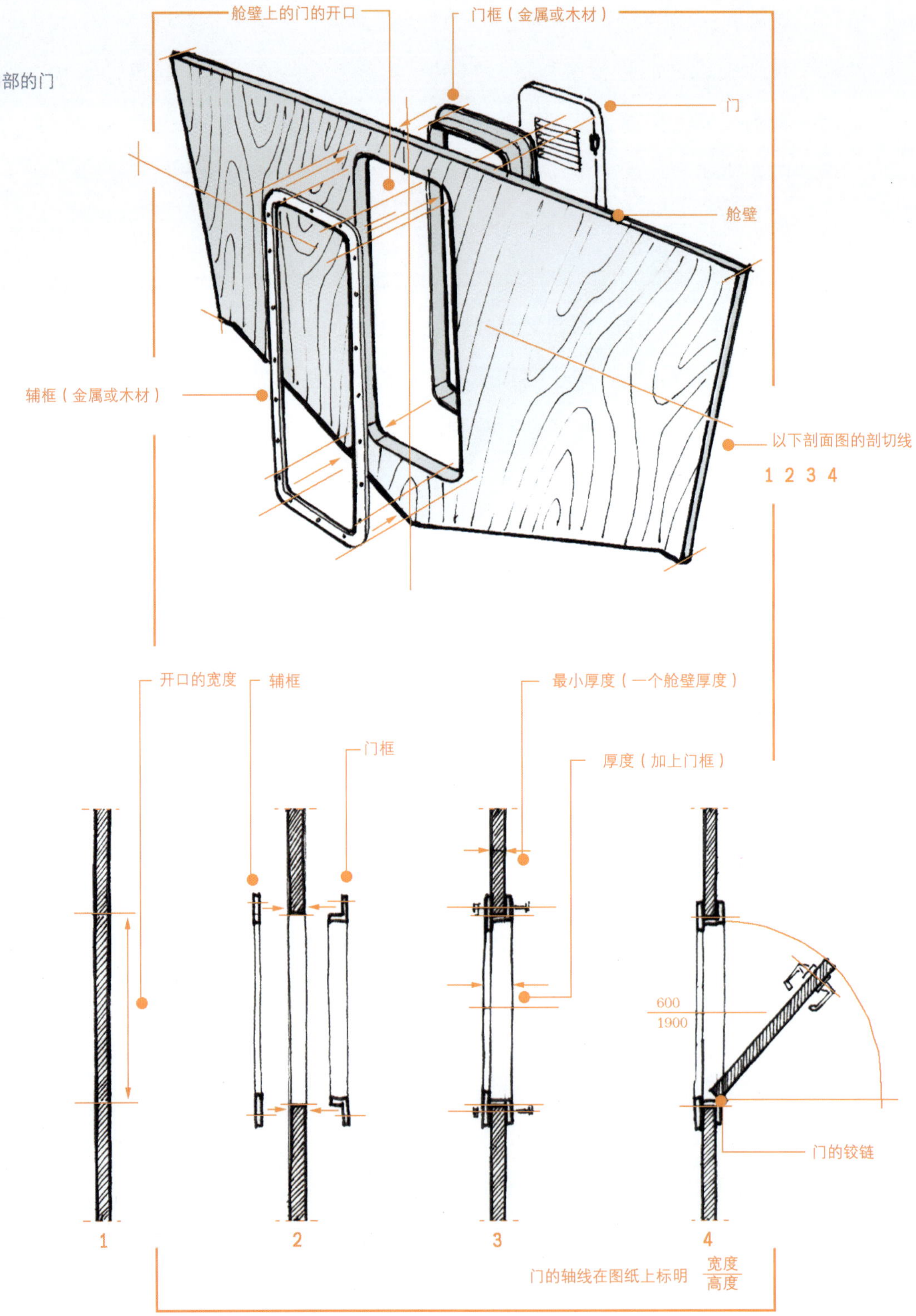

舱壁上的门的开口
门框（金属或木材）
门
舱壁
辅框（金属或木材）
以下剖面图的剖切线
1 2 3 4

开口的宽度
辅框
门框
最小厚度（一个舱壁厚度）
厚度（加上门框）

600
1900

门的铰链

1　2　3　4

门的轴线在图纸上标明

宽度
高度

17 游艇设计
——从概念到实物

施工图
尺寸图、断面图与剖面图

介绍　　　　　　　　　　　　　　　　　　　　　　Marco Abbate

　　一个项目的设计图纸如果表达得更真实会对一般人产生更大的吸引。所以对设计的视觉表达也会倾注更多的情感。即便是表现图纸并没有包含更多的技术性特征，对于理解一个设计项目也非常重要。通过这样的方式，即便没有达到专业人士那样对项目了解得更为复杂和整体的程度，一个外围的观察者至少可以成为一个可分享的读者。一个更为专业的读者会通过阅读技术性表达的绘图来探寻设计的路径和技术工艺的细节，这种图纸就是施工图。施工图的本质是使所有参与建造的业内人士通过一种约定性的图示语言进行交流。业内人士包括两类：设计人员及制作人员，而施工图传递的内容无外乎揭示制作的程序及以及建造的技术工艺。施工图纸通过图纸、表格及说明等具体定义了如何将不同零部件按照特定工艺要求组装成一体的过程，使人快速掌握非常复杂的项目。施工图是游艇制造中对应复杂的航海设备舾装、内部饰面及家具配饰的实施基础。

理想的程序
制造的程序
施工图设计

图形语言

　　施工图的目的是通过配套的图纸语言再现和实现所有设计项目内包含的物体或结构。如果说施工图是一门语言的话，那么它就是由相互联系的个体单词组成的。包括各种截面——平面图、立面图、剖面图以及分解图（爆炸图）。常规的剖面图一般都是基于平行于图纸的方向剖切，但也有展示不同剖切方向的图示系统，包括不对应比例的图解示意图，在这

17　施工图

里主要是指轴测图或透视图。爆炸图一般是将一个物体的所有部件沿着一个固定的轴线分解成散件，并以轴测图的形式体现。而剖面图则是去掉一部分限定空间凸显重点表达的部分。这些图示通过这些方法用图纸语言重建设计的各个互为衔接的包括理念、分析、实现等设计阶段。施工图不仅是业内人士包括客户、设计师以及建造人的一种交流媒介，更是工程检验的参照基础。施工图中任何部分的设计和绘制都必须遵从国家及国际机构包括 UNI 和 ISO 的技术设计标准和绘图规定。 在航海装备设计领域也必须采用同样的制图规范使得施工图成为统一的整体。具体来说，和其他建筑或者安装制造领域一样，游艇制造也是按照制造安装的程序、分不同的专业部分分解完成的，包括船体结构的翻模制作、发动机推进等动力系统安装，舾装——包括所有液压、电器及设备系统及内舱的装饰等工序内容，实际上施工图设计也是按此专业分类相对独立进行的。而项目的家具等配置的图纸则一般放在另外的框架内。游艇的建造过程中，各个专业工种的工作实际上是互相重叠、依靠和制约的，所以必须通过施工图这一媒介将整个项目的信息串联起来，在保证专业之间正确接口的基础上分享给各个工序工种。这样就可以理解为什么施工图的设计和绘制必须要采用上述高度统一规范的标准来制作了。

绘图标准

绘制的程序：内部及外部环境

空间分配　　描述游艇设计，无论动力艇还是帆船，其潜台词和建筑或者交通工具的设计是一样的，都需要能够忠实地虚拟再现其物理实体的空间。和其他的设计项目内部外部的关系相比较，游艇是一个内部和外部紧密相连和相互限定的"场所"。因为游艇的空间体积必须分出一部分供内舱环境控制设备、动力系统、电池组及水箱、油箱等设施的安置，实际上大大减少了供人使用的空间，也就是舱室空间，所以研究如何有效发掘和使舱室的空间最大化利用在游艇设计里是异常重要的课题。

绘图标准
图 17-1

　　游艇设计的初始阶段，一般总是以船体的外形体积及内部设计作为第一步，这样的设计是通过系统地研究船体水平、横向及纵向的截面来实现的。在这个阶段，要通过参考实际物体的二维草图在大脑中构建一个初步三维空间图结构和空间供后续的工作参考。

如果在施工图的编制过程中，没有正确地完成从设计理念到设计实施的转变，则有可能在执行过程中出现一些技术上的冲突。设计阶段出现的错误，会导致在建设过程中出现一系列问题。

灵感—设计—实现

如果此类问题不提早发现的话，则有可能暴露在最后的组装阶段，或者更为糟糕的是，在用户使用过程中反映出来。因此，更为认真和完善地绘制技术图，尽可能地减少操作失误，确保正确表达了设计，并落实在图纸上，即使不能确保完全实现设计者的要求，也能保证总体方向的正确性。

总之，类似的情况下，即使是用电脑代替了铅笔，也不可能完全避免错误的发生。

比如，在机动游艇的安装过程中，在预先准备的技术图纸中，关于舱门提供了大量细节性的断面图及大量操作细节的图纸，并且将设计用一种更易理解的语言表达出来，在实际操作现场提供大量安装细节。

组图 17-1

这样有利于凸显更为实际的技术需求而非理论上的：设计师应将设计按照常规惯例清晰地表达，这样才能使得信息更为通用和共享。

结构和装配

在游艇建造起始的步骤的基点是研究各个不同的剖面。和住宅建筑设计不同，船上的居住生活空间的形态是和船体的不规则的形状轮廓紧密关联的，通常的垂直、水平（墙顶地）能装进一个双曲面体积内来完成。这样就需要用仔细的设计来修正两个不同系统差异，也从此产生了非常不同的游艇的居住生活空间。组图 17－2 中展示了超过一般建筑及环境描述需求的图解，为了显示出结构是如何组织的，采用了一种从船体外侧结构开始向内部依次展现的方式来表现。可以看出铝制船体的建造明显要比玻璃钢船体更为复杂。使用这种材料造船，其结构连接部分更为复杂，结果会需要更多的设计考量及图纸去定义描述船体结构和舱体构造连接和相交的部分。

剖面图和分解图有效地突出了主要的船体结构，比如纵向龙骨、横向肋板、横梁、纵梁等。这类剖面图纸克服了真实空间中的限定，表达了

17 施工图

截面图 / 剖面图

游艇船体结构和固定在结构上的其他次要隔墙结构及家具的关系,是人们更容易理解游艇结构的逻辑。初步设计中已经包含有详细尺寸及深度的设计图纸,后续的设计阶段(施工图阶段)还要加入不同比例的细节图纸,以及所有初步设计阶段只是提到的所有设备,材料的安装工艺技术。比如在船体结构外壳和内壳的安装和固定的说明,以及之后的内舱家具安装。这一类木质或金属的支架及框架结构称为"支撑结构",和翻模制作的玻璃钢船体形成一个整体结构。如果是金属材质的船体,则采用焊接的方式联结,如果是复合材质(碳纤维和凯芙拉纤维)的船身,则通过粘贴的方式。如果是木质船体,由于船体内外"壳"材质一样,因此操作更为简单。

组图 17-2

因此,在船体结构(主要的受力承载结构)和内舱结构互相联结为一体的"接触区域"是有不同的类型的,是施工图设计中必须说明和传达的信息。基于不同的材料的建造逻辑,这一区域使用的技术和尺寸通过详细的图表来具体落实。有的案例中,需要将两个结构体系隔离的复杂结构系统,以便减少两个系统之间震动的传播。在这里主要是指发动机机舱在刚性固定在龙骨上时通过柔性橡胶或金属静音块的方法来联结。舱体的隔墙也可能需要震动的隔绝处理。在用航海胶合板固定在预制的船舱底板玻璃钢游艇的情况下,这个玻璃钢船舱底板需要在施工制作阶段,实测了船体底部相关周边的尺寸后,再进行仔细地设计。通过精确的模型翻制或者环氧树脂密封将这些隔墙和底板形成了一个整体。这样可以理解为两个结构体系并未分开,采用适当的密封硅胶,由于其物理性能,我们还可以得到一定程度上的减震效果。

组图 17-2
组图 17-3

家具和内饰

游艇项目的室内空间及外表的设计传统上都是通过平面图、透视图及剖面图来表现的。内舱的施工图纸还必须通过一系列不同比例的深度大样图来传递详尽的技术要求。这里的表述逻辑是基于帮助施工制作人员理解的需要而来的。附图是以一个舱室内部为例,综合采用上述方法,详细及有深度地表达了舱室各区域的安装步骤及制造工艺。

常规的施工图纸的比例为 1∶50,还有 1∶25 和 1∶20,较为少见的是

1:40。为了表明技术的深度需求，会用到1:10、1:2及1:1的比例，在这样的图纸中会表达建造的结构材料以及安装连接的工艺及部件如扣件、铆固、卡件、攻丝固定、不同的关节式连接、可拆卸式的固定件及粘合等方式。所以也可能用到原大的比例（1:1）甚至放大到比例2:1。

因此，在操作中，应该预先准备技术草图和截面图，包括建设的类型（如结构、材质等），部件安装（连接技术，如螺丝固定、铆接、粉碎凝乳、刻纹、嵌套、活动固定、粘合等）。也可以使用1:1的比例，甚至放大到2:1。

操作细节

在施工图剖面详图的绘制中，剖切到的材料部分会用表达不同材质的图例填充，图例是一种对材料简单绘图描述的方法。以游艇上可能用到的不同实木及合成木材来说，有刨花板、中密度板、木质条板、多层板或航海多层板等不同的材料。在较为复杂的施工图绘制中，在图纸上放置一个图例说明可以减少一些图纸上重复性的材质说明。在图纸和图例中每一种类型的材料及部件都应该有统一的编号，同时关联单独详尽的做法及描述。

组图 17-4
组图 17-5
组图 17-6

在施工图上需要为每一种材料及饰面写说明性文字，同时也包括五金配件以及嵌入式照明灯具等的安装说明。施工图中还要有关于地板的安置（木材和地毯）。更进一步的是施工图设计者要规划在安装饰面（如木饰面或地毯安装）之前的布局。其中重要的是预留安装各类水电设备的空间及操作空间，以及所有终端开口的位置，线路都需要整合到饰面及家具设计中去。

图案和纹理

结论

通过一种精心编排的图纸来诠释项目的各方面，传达设计师多年的经验和技术水准，是形成最终成果的唯一路径。要完成游艇制造，需要有易于理解的图像语言系统。图纸的绘制绝对需要花费大量的时间精力用于编排索引及处理细节，标注内容的恰当和容易理解，是综合经验和理论知识的高度概括，也就意味着项目成功的开始。

17　施工图

图17－1

游艇设计——船体水下部分3D渲染图

注：通过多个船体纵剖面、横剖面、平面（水线平面图）的空间扫描来确定船体体积。

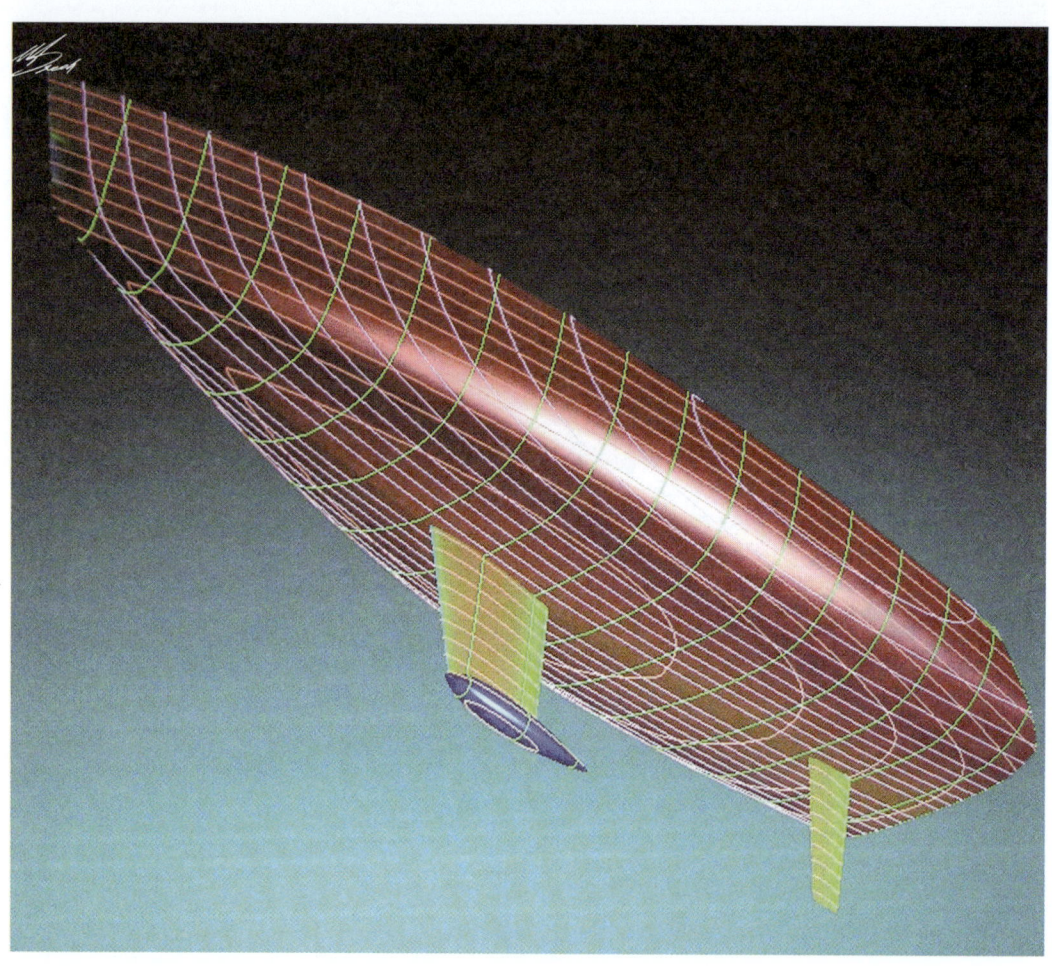

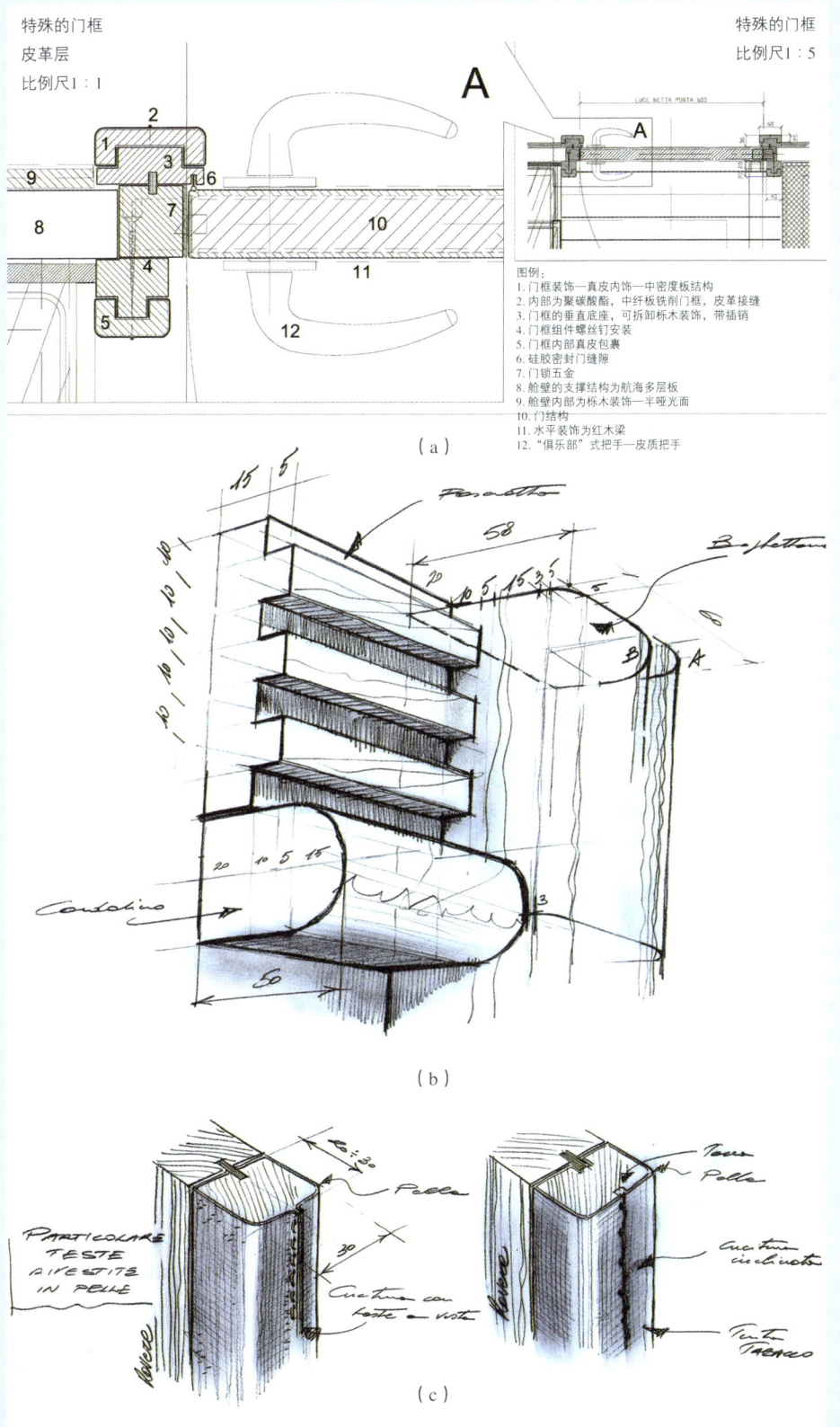

组图17-1

(a) 游艇设计图，舱门门套设计图；(b) 内舱细节，这个透视图是用于说明主舱舱门上部及上部横框的关系，虽然草图没有比例，但提供了制造和安装必要信息；(c) 内舱细节，此图包括两个透视剖面图，包括家具和入口门的框架，图中展示了不同的皮质饰面缝合细节及处理方式，从图中可以看出门框和门套使用内锁式的榫卯结构来连接，可以将门套轻轻敲安装至门框，这一技术要将联结榫（阳）先安装至其中一个部件上后再行复合，门套部分同样的槽（阴）并刷胶后轻拍复合，结合榫也可以根据木头的不同更换材质，如更强的硬木或多层板，其长度可以和门套近似或分段

17 施工图

组图17-2

（a）铝质帆船项目，主剖面图（此图是较多用在巡航比赛的帆船的初步设计，剖面图是在船宽处横向截取的）；（b）船体外壳和舱壁的航海多层板的固定联结处（还可以看到白色玻璃钢舱底）

组图17-3

(a)、(b) 在前两张照片中,可以看到船壳和木质舱壁,以及覆盖在地板上的地毯以及家具安置框架;(c) 船外壳为多层碳纤维(Nomex=双层蜂窝状组织),图示中有舱壁与肋板的粘合情况,这个阶段是通过环氧树脂粘合的,之后对粘合部分进行加温;(d) 航海多层板和桃花心木,木材天然是各向异性的,即由于物质在各个方向的作用能力不同,其物理的特性也不同,因此,其抗压、抗拉、抗剪能力及弯曲度以及相互间的连接,都是根据其荷载的方向来调节的,或者根据木质纤维的方向调节,多层板可以弥补部分木材的缺陷,它是将几毫米厚的木板叠加起来,并且打乱纤维方向粘贴起来,航海多层板一共由20层1mm厚木皮叠加起来,复合多层板通过热轧加胶压制到一起,恢复到正常使用环境中,能保持稳定的条件

17 施工图

图17-2

日间巡航游艇设计剖面图

注：在这种情况下，信息特别庞杂；图纸甚至描绘出了厨房的配件。要检验各部件尺寸大小和船体的关系必须对剖面图重视，比如发动机推进器的尺寸数据直接来源于厂家，将它放入船体机舱的空间后，通过仔细地研究尺寸，优化其运行及设计成果。

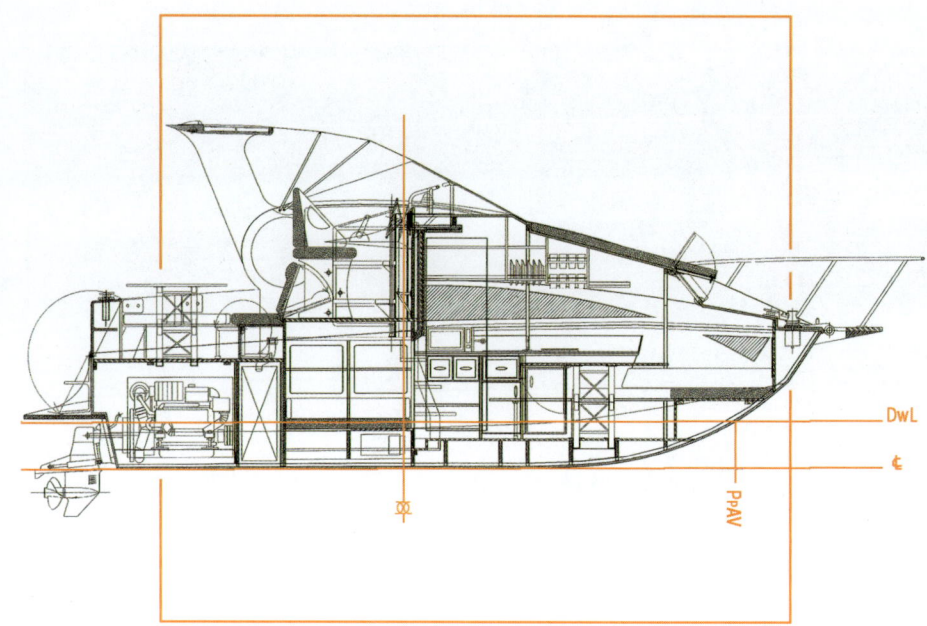

图17-3

卫生间台面剖面图

注：注意不同的部件轮廓、最大厚度和尺寸。还要注意安装公差，即几毫米的空间，即为了避免安装过程中部件间的摩擦，所预留的最小距离，比如柜子和抽屉间的缝隙。图面上有一个的图示需要解释，就是纵向将断面图分成两部分的剖断线：事实上，相当于隐藏了中间部分，这部分是两端结构的连续，只画出影响变化的部分。这样图面的尺寸缩小。图示中可以看出家具的深度为40cm，在中间部分被省略，剖断线可以用来表示出这一概念。

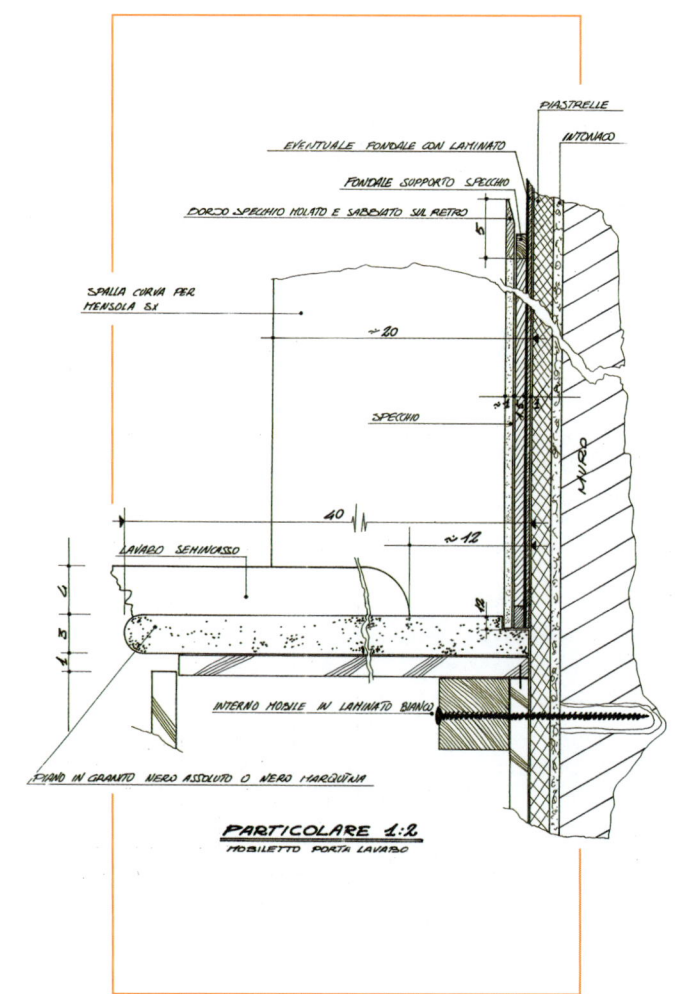

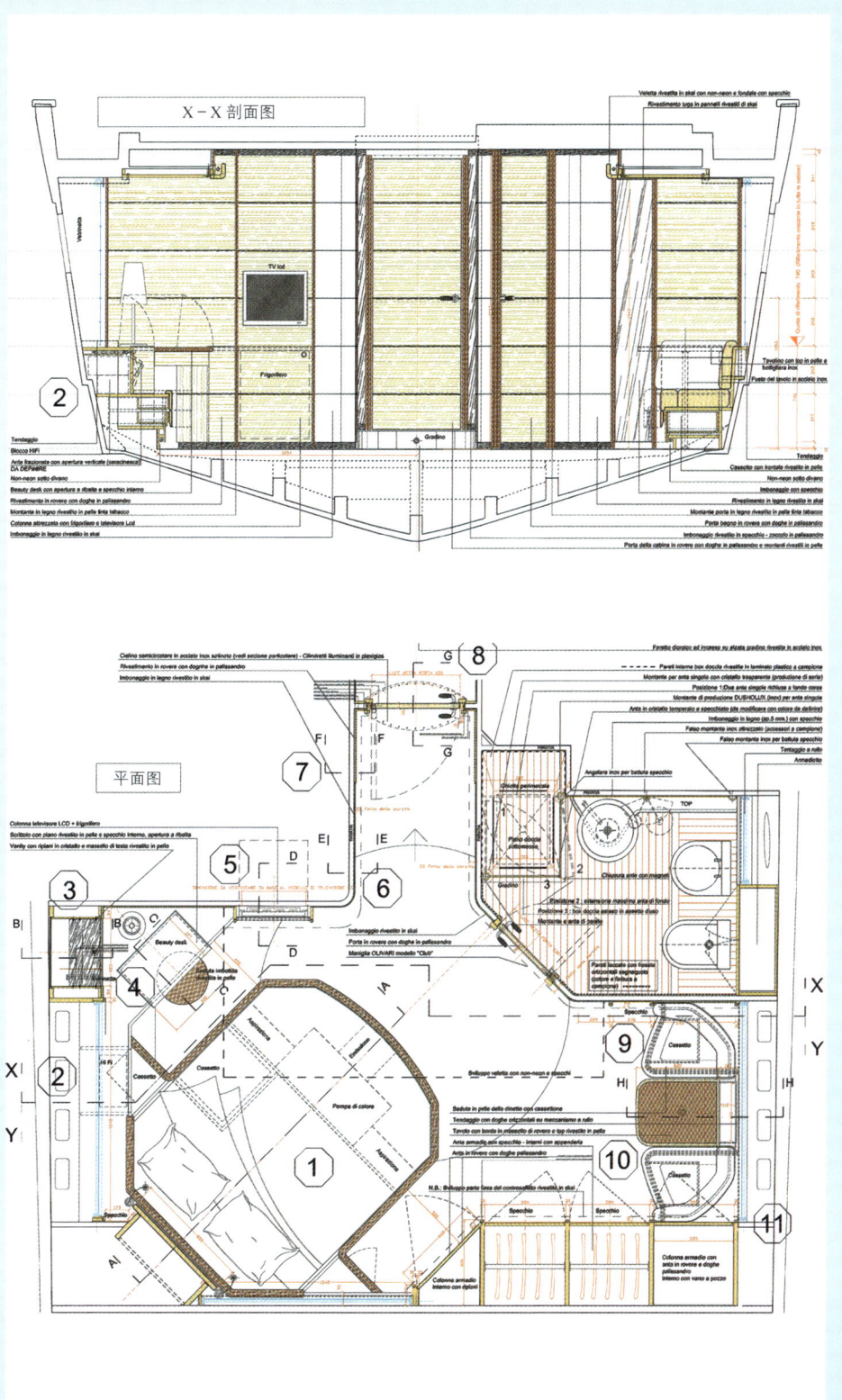

组图17-4

1:20的游艇施工设计图摘录

注：特别详细地描述了主人舱室的设计。图示包括立面图和剖面图，此外还有相关指示八角形的索引图编号，引用其他图纸来表达必要的技术细节。图示中的信息性质不同，且总量很大。除了尺寸信息，还有材质、家具、配件和部件等。所有这些信息，制造者在建造过程中都应该认真遵守。甚至舱壁的内衬板厚度和一致性都进行了详细规定。不同的材质采用了不同的颜色来表示，比如，橙色代表了所有饰面层剖切物体的厚度。使用相近的烟草色表示橡木镶板（镶板白色底漆，上层光面烟色清漆）。这种类型的项目可以理解为"定制"项目，即根据客户的需要进行设计。因此会减少部分定型产品的部件。卫生间洁具、五金、门把手等，都可以进一步进行人性化和个性化设计。

17 施工图

组图17-5

（a）游艇施工设计图（此图是前剖面图的另一面，有必要在此从另一个角度进行说明，此图可以很容易地感知设计师在制定设计图时应该注意的地方，比如确定船体大小及其相关结构，空间布局时，正确地感知空间，才能最大化利用空间，每个游艇的"功能"和"容器"的交接区域都是施工上最有技术难度的地方）；
（b）游艇施工设计图（船舱长向剖立面图）；（c）游艇施工设计图（同样的船舱，1:20，图示是铺装的设计图，根据图纸上不同的色彩，简单概括地指出不同材料的类型）

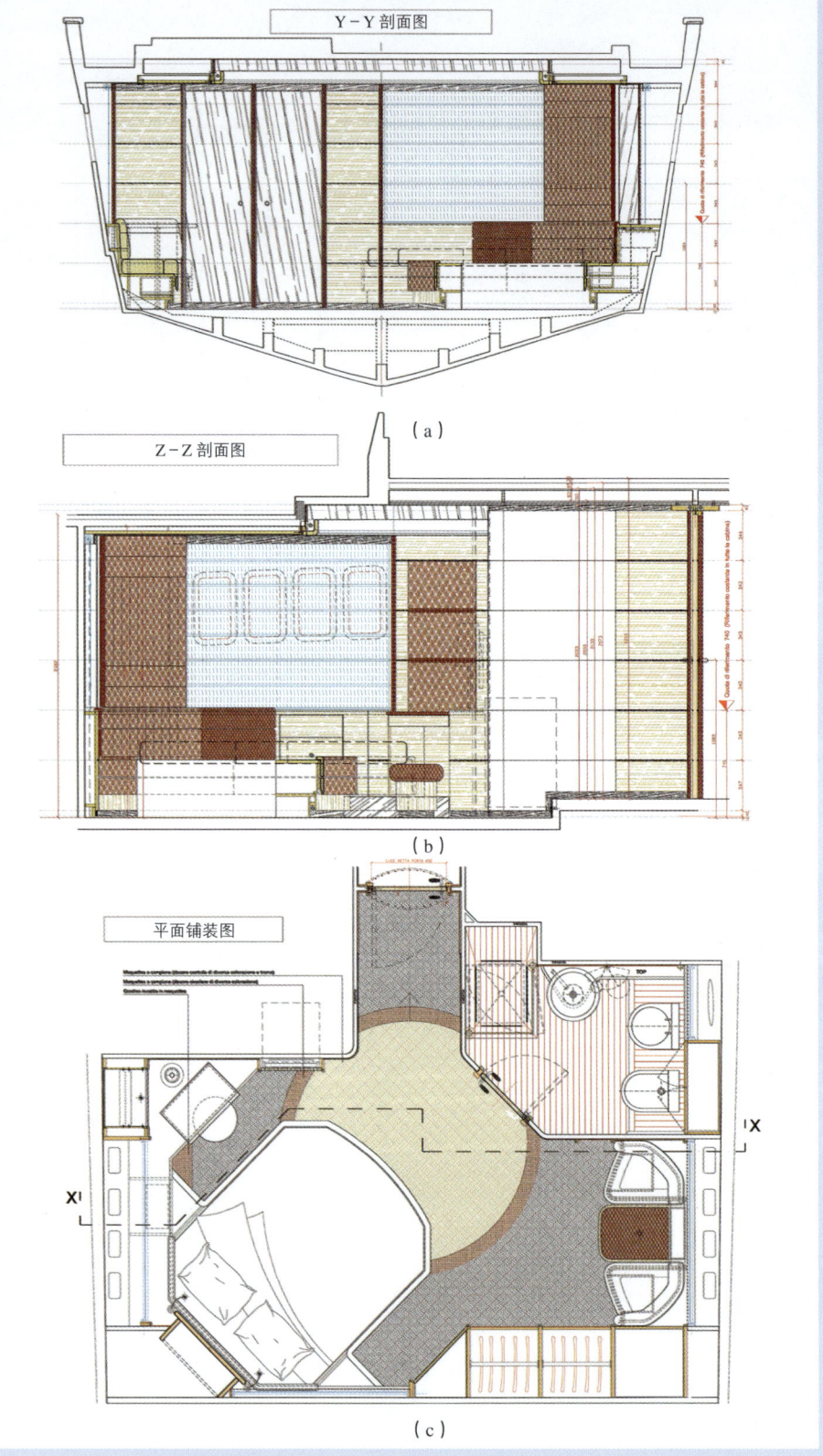

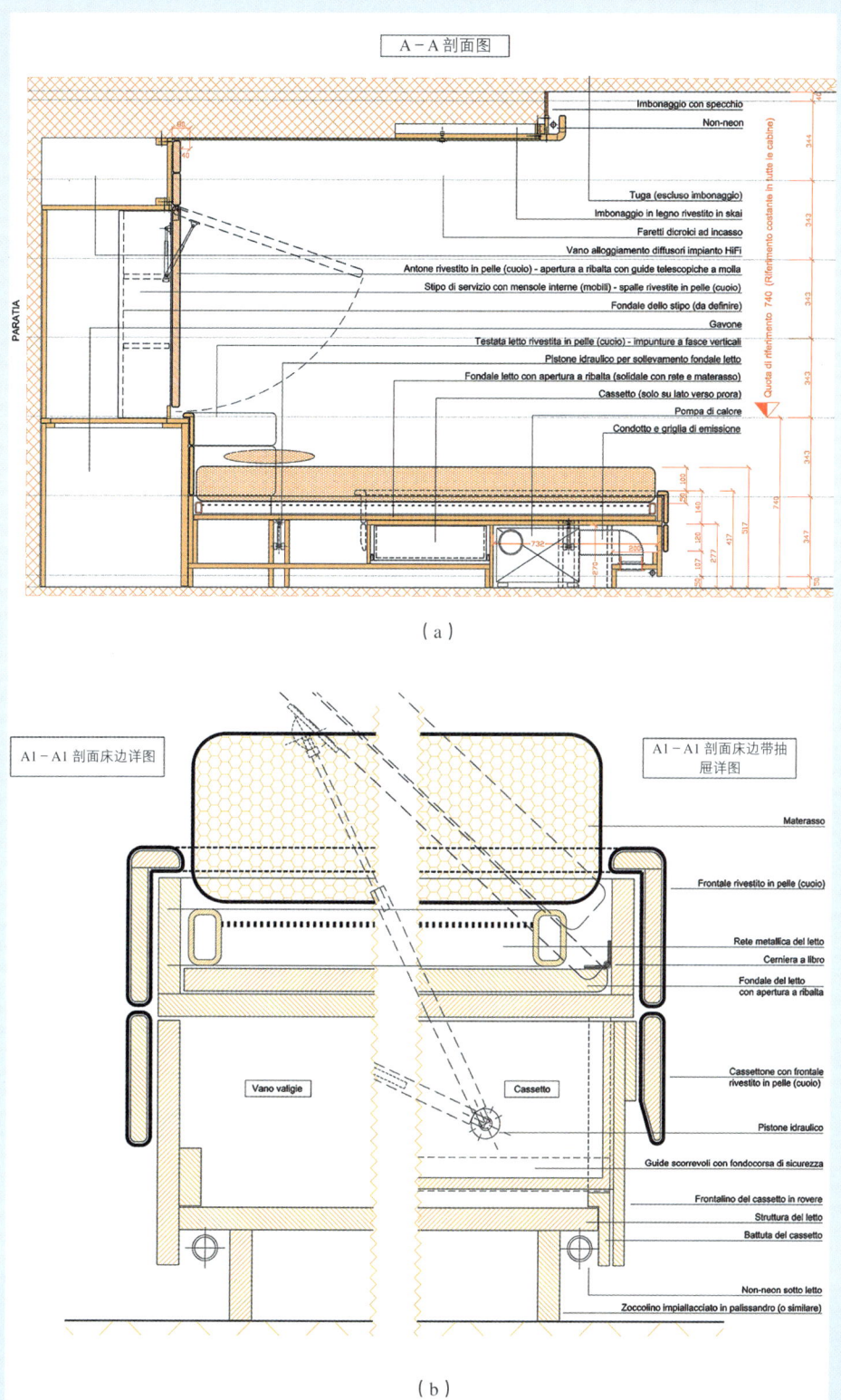

组图17-6

（a）游艇施工设计图，A-A剖面图，是床铺区域的施工图，此区域的技术难度在于要安装空调风口，游艇设计领域里，空间的利用一向比较有限；即使这是一条全长21m的游艇，每一空间也都有各自的作用，床下的空间，除了送风口和相关管道位置外，还有一个保险柜，在床头位置的柜子，装有一个由液压杆件联动的可开启床头板；（b）此区域的技术很复杂，设计图进一步描述了主舱床铺施工细节，描述了床、储物箱的固定结构和可移动部分以及下部的保险柜，暗藏照明灯和床脚的关系，包裹着皮革的床边板，（粗实线）金属弹簧，控制床板开启高度的合页，此外，图纸上缺少的尺寸并不是很重要，因为施工人员很容易根据1:1的图纸配合其他标有尺寸的图纸来认知设计项目，另外，确保外形控制尺寸完整的前提是选择一种标准的工业板材产品来保证标准的做法厚度，这也便于在制造准备的初期确定下来

透视和手绘渲染
设计理念中不可或缺的手段

现代社会评价和判断一个产品的质量，除了基于其内在价值外，对外在形象越来越关注。因此，一个好的有吸引力的设计成果除了要包含其所有必要的技术内容外，越来越常见的还有效果图，使人们可以预览设计产品的最终形态。

这种表达方式，特别是针对那些非专业人士，使得产品易于诠释和解读。有时候，提前将设计图公开发布，也是为了市场调查或者广告效应。航海文化的广泛传播证明了需要与潜在客户进行互动的必要性；这样有利于绘图技术进步，使得设计图的表达更直接更明确。现代描绘技术广泛地使用了色彩和明暗对比法，更有利于表达空间的立体效果。

游艇的外部空间一般用立面图和透视图来展现，而内部环境则用平面图和透视图表示。特别是三维透视图，其图像可以最大化地展现设计的立体性。

尽管如此，正确地绘制游艇的透视图并不是一个简单的事情。因此，需要利用一种广泛应用的数字技术——计算机及相关的软件，在短时间内正确地绘制出三维透视图。如上所述，通过对游艇立面的绘制展现其高度立体性。

着色画法的使用依靠一系列技术和工具：马克笔、水彩、丙烯、喷笔以及其他可能有效的画法，如拼贴画法。现代表现技术则是完全基于需要选择采用立体和明暗对比效果混合技法的表现。

18　透视和手绘渲染

外部——轮廓渲染

轮廓渲染

在绘制游艇轮廓时，要先画出其吃水线；这样可以看出其自然环境中的效果。在某些情况下，如果恰当地描绘出其船体水上部分，则可以模拟出其在真实环境中的实际效果。

图 18-1

对色彩和明暗对比的处理，应该仔细考虑船体和它的上层建筑的体量形状和关系。设定一个光源（一般是设计图的左上部分），然后可以确定阴影轮廓；色彩的处理上，要考虑船体和周围水体对光线反射的影响。在真实的情况下，色彩和光线会形成标准的游艇轮廓的图像。随着描绘经验的积累，对这些情况的细致观察和运用会使得绘制效果越来越好。

绘制手法的雷同造成最终效果图的相似；就算相距遥远、文化差异相当大的设计师的设计图都会看似雷同，就像出自一人之手。实际上，上一代彩色效果图绘制方法基本上来源于汽车的设计。在此过程中，总结出了多种材质和部件的标准画法；每种表面都有自己最适合的技法表达：不透明的光滑漆面、透明玻璃、抛光金属或者镀铬金属等。

在图示的基础之上，材质的表现方法主要来源于对物体表面特性的观察研究：如果物体的形状发生变化，则主要反映在光影现象的变化上，而装饰面的质感特性则通过不同的反射度来体现。

反射度是指物体反射其周围环境的能力。环境的图像，在特定表面（反射体）的反射过程中，遵循光学的物理法则（入射光线、表面法线、反射光线），将会发生形变。光滑平面上的反射图像可能并无太大变形；而观察凸面镜（哈哈镜），却会发现因为轴线位置的不同，产生拉宽或拉长图像的效果。凸面镜的反射使位于边缘的物体产生了一种强烈的围合感，形成了一种广角鱼眼(fish-eye)的透视感。

反射面的光反射

为了达到较好的立体效果，在确定游艇上的一些基本构件表现时常常采用的是球面反光的效果。光滑的球面通过逐渐变暗的排线来表达，并把光源直接反射部分的（高光）效果表现为最亮（通常用白色表现）。这一效果在绘制船体前挡风玻璃、桅杆、桥楼室或者船尾的时候都非常实用。

另外常常用到阴影的位置在船艉侧部下部；通过明暗对比的效果配

合流线型船体，有效地塑造出船体的三维立体效果。仔细分析这些光学特征，还会观察到船艏的阴影及水面上的反射，侧面的暗部（投影造成的）与明亮部分共存，光源在水面上波纹的反射在船体上映射并表现出来。

阴影的划定

使用类似表现方式的还有帆船以及所有斜向切削造型的船尾。

加入色彩来表现船体体积的时候，往往会收获更有效的图面效果：经验说明，在设计图上只使用单一颜色的填充其实很难表现出立体感。

根据采用的表现技法来选择色彩，并有机结合考虑体量的光泽度、形态及表面效果（亮面或亚光效果），以表现出整体的生动的感觉。

一般游艇的上层建筑中的窗户和玻璃的着色都是暗色（灰色、灰绿或者灰蓝），这主要是考虑到一般情况下室内吸收光线，使从外部看的玻璃呈现出暗色的效果。如果是要表现外部空间中的挡风玻璃，则可使用浅色着色，因为玻璃贴膜可能会使颜色有所变化。无论如何，始终应该记住的是玻璃的表面一般都有高反射度，所以画出假想的环境反射图并不能帮助人们更好地理解船体的特征。

彩绘船体的光与影
图 18-2

在这样的情况下，应该考虑在玻璃边缘做微凸的处理（横切面上），并假定这个就是天际线的反射——这个面可分隔开穹顶似的天空（更清透，位于上部）和海洋或者陆地（稍深色，下部）。

处理这两部分在玻璃上的阴影时，可以让下部分区域的阴影相对更清晰一些。

其余的上层建筑图示一般比较简单；着重表现上层体积的投影，并在受光面用浅色的着色（比如白色）对比来体现出体量感。

晶体表面

光与影的交错，可以通过灰调的叠加和点、线或留白的运用使表现图产生明暗的层次，增强立体感。这些对比越强烈越明显，越能展现出环境清晰有力的衬托；反之，如果这些光影对比模糊不清，整体环境也会现出灰蒙蒙的混沌感。

上层建筑的体积

游艇上的色彩一般只用于表现吃水线的位置和上层建筑的重要部位，而游艇的颜色和纸一样一般说来都是白色的，所以表现游艇的外形时需要格外地慎重。如果没有这些上述的对比作为"主要焦点"，整个设计图看上去就会平淡无奇。一个好的绘图系统应当能将船体和底色区分开

18　透视和手绘渲染

来，消除"白底画白图"的感觉：那如果船体是白色的话，为什么不将底色涂上颜色呢？基于这个原则，产生了很多有效的技法。有一个特别简单的方法就是把游艇的轮廓表现在色纸的背景之上（可以是相同颜色，也可以是不同颜色），甚至可以是黑色的卡纸，也可以用环境照片（蓝天白云或者其他的）或者超现实的、奇幻的图片做背景。但是，除了少数的表现力极强的超写实案例外，一般建议不要做100%纯写实的效果，以避免过于逼真类似于"明信片"的效果。

彩色背景

设计表现图是对照片和现实的升华：它的未完成性为想象力打开了大门……给观看者留下了想象的乐趣，满足他们对自己产品的构思，这种由图纸激发的想象力也间接成为了产品表现的一部分。从这种未完成的理念出发，衍生出快速有效的给背景局部上色的技法：用简单的几何形状（长方形或圆形）来做底上色，让白色的船体置于背景之上——整个船体看起来像与纸张区分开了，使得设计图更易解读，更好地实现了立体层次的效果。

为了强调效果，可以用黑色线条勾勒出外轮廓。这里还有一条很有效的小技巧，可以根据不同的部位使用不同宽度的黑色线条。比如，表现背景部分的阴影效果时（虽然完全是假想出来的），可以用加粗的线型创造出更清晰明确的阴影效果。为了达到整体的立体效果，应该仔细分析从栏杆到系缆桩、从舷窗到舱门等各个组件的明暗关系，对组成船体各个部件的形态都要有所了解。

外部——透视渲染

透视渲染

在草图设计过程中，如果能够仔细观察与设计对象类似的、已经存在的实物的照片，也是很有用的。

对已有对象照片的分析，能使你更好地感受立体感和船体在自然环境光线下的视觉体验。特别是对运动中的光影效果及光在船体上的反射情景的瞬间捕捉，使变化莫测的光影清晰地呈现在眼前（包括水面上的光线反射和在船舷上的投影）。照片资料为效果图的绘制、色彩选择，即盎格鲁—撒克逊人所说的艺术表现，提供了重要的参考材料。

构建照片档案

·268·

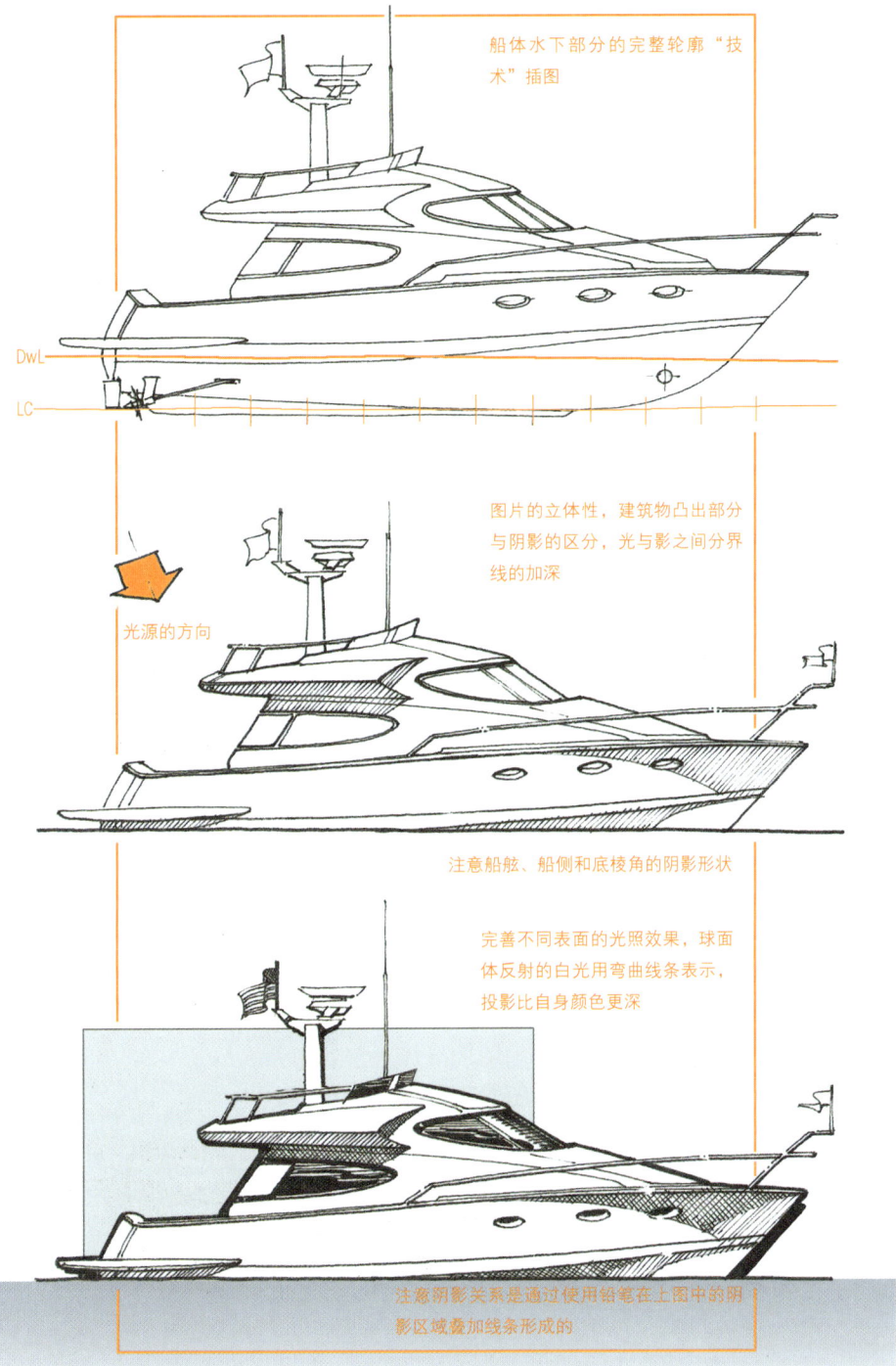

图18-1

轮廓渲染

注：轮廓渲染的三个步骤。最终的部分上色，使得设计图更易理解，且整个图纸更为生动。

图18-2

轮廓渲染——帆船

注：可以看出如何使用阴影。如果船体颜色很深的话，有必要预先处理后续涂层。阴影再在部分涂层上独立地上色。光线落在光滑的表面反射投射在白色底色上。

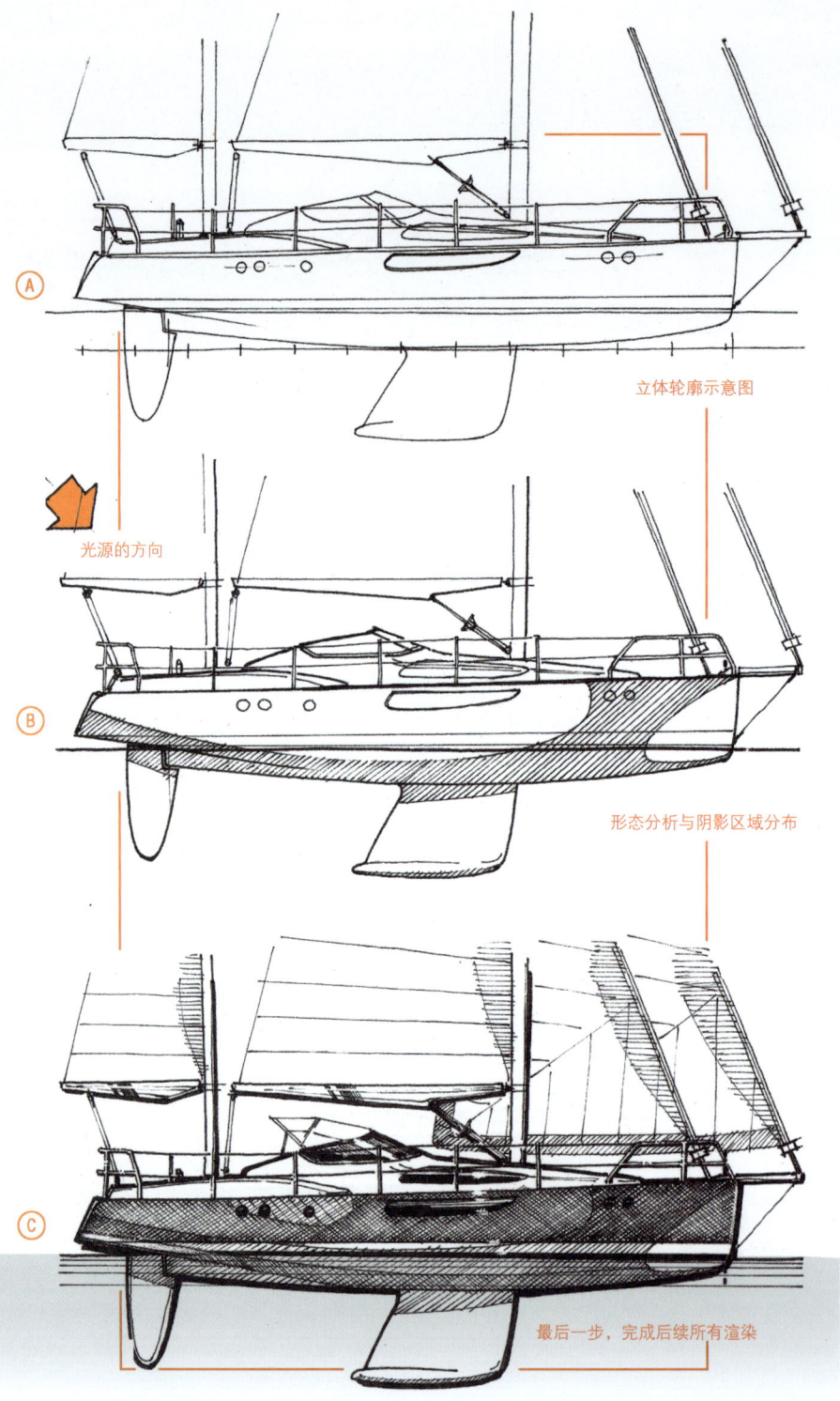

立体轮廓示意图

光源的方向

形态分析与阴影区域分布

最后一步，完成后续所有渲染

对技术不是很娴熟的设计师来说，只要借助合理的辅助调整，也可以做出三维的效果图，比如可以通过复印放大类似设计参照物的图片，或者借助透明的草图纸拓画等都是可行的方法。

但是不管是手绘设计图纸还是临摹照片，透视法则的基础知识都是必不可少的。这里更不必多谈熟能生巧的道理，只有通过不断的练习丰富经验知识，加深三维概念理解和手绘技巧的熟练度，才能不断提高绘制水平。

针对绘图的特点，徒手绘图显得更为合适，纸张不宜过大（A4 或者 A3 为佳，这样便于更符合人体工学地整体把握图面），尝试变化角度来展现物体。

简化游艇的绘制，需要首先从绘制游艇的中心对称的基面开始：可以把实体船想象成是透明的，通过建立二维对称的视图来构建出整个船体的透视图。这里主要包括游艇的主龙骨、船舷曲线及船舷和船尾封板线。

图 18-3
图 18-4

接下来应该添加主横剖面图的透视辅助线，它与之前的对称基面垂直正交并将自身分成两个一样的半船宽镜像平面。这时，轮廓绘制工作已经接近尾声，就差几条线条就可以封闭这个空间——线条从船头开始，联结延伸到主横剖面的最宽点，截止到船尾，然后镜像画另一侧。船体的侧面可以通过联结按不同高度剖切游艇肋状结构的外侧点，从船首曲线到船尾直线来完整地描绘出整个游艇的形态。这样的话，船体侧边可以表现出更多的内容，也使得设计方案更有细节，更易解读。

这里有一种绘图练习对于初学者非常有效，即通过对游艇照片的再次描绘来理解主龙骨、船首曲线、船首船尾直线、主横断面图、通气窗等位置关系，堆叠在一起，来辅助已完成的船体轮廓草图。

完成游艇轮廓绘制之后再确定阴影的形状、受光面的范围，然后再研究反射面。

需要注意的是阴影与光的反射现象的处理规则有很大差异。

三维空间中的阴影是空间形态、周围环境和光源位置综合作用的结果。观察者可以随意移动观察位置，会发现发光体投在表面阴影的形态是相对独立的。换句话说，改变观测点、改变对物体的视图并不会影响其投

阴影特性　射的阴影形状，阴影始终位于同一区域而且其外轮廓是不变的，改变的仅是阴影的透视。

改变观测点不会改变阴影的形态，只有改变物体和光源间的位置关系才会改变阴影的轮廓。光的反射产生的图像则是一种涉及更多因素的现象，同样涉及物体形态、光源位置，这个情况还涉及观测位置、光强以及反光面的性质。而分析反射光线的光学图，影响反光面的还有光源和观测者间的位置关系，可以看出光源和反光面之间相互位置发生变化，如果只改变观测者的位置，那么入射点的位置也会改变。

换言之，凭观察经验，可以说阴影轮廓不随观察者的移动而变化，而反射会随观察者的位置、视角的变化而变化。所以，光的反射现象和观察位置关系密切。因此，横向表面上的光反射在透视图里表现为纵向线条。倾斜于水平的反光面，其设计图变得更为复杂，且所有的参数都会改变。对于轮船的透视图来说，最大的反射面就是水面（自然是横向水平的）。

反光特性

所有水面的反射都是竖直的。认真观察实际情况，船体就像躺在一面镜子上，由此画出实际轮船的图像并不困难。其他反射在船体表面的倒影，都遵循球体或圆柱体反射的规则，呈现出点状或线性形态。

一旦确定下来船的形状、阴影和反射情况，就可以给设计图上色了。之前说过，整体全部上色是不可取的；单一着色可以使图面显得品位更高，效果更好。

有时候可把同一时间内的多幅图像集合在一起。通过一系列的图片，超越空间和时间界限，在现实和虚构之间，在图纸和想象之间，辅以文字的形式标示出材料、情景或动作，为完善设计图提供指示，使设计意图的理解过程更为愉悦。

水面反射

内部——平面渲染

平面图更清晰地展现了船体内部功能区的分布。虽然平面图是从自然视觉角度抽象出来的一种制图方式，但是能让你更好地把握各部分的有机组成，展现出有关环境和它们之间的相互作用关系。因此理解平面效果图对提升对整体图纸的理解有至关重要的意义。

平面渲染

当游艇安装设计图表按照制图规范完成后，通过展现出各种材质的颜色及质感来表现设计物的形态。一般来说，在平面图上，对读图有明显提示作用的是阴影的绘制。专业的设计师会恰当地运用理论概念，使设计图更易理解，也更符合实际的情景和需求。

图 18-5
阴影

从几何上来说，平面图的设定可以说是从一个预定高度上，以俯视

图 18-3

透视渲染——机动船

注：首先在透明的实提船上绘制出主要线条：
1) 确立对称面；
2) 甲板平面上的对称半宽；
3) 主横断面图；
4) 封闭空间，完善细节。
确定阴影，根据其各自的反射面填充色彩。玻璃是曲面。侧玻璃反射在水平海面上。船在海中的反射就像是反射在一个水平镜面中。物体置于部分背景之中，强调其深色底色效果和图像的生动性。

18 透视和手绘渲染

图18-4

透视渲染——帆船

注：首先绘制对称平面上的线框。区别出来甲板和主横断面。这种时候，船尾柱对于透视图非常重要。整体设计图包含阴影、色彩填充还有光反射。整体参考照片效果是可取的。

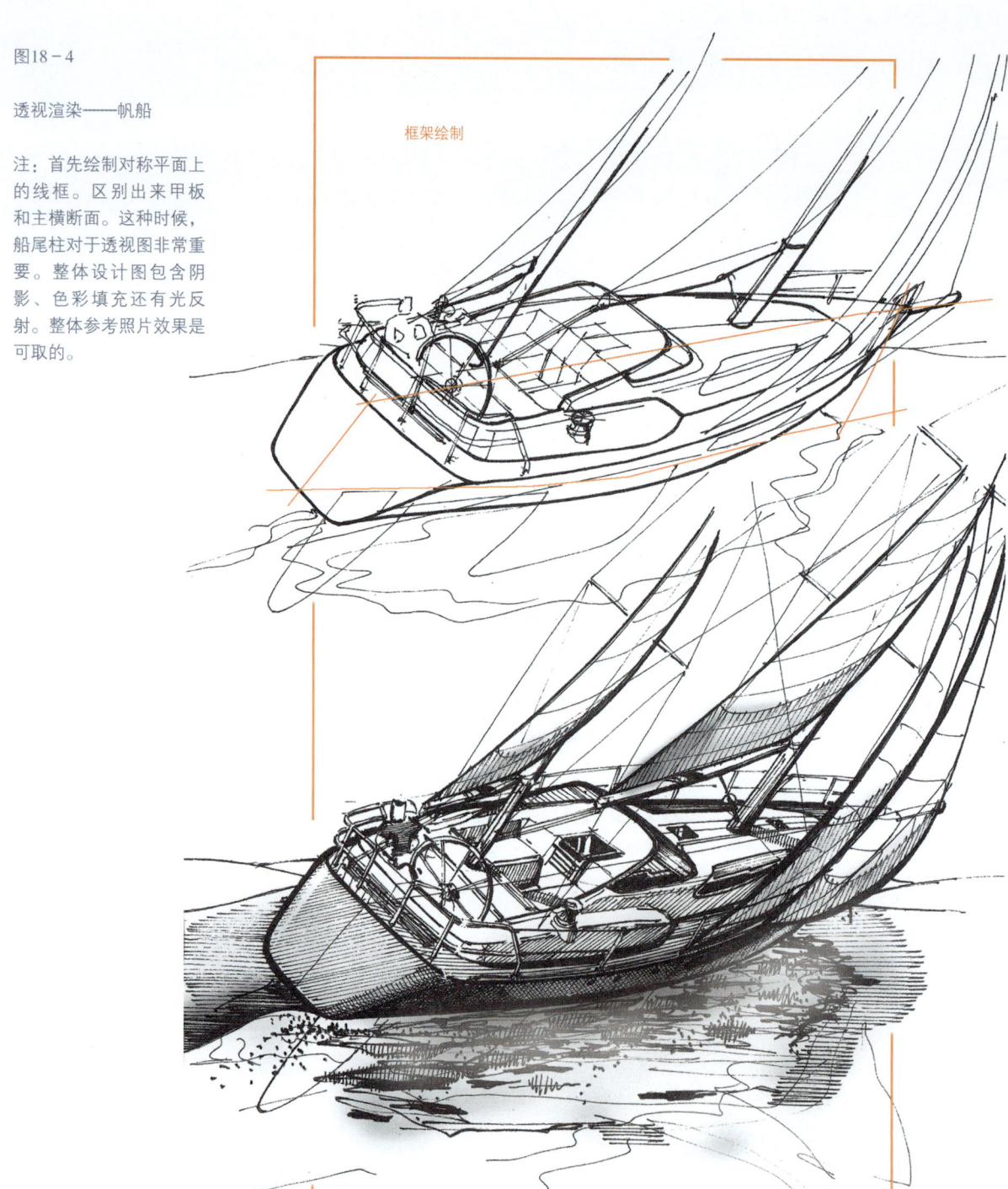

的视角观察物体的水平截面。如果严格遵循阴影理论的话，绝大多数情况下，舱壁的阴影会覆盖内部设施的大部分，影响设计图纸的可读性。在实际操作中，为了解决可读性的问题，根据绘图目的重点凸显内舱三维部件的阴影而隐去无需表现的阴影部分。另一个一般的原则是设定一个假想的光源，并以它为虚拟的参考，增添整个图纸需要表达的阴影。

大多数情况下，光源都位于图纸的左上方，这样最有利于读图。大概是因为这与西方人从左上角开始书写和阅读的习惯相符。确定光源的位置后，需要注意的是每一条凸起的物体产生的阴影相应地呈现在相反的一侧，而每一条凹槽的阴影则会出现在距离光源较近的一侧。阴影的长度与光源距离原始平面的距离相关。换言之，阴影在平面上呈现的是主体与地面之间的高差。

透过二维纸面上的阴影，人们可以感知弧形或者倾斜舱壁的空间的特征。通常这种阴影可以用淡灰色进行处理。而实际上，与其临近面的反射率也会影响它的阴影程度百分比（可能会照亮阴影区域）。平面图上的立体效果是通过光与影的结合实现的，即反射光效是受光源位置和反光材料影响的。一般来说，反射光与阴影处于相对位置；因而反射的最佳位置应该是位于光源和观察者之间。一个包含光与影、光反射的平面图，采用透视方式，具有很好的立体性，并且使看图者易于理解。

光反射

效果图应选取最宜人、最好看的角度进行渲染。如果需要给平面图上色，则应该把之前的设计概念都融合进去。这样从一张平面图上，查看各种平面布局在不同环境中的效果——同时审视各种配色方案，有问题的方案就会凸显出来。而且需要考虑到，图面本身的展示效果上也应有意体现出轻重的分配，且应真实地描绘现实的场景。为了使效果图达到最佳效果，应意识到色彩表达应该是提取自三维现实的真正意义，不仅仅是实现绘图的需要。

内部——透视渲染

如同外部空间一样，内部环境也可以运用透视的三维图像来达到逼真的效果。船内的表现效果的逼真度，甚至可以超越照片，而且不受舱壁

透视渲染

18　透视和手绘渲染

（图中画成透明的）等任何其他空间限制的影响。

顶部透视　有些情况下，引入垂直墙面及地面上的灭点的一点透视法也可以取得较好的效果。

这种表现技法尤其适用于狭小的环境，比如单人舱或者小型游艇。而传统的内部透视法，最广泛的就是适用于一点透视或者两点透视。

图 18-6

任意透视　我们不能忽略透视辅助线在描绘某些家具和装饰时的作用。与大邮轮不同，游艇的内部视图必须考虑到周围的墙壁与船体并不是两个垂直相交的面，这也给绘图带来了一定的困难。

对空间的描绘是循序渐进不断完善的。首先要画出平行六面体封闭的视图，然后画出与船舱有关系的墙面。为了使图面更加生动，有时需要加入人物作为尺度对照。

在这种情况下，图面上色时需要以所用的家具为基础，并运用明暗分析法来进行，使得图面的可读性更强。随着现代影印技术（也包括彩色图纸）的发展，人们可以先在较小的图纸(A3、A4)上绘画，再进行放大，使得绘图时间大大缩短。

人工光线的影响　而现在的室内照明和光影的特殊效果都可以通过人工照明来实现，所以绘图中也不一定非要要求光源从图纸左上角射入了。

图 18-7

现在绘图的趋势追求的是"清新自然"，所以在色彩的描绘上需要体现出不同元素在室内环境下的视觉效果，要能展现出木材的温润、漆面的光泽、布艺的柔软等。

最后一步就是整体的把握，效果图中不但要描绘出各个元素的特点，还应统筹各种不同的元素色系等，共同建构出和谐的整体效果。

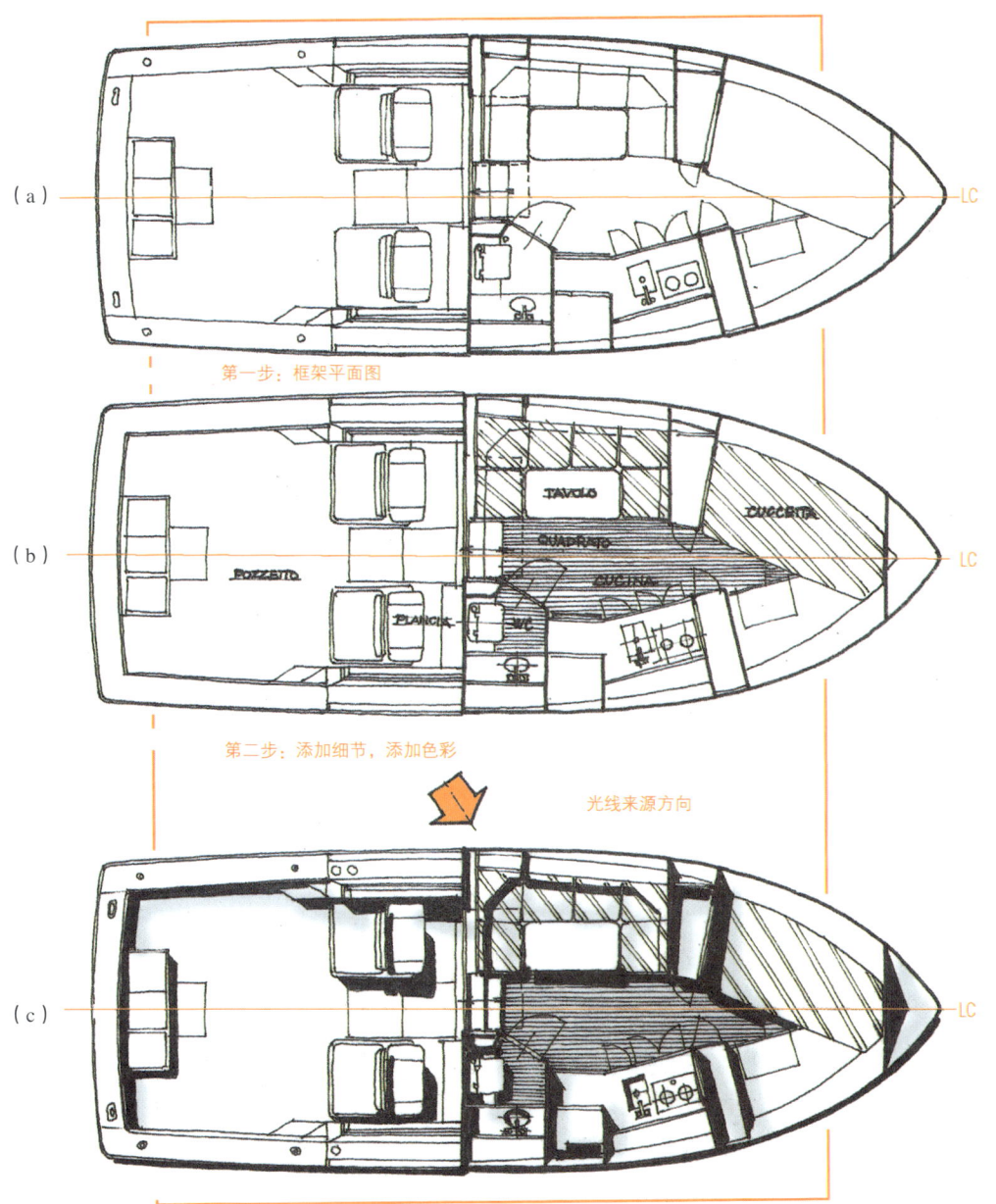

图18-5

平面渲染——内部

（a）线框平面图，线条宽度多的表示剖切面，而颜色浅的代表可视部分，这种干净的草图对于设计建造的表达和细节描述是最合适的；
（b）给整个平面图添加细节，可以更好地识别每一部分的功能，给它们填上底色是很有用的；
（c）同样的平面图，加上阴影之后就更易理解了，阴影部分都应该绘制一幅插图

注：（b）和（c）中的图纸更为实用。在彩色设计图中，阴影通常和光线联系在一起，也就是说，亮点在哪里，呈现给观察者的平面就会有不同的反射变化。

图18-6

透视渲染——内部（一）

（a）船舱内部平面图，地板上色；（b）中央透视法，灭点在地板上，墙面垂直向上；（c）利用阴影和不同材质的渲染完善设计图

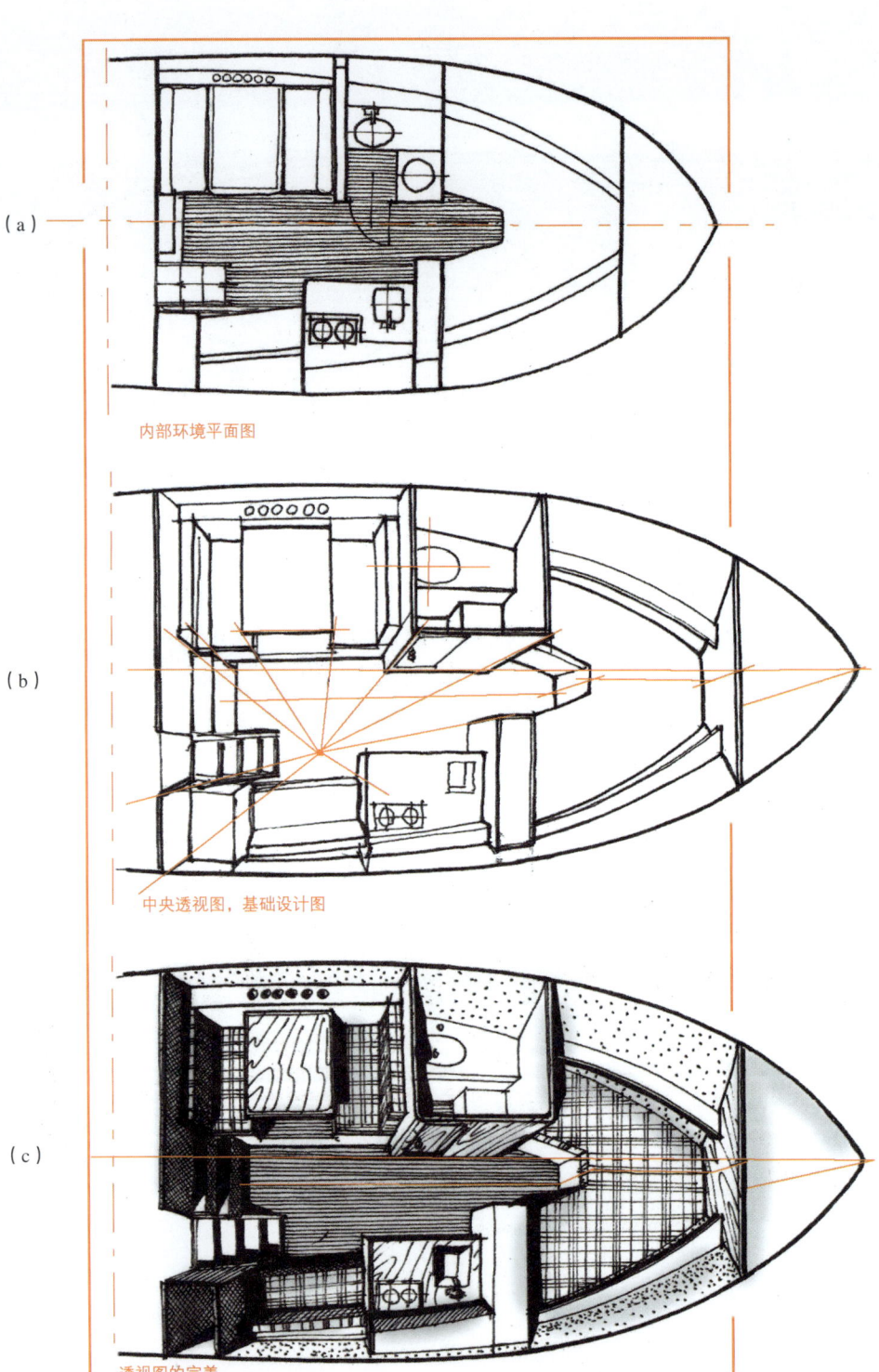

内部环境平面图

中央透视图，基础设计图

透视图的完善

图18-7

透视渲染——内部（二）

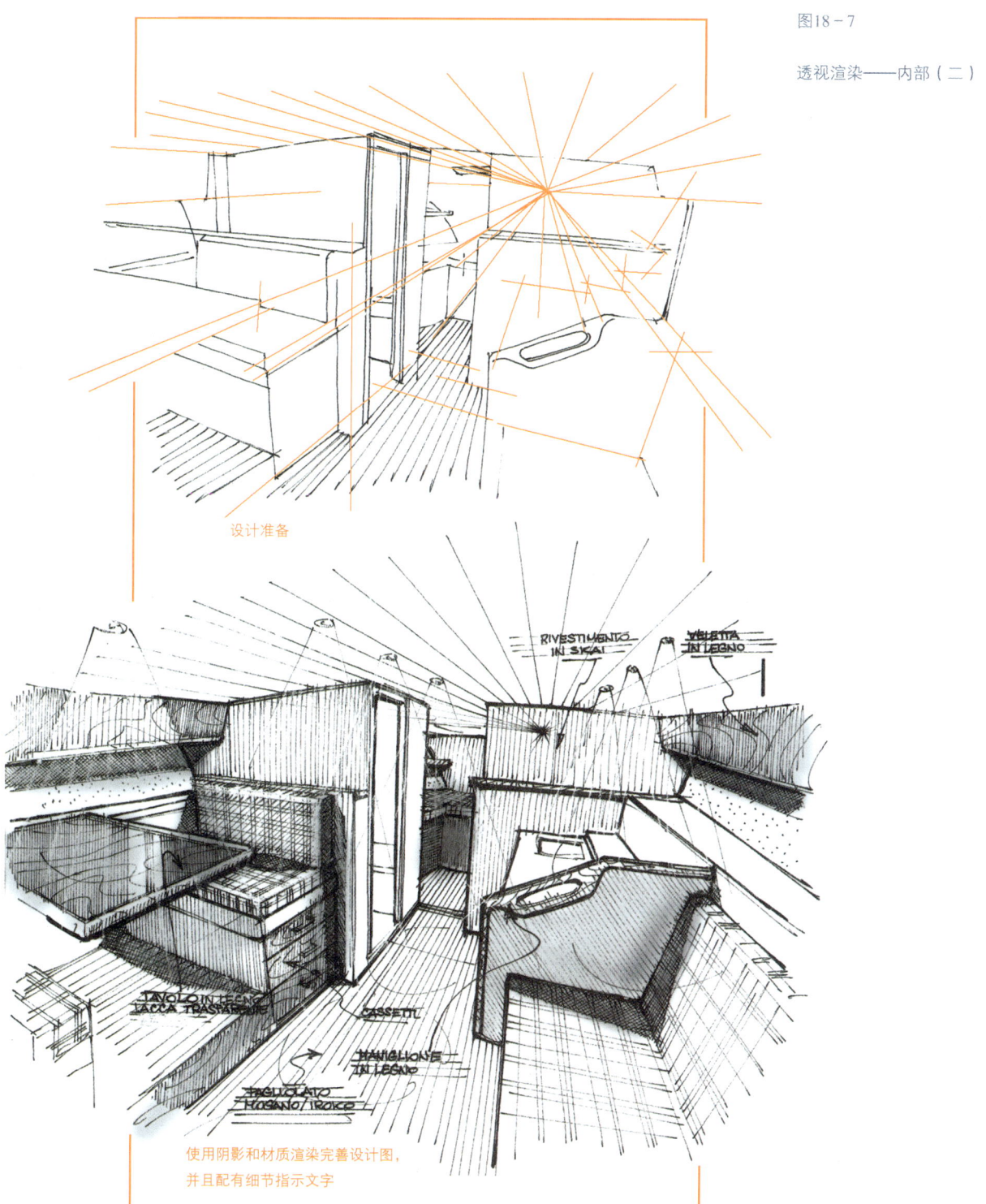

设计准备

使用阴影和材质渲染完善设计图，并且配有细节指示文字

18 透视和手绘渲染

图18-8

轮廓渲染（加背景）示例

图18-9

手绘渲染——
OFF COURSE 70（一）

（a）平面图；（b）立面图；（c）透视图
(作者设计和渲染)

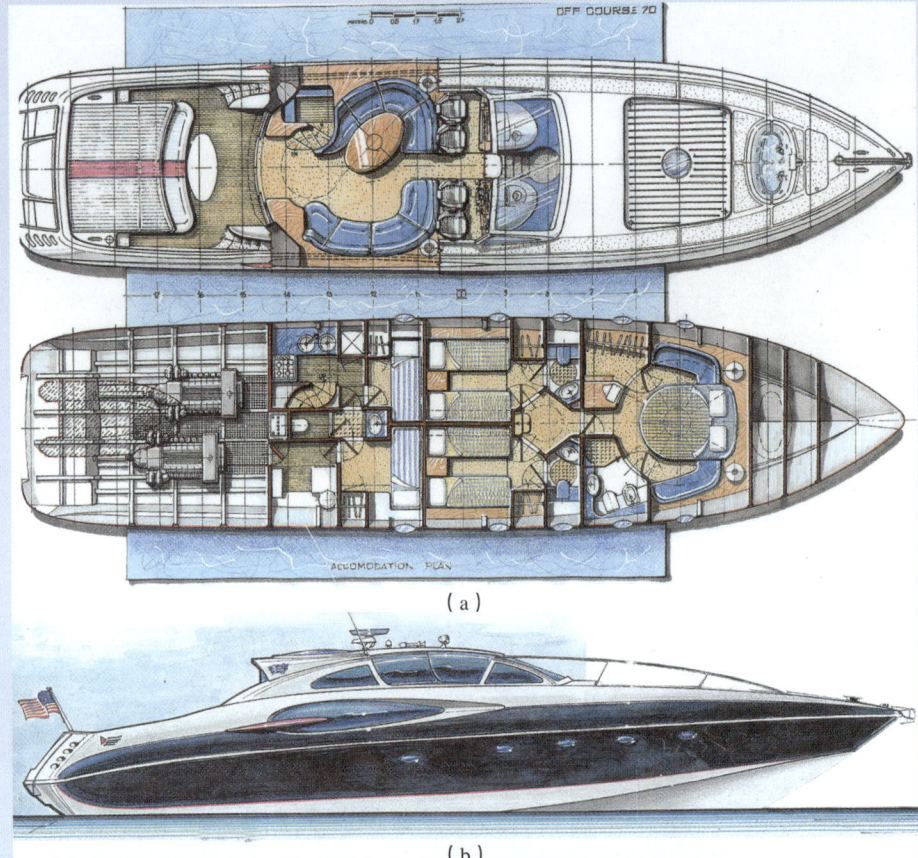

(a)

(b)

(c)

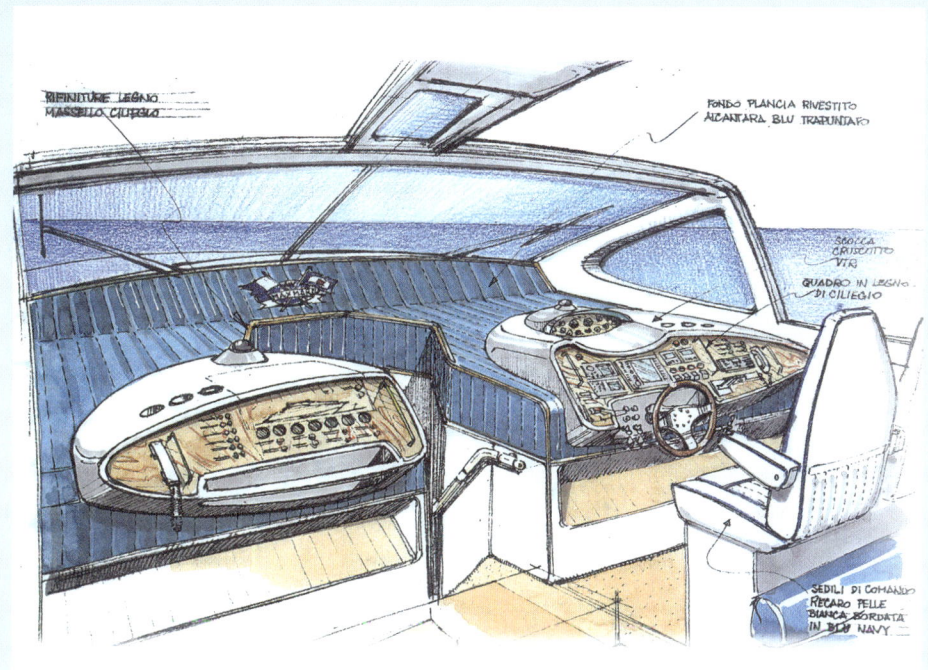

(a)

(b)

图18-10

手绘渲染——
OFF COURSE 70（二）

（a）驾驶舱；
（b）餐厅和沙龙区
（作者设计和渲染）

图18-11

手绘渲染——内部渲染

(a) 双人舱；
(b) VIP贵宾舱；
(c) 船主舱
(作者设计和渲染)

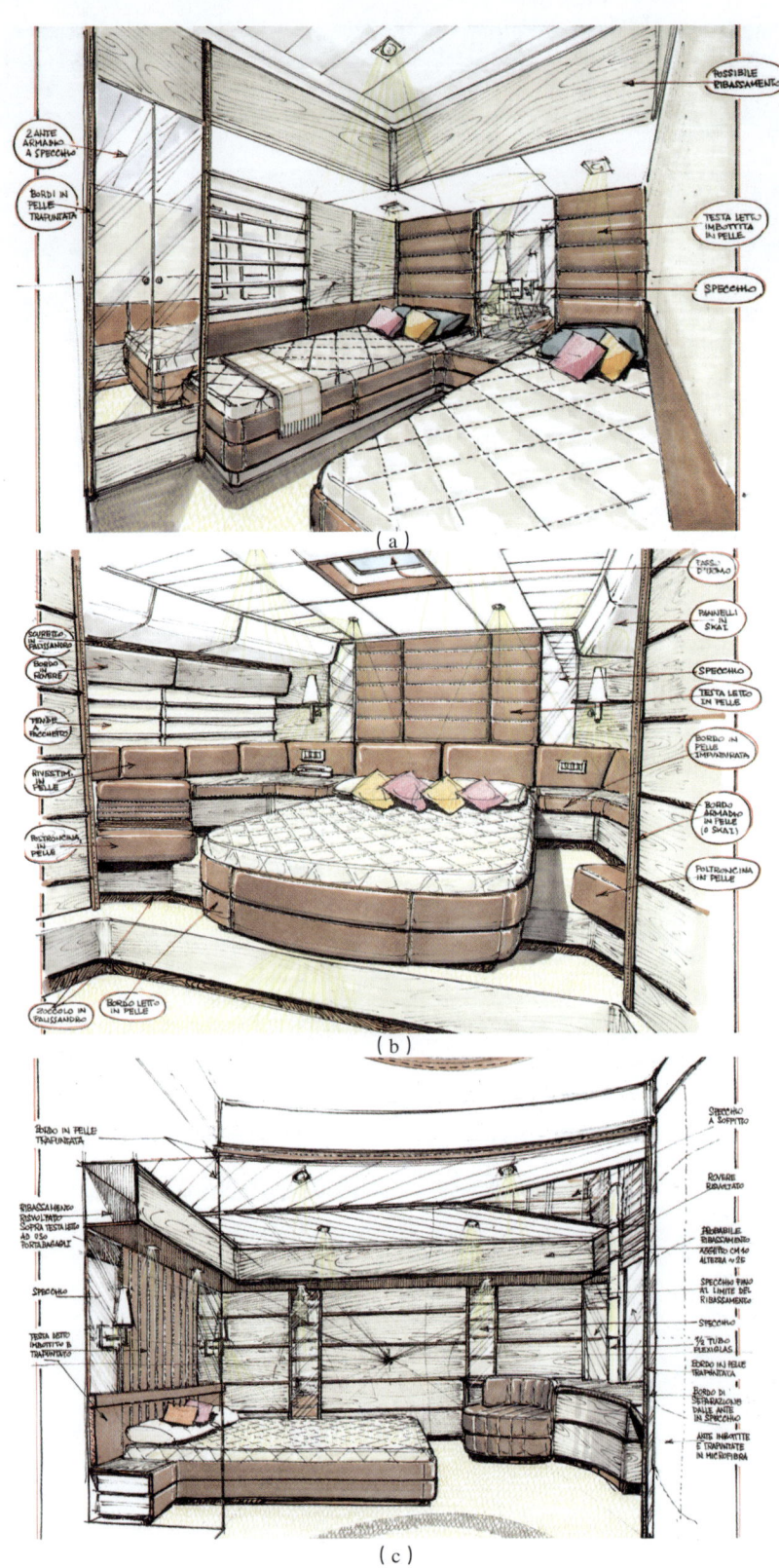

图18-12

手绘渲染——50ft游艇（一）

（a）透视图；
（b）甲板层平面图
(作者设计和渲染)

18 透视和手绘渲染

图18-13

手绘渲染——
50ft游艇（二）

注：内部渲染（作者设计和渲染）。

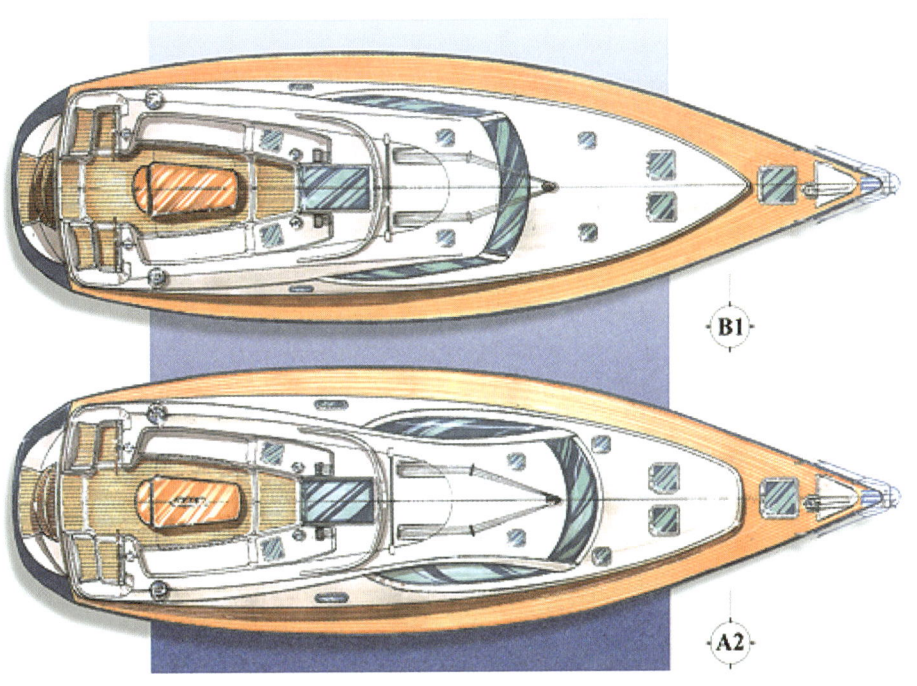

图18-14

手绘渲染——
Jeanneau 48DS

注：总平面图（设计：Garroni&Musio-Sale）。

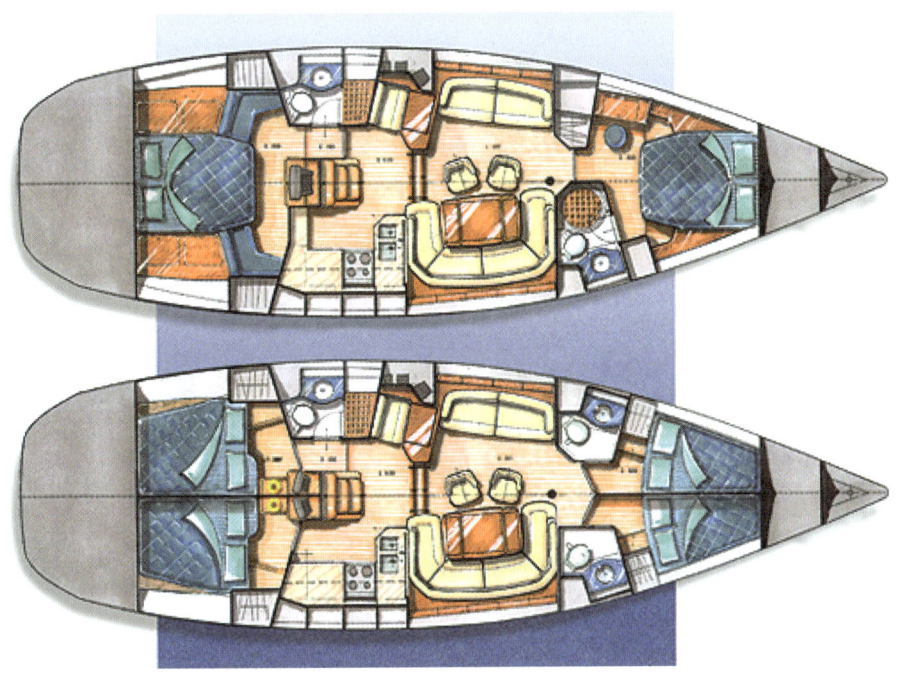

18　透视和手绘渲染

图18－15

手绘渲染——
M/Y LADY CRISTAL（48m）
（作者渲染）

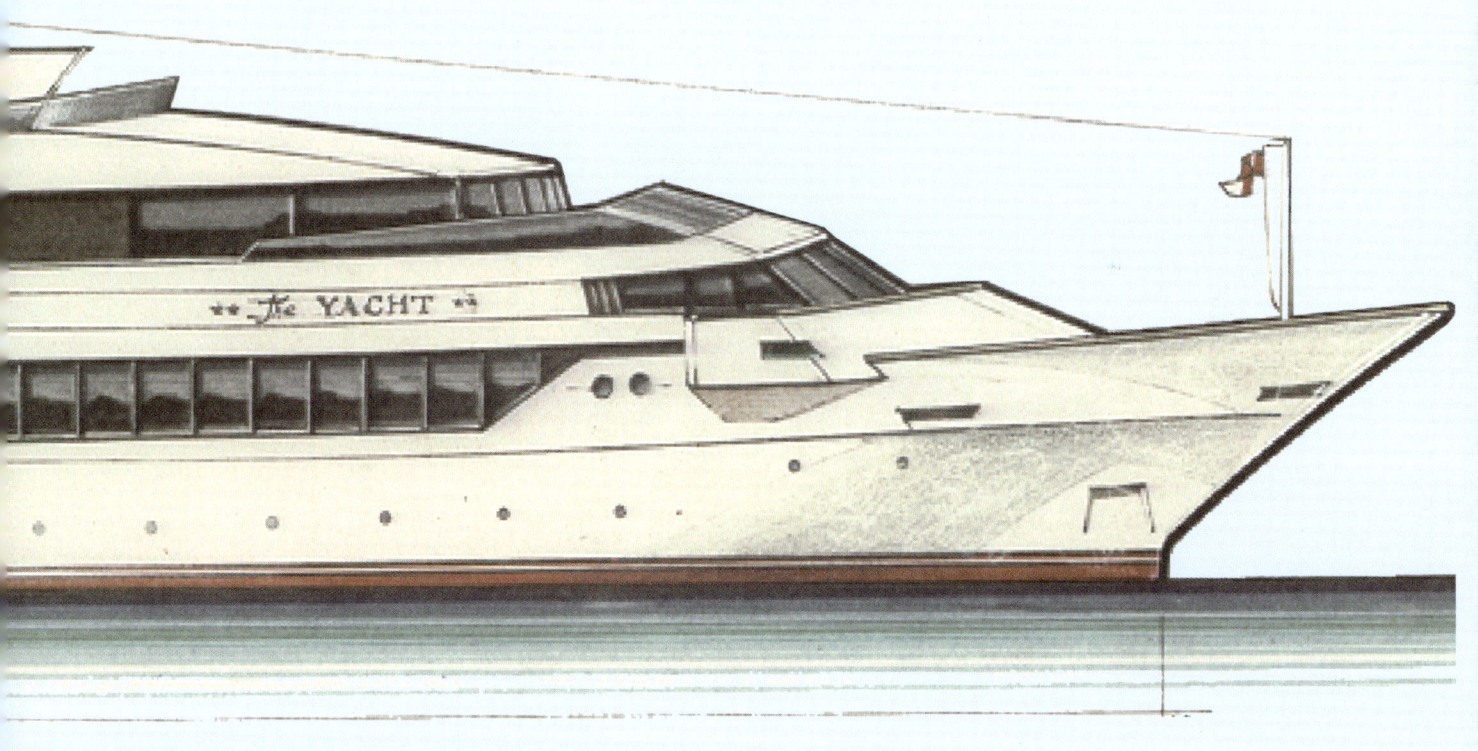

第3部分
概念设计之先进工具

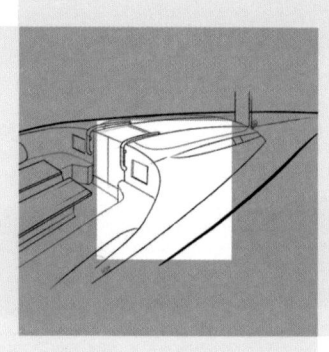

——从概念到实物

设计的数字化草图
界面控制与集合

技术工艺的趋势　　　　　　　　　　　　　　　Stefano Grande

此趋势在设计过程,在技术、工艺、建筑以及造船方面(有着巨大的影响),是近期最为深刻的一次数字化变革。

它(最初)只是对一些重要因素进行简单的变换,也就是数字化仪器替代了相应的工具(铅笔、制图仪、圆规等):数字化的制图仪替代了真实的制图仪,但是需完成的任务是不变的。

后来,随着计算能力的提升以及此项技术传播范围的扩大,(由最初的)相似性替换转变成了工作流程的组织模式,也就是将其分解为一些简单的子问题,在处理单一问题时,又保持了整体的连贯性。

航海专业也未能免受这波大潮的影响:变化始于制图技术专业,数字化仪器有助于绘制复杂的几何图形。

航海专业

该技术逐渐扩展到其他的相关领域,例如作为结构验证分析手段的有限单元法(FEM),可对流体动力学的特性以及负载进行分析。如今,专业的海事设计软件已在钢结构件的设计生产以及与之相关的工作领域实现了自动化,从计划装配(顺序)、管路和电子设备的安装到预计必要的生产工时,都能在一台设备上完成。除此之外,通过计算机辅助设计-计算机辅助制造(CAD-CAM)进行的设计在快速成型、逆向工程(倒序制造)以及所有通过3D数字绘制技术获得的虚拟体验上都有重大突破。

19　设计的数字化草图

硬件与软件工具

这种针对完备的数字化工具的专业集合不只注重于计算机辅助设计－计算机辅助制造 (CAD-CAM) 的绘图技术方面，还更注重直接的"创意"，这与设计者的想象力息息相关，他们构思轮廓和新的线条，想象未来的审美特点。因此才会存在不同类型的软件工具，之前只有数字化艺术家这个群体使用这些软件工具，它们是由高精度数值技术工具集合而成的，用来控制绘图以及数字绘画。对户界面更加友好，能够调和数字化的严谨度与（操作的）自由度和自然姿势的持续性的需要，很大程度上推动了相关硬件的发展。在这一领域已经出现了数字化界面 2D（平板电脑和扫描仪）和 3D（三维扫描仪和各类自然触控体验设备（类似目前的 VR 设备）。

新型硬件工具

平板界面（或者绘图板），这种可提供有传统自由手绘图感觉的工具，使用电磁笔（或者光学笔）来感应动作（来完成）轮廓的绘制。这允许其可以读取由笔（位置、压力、笔势、瞄准方向、按键等）转化过来的参量，从而在 2D 屏幕中获得精准地控制软件的方式。通过这种模式可以完美地模拟所有绘画工具，从彩色铅笔到喷漆枪系列、马克笔和水彩画标记笔。在这个领域，高质量产品的市场领导者是 Wacom（和冠）公司，它提供手绘硬件 Intuos 的生产线，十分专业和昂贵，是这个领域的最高代表，主要规格为 A5、A4、A3。然而无论如何，总是存在物美价廉又满足人们需求的产品。

图 19-1

硬件改革之后，Cintiq di Wacom 系统紧随其后，此系统面向专业用户以及重点企业，这些企业着重发展高性能的平板系统和可直接在上进行绘画的屏幕。这些工具可用于 12~21in 规格的屏幕，并且允许在没有定稿的时候用屏幕上的成果进行交互作业。用于计算的必备硬件，要想处理高规格的图片，如含有多个图层或需要使用复杂渲染算法（即时渲染）的图片时，需要强大的处理能力。

此种产品只能在很小的市场范围内流传，而另一种类型的平板已经被淘汰不用了。❶ 平板电脑之所以不能广泛流传，是因为作为一种专业工具，它的应用面很窄、计算能力有限（为了体积小且便于携带）并且也很昂贵。在 3D 工具中，有众多的 tracking 界面，它也能够控制三维空间的控制点，这些控制点被用在建模软件的 3D 空间里，用来描述一个物理模型的各个关键节点。

在这个领域里使用的对图片编辑的程序极其重要，它不仅要能够读取触控笔的数据，还要对设备进行连贯的控制。

主要的软件是 Adobe 的 Creative Suite 的 Adobe Photoshop 类似的软件是 Corel Photo Paint，它属于 Corel Draw! 系列的一部分。这些工具都是从一种与先前略微不同的技术中衍生出来的，因此，它们用十分相似的方式来应对绘制概念稿的直接需求。一些有关书画刻印艺术矢量的软件，比如 l'Adobe Illustrator 或者类似的 Corel Draw! 可用来研究矢量曲线控制领域。这种特定的软件能够保证更好的效果，被专门用来解决平板交互界面的问题：

软件用途
图 19-2

一些基础的类型，但运行速度较快且更为直观的工具，比如 Auodesk Sketchbook Pro，另一些则保证了专业高能，更加注重工具的质量和个性化，用来管理高质量数据，控制包括艺术和技术在内的方方面面。其中的标准规格是 Corel Painter X。

由于 Sketching 工具与先进 3D 建模工具的智能融合，我们可以建立更完整且复杂的（模型），其中以 Autodesk Alias Studio 的软件为代表。它控制着直观完备的、能够解放双手的绘画工具，同样会使用 Sketch，可以直接在 3D 空间的平面上进行绘制，这是作为曲线构造以及三维曲面的基础。它显示了两种现代航海设计的基本特性之间的直接联系，另外还可以持续检测修正外观。

数字化图形的构造

先进的数字化绘图工具和相关的建模（方式）起源于"传统的"纸

---

❶ 此处指代不明、原文作者所指"已被淘汰的产品"应为早期的规格更小的绘图屏 / 板设备，因性能关系已停产。

19 设计的数字化草图

图19-1

硬件工具

注：数位绘图板界面使得直接用电脑绘图成为可能。

组图19-1

（a）Wallynano船模型，day-sailer，全长11m，设计师Andrè Hoek；
（b）Autodesk Alias Studio软件使数字绘画与3D建模同时进行

上绘图活动，它们之间有一系列的相似性，但也有一些非常重要的不同之处。

使用过程与"手"绘的相同，因此就像控制参数一样：如果对关于画什么以及怎么画的知识了解得比较少的话，光凭数字化工具是很难画好的。

我们可以将数字构造图细分为三组，它们源于传统绘图，是三种典型的数字式的绘图法（关于概念和图解）。

原始绘画的途径就是类似于画家作图的方式，从一般的草图开始绘制（无法提前知道任何细节，只能确定场景的几何图案）然后是进行色彩调和，尤其是对象之间的衬比。呈现的结果是更加注重绘画的总体感觉，而不是对细节的精准表现。

原始绘画过程
图 19-2

这是设计师最为常用的技巧，它能够非常迅速地表达出概念，同时使内容十分丰富且动人；能够实现在一个完整场景中"不用双手而实现绘图"。

组图 19-1

"原始草图"的绘制过程展示的是在所使用的线条的厚度上对笔画的完美控制。

原始草图绘制过程
图 19-3

这种技术起源于连环画，其中只用很少的笔画就能表现一个场景，并且描述得十分完美；这对于描绘一个电影世界是很有用的，因为能够快速地表现出一个特定的动作。它与之前黑白图像的画面相关，或者只有一种颜色，经常用于表现船的特定部分。另外，它也涉及填涂笔画中的空白，或增加原始图画的清晰度与对比度。

图19-2

原始绘画过程范例

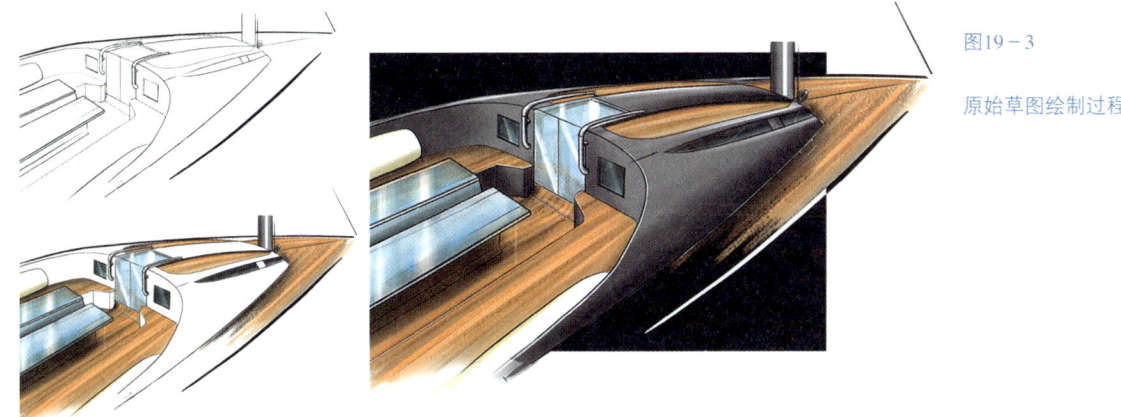

图19-3
原始草图绘制过程实例

绘制原始照片的过程涉及对现有图片的修正，它们可作为背景或者用笔进行复制的基底加入（到绘制的过程中）。它与照片编辑技术以及用先前存在的因素集合成场景的功能十分接近。主要用途：在没有3D数据计算时能够快速进行场景描绘，比如被用在甲板平面以及雕刻领域的矢量技术。

对原始照片进行绘制的过程

这三种由数字化工具提供的不同方式，与传统技术相比有其长处，但也有其特定的弊端。

与传统技术相比优势与劣势

需要注意的是，在必备器材上除了价格差异、耗电量以及器材的复杂度，也取决于所使用的软件种类，并不是一成不变的。数字化工具会提供一大类被广泛使用的工具，从刷子到水彩画笔、铅笔、马克笔、海绵以及各类喷漆枪（无需单独购买各种用具）。每样工具可以自由设置，以模拟各种颜色在不同纸张上不同的笔触效果。

这样可以控制很多参数，而这些参数并不总是那么容易理解。数字化工具有撤销功能，可以退回到需要修改的步骤。

未来发展
图 19-4

从另一方面来说，这种特点可以弥补学习时的缺陷：让你有一种错觉（但不是时间上的），也就是可以重复操作千遍，直到你满意为止。数字化工具绘制出的线条更加干净，让您可以选择所需的分辨率，直接描绘出数字图像（避免在纸上扫描图案，这样往往会丢失信息与细节），轻松地通过电子邮件发送或直接发送到打印机。另一个有利的特点是可以利用图片编辑软件，对层与层之间进行编辑、选择和操作，比如模糊、表现肌理、对色彩和饱和度进行微调、恢复矢量轮廓、复制粘贴等。与此相反的是，数

19 设计的数字化草图

字化工具最薄弱的地方在于不具备控制力。它很难达到一支真实的铅笔所具备的灵敏度和易控制度：你必须适应一幅不能直接触摸到的画作，必须十分耐心地寻找感觉和平衡点（这还取决于姿势是否正确）。更严重的缺陷是：数字化工具并不能提供任何形式的触感，而这一点在传统工具中恰恰是最基础的：所有的信息和印象都是从显示器中衍生出来的，显示器代表了被想象出来的东西（比如很难在两个距离很近的精细轮廓之间画一条线，或在相同的位置精确地继续进行绘制）。当前的工具虽然尽可能的还原笔迹，但还是感觉有一点偏差，至少在刚开始的时候感觉还是很明显的。（但可以预见）二维数字化工具将往三维继续发展，将来会出现包含比目前更好、更准确的界面系统。❶

目前已经有一些软件，能够将有质感的纹理贴图直接映射在三维 NURBS 模型上（如 Deep Paint 3D），在相关设计领域充分发挥现有设备的计算能力。下一步的发展是由 3D 建模系统进行介入，它通过输入关键控制点（比如 Freform 软件）；可以直接控制一个对象，进行建模，做成 3D 效果，其加工过程类似于数字化雕刻家进行的雕刻。这些设计方案能让我们创造出一种方法来测试和完善最终产品的质量。

图19-4

ZeydonZ60，BMW设计团队，概念图

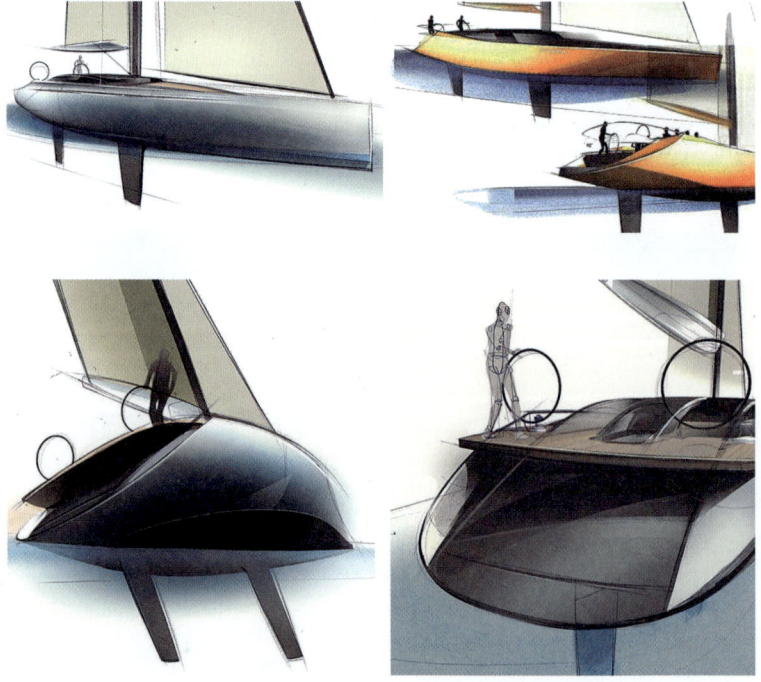

❶ 在作者成书时，软硬件确实比较难以做到这些、但是在目前除了触感没法模拟外，其他部分软硬件上都已有成熟的解决方案。——译者

游艇设计
——从概念到实物

三维建模
全面设计

介绍　　　　　　　　　　　　　　　　　　　　　　　　Mario Ivan Zignego

在前面的章节中，我们介绍了船舶二维图的绘制及相关问题的解决方法。为了最终解决这一问题，我们首先要分析"船"这一具体物体，然后分析有关的绘图和设计元素。如今需要用电子计算机编制的图纸，完成上一章中提到的程序模拟以及数字化二维制图。

随着最新一代计算机的出现，我们开始通过在电脑上设计拥有复杂空间造型的物体（比如船）的容积。随着电子制图的简易化与计算机的普及，原本一些（复杂的）计算操作渐渐演化在个人计算机上完成，即成为包括管理、监控、验证以及处理从小尺寸（物件设计）到大规模（城市领土规划）工程三维模型工作站。❶

　　个人计算机

这种现象十分的重要，不只是因为单独一台机器的价格降低，还因为对人性化操作的研究得到极大发展，已经到了可以方便使用的水平，即所谓的用户界面。

由于使用方便，所以即使是电子产品和编程的门外汉，也可以轻松操纵计算机，使之成为生产力工具。

我们很清楚，（尽管这不是研究的主题）虽然使用机器，可以简化

　　CAD 领域进行作业

---

❶ 本段包括部分下文主要是作者在见证和阐述了 PC 还不是一个词而是刚刚被写作 P—C 时，图形界面刚把设计师从繁重的绘图和计算中解放出来并给传统的工作模式带来了巨大变革，这种冲击对于现在生活在信息社会的读者来说可能不易理解，但对于当时而言非常有必要提及，包括编程、程序员，以及设计师之间的职业关联也带有当时的时代性。

重复性劳动，缩短处理时间，提高工作准确性，但是其"单独"作业不能解决一些阐述性的问题；因此用户必须"自己"了解工作环境的相关理论。因此，在 CAD（计算机辅助设计）领域工作，只靠编程员的知识储备是远远不够的，还需要深入了解绘画技巧和设计理论，建筑师和工程师尤其需要注意这点。将设计输入到计算机，同时需要基于上述两种不同的工作类型。

借助界面中的工具可以绘制二维图形，利用专门机器提供的帮助实现高精度的设计，并可在工作的各个阶段方便地更新。而三维（3D）项目处理程度则直接反映了计算机的性能。这种方法，与 2D 相比，需要更高的存储器和处理能力，它使得建模设计概念得到扩展。空间中的每一点都可以用三个空间坐标确定，通过作用于固量，可以直接完成造型。更为复杂的现代建模程序（Catia、Alias、Mircrostation、Rhinoceros 等）为用户提供四视图，可以实现用三维模型的快速控制管理模型（三张主要的正投影视图，一张能在空间中变换的透视图）。

2D-3D 之间的关系

此类软件允许与机器进行交互，可以通过视频[1]直接校正产品，通过反复地验证和修改来正确地建立船舶的外观形状。

设计阶段的模型

Rhinoceros 软件

为了充分说明数字技术协助开发项目的重要性，在这里我们选择 Rhinoceros 软件作为一个可用来研究和分析的具体例子。该选择基于这样的事实：在所有软件中，Rhinoceros 是被设计师使用最多的软件。事实上，它是一个非常容易使用的程序，其界面直观而快捷。用 NURBS[2]方式创建的外观面可以方便地在各种类型的软件中导入导出却不会发生错误或问题。

---

[1] 原文写作 video 实际是通过在软件中移动视角进行多角度的观察。

[2] [Non—Uniform—Rational—B—Splines]（非—均匀—有理—B—样条曲线）用来表示曲线和曲面的建模方式，是(理想的)三维几何的数学表达式，可以精确地描绘任意形状。使用 NURBS 的优点：3D 模型具有相同的精度，使得它们同样适用于工业模具；是在设计软件中间使用最多的数学语言；它们都是基于有着明确定义的数学原理；它们在标准几何形状以及自由曲面的描绘中十分有用；相对于（同一个物体）用网格面定义的对象，其控制点较少。

由于这种精确和灵活的特性，NURBS 模型可以用在许多不同的场景中，从插图和动画再到工业产品设计（模具）。另外，Rhinoceros 是一款"轻"软件，不会对电脑操作系统形成压力，在外观设计管理和高精度复杂的三维模型设计上，它显得经济实惠并且十分精确。

NURBS 模型

如今存在更复杂和精确的软件，基于参数化设计的程序，非常有益于项目运行和工业生产（比如 Catia）；可惜这类的软件因为（界面）复杂繁琐（以至未能在设计师间大面积推广）。设计师需要在设计阶段得到"灵活的"数字（建模）方面的帮助，以满足每一个创作过程。使用该软件可以帮助设计师完成整个船的设计，从最初的整体形状到所有的部位：船体、结构、上层建筑、室内设计到细部最终的陈设……在设计的第一阶段，仅仅是将设计师阐述的一些思路与最初的设计转成直观的 3D 模型形式。一个好的模型，关键要素不是其外表，而是表象背后的线条，因此，需要绘制出好的曲线，从而在项目"诞生"的后期阶段得到有效的结果。[1] 在这个阶段，数字化能够提供非常有效的支持，因为它能够减少设计及概念表达过程所需要的时间……

优美线条引导 = 优美外观

图 20-1
图 20-2

一艘船是由许多零部件装配而成……该软件能够实时尝试不同的（装配）解决方案，充分利用已开发的其他项目的 3D 模型以及正在设计中的全新装配的零部件；该软件还可以通过不断地进行验证和设计得到持续的反馈来进一步优化设计。[2]

验证阶段的模型

在接下来的设计阶段里，有一个阶段是验证该项目。该软件能够在这个关键阶段提供进一步的帮助。与建模程序一起配合使用的还有另外的,能够计算船体装载状态的软件，此类软件能计算船体重量的同时通过计算船体（不同部分）重心（分布）来达成稳性计算；因此，显而易见，要达到

计算机辅助：负荷指数，重心，稳性

---

[1] 本句译文中"有效"的结果在原文中使用了两个词：一个是效率，一个是有功效的（risultati ef-ficienti ed efficaci）来强调在此设计阶段，好的曲线对最终产品在有效性和准确性两方面的重大影响，直接的翻译不能很好地传达出原文所要强调和传递的信息。

[2] 作者的本意是强调此软件便于对设计结果进行验证的特点，而非意指修改 - 验证循环能全自动化。

20 三维建模

图20-1

依照侧视轮廓线建立3D模型

（a）一艘45m的超级游艇；（b）一艘18m的动力游艇

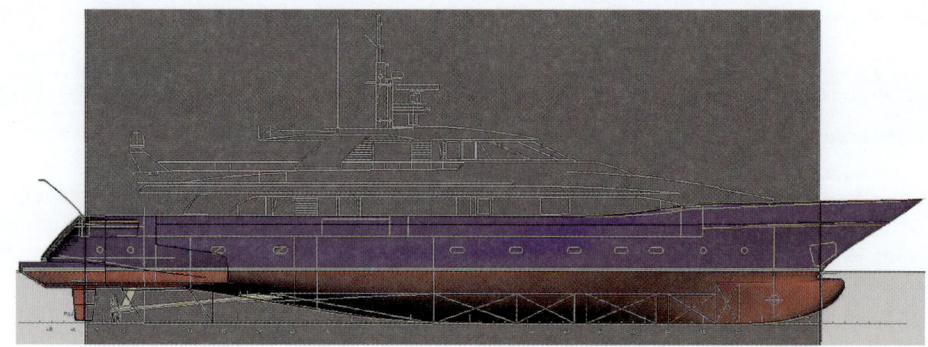

（a）

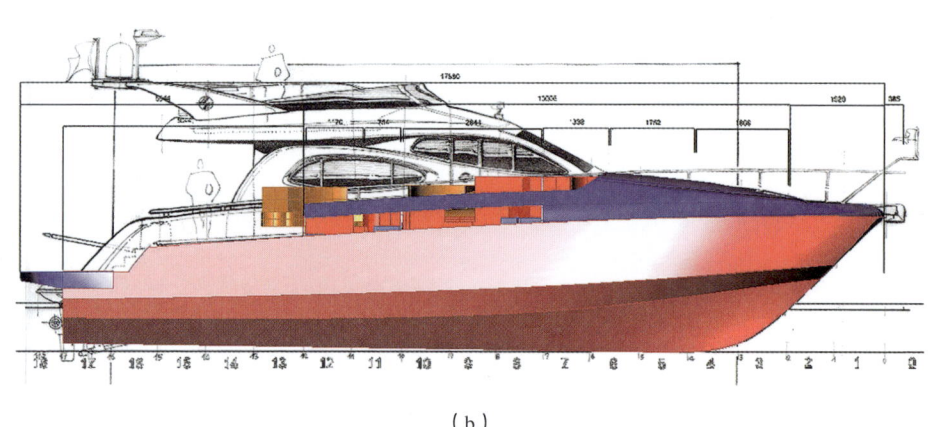

（b）

图20-2

修订现有的船体草案

注：在左图中，可以看到将新的部件嵌入到有的船体中。右图像代表了一个加长的船体。

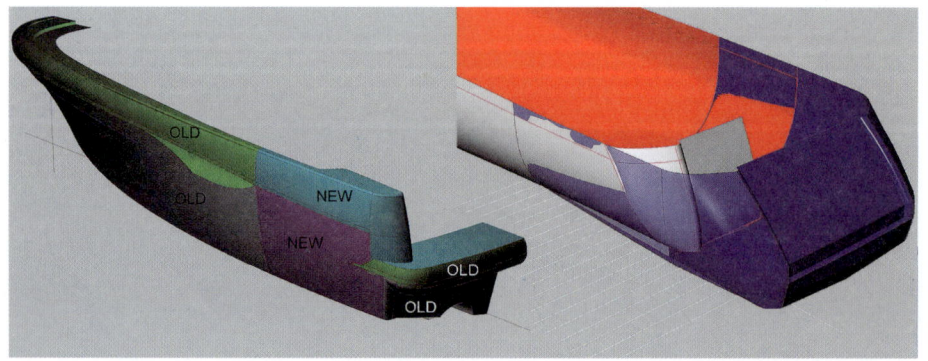

这样的结果，即使是能用直接做出的 3D 清晰草图的设备，也仍需要做出精心的规划。

事实上，3D 模型完成后，可以（由 Rhinoceros 得来）进行一些设计检查，或者将模型导入其他兼容程序中，以更具体地检查设计中的其他重要特性：静水力验证，船体重心验证，船体阻力验证，空间、体积以及人体工程学验证……

此外，3D 模型可以提取（各部分的）曲率，从最初的船体线型就开始介入，一条曲线一条曲线地验证，计算船体水下部分体积、船体稳定性，检验模型船体表面质量。

也可以只在模型局部检验曲率，以此验证是否有缺陷或问题。也可通过在 3D 模型上渲染伪色彩图，也特别有用的，此外还可以在船舶设计的各个阶段通过观察和赋予物件不同的色彩和材质来发现缺陷。❶

在施工阶段尤其重要的是验证数字模型中的各种特征数据以及模拟运动。目前有很多种软件可以进行这种测试。以 Catia 为例，通过把模型细分为大量的"块"，能够模拟出船体运动轨迹，以便预防出现重大问题以及设计缺陷。仿真模拟能让我们预测到在施工过程中可能出现的问题。❷

Rhinoceros 软件有专门针对海洋领域的扩展插件，被称为 Rhinoceros Marine，它能够通过实时地修改和验证主尺度数据、设计和静水力性能，非常快捷地绘制出船体。

必须提及的是，3D 模型也让实验室和（船模拖拽实验）水池进行比例模型试验成为了可能，让我们能观测比例条件下的真实外部环境：风、波浪等对模型的影响。

从 3D 外观中获取曲率信息

图 20-3

通过数字模型执行生产

Rhinoceros Marine

---

❶ 本段和上段所提到的是集成在 rhino 中的部分分析命令，通过诸如 Curvature Graph、EMap、Curvature Analysis 之类的命令来实现曲面质量和曲面间衔接质量的评估。

❷ 这部分所提及的两点对应目前的 PDM 即 Product Data Management（产品数据管理模块）以及 FEA 即 Finite Element Analysis（有限元分析模块）。

20 三维建模

图20-3

在3D模型上进行验证的实例

注：前四张图表示对外观进行验证（右上：显示物件曲率；左下：斑马纹显示；右下：赋予环境贴图）。接下来的三张图片显示了雨篷的运动轨迹。

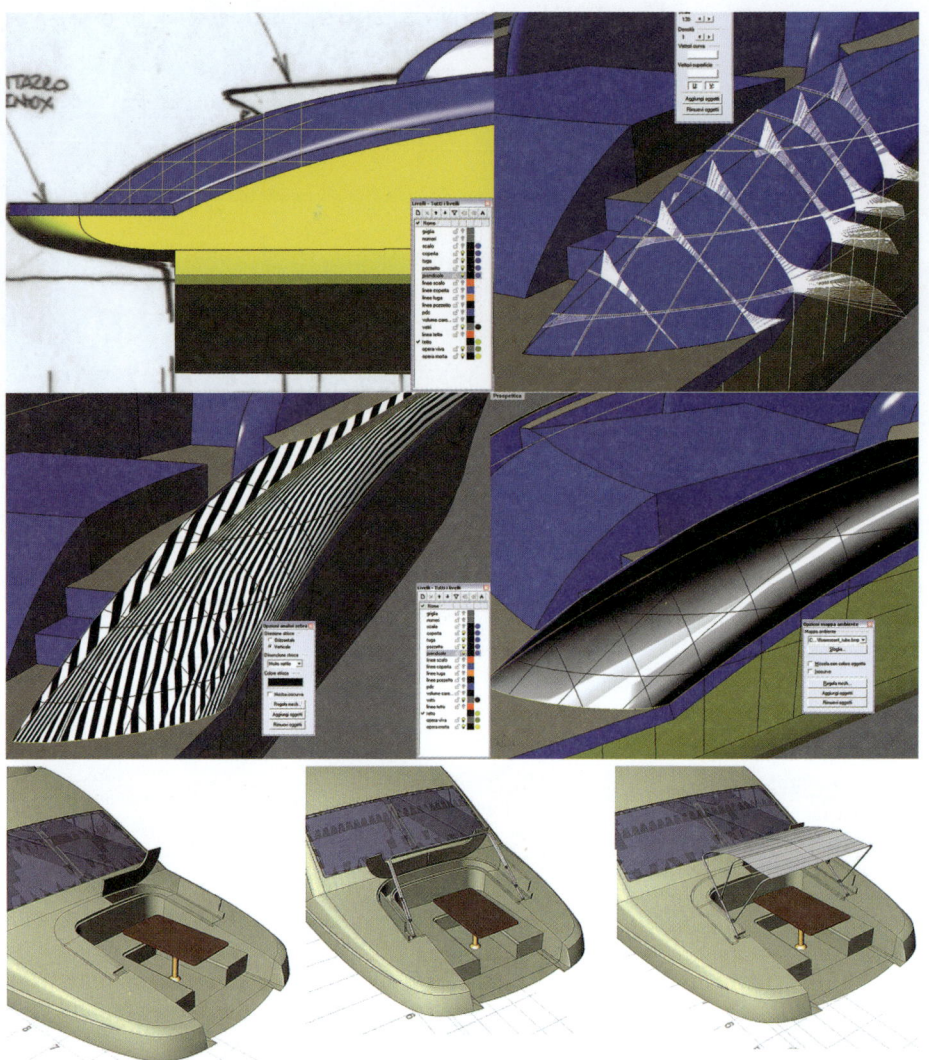

施工过程中的模型

如今，随着技术的进步，造船技术达到了较高水平。现在可以直接将电子模型输入数控机床上加工，直接制作出上述三维模型的实体模型。

CAD-CAM

这个过程被称为CAM（计算机辅助制造，采用计算机模拟化），在现代化加工中心中非常普遍，在造船业尤为发达。因此，在本阶段，模型被提交到具备CAD-CAM功能的电脑上，由电脑控制铣削船体部分，切割材料，控制施工次序、零件组装等过程。❶

---

❶ 本书提及的数控加工或快速成型除特别说明外均是指传统的CNC加工或由多自由度雕刻机械臂完成的，有别于目前的3D打印技术。

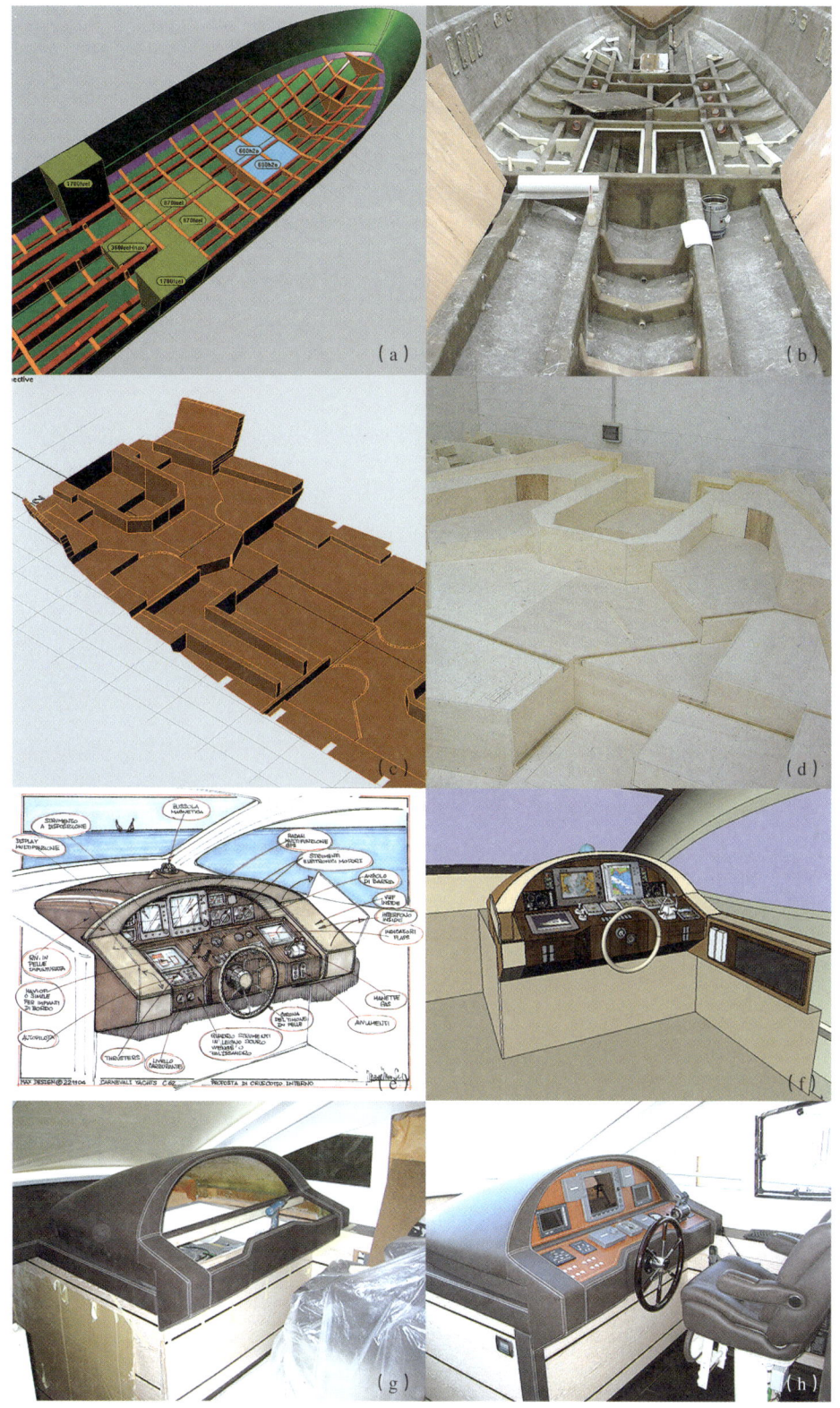

组图20-1

虚拟3D数字模型与实船之间的关联

(a)、(b)船体结构图;(c)、(d)下甲板模型及实物沙盘(带有作为水密隔舱作用的座椅);(e)、(f)、(g)、(h)游艇驾驶室仪表盘,从概念草图到原型

20 三维建模

组图 20-1

随着更专业的软件的出现，可以建立各种更详细的组装序列，从而可以有序组织管理建造模型和相关施工。

展示阶段的模型

在完成了符合要求和各项技术指标的船舶设计，并在虚拟环境中（效果真实）进行三维电子样机测试以后，就可以绘制施工图纸了。这意味着需要将那些不同类型的代表着不同阶段的图纸按规划好的次序做出。

回到绘图阶段，为了管理纸上的电子设计，需要在不同文件上制作不同标题类别。以便可以方便地从图纸中分离出各个平面图。3D 模型除了用于制作用于水池拖拽实验中的比例模型外，也十分有利于展示设计的结构。实际上，最好给客户或最终用户呈现木质或树脂类型的模型，因为这样可以非常方便和直观地观察设计原型，即使是对最苛刻的、与设计界毫不相关的海军客户来说，也依然如此。不仅只在向委员会介绍阶段，还要在施工阶段做技术专题介绍：这是最基本的要求。工人们要理解设计的技术要求和3D 模型之间的关联，最终还是要依赖于明确的2D 图纸信息。结构工程师也需要提交这些图纸给相关认证机构进行认证……现代的空间建模程序能够处理与其相关的光、颜色和材料等各种场景。因此在需要的角度渲染船舶，再把由软件形成的图像与摄影得到的相应的照片相互融合。在这种情况下，可以完成对现实的虚拟，通过印刷，提供完备的、真正客观的预览图像，而不必真正地将工程建好。❶

关于专业软件对照片的逼真渲染和动画虚拟形成的研究和分析，我们将在下一章进行深化。

通过 3D 模型文件完整保存技术要求建立物理模型

组图 20-2

---

❶ 先拍摄一张特定角度的自然环境作为背景，再按照此角度渲染一张船舶的效果图，再用图像处理软件将两者结合起来、在作者成书的年代，是一种非常有效的出片方法，随着现代渲染软件对环境光等因数处理能力的增加，这种方法也在逐步被替代。

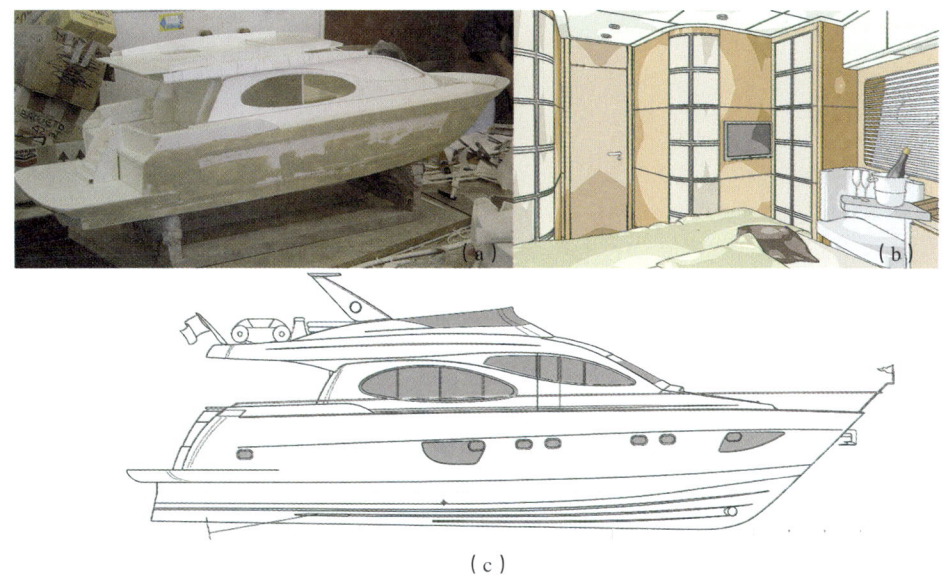

组图20-2

（a）根据3D文件数控加工生产出的树脂模型；（b）通过三维文件验证在三维空间饰品摆设的解决方案；（c）通过3D文件确定2D轮廓

——从概念到实物

数字渲染
计算机仿真

静态渲染　　　　　　　　　　　　　　　　　　　　　　　　Valentina Solera

　　为了保证项目的（顺畅）沟通，就需要建立静态渲染和虚拟动画，以实现对项目的三维展示，这样一来，即使是那些非专业人士，也很容易理解。这些（展示方法）是当前（普遍的）需求，并且使用相关基础工具并不是一件困难的事。许多软件可以导入由其他工具构建的三维模型，并建立真实和生动的渲染，将已有的材质赋予到模型的对应部分：通过光影运用使整体变得丰富，呈现一种令人称赞的虚拟现实。为了提升渲染质量，往往需要强大昂贵的设备以缩短制作时间，即使这样仍需很长时间❶；如果能够准确估算三维模型，就可以大大减少处理时间，并减少计算机的工作量。在这里，我们简单讨论实现静态渲染的基础工具和一些展示船舶航行状态的动态短片。

真实的渲染和动画

　　很多在售软件都可做出最高质量的渲染，由于这些软件的设置和设计都类似，因此它们遵循相同的数字渲染规则和基本概念，其中的 3DStudio Max❷ 就是一个非常有代表性的例子。

3DStudio Max

　　它除了是一种被广泛使用的工具，同时也是实现虚拟视频图像与人结合，以及呈现三维动画场景的专业级工具。然而，在航海船舶领域，只

航海领域的目标

---

❶ 本段作者成文时早于奔腾 4HT 时代，相比现如今动辄几十核心的工作站数百核心的渲染集群立等可取的效率来说，当时一张高质量的效果图往往需要半天以上的时间。

❷ 选择 3DS Max 是基于其软件质量以及其众多而全面的参考书籍；它与那些在设计领域被广泛使用的矢量建模软件（例如 Rhinoceros、Catia 和 Autocad）有着良好的兼容性。3DStudio Max 同时也是极其专业的图像视频制作工具，如今在还原现实（材质、光、影）方面被认为是标杆软件。

21 数字渲染

需要能使用一个能够满足各种效果的软件就足够了。例如材料模拟（柚木、金属、玻璃纤维……），又或者，得益于动画功能，可以进入到 3D 模型进行虚拟浏览，观察它的各个部分，并在其内部创造一个路径，虚拟出摄像机拍摄的场景。

由于 Rhinoceros[1]软件能完成船舶模型（或其他部分）的建模，我们通过导入各种部件力求在模型上真实的再现，从简单流程开始，到更复杂的渲染分析；从构成船舶的构成材质，到光和影的运用。研究仅限于渲染出接近于真实的模型并作出动画效果。无论如何，我们都不指望自己所使用的工具可以完成一切，因为我们更愿意通过提供一些对工具和程序的理解，去激发设计师的好奇心，形成一些概念，以便去进行更深入的研究。

模型的建造和组织

渲染的实现

要实现渲染需要完成一些基础步骤。场景中对象的形状（从其他软件中导入或者直接由 3DStudio Max 的建模工具完成）应该被组合起来从而有利于材质的赋予。通过一个或多个摄像机来控制视角，通过设定参数来实现材质定义。使用何种材质来呈现对象，这由投影模式决定。最后，加入光源、阴影、透明度、反射和折射，它们需要在最终提交给计算机渲染前被仔细校准。

渲染之后，会以点阵的形式储存起场景图片，因此还可以使用其他图片处理工具进行编辑。对于使用者来说，可以方便地从一个软件转化到另一个软件。但是，为了避免可能的损失，如画质下降，也为了使下一次渲染有更高效的组织效率，这里我们要强调实现这种转化的基础。

正如在前面章节所描述的，许多设计师使用 Rhinoceros 构建三维模型，而仅使用 3DStudio Max 进行渲染。从 Rhinoceros 导入文件，大体上有两种方式：① 将几何形状（Nurbs）和曲线保存为 IGS 文件类型；②将几何形状的表面转化为三角网格（文件扩展名 .3ds）。选择何种方式应由渲染者决定，这两种输入类型都是正确的并且值得推荐。

软件间文件交换步骤：
从 Rhinoceroso (IGS)：
选择输出对象 > 导出选取物体，并从扩展菜单中选择保存为 .IGS 文件；在 IGES 导出高级选项中选择 IGES 类型为 3DS

从 Rhinoceroso (3Ds)：
选择输出对象 > 导出选取的物体，并从扩展菜单中选择保存为 .3ds 文件；选择一个适当的转化值

导入 3DStudio Max：
文件 > 导入 > 选择所需文件

---

[1] 参见第 20 章。

如果继续将几何面保存为 NURBS 格式，会使系统在原图像导入时间和渲染运算上面临很大压力。因此，输出为三角网格是最好的选择，尽管 IGS 文件能更精确的还原源文件。为了将文件导入到 3DStudio Max，应使用 Rhinoceros 的"导出选取的物体"命令，并且重复操作几次，并慢慢地向 3DStudio Max 场景中插入元素。❶ 导出文件时，打开多边形网格选项对话框，此窗口可控制三角形转换面的数量；显然转换的三角形越多，图像也会越精准。但要记住，渲染时无需详尽展示 Rhinoceros 三维模型的细节，符合要求即可。

建模和细分对象

渲染用的（网格面）模型是通过细分平面、确定渲染对象表面进行建模，其最重要的是对面的细分，最好能针对渲染对象的表面。例如：船体或者建筑中的拱门，为了防止渲染失真，就需要较高的细分级别。因此需要在源文件中设置一个正确的模型,也就是由矢量建模软件做出的模型。

为了增加对对象的细分：选择对象 > 修改选项卡 > 修改标签 > 使长度分段和宽度分段大于 20

所有表面都是由控制点控制，并且需要进行很好的统筹：太少就不能达到预期的效果，太多就会增加计算机在渲染阶段的负担。❷

导入的 3D 模型必须按 1∶1 的比例导入。为了实现真实的比例，并可进行物理计算，因此在将文件导入到 3DStudio Max 之前必须设置一个统一的长度单位，特别是如果需要使用光度灯，或者其他特殊材质时。场景中所呈现的对象被呈现在一个球形的正交参照系中，但是，每一个对象自身都有一个参照系，并且可以在工作窗口看到。

以 1∶1 的单位设置文件：自确定 > 单位设置 > 显示单位设置 > 启用通用照明装置 > 选择国际 > 系统单位设置按钮 > 选择所需单位：米、厘米……

为了控制场景，可以使用预设定的视图：顶部、正面、左侧、透视，或者新开一个窗口。在正投影视图，XY 平面与屏幕的平面重合，在透视视

---

❶ 分开导入模型是成功地将 Rhino 模型完整导入到 3Ds Max 的关键，但在最新的 Rhino5 和 3Ds Max 之间已能大幅提升正确率，但个别情况如 Rhino 中的 mirror 和 group 的命令有可能不能被正确地识别。一些曲面在整体导入 3Ds Max 的时候会出现破面或缺失的情况，此时就应使用分部导入的方法可提高成功率。

❷ 由 Rhinoceros 软件导入的面，保持了原来的清晰度。这两个软件在建模淋浴都是值得推荐的。但是我们更愿意选择 3DStudio Max，原因是它更善于处理用于渲染的三维模型。

摄像机的插入和设置：创建选项 > 相机按钮 > 目标按钮 > 修改选项卡选项卡 > 把相机插入到当前视角

使用相机视图：设定 > 视窗 > 配置 > 布局 > 选择透视图中的摄像机名称，或者点击透视图窗口左侧 > 视图 > 摄像机名称

如果想要在模型中添加直接由 3DStudio Max 构建的元素，需要创建选项卡：创建选项卡 > "形状"按钮 > 样条 > "线"按钮

如果想要改变场景中的对象："修改"标签 > 点选打开不同的修改下拉框……

灯光
工具：光锥（光柱……）
直接：平行光线（太阳）
全方位：点光源（聚光灯）
天窗：模拟天空亮度
点：点光源（灯泡）
线性方面：线性光（霓虹灯）
适用范围：矩形光区域（电视）；
日光：照亮了夜空
环境：环境光，分配给部分阴影的颜色项目

图，则是提供全局参考的。

与默认视角相比，设计师通常更喜欢使用摄像机的视角，因为，除了可以在活动窗口中显示按钮，还可以改变摄像机中的对象，并且可以控制与画面、镜头和焦距相关的参数。需要注意的是，为实现真实渲染而构建几何模型时，要注意细节，研究材质特性，并简化图形。

当需要进行模拟时，在场景中添加几何元素（层、面、或者复杂对象）是可行的：背景、面板、海洋，或者是缺少的细节元素。如果表面修改与材料的组合恰到好处，那么很多时候可以为复杂的问题找到简单的解决方式。

对场景中的元素进行评估需要贯穿整个设计过程，使用过分详细的方式构造模型的局部是错误的，同时使用过分复杂的材料也是不对的。因为这样会增加处理器的运算时间和渲染时间。建议在进行渲染之前，选择所需视图，并关闭场景中所有看不见的元素，这样可以缩短运算时间并提高工作效率。

光、影和材质

曾经，将文件导入 3DStudio Max，并且为每个想实现渲染的视图添加摄像机，需要逐一确定场景内的灯光。灯光和阴影密切相关。对于每次渲染，也就是对于每一个视图，不同类型、不同位置的灯光的渲染都是不可或缺的。光源和阴影的投射有助于传达对象的立体感、轮廓、形状和材料质量。很难去估算阴影和评估多次反射，因此需要非常仔细地去进行评估。必须一如既往地考虑背景、目的和潜力。这个问题很复杂，因为真实正确地表达照明条件，校准灯光和参数是很难的。

每个面都由场景中的对象照亮，进而变成光源。当材料不是完全不透明但也不是透明时，光线按照光路穿过对象，形成图像的分解、移动，变形的光学现象。对灯光的研究面临很多问题，例如在室内或室外环境中，光的应用会带来不一样的效果。因为所有的灯光都会增加计算机的运算量，因此我们建议使用默认照明设置。这样就可以使用单一光源来照亮模型，同时不需要使用阴影效果。这将缩短研究光影效果和渲染所需时间。在选择

了灯光、视角和阴影之后，就可以开始进行最终的渲染了。❶

存在有两种类型的灯：被认为是"完美的"标准灯，因为它的操作是基于一种理想的运算，高光灯是基于一种物理运算，并且需要真实比例的场景（cm、m 等）。

最后是由光线追踪系统再次从发光表面获取自然反射光。这个系统是基于照明规律设计的，因此能够适度而精确地描述光能的传递，但只是针对真正的光源对象。这个算法系统实际上对最终渲染的计算量影响很大。如果不使用光度学灯光，有必要引入一些额外的灯光（虚拟光）来进行照明，即使那些部分不能直接被主光源照到。通常情况下，我们会从主光源的相对着的位置插入补光或较小强度的光，或一束或更多的物体的背光。补光可以模拟天空亮度或周围环境，使光与影之间的过渡变得柔和；背发光被用于将对象从背景中消除。有两大类型的阴影：光线追踪以及阴影贴图。要获得合适的、清晰的、与现实相近的阴影渲染的表现方式，就必须运用光线追踪这种类型的阴影（使对象轮廓清晰）。默认的阴影（阴影贴图）不会显示细节，阴影就会显得比较模糊。

这些材料对最终渲染是否成功起到关键作用。数字渲染软件包含已设置好的、丰富的材料数据库，通过模拟在项目中所使用的实际材料，可以根据设计者的意愿进行修改。作为 3DStudio Max 软件的一部分，（材

要插入一个标准的光："创建"标签>"灯"按钮>标准>目标"聚光灯"按钮>"目标直接"按钮>按钮"全">"天窗"按钮>"修改"按钮>参数赋值

为了插入光：创建卡片>"光"按钮>光……

材料
标准：默认材质
各向异性：亮点区域
OREN-NayaR-bLINN：不透明材质
金属：适用于半透明金属表面
着色器：半透明
光线跟踪：材料与反射
建筑：建筑渲染
不透明度：确定的值（100 不透明－玻璃纤维－20 透明－玻璃）

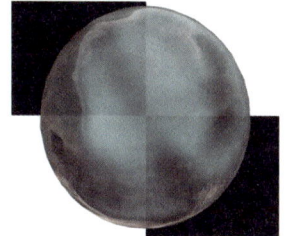 

水标准材料>各向异性贴图>
凹凸>杂色
倒影>遮罩>贴图：Lakerem
遮罩：衰减

打开库；材料编辑器>获取材料按钮>材料、贴图浏览器>从…浏览>启用库>文件>打开按钮>

组图 21-1

---

❶ 为获得更多对本主题以及相关的理论分析，请参考其他文献资料。有内容丰富的数字渲染软件手册，其中介绍了实现逼真灯光渲染的理论。

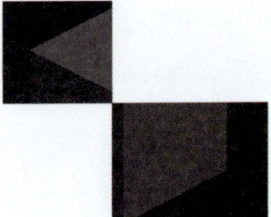

材质
光线跟踪>Phong光线跟踪基本参数>
环境>蓝色
漫射>灰色
透明度>100
贴图>反射：30
反射

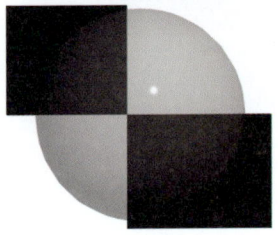
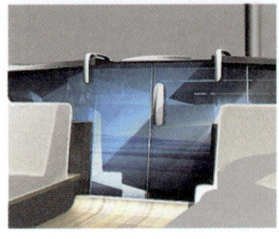

玻璃
标准材料>
Blinn基本参数
环境和漫射>灰色或蓝色透明度>30；双面
高光级别和光泽度：90
折光指数：1.5

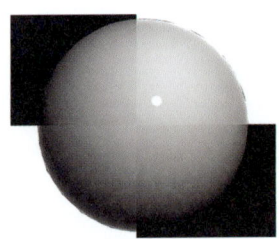
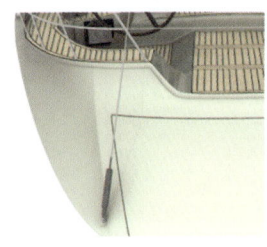

玻璃纤维
建筑材料>塑料　双面
漫射>白色
折光指数：1.4

柚木
建筑材料>亚光木材
漫射贴图>柚木图片
如图

湿柚木
混合材料
材料1>色彩明亮的柚木图片
材料2>色彩较暗的图片
Mask：Noise
最低值>0.25

钢
标准材质> 金属
环境和散布> 白色
高光级别>150
光泽 > 10
贴图>漫反射色彩>梯度

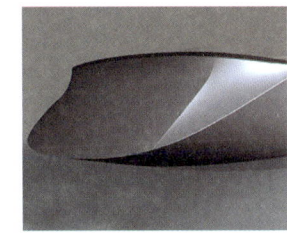

织物
材料标准>Oren-Nayar-Blinn
高光级别>0
光泽度>10
地图>漫反射颜色和凹凸>面料

木
建筑材料> 亚光木材
漫反射贴图> 木踩贴图

质编辑器）负责管理对材料的控制，编辑和创建。许多因素都会影响材质的最终效果，要正确材料的最好方法是仔细观察显示预览。材质编辑器庞大、复杂，具备许多功能，是程序中的一部分。它允许直接调整材料的各个方面的特性（粗糙度、透明度、反射……），以及不同模式下光的反应。每个插槽，也就是容器，都代表着一种材料。

这些贴图是简单的、应用于材料（比如柚木条带的设计）上的图片（tiff、jpg……），或者它也可以是复杂的过程（比如镜面效果、透明度……），指导材料去表现自己的特性。通常情况下，每一个几何体都有与之相匹配的贴图，但在某些情况下（没有从其他软件导入贴图对象）则有必要对其进行设置或编辑。在现有的修改器中，UVM 贴图对于贴图系统在修改以及编辑外观或者选定项目（编辑网格修改器来选择对象外观或者元素）有着独特的作用。下面讨论下这些材料的一般特性，我们不会给出详细而深刻的解释，仅仅是简要地解释下主体的构架以及一些重要参数的数值，以能

打开材料编辑器
材料编辑器渲染>材料工具栏（屏幕顶部）或者当光标变成手型，同时按下鼠标左键，并直到看到材料编辑器滑动杆。

21 数字渲染

加载材质：
材质编辑器＞选择一个插槽＞"获取材料"按钮＞材质、贴图浏览器＞双击所选材料

将材料指定给一个对象： 选择对象＞选择材料＞"将材料指定给选择对象"按钮

加载应用贴图参数： "材质编辑器"按钮＞选择插槽＞贴图子菜单＞参数旁边的无按钮＞选取材质按钮＞材质、贴图浏览器＞从……浏览＞启用新建＞双击加载一个位图图像矩阵点

为了确定背景贴图： 在材料编辑器的漫射中加载一个贴图＞命名的贴图坐标子菜单＞启用周围和屏幕

组图 21-2

为了确定背景参数： 渲染菜单＞环境……＞环境贴图按钮（插入背景）＞材质、贴图浏览器＞浏览器中的 从＞启用多倍编辑＞展示＞启用地图……

为了在视窗中显示背景 ＞"查看"菜单＞背景视窗＞背景源＞启用后台环境＞启用显示背景

够建立一些常用于航海渲染方面的主要材料：玻璃纤维、玻璃、木头、水、织物等。

映射、平面反射

如果想在玻璃纤维或者玻璃表面添加抛光效果，可以将 Flat Mirror 的参数设定成与反射参数一致，即 30%。如果设定为 100%，将会得到镜面效果，在这种情况下，应设定漫射颜色为黑色。使用 Flat Mirror，只能在平面上创建反射效果。对于曲面，你可以选择使用反射或者折射。

背景

为了使渲染尽可能接近真实，必须将其置入一个背景之中：大海、沙滩、与其他船的赛艇比赛……为了找到正确的模型角度和背景图像之间的正确关系，就需要在背景中插入可被完整显示出来的光栅图像。

做完所有的这些，为了调整、修改部分内容或使其尽可能地接近现实，可以在后期制作时使用一些特定的软件。在这里，我们不再对这个话题进行延伸，请参照相关图像。

场景渲染

渲染运算是所有应用设置的总和，由渲染引擎进行精心处理并得出结果。3DStudio Max 提供两款基础的渲染引擎，Scanline Renderer 和 mental ray 渲染器。它们都有自己的功能和特点，这些都影响着要使用的工具。我们选择第二款渲染引擎，因为它更接近自然环境。如果使用第二款渲染软件，则需要注意，和第一款相比，它需要更长的处理时间。响应的时间通常也很长。只能在选择和测试了大部分材料之后，才能进行阴影部分的运算；必须在元素较少的场景中对材料进行测试；为了不混入过多的元素，同时也为了避免影响对偶发问题的评估。光、反射和折射效果应该被逐步导入并且保持在一定限度。因此，建议在小场景中进行渲染尝试，直到需要进行细节评估。

为完成一个完整的渲染：
选择渲染项目>按下根据计算机里的模型自动创造三维图片或者根据计算机里的模型自动创造三维图片并使两处场景进行对比的按钮>项目下通用参数>能够及时输出：单一化>输出规格：对根据计算机里的模型创造三维图片的输出器创造的图片维度进行限定>文件按钮>给文件夹内的文件命名>选择>按住两侧以确定双方界面边侧>启用使用在渲染卡上的其他参数>被渲染好的扫描线默认值>Mapping, Shadows Auto-Reflect/Refl act and Mirrors, Anti-Aliasig e Filter Map绘图，阴影自我折射/反射行为，以及镜子抗混叠滤波器地图>光线追踪卡>全局光线追踪参数>开始光线追踪>在视口（主面板的底部）监控启用的视图>按 Render 键以使计算生效

组图21-1

从手工绘制出发创造一系列的数字渲染是可能的

手绘源自对项目的构思，而数字渲染重新制定以及确定了此项设计

21 数字渲染

组图21-2

在一张照片中插入效果如图中所示的例子；此项工作通过特定软件（Photoshop、Corel Draw……）实现

动画

虚拟短片对项目介绍十分重要，它能模拟船的内部或者其附近通道的路径，通过摄像机进行模拟场景拍摄。与 3D 模型相关的短片的应用问题来源于各种因素：动画演算所需的响应时间取决于对材料的设定以及画面尺寸。降低三维模型的精度会使画质弱化；导演领域专业技能的不足，使强调的主题、镜头的选择以及动画的节奏并不十分合适。

在最近的分析中，我们提出了关于这个问题的简短讨论，并提供基本工具，拍摄简单的电影。动画以最基本的人类感知为基础：如果我们快速连续观察一系列固定相关的图像（帧），这些图像连接起来会被认为是一个连续的动作。

高帧数的生产一直是一个很大的问题：实现一分钟的动画需要 720~1800 个单独图像。然而，大多数帧是重复的，每帧与前一帧相比都会有小幅度的变化。由最常用的动画软件制定的动作，其工作方式是以每个动画镜头的开始和结束场景为基础的，并由此运行到自动运算中间步骤的组成部分。

在 3DStudio Max 中能够绘制：一个对象的参数（位置、旋转、缩放、形状）；一种材料的部件（颜色、粗糙度、透明度、贴图）；一部摄影机的设置（视觉点、参照点、视野）；光源的特性（方向、强度、颜色、阴影）。

动画参数的编排是基于逐一渲染出来的每帧画面，而画面的数量（帧）以及播放速度（每秒播放的帧数 FPS）则决定动画的持续时间和质量。短片的（播放）速度必须进行（合理的）设置以免影响感官质量。由于视网膜上的图像暂留现象，如果其速度设置低至 24 帧/秒时，动画开始出现有一定的顿挫感，因此不建议将帧数设置到 16 帧/秒以下。FPS 的标准规格范围从 PAL 系统（被用于欧洲和世界大部分地区）的 25FPS 到 NTSC 系统（美国国家电视标准委员会，在北美洲、中美洲、南美洲大部分地区和日本使用）的 30FPS。

设定的帧数，可以通过按钮以及位于屏幕下方的命令栏对动画进行

> 动画关键帧是通过关键帧建立的动画集合。
> 关键帧：动画序列是通过设置状态确定场景中的开始和结束帧，而场景中的中间帧由参数的插入对象中计算出的状态发生变化。开始与结束帧成为所述序列的动画关键帧。

> 为完成一部动画所需步骤：动画控制栏（位于底部）＞时间配置 ＞ 帧频箱 ＞ 启用 NTSC 时间显示帧 ＞ 启用帧面板回放＞仅启用实施活动的视口，循环速度：1×帧动画＞分配开始时间：起始帧结束时间： 最后一帧涉及关键步骤 ＞ 启用轨迹，按 OK 键结束命令

21 数字渲染

控制。进度条（时间条）位于时间轴（轨迹栏）上，能够指定当前帧，并允许单帧移动。

在时间轴上显示的节点（关键帧）与所选对象是相互关联的：当关键帧出现变化时所选对象会相应的发生变化。在视图中仅显示场景的当前状态，而只当激活播放（播放命令）时视图才显示动画。

一艘船的内部路径

假设我们想要摄像机沿着一条围绕船的 3D 模型的周边路径进行拍摄。通过启动动画，摄像机将沿既定的路径对船进行取景拍摄；同样地可以由此模拟出一个对船只内部的游览，（只需要）通过定义一条摄像机的

要指定一条线作为摄像机轨迹：运动标签 > 轨迹按钮 > 选择对象 > 采样范围窗口 > 分配值：开始时间，结束时间，样品窗口样条转换 > 转换源头按钮 > 选择线条

图21-1

一个3D模型内部摄像机行进路线示意图。可以注意到机器在内部转动。
粒子系统为也就是发射粒子可在动画场景仿真和静态渲染时，用于模拟复杂元素（雪、气泡、雨、灰尘等）
空间扭曲能够影响其他物体的外观，创造出变形力场；（波动效应、风、重力等）这种效应只对受约束的对象有效果。
要确定空间变形波对象：创建选项卡>空间扭曲按钮 > 选择几何/可变形>选择空间扭曲>确定对象的变量和特点 > 在场景中插入对象
要用现存于场景中的对象限制空间扭曲>盲目空间扭曲按钮>选择空间扭曲>拖动光标使移到对象上

图21-2

平面运动镜头应用波后的改变

注：在对象平面上面显示的材料水被分配完毕。

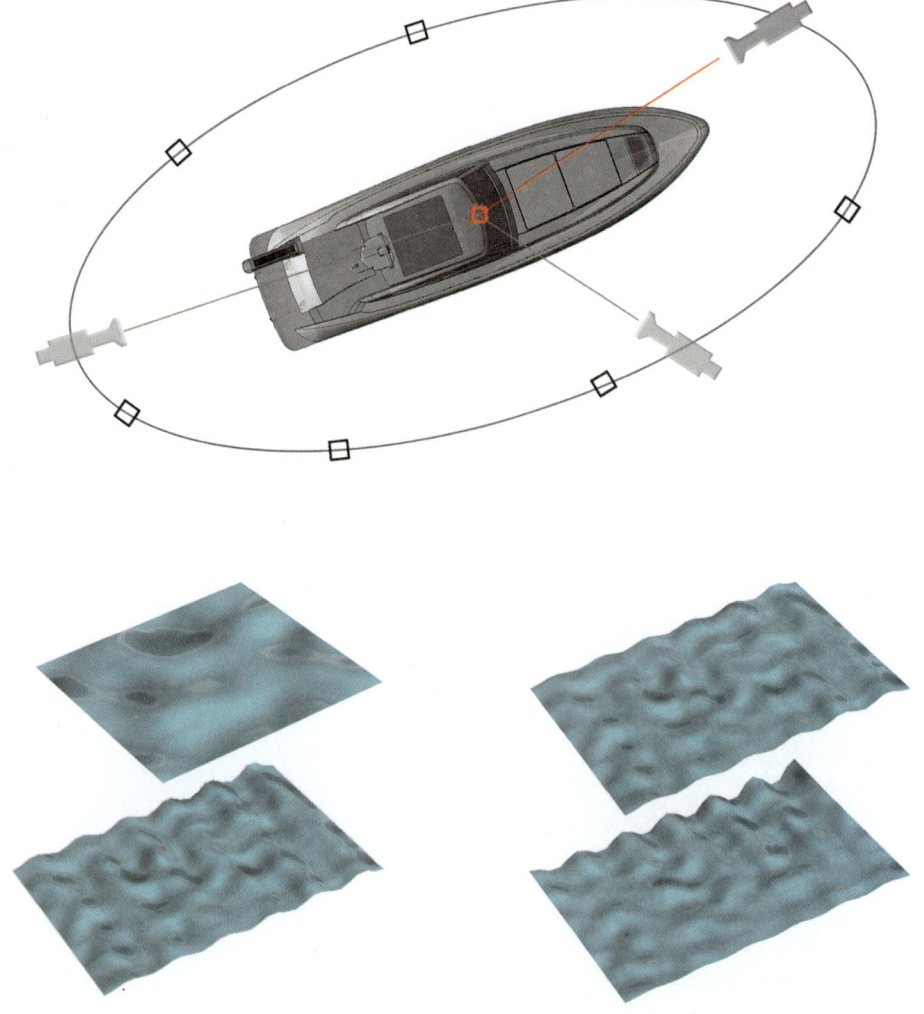

跟随路径。

在 3DStudio Max 中可以绘制光顺的线条，这使其有利于由制作摄影机拍摄的轨迹。它也能设置摄像机（卡片机），能够绘制线条、转换轨迹，最终可以在视图窗口里预览到与相机相连的视野中的动画。

当在动画中成功地模拟出自然规律和物理场景（粒子系统和空间扭曲）的影响：雨、雪、雾、打碎的物品、一盏打开的灯、风中飘扬的旗帜、烟囱中冒出的烟、海水喷流、汹涌的大海等这些在模型确定后需要加入的动作特效，虚拟动画的效果能够得到改善。（这类技术的）应用领域十分宽阔，可用的工具很多且复杂，在此书中无法详尽地描述出来。

在由 3DStudio Max 提供的众多功能中，有一个是 SpaceWarp Wave 空间变形波对象（波效应），如果将其赋予到 3D 模型的平面上，它就能够模拟大海的效果。以下为实现此功能的基本步骤。

在设置"海面"的过程中，必须插入高规格的网格面，以创造出几何上的起伏变化的感觉。网格面的几何参量与以下参量息息相关：宽度分段，长度分段，高度分段，这些设置位于对象修正一栏中的参量子菜单。

空间扭曲对象（波）的大小必须覆盖住平面。该平面上的动画基于波的振幅 1 和 2 参量的变化以及衰减和相位参数，由此可以得到一个循环而持续运动的波浪。然后将材质"水"应用到平面上，由此可以得到一个动态的海面。激活 Auto 按键，波的参数也随之变化。通过在动画的开始帧与最后帧输入相同的值，能够获得一段在开始与结束两个节点之间十分流畅的动画。

动画的渲染

包含播放命令的短片，其提供的仅仅是最终效果的部分预览，因为它虽然允许修改应用设置，但是有局限性的，其并不能保证短片的质量，也看不到对相关材质及光的计算等方面的效果。渲染最终效果的短片由于帧的数量以及单帧的复杂性，最终计算需要很长的时间。

下一步骤涉及与单帧的渲染相关的参数以及为储存完整资料片而进行的特性的选择。我们必须在进行整个动画的最终渲染之前做很多测试（渲

组图 21-3

要指定一条线作为轨迹并根据轨迹的曲率为对象定向：选择对象 > 动画菜单 > 约束 > 路径约束 > 选择线路 > 运动标签 > 参数按钮 > 子路径参数 > 启用跟踪

要保存完整的动画：

渲染菜单 > 渲染或渲染场景对话框按钮 > 子菜单常用参数：输出时间启用：活动时间段 > 输出尺寸：确定电影分辨率 > 输出渲染 > 文件按钮 > 将以自己名字命名的文件夹的扩展名设置为 .AVI > 设置按钮 > 通过 Radius 客户端压缩得到 100 种高压缩倍率影片格式 > 使关键帧速率达到 5 > 在其他选项卡 中启用参数进行渲染 > 绘图，自身反射阴影／反射与镜面反射，反编码以及地图滤镜 > 光线跟踪器标签 > 光线全局跟踪参数 > 启用光线跟踪 >……> 在中视口（位于主面板底部）启用监控视图 > 用渲染按钮来执行计算功能

染缩略的单帧图片）。这是因为，（要确保）在最终渲染前，设置应该没有瑕疵，并且要尽可能地避免无用的计算一直重复或错误以及其带来的时间上的损失。材质、光以及阴影这类相对于拍摄以及短片主旨而言影响不大的因素，只需保留必要部分。

在动画中，为了不使计算机计算工作太过繁重，我们更喜欢用 Shadow Map 中的阴影，并且用标准材料替换了光线追踪材料。这是因为，在一个动画场景中，并不需要每帧都像在静态渲染里所要求的那样的高规格。画布大小、文件格式和压缩参数的设置，都会影响计算的时间、文件存储大小以及加载时间的长短。❶

---

❶ 对一个单一的视频图像来说，典型值为 320×240、640×480、800×600 或者最高为 1024×768，对于在 PAL 系统中的典型规格为 768×576。AVI 格式面向 Windows 系统，它被认为是实际应用中的标准格式。

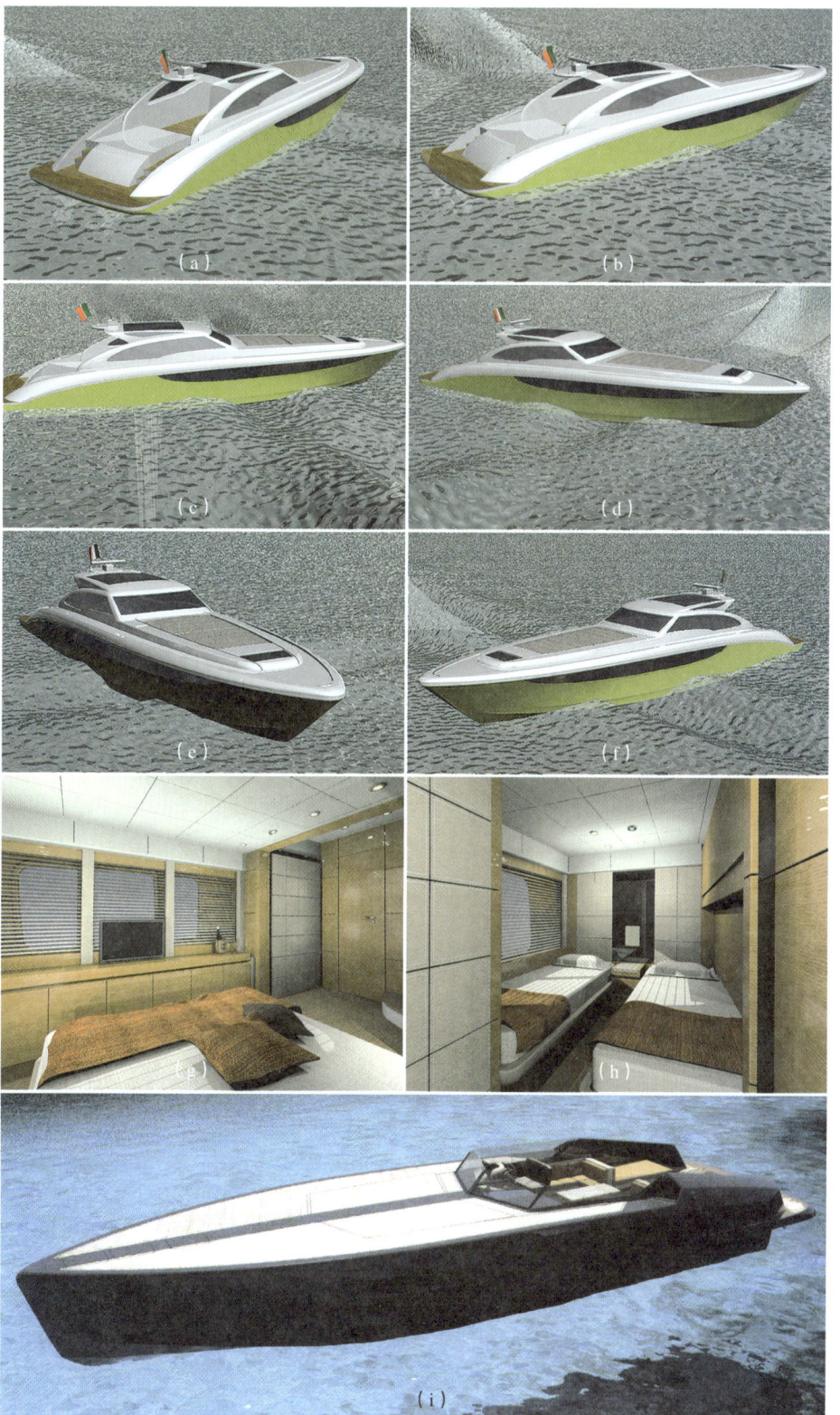

组图21-3

(a)、(b)、(c)、(d)、(e)、(f)范例动画中的六帧序列；(g)、(h)内部渲染；(i)外部渲染（由Giorgio Vecchio完成）

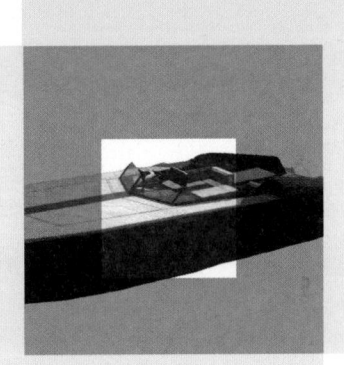

游艇设计
——从概念到实物

船只评测基本要素
模拟工具和方法

评测目的

船舶测量，不仅仅是绘制精致的图样，还需要从历史研究、技术检查和性能对比等方面进行展开。

第一种情况，基于已有的或复原经典模型的样板（不一定是缺乏原创设计），在经典追溯的流程下进行操作。　　　　　历史评测

第二种情况，旨在检查新下水的船只是否真正符合设计图纸中设定的要技术要求；这是一个有价值的工具，为预设提交的图纸提供必要反馈信息。每艘注册船只都应随时具备使用状况下的最新版图纸册（尤其是总平面布置图）。这一系列平面图的精准定义为"正式提交的最终图纸"。　　　　修建检查评测

第三种情况，是以体育竞技为目的的应用；帆船比赛主要分为两类：　竞技对比评测
一类是同型船只参与的帆船比赛（统一级别帆船赛）；另一类是不同船型的船只之间的竞赛，如某些在夸洋帆船赛的情况。为了客观评判船员的竞技能力，很久之前，为了弥补不同帆船的性能差异，设计了相应的比赛调整系数规则，以示公平。

帆船设计有一个简单直接的原理：船速可能的最高速度与船体水线长度成正比，也就是说更长的船（水线更长）拥有更大的速度潜力。基于　　多类赛船
这个原理，也为了促使更多船和水手加入竞争，组织方在不同船型比较标准的基础上制定了竞赛规则。帆船比赛的赢家不一定是在最短时间内完成规定赛程的参赛者，而是在补偿时间范围内展现出最高效率的那条船，也就是通过一个基准为每只船实时设置了让分系数。让分系数根据船只规格

尺寸等级，即在规定的几何标准数基础上，精心计算每条船只的指定补偿或减少的时间系数。换句话说，为了让不同船长、轻重、不同帆的面积的帆船公平地同场竞技，规则为处于不利条件的船只设计了补偿系数以回复公平合理的比赛位置。在此背景下，在帆船比赛历史上可比较的系统中，传统上多采用的是 IOR（International Offshore Regulation，国际远洋规则）船只分类系统。它根据船体分类，IOR 基于船体固定预设点的测绘为基础进行多方比较，建立了不同吨位的赛船不同的让分系数，以便不同船体同场进行相互较为公平竞争。

IOR 载重量

事实上，事先确立测量点赋予了规则在具体实施上的"便利性"；但在一些情况下比较结果可能会存在误差，这体现了该系统的固化的倾向以及船体设计的发展等因素。

IMS 方法

所以，竞技帆船领域最广泛传播的测量方法就是所谓的建立在细致完善的船体信息基础上的 IMS 系统（International Measurement System，国际测量系统）。

我们看到的船舶和航海技艺是很古老的传统，这也许是人类创建的第一个合理的交通系统。相反，除少数情况外，对船舶技艺保护的欣赏和崇尚，只是在近期才被重视和发展。另外，相比于商用大型船只，游艇是一个很新的分支；去海边以及使用游艇只是在第二次世界大战后才流行的活动。直到最近人们的航海意识才逐渐形成，并在民众间广为流传。最近，民众对此类信息的需求刺激了越来越多的相关历史研究。今天最重要的工作是将此类船只的相关的信息按照地理、历史时间轴编录起来。相比传统的石头建筑，船只是高度易腐产品。直到今日，我们依然可以看到保存完好的、精美绝伦的中世纪建筑，而古老的帆船呢？据我们所知，实体测绘和图纸上的修复，构建成了一种极为有用的知识和编目工具，而海军甚至代表着传递已有知识的唯一有效途径。如今存留的木船样本很少，只有少数依然以原有的保存状态幸存着。我们应该诚挚感谢航海技艺保护事业者和资助人，通过修复和保护一些标本，可以保存航海史上的部分珍贵遗迹，然而修复工作都由私人资金赞助，他们无法 100% 修复现存的、重要的船舶。但是，至少可以对所有现存样本进行测绘和图纸上的修复；从

通过他们的评测为古老船只编制目录

作为历史记录工具般的评测

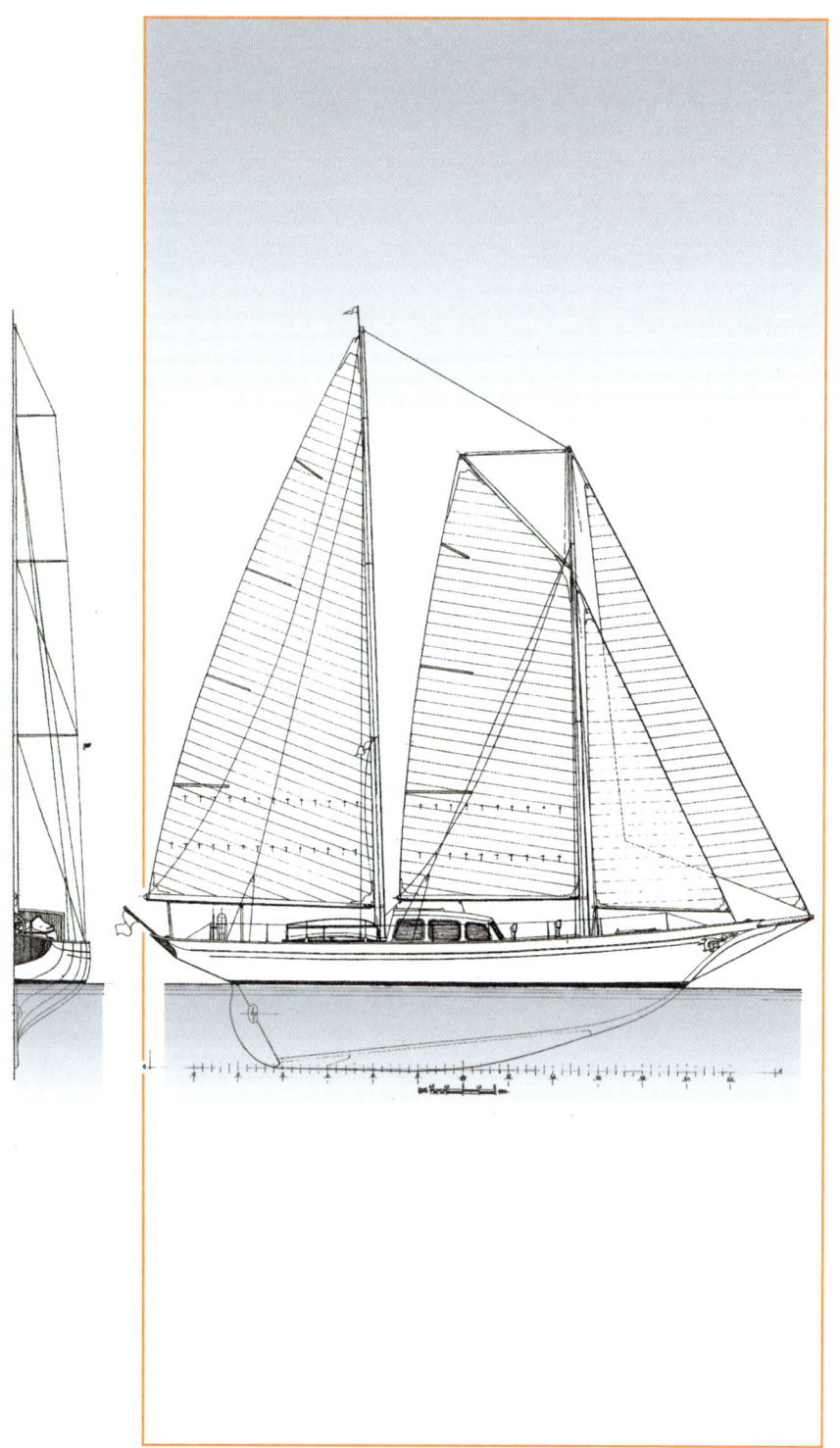

图22-1

现存样本描述
（La GOLETTA RADIOSA AURORA，1948）

注：现存船舶（具有重大历史意义）显示了双重目的，建立实用、忠于事实的分类工具和代表传承已有知识的唯一有效途径。

图22-2

现存样本描述——
总平面图
（La GOLETTA RADI-
OSA AURORA，1948）

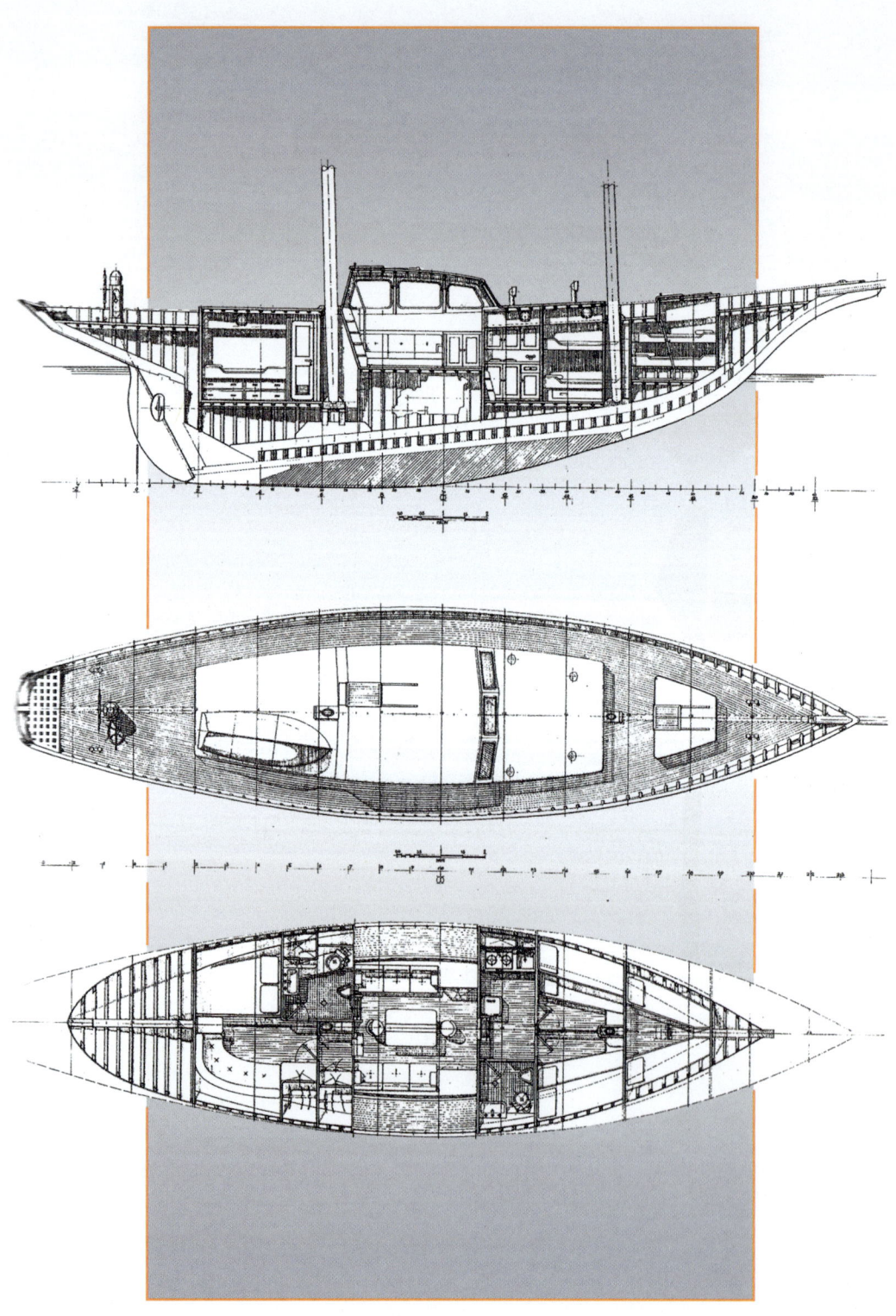

而保证这些样本不因时间的推移而衰落或被遗忘。

经验价值

登上一艘古老的船只，这并不是所有人都能有这样的机遇。记得当我还是学生的时候，曾参加利古里亚海岸东段的一个古船帆船的夏令营活动。那些帆船都是货船（一般用来运输奶酪和葡萄酒），活动于利古里亚海岸及岛屿（厄尔巴岛、科西嘉岛、撒丁岛）之间；长度在15~16m之间，船首斜桅长达8m；斜桅前面配备三角帆；它们有良好的适航性，并且能较易直接在海岸卸货，能够相当容易地把整只船牵引让其上下水。小船一般由三位船员操控，20世纪，一些帆船才装上了马达；活跃于海上贸易中直到第二次世界大战结束。

这艘古老帆船（现存四艘中的一个）于1891年诞生于帕格纳的圣米涅尔(San Michele di Pagana)，并取名为Felice Manin。它像一条死鲸被遗弃在沙滩上，船只倚靠沙滩处于非正交状态，以一定的角度纵向倾斜。我们无法开展摄影测量方法或者更高级的立体摄影测量方法，而是选择传统的测量方法。

船体两侧是有效对称的——通过从右舷开始一系列的测量能设置一系列横向等间距的坐标点，使得它们能够按纵标排列。从最远点（边缘）开始，每个纵标降低一个铅垂线刻度，每条水平线也对应地呈现相对点上的半个船宽。

通过这次艰苦的"专业领域"测绘，我们已经能够在纸上重新建立倾斜的几何网络，从而可以将船体真正的形状囊括在内。❶所以，通过在画板上绘制重要线条，我们成功找到了所搜寻的形状；因此成功重建了规律的、正交的新网络，还成功地重新绘制确定了平面图。

相同的，在历史研究的基础上，通过对那些及其他旧照片的查阅，我们深入地了解了小船的类型；多亏了这些收集到的资料，我们对Felice Manin帆船进行了适当的、关键性的修复工作，在没有多余的添加或毁坏

---

❶ 更深入的研究，请看随后章节里的倾斜船只的图片。

22 船只评测基本要素

的情况下，使之回到了原始状态。

图 22-3　　通过平面图，我们可以确定一些视角，它们具有非常迷人的视觉效果，就是所谓的"原貌重现"。

在一位勇敢的米兰船主的倡议下，我们得以证明——之前的研究对修复有持续性的效果。1982 年 Felice Manin 令人惊喜的又重新起航，成为航海赛季中古典帆船级别的成员，第二年哥伦布航海活动期间，在联合国的支持下，她重复了热那亚航海家哥伦布横跨大西洋的原始路线来表示致敬。

图 22-4
图 22-5
图 22-6　　到达美国后，在哥伦布日的当天，参加了纽约的第五大道上举办庆祝游行活动。然后，它上溯到圣劳伦斯河，穿越了美国几条大河并到达芝加哥。船主在船上逗留了好几年后，它被遗弃在一个造船码头，面临着被

图22-3

现存样本评测和描述——
Felice Manin 小帆船（一）

注：Felice Manin 的立视图垂直投影，以15°倾斜和20°旋转的位置（扬帆航行）（上图），以及结构平立面图（下图）。

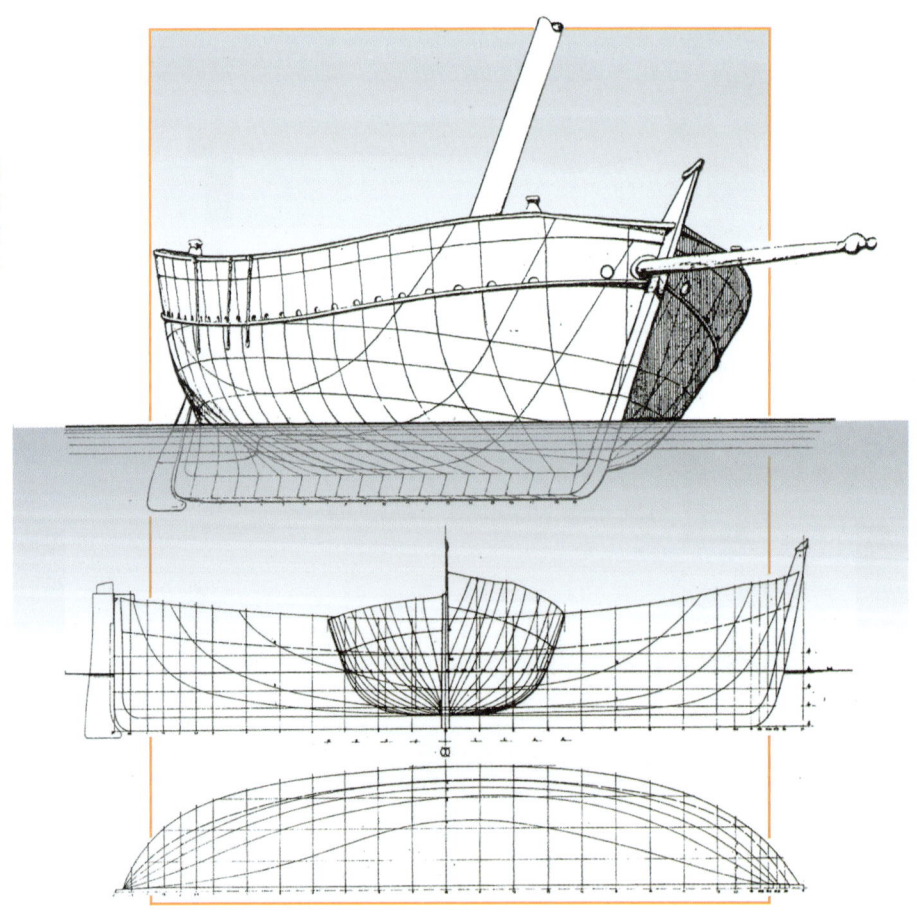

拆毁的危险。1998年，我到一个核物理研究中心（芝加哥费米实验室）进修，在卡西诺大学的里克造船厂发现了被完全拆卸后的残骸。通过回到意大利以后紧张和广泛的联系协调和倡议，1992年2月1日非盈利团体"拯救Felice Manin——1891级"成立起来。在该团体、MSC（地中海航运公司）以及海军拉斯佩齐亚军舰厂（也是如今展出船体剩余部分的地方）的帮助下，Felice Mani得以逃脱现存最古老小船消失的厄运，回到意大利。如今它躺在海军库房里，等待着有一天能够被二次修复。

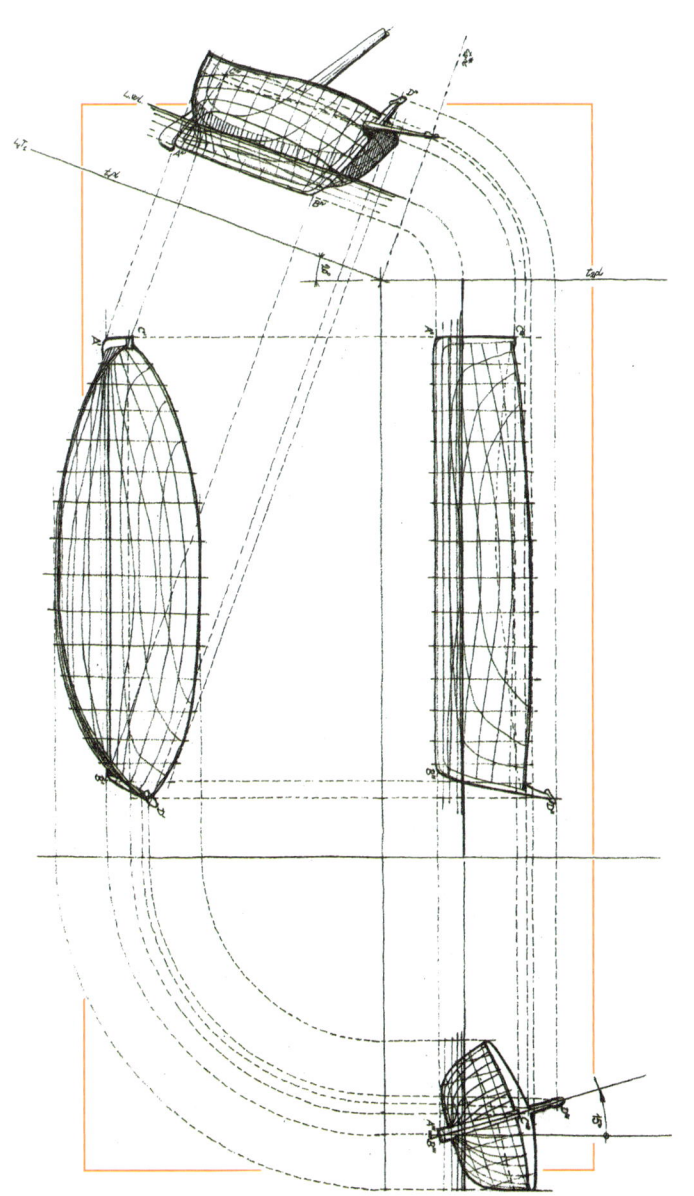

图22-4

现存样本评测和描述——
Felice Manin小帆船（二）

注：为获得遗失船只的图像而拟制的垂直投影程序说明示意图。

22 船只评测基本要素

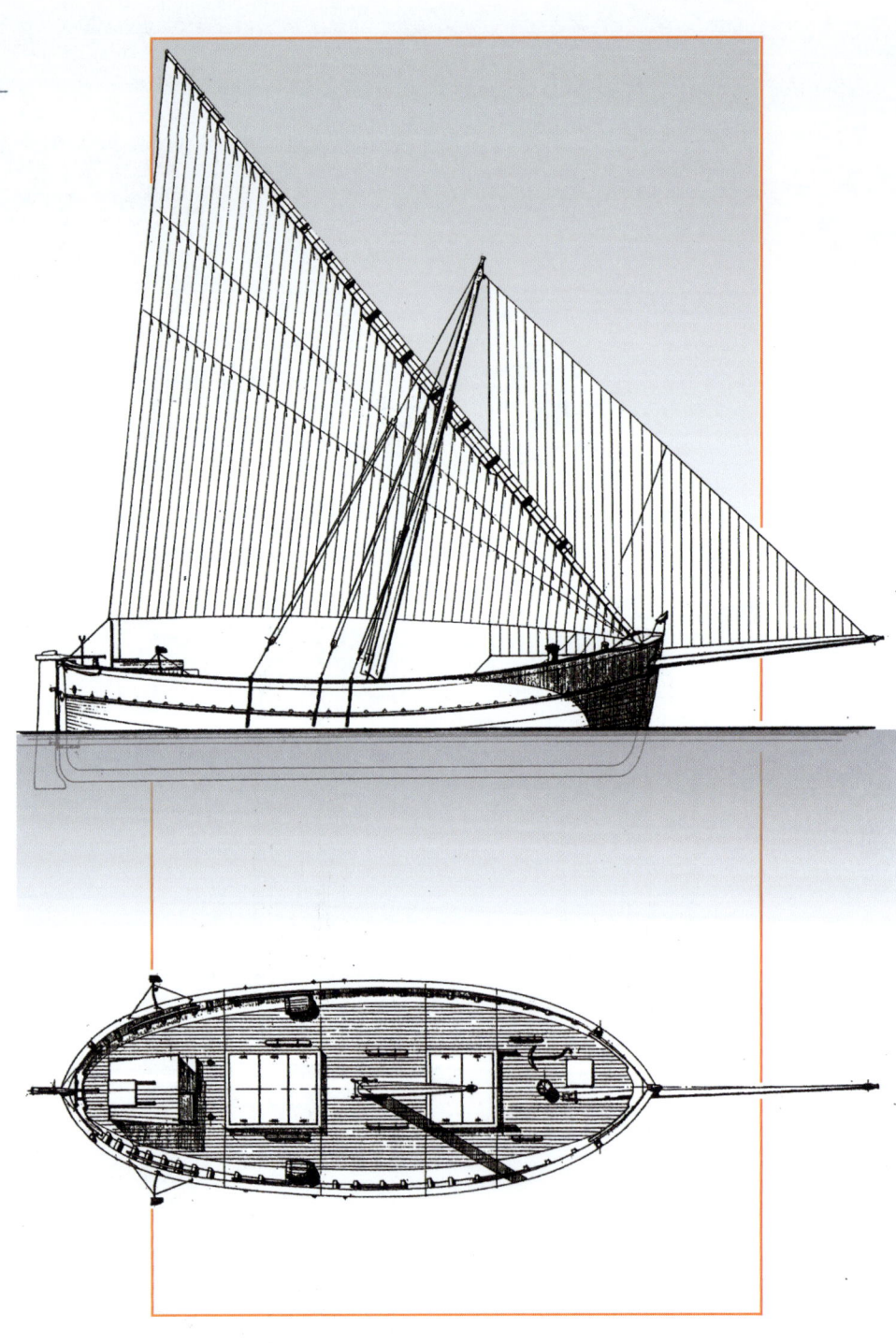

图22-5

现存样本评测和描述——
Felice Manin小帆船（三）
（总平面图）

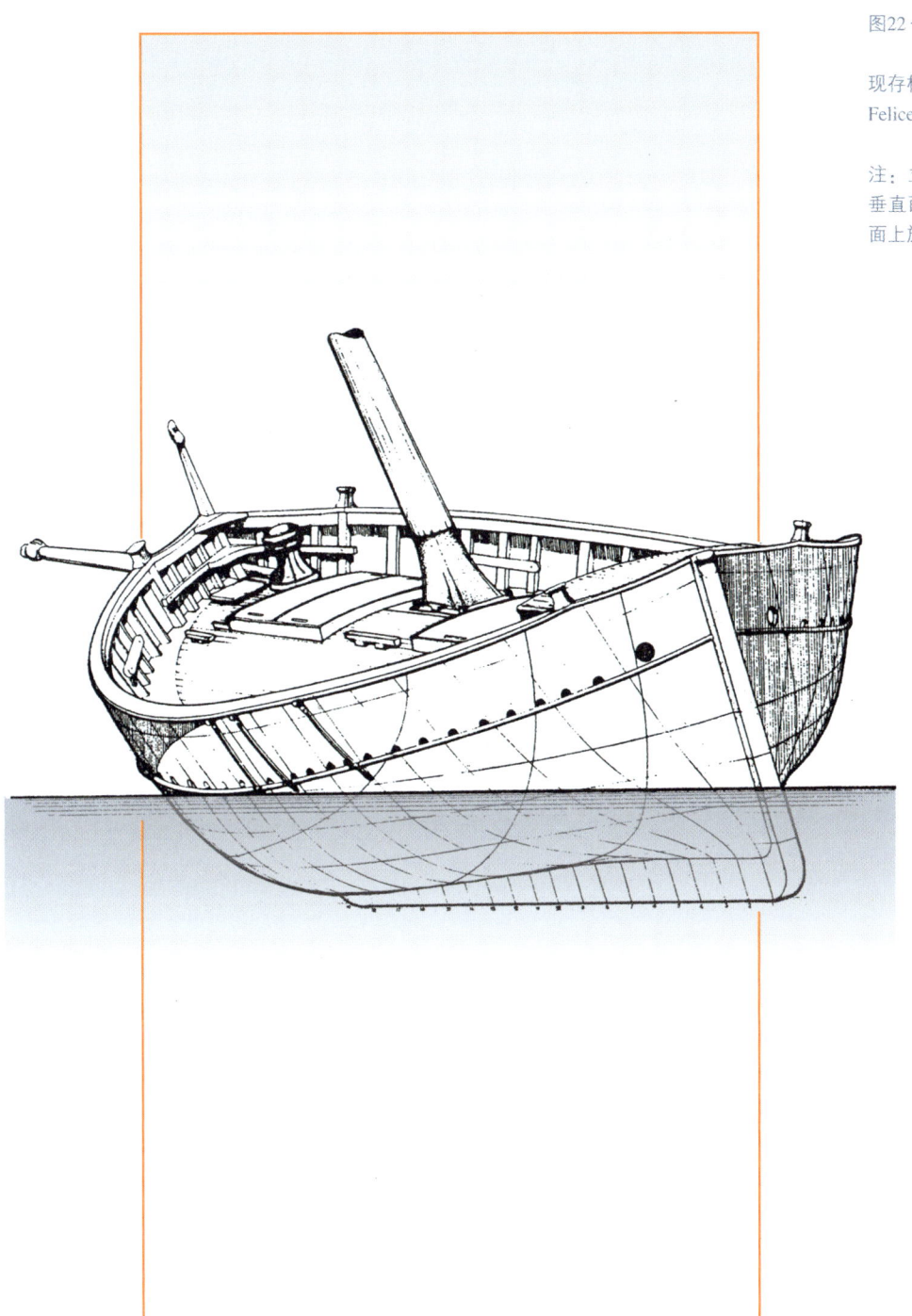

图22-6

现存样本评测和描述——
Felice Manin/小帆船（四）

注：立视图垂直投影描述。在垂直面上倾斜15°以及在水平面上旋转15°（扬帆航行）。

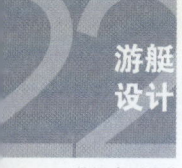

22　船只评测基本要素

传统工具和方式*

建筑评测　　已建成建筑物的测绘在民用建筑领域有丰富的传统经验。历史上长时间实践所形成的测绘建筑的方法，形成了平面图、立面图等互相关联和并置的不同设计要素，并可以通过交叉检查不同图纸的方法来检验图纸表达是否准确。

　　建筑测绘的历史可以追溯到维拉德时期（约1235年），他的"游记"第一次提出测绘技术，并用流程图（相当于现代的线性流程图示）进行了解释说明。

　　全方位展示某一建筑物，从对应四个正视图立面、屋顶和其他构成要素（门、窗、楼梯等）有比例地展现了个性化细节及它们之间的关系，组成了建筑物的基本要素。

　　所谓的全方位展示，其实是想强调：还有一些复杂的建筑物（如医院等），它们可能需要表现更为复杂的图形信息。

　　与民用建筑相比，在大多数情况下，船只表现很难用平立面图解释的形态；因为船体形态的控制线很少会在同一平面上。

航海评测　　因此在展现船只立面的时候，人们无法看到其真正展开的立面图；也不能像建筑楼层平面图展示完全水平的地平面（传统投影测绘的方法）。

　　传统体块的测绘建立在不同角度水平或垂直投影展示的基础上；然后测量核实的真实尺寸，并在初步图纸上标记出来（以数字标示），细化图纸后得到最终定稿的测绘图。

传统度量测绘　　这个工作尤其关注（传统类的）的是所有形态的精确度量和测绘。

　　因此，常常需要及时用所谓的三角测量方法来验证不同墙体之间的相互定位；在其他情况下，测绘也需要及时通过时常对照不同点的标高来控制水平以便保证尺寸测绘的准确性。

度量评测工具
图 22-7　　此工作流程所需的工具，首先包括纸张、橡皮、画草图用的铅笔；还有刚度计（每20cm一个扣钩）、铅垂线（用于测量垂直线）、水平仪

---

* 尽管通过强调满足不同需求的应用特点，并且仅仅根据引用各种方式便可进行操作，但本展示不愿只成为汇集了各种航海评测技术（它需要与草图和方案无关的深入研究）的操作手册。

（用于测量水平线）、20m 测量卷尺（用于长距离测量）（度量工具见图 22-7）。

为了加强这些必不可少的工具，还准备了对于开展远距离测绘非常有效的有照相机协同工具的 3m 尺（由两个刻度刚性杆组成，配备双泡水平仪）；支架（高度由 1m 开始渐增到数米）、测量地形的标杆、长卷尺（50m 或 100m 起），等等。

测绘中提到照相机和光学测绘的概念引入是相符的。当不便或者无法进行普通测量检查时，都必须借助于远距离测量方法。

对于大的空间范围测绘（地形测量学、天文学）来说，远距离测量无疑是唯一的方法；实际上在建筑尺度领域（包括船舶领域）也显示出了明显的优势。

光学测绘是随着摄影技术的发展出现的。因此，如果我们用摄影测量测绘这个术语来描述它，则会更加准确。其首次尝试可追溯到 18 世纪上半叶，但直到 20 世纪它才真正发展起来。

摄影测量方法主要有两个阶段：主体拍摄（至少通过四个相关的参照点拍摄）以及图像渲染，即在实验室通过三维立体分析绘制的仪器及软件，对照片信息进行立体的解读。在此做正交投影的测绘数据转换后生成三维草图模型。

将基本原则与图像透视图解读结合起来，从摄影测量的摄像机到正交图，都可在图纸中看到。

摄影测绘可以用单镜头摄像机或双镜头摄像机来完成拍摄。

在大多数情况下，单镜头摄像机被认为是轻便、易于操纵的工具（即一种尺寸为 9×13 的极好的便携照相机，如今也用数码相机）；这类工具使用灵活，能够辨别摄像主体的距离，也就是拍摄物体位置和拍摄器材之间的距离。

相反，双镜头摄像机完全符合摄影测量评测理论。它由一对预先计算好距离的、通过刚性杆固定的照相机组成。通过同步快门装置，一次能够拍两张照片。由此类工具拍摄的图像被定义为立体摄像测量。

在建筑测绘上主要关注交点、角点、装饰构建的信息及定位描述，但对于船只来说其表面的特征信息则较为模糊和难以确定。

因此，我们在标注等分尺寸的投影线的基础上进行体量描述，确定绘制了平行截面的等距弧线，并预先标注尺寸图。这可认为是平面图的一种，因为符合船舶特点也是容易理解的图示制图。

我们看到，船舶测绘在帆船竞技体育中有极大的需求。IMS 工作方法就是通过细致比较不同船体尺寸来获取最终的级别评定及补偿系数。

多年前，我们和博洛尼亚大学（建筑系）的建筑师 Lombardini 合作进行了船体立体摄影测量评测实验。检验和评价摄影测量所提供数据的精确度，评测复杂度和所需时间，以及由于船体特殊形态造成的拍摄难度（全环绕无特殊点），并按帆船竞赛评委的要求完成了如何快速对比测绘内容的报告。

IMS 竞技比较评测方法

后来，为航海竞技而专门设计的流体型体评测技术得到了发展。"船体扫描仪"被设计制造出来专门用于形式复杂的测绘，尤其是航海赛船的测绘。

市场上大体存在德式和美式两种探测器。虽然都是为了满足同一个功能而设计，但这两种器械在样式和功能上都有很大不同。

在实际运用中，专家指出了两种探测器的优缺点，从而可以更好地使用两种工具特点去应对不同的要求和情况。

给予着这样的操作概念，其目标是创造并体现电子探测器的价值，以及船体图示形式并构建了数据库表格。

双线探测器

德式探测器由形成垂直直角三面体的杆架机构组成。确认了船只的对称平面与地面垂直的条件后，可以将仪器一面与对称平面图平行、另一面则可以对每个纵向面进行扫描（一般分 20 等分来扫描）。

握住长杆操作，会移动从长杆顶端出来和三角形斜边顶点相连，并通过两个滑轮和测量器相连的两条线缆；测量器里有另外两个上有回转发条的滑轮和这两条线连接，同时通过传感器来读取线缆通过的长度数据。

长杆顶端原点通常在匣子中间点，然后拉伸延展到纵向平面其他点。它的工作特点是根据沿纵向剖面来移动激光瞄准仪，到达每个有效特征点的操作者按下杆柄处的按钮，读取仪器数据，记录该点空间坐标并储存到计算机。

增加纵向和船体特征点，使得测绘工作更加容易及准确。

该工具的创意来自于 Alex Monhaupt，仪器由 Andreas Spiegelburg 手工制作（在意大利仅仅有 5 台这样的仪器）。

图 22－12

第二类是美式探测器，通过唯一一根缆绳的滑动进行纵标解读。它需要在船的一侧有较大的空间。通过带有三脚架的工具，以便用纵向移距瞄准、通过将两把参照标尺分别放置于平行面和对称面的方式进行扫描。

沿着这条线，可以移动工具用于整个不同纵标测绘。

单线探测器

每个纵标通过不同标点上的线（线放置在杆顶端）进行测量，将每个特征点的坐标记录到软件上。

纵标平面图的放置情况通过位于杆上的工具以及指针进行指导，指针指出理想位置条件，报告偏差程度，指导操作者在符合纵标平面图的规则上操作。

图 22-12

美式探测器通过唯一的一根线缆，基于极坐标的矢量原则并结合每个船身相对的预设原点的距离长度，及角度的测量来解读坐标。

此类探测器由 U.S.Sailing 生产，由麻省理工大学设计研制以满足 IMS 船体分类需求。

为什么要用新测绘技术？

众所周知，船舶建造属于古老的手工艺技术。因此，除了以悠久传统引以为豪以外，相较于其他领域，人们传统上会对船只设计的现代工具及方法的创新持固有的怀疑态度。

尽管在设计图纸上广泛采取 CAD 绘制技术，但在相关技术和承包商面前，仍然充分使用了熟练及容易控制的技术手段及工艺。所有这一切需要人去"用手"仔细检验产品，这也可能会导致草率评价以及用半成品去以偏概全。

早期船体设计阶段常常是通过船体类型分析的主观感知和局部的思考来对原型船体进行感性修正（感性往往多于理性）。广为流传的仅凭经验的工序会产生片面的或者主观的结果，从而导致产品标准不一，甚至是错误的。

为了能够展示必要的三维数字信息（发展高解析度数字信息对产品检验是必不可少的，也有助于产品未来的更新和完善），该技术具备了对有船只进行可靠测绘检测的能力。

最近的光学科技开发了能够进行三维拍摄扫描的工具，和其他工具互相结合，穿插使用，可以建立起船只的数字模型，通过"数字化"可视化显示现实对象的形态特征并重新进行评估。

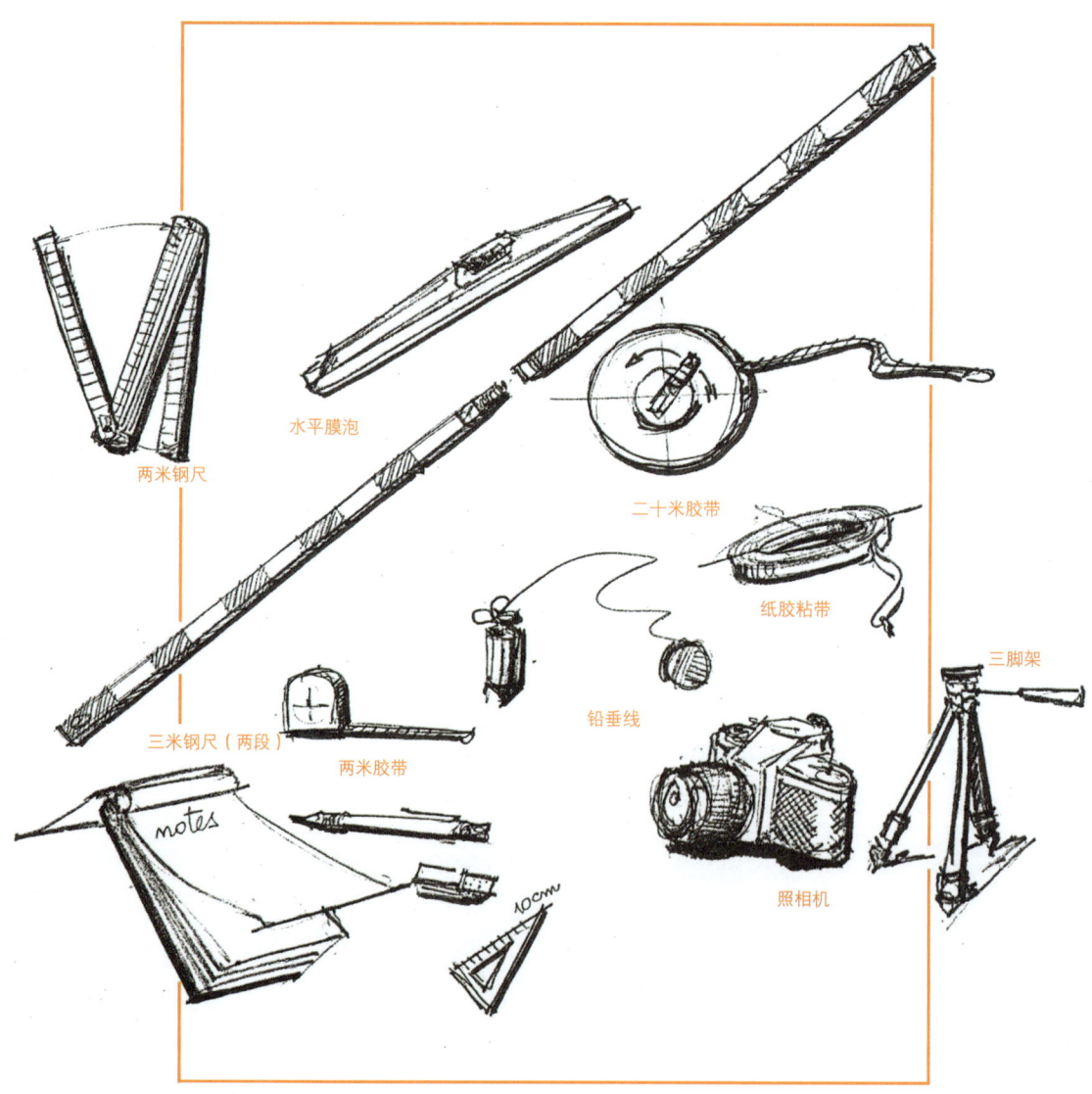

图22-7

测绘工具

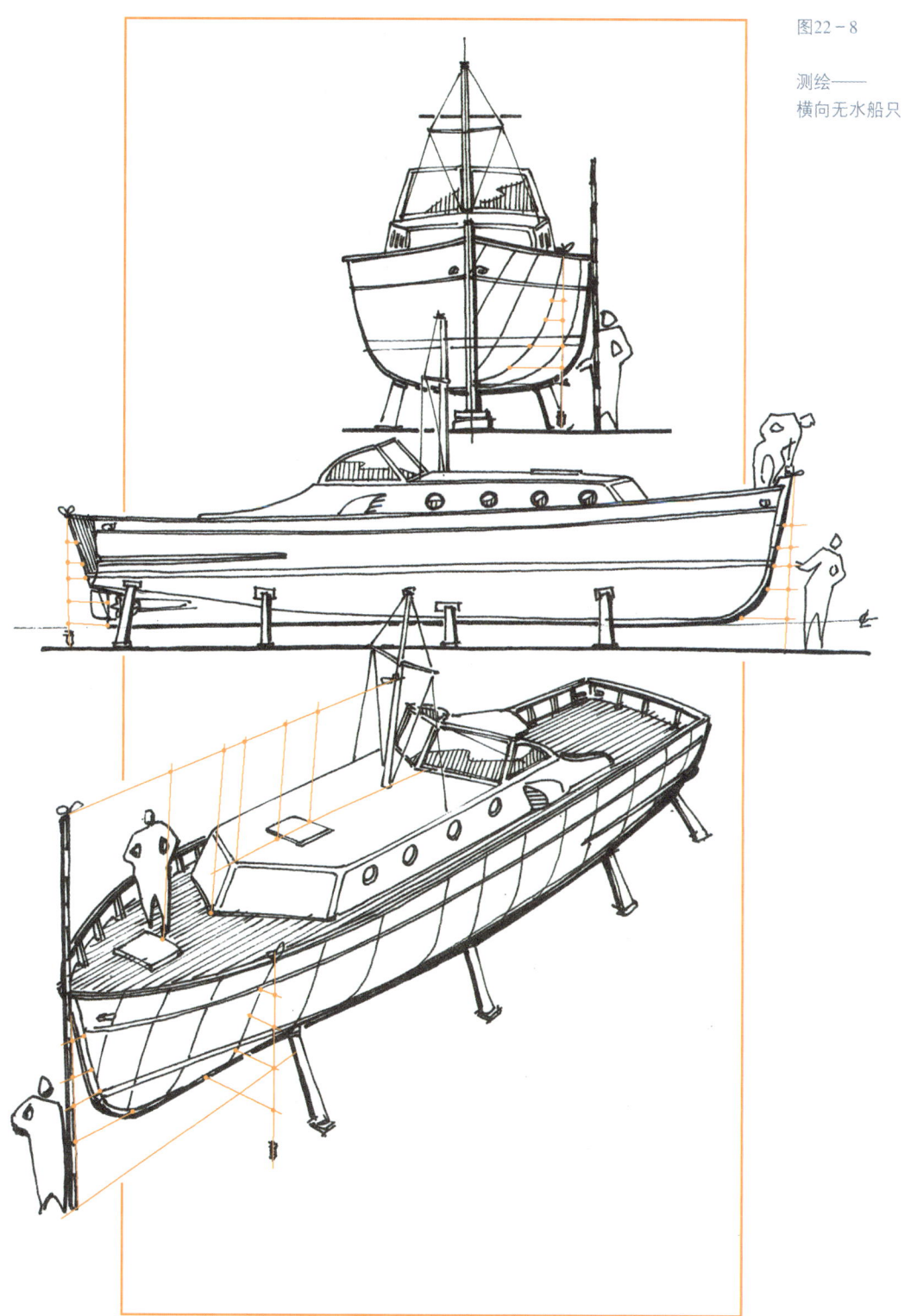

图22-8

测绘——
横向无水船只

图22-9

测绘及修复

（a）顺纵向倾斜船只测绘；（b）交叉倾斜船只测绘

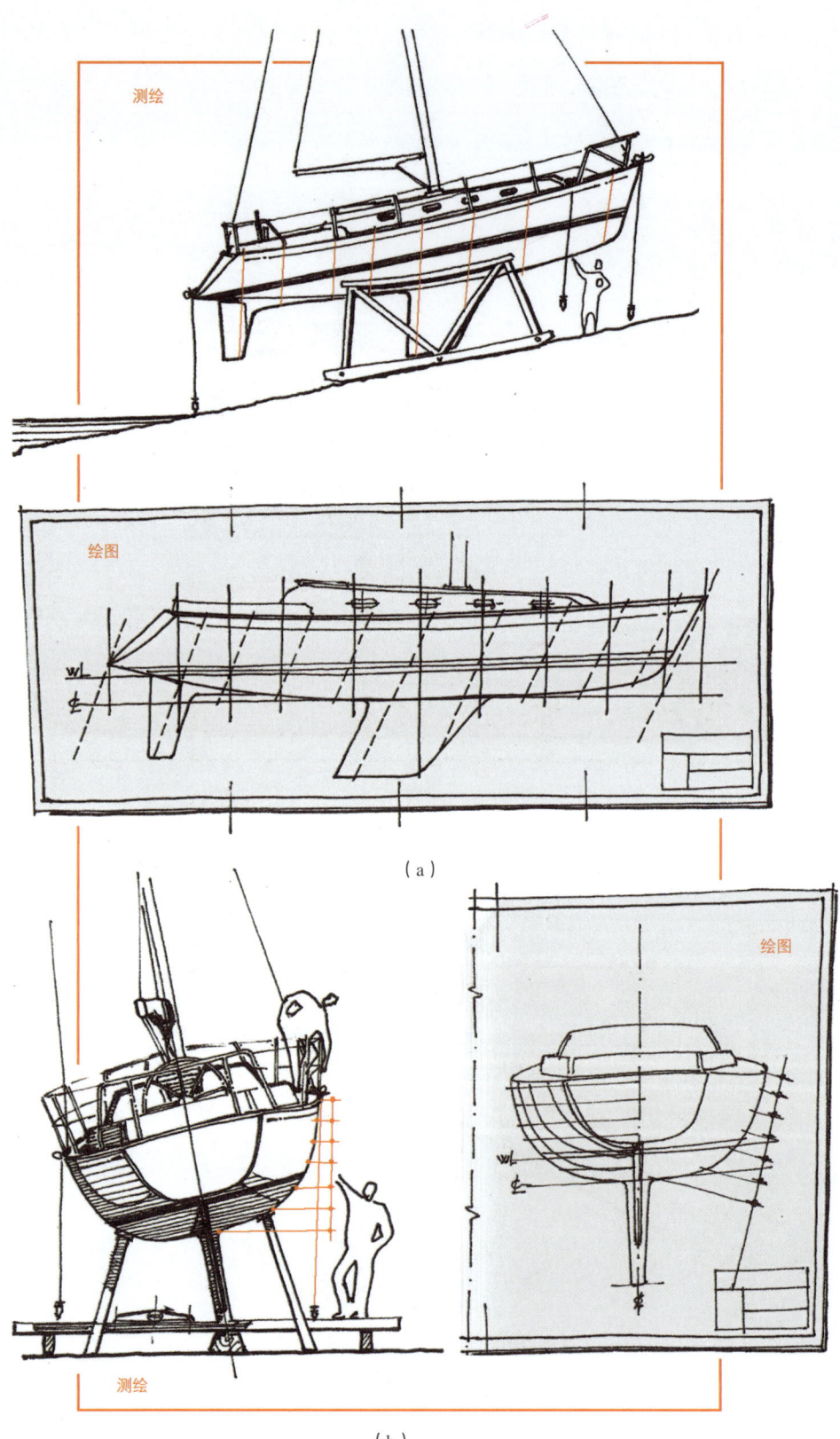

（a）

（b）

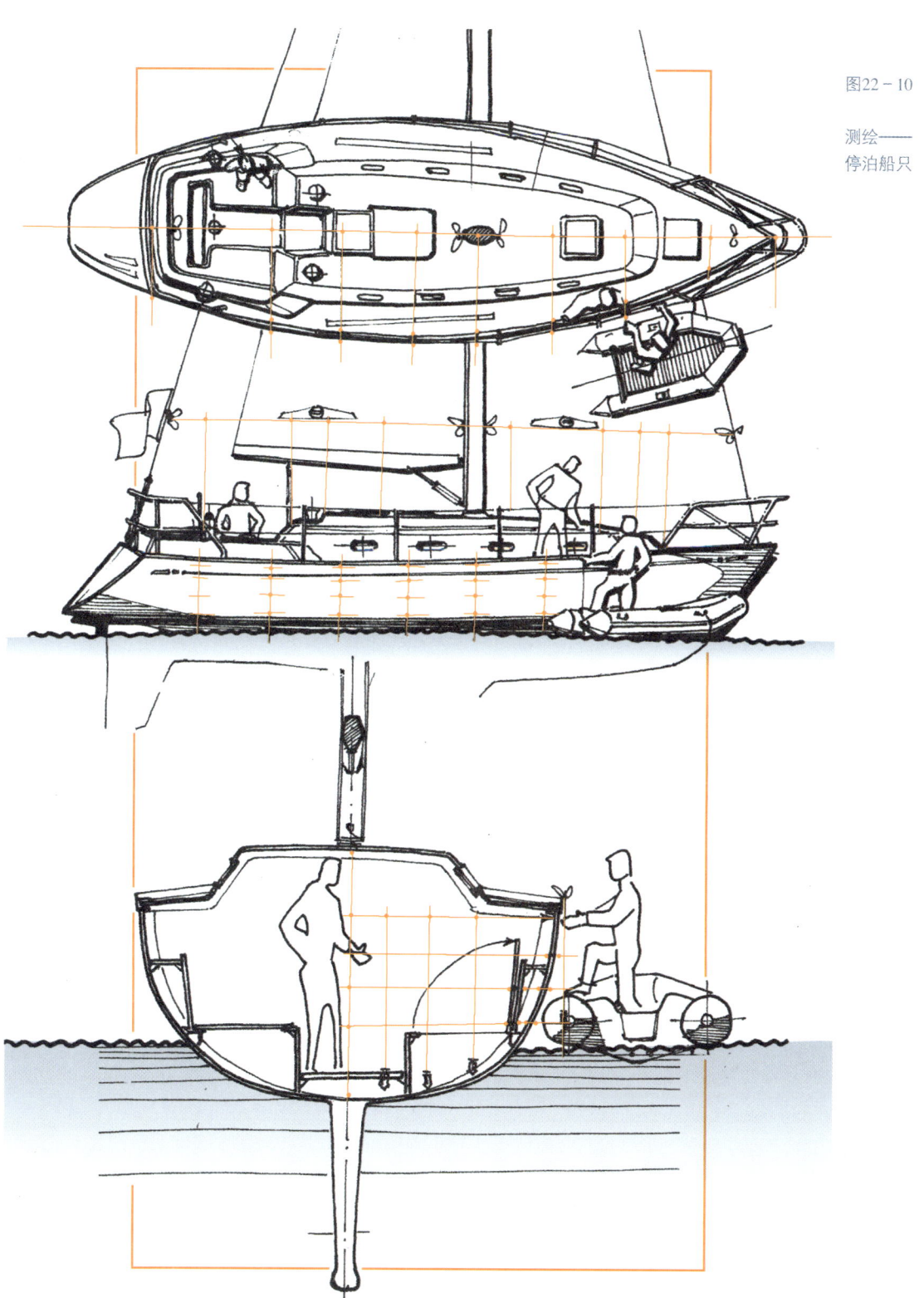

图22-10

测绘——
停泊船只

22 船只评测基本要素

图22-11

修复

注:Foart有限责任公司,帕尔马,在IOR基础上划分船的等级,开展摄影测量评测修复,CRUSING SLOOP EC 21 CECCARELLI YACHTS Designers VII IOR, 1975。

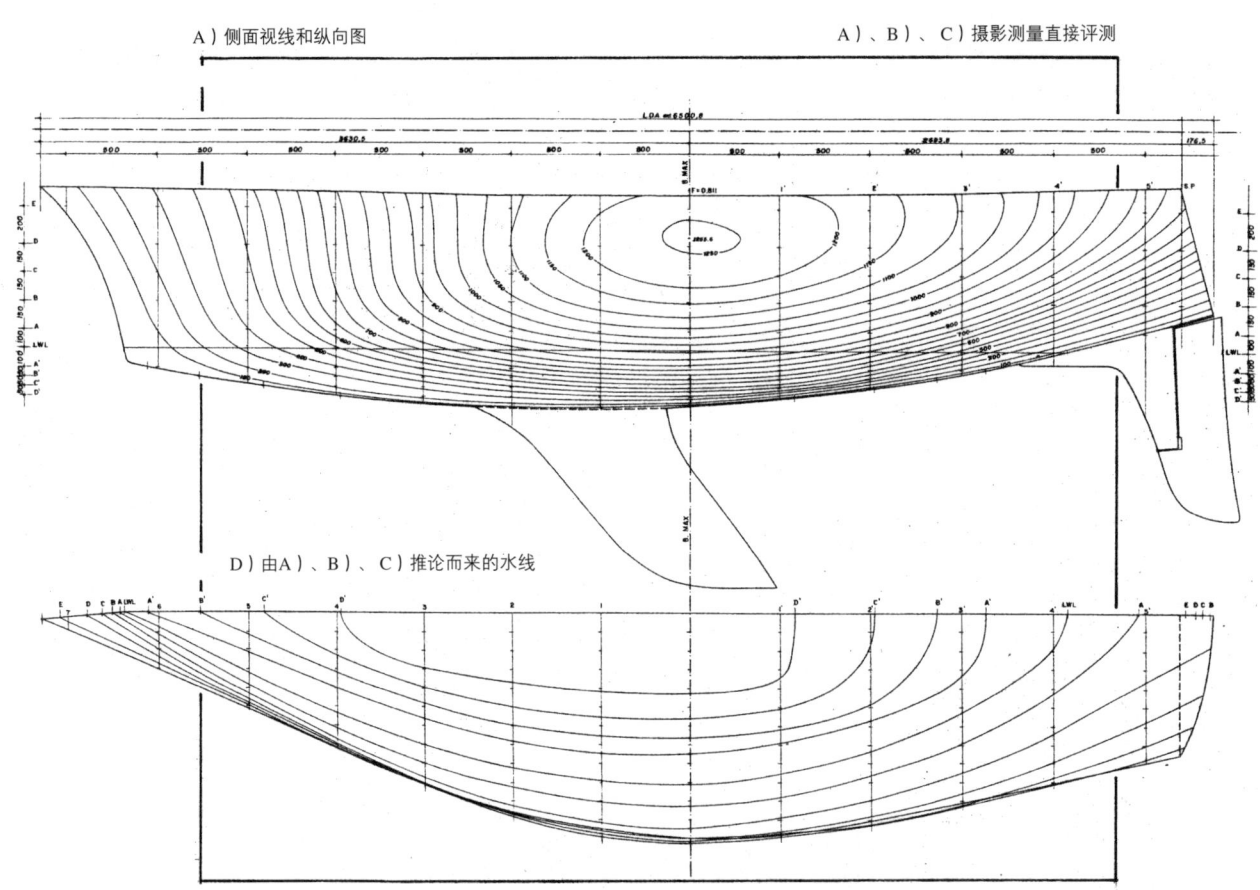

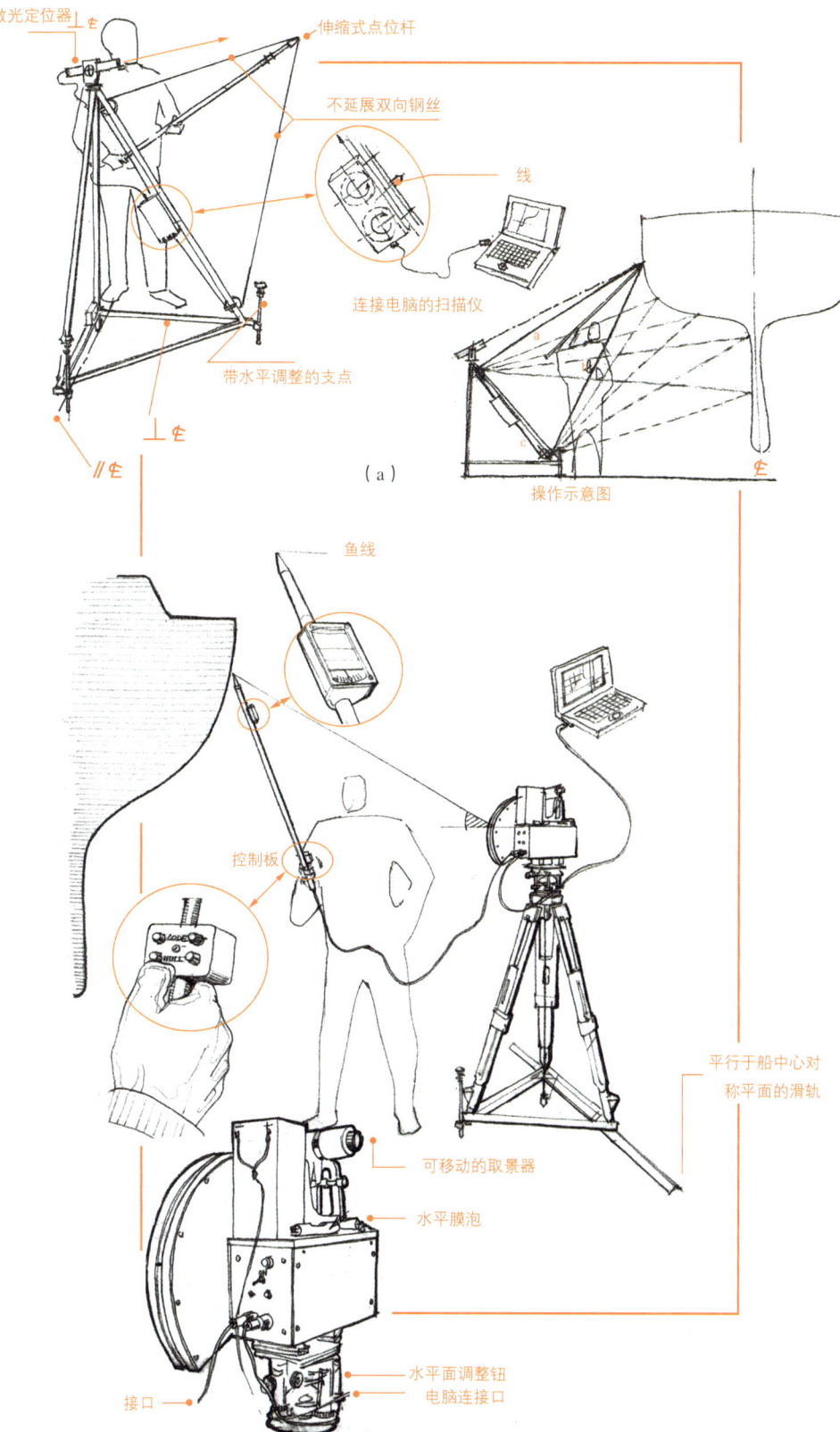

图22－12

评测

（a）德式探测器

注：船体扫描仪（载重探测器），Andreas Spiegelberg，生产设想 Alex Monhaupt。
操作原理：输入"c"＝常数，直角边分别为"a"和"b"形成三角形，确定纵标面。适合的软件立即在电脑上为其译码及重造。

（b）美式探测器

注：船体扫描仪（载重探测器），德式，单线，生产者 U.S. SAILING，由麻省理工特别为IMS，设计建立在极坐标原理基础上。标杆工具，其中含钓鱼线，和工具实体一起用于钓鱼线的准直检验。

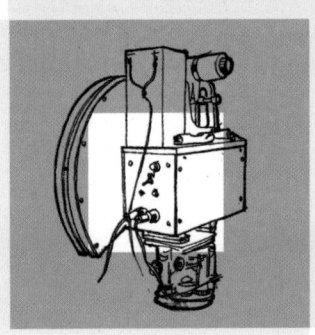

游艇设计
——从概念到实物

船舶测绘
从铅垂线到三维数字化获取

介绍　　　　　　　　　　　　　　　　　　　Gabriele Guidi

撇开需要考虑的比例尺不谈，本术语（测绘）指的是物体三维形态识别。直到几年前，其成果一般需要用带有尺寸标注的二维图纸来反映。

一般测绘对象是通过投影视图或主要部分的剖面图，一般有正视图、横剖面和竖剖面等来详尽地描绘其几何形状。

这种方法可以简便地描绘出几何形状。

有一些理性建筑的形态基本是由直角相交的平面构成的，毋庸置疑，这种就可以直接通过若干个特征点来确定几何形状。相反的，有一些连续变幻的曲面空间里的测绘，则需要大量高频率离散点的取样来找出曲面的走向趋势。

因此，船体测绘，同其他船只的特征细节一样，是一个复杂的综合性操作工作。

与建筑测绘相似，人工测绘技术旨在确定设计的主要要素，首先确定建造平面图的宏观要素，例如其龙骨形状和截面序列，而后依次细化每个构建的细部尺度。这样就可以很明确地找到船体表面纵向的取样点并确定与其正交的龙骨的剖面和离散点的序列定位，这样通过有限的几个点就可以确定曲面的形状。构建延长向的船体空间表面形态。

很明显，直接的测量方法，即每隔一段距离就测量结构上相关部位的尺寸数据，在实践中被证明是相当麻烦的，而且船体弯曲的表面上各处的曲率和切线的方向都不尽相同，很难从表面上提取曲线，并确定参考点；

船身测绘

图 23-1

23 船舶测绘

有时有些部位甚至是束手无策的。

这也就是说，在仅借助米尺、铅垂线等简单参考仪器的情况下，测绘的准确度很大程度上取决于执行操作的人员所具有的经验和技巧，而并非所使用的测绘方法本身的优劣。

更精细的测绘方法则要借助精密的光学仪器，比如经纬仪等，然而在实际操作中，经纬仪其实很少用到，原因也是一样：难以提取易识别的特征点。使用经纬仪往往需要在测绘前，在需操作的表面上放置不同的测量标记，所以其本质上并没有解决参照定位的问题。

三维展示

最近出现了自动测量工具，可以全自动地捕捉三维坐标点阵，这彻底改变了船体等复杂表面测绘的方法。同时，三维建模技术使我们有机会可以将三维形体以数字模型的形式展示在电脑屏幕上，并有可能借助虚拟展示系统来构建立体感观——在这里，你可以打破传统的平面、立面、剖面展示的限制，全然沉浸在全息三维模型中。

借助测绘技术和三维建模技术，现在出现了所谓的"逆向建模（RM）"，通过它可以实现整个实体模型制造项目链的管理，无论是船体自身、生产模具还是复杂或简单的实验模型，都可以涵盖。

游艇逆向建模

实际原型的数字副本

数字技术促进了测绘方法和高精度建模的发展，在文献中，它以"3D获取建模"[1]或者"逆向工程"[2]等不同的名词出现。下文中我们将这一类的方法和技术统称为"逆向建模"，为的是强调这种做法的目的并不在于改变船体的外形设计工作机制（如工程特性），而是指从实物到数字模型的转化过程。

它是一种基于物体三维测绘及数据处理来获得实体模型的"数字化

---

[1] J.A .Beraldin 等，《来自多范围图像的目标模型建设：获取，标定，建立模型和验证》，3D 数字成像和建模研究近况国际会议，加拿大安大略省渥太华，1997 年，326-333 页。

[2] M.J.Milroy 等，《采用 3D 激光扫描仪的逆向工程：案例研究》，先进制造技术国际期刊，12 辑，1996 年，111-121 页。
D.Page 等，《逆向工程方法和技术，潜在的自动化与三维激光扫描仪》，逆向工程——工业前景，Springer 系列先进制造，V. Raja 和 K. J. Fernandes，Eds. 伦敦：斯普林格，2008 年，11-32 页。

副本模型"的方法，使用数字获取三维模型的方法可以保证与原始实体模型的高度接近。这既是因为获得了大量可操作的控制点，也是因为获得的数据有较好的准确性和精密度。

逆向建模的优势

数据提取技术和三维建模在近十年中广泛应用在多个不同的领域，从文化遗产[1]到航空技术领域[2]，从电影工业[3]、自动驾驶[4]再到地面测绘[5]，甚至包括犯罪现场的重建[6]、航天领域[7]及火星表面测绘[8]等。

数字测绘技术的一大特点是准确，这在上述应用中都有所体现；并且近年来在航天航海设计领域[9]，有越来越多成功的技术实验。使得从实体船或旧有模具中直接生成施工图变成了可能。

---

[1] J.A Beraldin 等，《便携式数字三维成像系统对远程站点》，发表于 1998 年 IEEE 国际电路与系统研讨会（ISCAS 98'），蒙特利，美国《化学文摘》，5 辑，1998 年，488 – 493 页。

G. Guidi 等，《大型精细文化遗产对象的三维图获取》，机器视觉和应用程序，17 辑，2005 年，347 – 426 页。

M. Levoy 等，"数字米开朗基罗项目：大型雕像的 3D 扫描"发表于亚洲计算机图形和互动技术会议及展览，2000 年，131 – 144 页。

F. Bernardini 等，《建设数字米切朗基罗的佛罗伦萨圣母柃子模型》，IEEE 计算机图形学和应用程序，22 辑，2002 年，59-67 页。

G. Guidi 等，《文化遗产的高精度 3D 建模：数字化的多纳泰罗的玛塔莲娜》，IEEE 图像处理，13 辑，2004 年，370 – 380 页。

[2] J. G. Chow，《使用激光扫描重制飞机结构部件》，国际期刊——高级制造技术，13 辑，1997 年，723 – 728 页。

C. K. Lee，P. Li，《利用 3D 激光扫描降落伞的几何属性》，航空学报，44 辑，2007 年，377 – 385 页。

[3] L. A. Kurtz，《数字演员和版权——从'极地特快'到'西蒙妮'》，圣克拉拉电脑和高科技法律期刊，21 辑，2005 年，783 页。

[4] B. Nitsche，R. Schulz，《ALASCA 激光扫描仪的自动应用程序》，先进微系统的自动应用，VDI-Buch，柏林－海德尔堡，斯普林格，2004 年，119 – 136 页

[5] J. H. Loederman，《捕捉现实的方法可以提高——Cyra 创始人 Ben Kacyra 专访》，国际 GIM，13 辑，1999 年，48-51 页。

[6] C. Q. Little 等，《司法鉴定的 3D 场景重建》，应用图像模式识别工作室，华盛顿（美国），3905 辑，2000 年，67 – 73 页。

[7] C. Samson 等，《空间应用的 3D 激光扫描仪：灵敏度分析对机械设计的影响》，光电子学、光学和成像，渥太华，安大略省，加拿大，2002 年，1 – 4 页。

[8] J. P. Lavelle 等，《实时 3D 处理的高速 3D 扫描仪》，SPIE 二维和三维视觉系统——检查、控制和计量，5265 辑，2004 年，179 – 188 页。

[9] G. Guidi 等，《船身建模与低成本三角扫描仪》，化学文摘，美国，5665 辑，2005 年，28-39 页。

G. Guidi，M. M. Sale，《三维评测船身》，Nautech，1 辑，2005 年，60 – 64 页。

M. Russo 等，《通过逆向建模过程表面的数字采集技术》，混合杂志，4 辑，2007 年，32-38 页。

M. Russo，《通过综合逆向建模的综合外观评测》，多元技术，米兰，2007 年。

这些技术解决了困扰业界多年的古旧船体的再生产和再设计难题。因为在过去船体往往是用木质模具和手工制船的技艺制造出来的，很少用图纸来做记录（甚至可能根本就没有）。

从计算机 3D 模型获得的数字测绘成果，可以供我们进行数据测量、质量检测，也可用作数学建模的基础（见第 2 部分）。另外，得益于互联网的普及，我们可以轻松地将设计和技术信息传送给分布在不同地点的团队成员。

另一个优势就是各个公司可以通过建立的内部信息系统的数字化资料库来保留这些"历史档案"，这既为公司节约了实体模型保存的费用，也省去了设计师最初进行的冗繁的几何结构形态的实体模型制作。而且，任何时候如果有客户对过去某个模型又有新的想法，都可以从数据库中轻松调取。最后，尽管数字信息的保存也必须遵守严格的规章制度来防止信息的损坏，数字模型较之实物模型的优势还在于，公司至少不需要为数字模型的生产及相关的演示、操作和保存来预留出物理的空间。❶ 同时可以批量生产与原件有相同性能的模型。

数字测绘仪器

三维采集仪器按照操作类型的不同大体上分为两大类：即所谓的"接触"系统，这种测量行为是指在测量仪器和被测量物体之间有物理接触，以及"非接触"系统，即以辐射的形式在测绘区域内替代物理实体参照系统（如钢尺、量规等）进行探测。

非接触仪器　　在"非接触"系统中，尤其是光辐射形式的光学系统中，主动和被动系统之间有很大区别。前者使用的是使用人工光的编码信息，并通过传感器识别；而后者接收利用环境光中包含的信息，同时它们也会受环境场所反射光线的量的影响。❷

两种"非接触"系统测绘技术都能在不与测绘表面接触的情况下获

---

❶ H. Hofman,《全球性问题：保护数字对象》, 国际会议——档案和记录的数字的保存, 首尔、韩国, 2002 年, 59—76 页。

❷ G.Guidi , J.A .Beraldin,《3D 采集和多角模型：从物理实体到其数字模型》, 多元设计, 米兰, 2004 年。

取物体形状的数字信息，同时得到大量几何信息。在主动系统中，另一个识别因素则是传感器工作原理，该原理的基础则是光学三角测量或者光线运行时间差。

扫描仪器按照三角测量的原则，可以在几秒钟的时间内探测到空间中成千上万个点。这种仪器能以 25μm 的精度，1/10mm 的采样间距单次扫描一个立方米。

三角测量扫描仪

这些仪器的特征使得它们非常适用于测绘小面积、缺少棱角且曲率变化较多的异形元素复杂几何体。

运行时间系统（运行时间差）是以激光为基础的仪器，一般用于建筑领域大体量数据输出的测量。

图 23-2

其获取速度，精密度和分辨率等参数则比三角测量系统差了至少一个数量级。

飞行时间扫描仪 olo

但是单次扫描的尺寸可以较大，使测量可以达到较高的准确度。

图 23-3

工业设计领域被动传感器的应用，指的是结合模拟或数码相机的摄影测量技术的运用。

摄影测量

这种技术使用适当校准的相机拍出带有识别点的照片，可通过空间中特定点的位置来获得较准确的估算。

与普通商业相机相比，使用量测或半量测相机可把数据获取的精密度提高到一百倍以上，但另一方面，仪器费用也会大幅显著增长。使用通用型器材会降低精密度，但整个过程下来费用就会节约不少。然而，在后一种情况下，设备不具有一般量测相机配备的校准功能，因此在每次测绘时必须首先在实验室里进行校准，从而获得与专业相机一致的参数特征，达到校准规定的水平。❶

目前有一些技术能够自动识别图像"特征"并生成点阵，但尚处于开发阶段，它们在将来也许会在图像的新测绘技术中发挥重要作用。❷

根据上文所描述的特征，可以明显看出仪器之间首要的区别取决于

---

❶ K. Kraus，《摄影测量法》，图像与激光扫描仪几何，1、2辑，柏林：Walter de Gruyter, 2007 年。
❷ F. Remondino，S. F. El-Hakim，《评论图像——以32建模为基础》，摄影测量记录，21辑，2006年，269-291 页。

	仪器	性能	输出量	价格
主动系统	三角测量 3D 扫描仪（例：Minolta Vivid 910）	分辨率高达 0.1 mm 精确度高达 0.1 mm 精密度 高达 0.02 mm 范围：< 1 m³ 速度：100.000 p.×sec. 测量距离 < 2 m 仪器可操纵性：适中（ca.11 kg）	大量结构化有序点	大约 35.000 €
主动系统	TOF 3D 扫描仪（例：Leica Hds3000）	分辨率：6 mm@50 m 精确度高达 6 mm 精密度高达 2 mm 范围：360°×270° 速度：1.800 p.×sec. 测量距离：1~100 m 仪器可操纵性：低（ca.15 kg）	大量无结构有序点	大约 100.000 €
被动系统	度量或半度量相机（例：Rollei P45）	数平方米取景范围内精确度可高达 0.1 mm 速度：快速 测量距离：1~无穷大 仪器可操纵性：很好（ca.2 kg）	有限空间点集	大约 20.000 €
被动系统	商务数码相机（例：Canon 40D）	数平方米取景范围内精确度可高达 0.1 mm 速度：快速 测量距离：1~无穷大 仪器可操作性：非常好（ca.0.8 kg）	有限空间点集	大约 10.000 €

信息输出量，通常是以点阵或三维形式携带的大量信息。

复杂表面只能通过三维扫描仪测绘，而简单几何体或截面则可通过摄影测量技术轻松获取。

选择扫描仪的因素

另外三维采集参数（分辨率、精密度、精确度）必须与待测绘的几何体相匹配。如果是一个复杂的几何形状，不同复杂度的信息不能由单一采集系统来解决，而必须采取多个系统的整合，才能获得最优化的性能和成果。❶

第二方面是费用的因素，摄影测量不管在仪器花费，还是在操作简易性上来说都明显是经济的选择。

因此，在选择设备之前，必须搞清楚设备的产出特征是否是自己想要的成果类型，得到的成果是否符合特定的测绘要求，以及最终在设备上的投入和生产过程中数据的产出是否是一个良性的投入/产出比。

建模过程　　　　　　　　　　　　　　　　　　　　Giorgia Morlando

建模的过程会根据所采用的测绘系统的不同，或者采用主动或被动技术的差异而有所区别。在 3D 扫描的方法中，从物体三维采集到获得数字化呈现，必须经过一系列的精准步骤。❷

这些步骤的编码程序是近二十多年来多个不同领域的科学实验成果❸，（硬件和软件）设备更新换代更加速了这个过程。

优先观察

主要步骤包括了：测绘数据采集设计，三维采集和三角测量数据，同一个系统里的信息整合，同一模型合并，数据编辑及优化。整个过程的最终成果即多边数字模型或由密集网络构成的多边形平面，其中的各个端点都是在几何坐标系中确定的。

多角模型

接下来将多边模型转化为数学模型。这个转化会给模型带来一定的

图 23-4

---

❶ G. Guidi 等，《融合的相机和摄影测量法：系统程序改进 3 D 模型度量准确性》，IEEE 学报，B 部分，33 辑，2003 年，667-676 页。
　J.A.Beraldin，《激光扫描和近距离摄影测量的集成——过去十年甚至更早》，ISPRS 代表大会第七届委员会，伊斯坦布尔，土耳其，2004 年，972-983 页。

❷ F. Bernardini, H. Rushmeier，《3D 模型采集管道》，计算机图形学论坛，21 辑，2002 年，149-172 页。

❸ F. Blais，《20 年内传感器的发展》，选择成像，13 辑，2004 年，231-243 页。

数学模型

图 23-5

形变，但需在符合产品建模设计偏差的标准范围内操作。如果想要在项目中使用该数字模型，构建合格的数字化表面则尤为重要，这是因为多边形模型很难编辑，并且无法配合调整设计过程中常常出现的几何形状或样式的修改。创建数学表面有三种基本方法：自动建模、半自动建模和人工建模。

从多边形模型出发重建数学表面时，必须要考虑到一些相关因素，比如与多边模型的相关度，想要达到的表面质量，以及可支配的时间。

实际上，这三个方法对上述测绘要素的侧重各有不同，这些都需要在重建前进行考量评估。与多边形模型的相关度指的是建模的容差值。

外观分析

容差值首先取决于所使用的测绘技术，因此必须与设备的精密度相符合。模型建模首先需要对外观进行原始分析，从而识别表面大体走向以及是否存在异形元素。尤其是一些船只具有特征鲜明的曲率变化，因此建议在建模阶段特别保留该特征，否则有时就会丧失与测绘数据一致的相似度。

模型质量则与其表面质量相关，可根据不同体面之间修补的曲面的连续性和相对拉力进行评估。❶

为了获取高品质的表面，在建模时必须保持切线或曲率的连续性，从而实现各部分间的流畅转折。

最后，需要注意到相对拉力在航海领域是非常重要的，它可以避免模型呈现出不合要求的弯曲。

自动建模

建模的首要步骤，自动生成表面，这是一种自动模式，完全由软件控制，可以最大限度地生成曲面并有合适细部特征地修补。它是软件处理扫描获得的数据的第一步操作。

然而自动生成表面的效果并不尽如人意，它会生成数以千计的、很多内部有弯折的表面或者缺少数据的空缺区域。

如果要让软件生成的表面能完全包裹整个模型，就要在多边模型生成早期就进行操作控制，但结果仍然会有大量的表面无法进行修改。所以

---

❶ T. Vàrady 等，《几何模型逆向工程——一个引入点》，计算机辅助设计，29 辑，1997 年，255-268 页。

这种方法的优点在于速度快、操作便捷。

曲面拟合

第二个方法，也就是通过曲面拟合进行数学表面重建，这是一种半自动工作和人工操作的混合方式。曲面拟合就是该扫描软件的一个操作命令。

这个命令是通过设置多个锚点生成多边形的一个子命令，可生成网格。

通过用户调整操作，不断与原多边模型的近似性接近，我们就获取了数学表面。软件自动生成多边形表面，整体表面趋势遵循原模型，但却是不同于数学模型。这种方法的特点是表面质量上乘而用时不多。

不足的是，曲面拟合无法覆盖所有多边形表面，有一些是计算原因（比如，主要表面的衔接问题）也有设计控制的原因（比如，设计师往往需要对船头部分或者中间区域表面进行精细控制）。所以这种方法最后必须用人工建模来继续完善。

人工重建

第三个数学表面建模的方法是借助表面建模程序完全使用人工建模的方式。

与实体建模器不同，这种方法可以创建所谓的自由表面，具有高度的形态灵活性。因此这类软件最适宜船身建模。

人工建模的难点在于完全受制于操作者，而且成果的品质取决于其操作能力；事实上，由于曲率本身的复杂性和前面提到的拉力问题，必须要进行一系列的修补面生成；另外，体面的分割可能会因拆分逻辑的不同而产生出多种不同的方式，但都必须要保证最后的成果的质量。

数学表面的建模是把多边形模型的截面作为参考来建立曲线，并以曲线作为母线生成面。[1]

在这种情况下，与多边形模型的相似度完全由操作者控制，但是一般来说，数字模型与原多边模型越近似，花费的时间也就越多。

人工建模技术能达到较高的准确度，并且与其他自动建模的算法相比，对生成面的控制程度更高。

---

[1] 见前页注释1。

与之形成鲜明对比的是，自动建模最大程度简化了表面建模阶段，对节省项目整体时间至关重要。正是因为这个原因，最终选择的建模方法是对成果功能的要求和可接受误差之间权衡的结果。

应用　　　　　　　　　　　　　　　　　　　　　　　　　　　　　Michele Russo

航海工业是近几年拉动意大利经济的产业之一，其上乘的产品质量受到市场的广泛认可，并且出口量在世界同行业中占领先地位。

尽管制造厂家对于"国家船舶工业协会（UCINA）"❶的设计标准意见不一，但也达成了一些共识，尤其是生产领域。

船只的生产常常会依靠船厂技师的经验水平，或者制船工人组装及手工塑模的操作能力。

船舶业对手工技能的倚重，一方面是它区别于其他不以质量为重的批量生产方式的显著特征；另一方面，却与提高生产效率进而缩短上市时间，并保持产品优异的品质相悖。而这种市场环境的特征在汽车产业中发挥到了极致，导致它们在很早之前就已经在生产过程和产品检验过程中使用了数字技术。

如今，船舶工业仍处于需要投入大量手工业者才能维持高准确度的阶段，而手工制作的知识却不可避免地伴随着经验丰富的船舶建造者的逐渐消失而流失。

将数字技术引入到这个领域并进行实验性的融合，使其慢慢定型，同时留出测试周期以评估嵌入的技术是否成熟。

下面我们就通过一些实验性案例，来说明逆向建模在航海领域可能的应用，以便更好地理解该学科在船身开发过程中的价值。

用于质量分析的逆向建模

在这一类别中，我们将简要介绍两个案例研究，来说明逆向建模是如何应用的。

---

❶ UCINA，意大利船舶工业协会 2007，http://ptpub.ucina.it/files/nautica_cifre07_completa.pdf。

第一种是单体船中的刚性船身（船型CAB），尺寸为640cm×220cm×82cm，第二种是"IVF 555"的玻璃纤维模具，尺寸为550cm×235cm×57cm（Nautivela公司）。两种产品种类、式样、颜色和尺寸均有不同，但也有共同特征，比如船身都是成型的产品，尺寸比一般工业设计产品要大，而且要求较高的精度。

基于这些特点，我们最后选择三维采集综合技术，在第一个案例中，利用了三角测量扫描仪的精密度和数字摄影测量的整体准确度，在第二个案例中，将三角测量扫描仪与运行时间结合到了一起。使用单一的三角测量仪器后❶，所出现的误差就不会再通过多次扫描扩散了。❷

综合采集技术

综合技术的应用使我们既能保持某特定属性的高品质也能保证整体准确度。

在上述两个案例中，都可以用符合船只特点的、分辨率高达0.3mm和几毫米规格的设备来进行测绘。

确立多边形模型之后，就可以通过对称检查来检验船身精密度分析。第一个案例分析结果显示船头有几厘米的误差，被确认为船只航行缺陷。"FIV 555"也经历了数学建模阶段，通过半自动表面生成配合人工建模取得的结果最令人满意。

用于古旧船只修复的逆向建模

这个研究案例中提出使用数字设备获取历史船只Leone di Caprera的建造平面图和甲板绘制图，这是一艘1879年为纪念Giuseppe Garibaldi而建造的捕鲸船。

这是意大利舰队所拥有的现存最古老的船只之一。正值Garibaldi诞辰两百周年之际，启动了名为"museum"的修复工作，将对船体进行非功能性外观修复和保护。

图23-6

制定具体的修复计划之前，必须首先掌握船只尺寸和外形。

船只所占容积约为10m×2.3m×1.6m。考虑到这一尺寸和客户的要

---

❶ 见349页注释9。
❷ 见349页注释9。

求，我们决定通过摄影测量和运行时间扫描的综合方法来进行测绘。在开始前，先对船身进行次序标记，从而可以在数据提取阶段更易识别。

我们为船身选择了摄影测量方法，这是因为技术准确度高并能够提供图像信息，这些信息对于修复有着极其重要的辅助作用。

而运行时间扫描仪则被用来做甲板测绘，与使用摄影测量的情况相比，甲板不规则的形状需要更多的取样比率。

通过所获数据，可以分析多种因素，比如船身经历的扭力、船壳非对称现象或者凸起。

在这种情况下，逆向建模有助于对所采用的修复方法进行判断，或者可以对多种方法进行的建模结果来评估，这也叫做"模拟修复"。

用于概念性航海设计的逆向建模

这种技术的一个有趣应用是能够将设计阶段做出的初步设计模型按一定比例转换为数字化模型，并作为继续设计的基础。

这里所用到的实体模型是一艘热塑成型的聚苯乙烯船模，尺寸为103cm×35cm×15cm，利用三角测量扫描仪来进行采集这一步。

由于表面的特点不鲜明，需要在调试阶段中进行精确的点控制，从而避免各次扫描造成偏差。之后通过人工建模来完成，与原多边形模型的相似度保持在0.5mm之内。

此案例是从实体模型直接过渡到最终成型模具的一个代表性案例，因为数字模型便于控制比例，所以在设计阶段可以跳过一些设计步骤，从而明显缩短了上市时间。

用于实物模型航海设计的逆向建模

最后一个案例主要是针对特定特征的产品和分析采用的逆向建模方法。虽然逆向建模在航海领域有过较多的应用并在之前的使用过程中不断完善和细化，但仍有例外的情况。

图 23-7

该船只是由 Nautivela 公司生产的 A 级船身的比赛船。尽管它的几何形状简单，类似于 230cm×169cm×35cm 的平行六面体，但由于其表面加工特殊，加之测绘和建模最小容差值的制约，限制了逆向建模的应用，甚至有些情况下都无法使用逆向建模。

本研究的目的是重建与船身实物外观最相似的三维数学形态。

之所以需要重建，是因为我们发现经历长时间的使用和拔模磨损（船体玻璃钢定型后与模具的分离），Optimist（一种奥运级别小帆船OP）的模具和部件都有所变形，大批部件都需要人工修整形状来保证和原始形状的一致。

然而尽管每次修整都小心谨慎，但随着变量的不断积累，还是造成了船体模具及最终的船体形状与原始造型的偏差越来越大。在对获取技术分别进行试验之后，我们对之前的案例得出了下述有效结论。

• 三角测量扫描仪适用于高精密度的获取，但如果没有对模型准确度进行总控功能的设备，则不可用。如果输出量大，则要通过多次扫描才能整体覆盖面层，这样在最终的整合阶段就会出现累积误差。

• 运行时间扫描仪可以获取任何尺寸的船只，但是数据的准确度和精密度低，会导致模型的主要几何特征失真。在掌握形体具体尺寸或没有特殊特征的情况下可以单独使用。

• 数字摄影测量提取外轮廓，但无法对表面进行连续取样。而在一些情况下，比如为了获得更详细的外观分析，后者是必不可少的。

立体匹配试验性技术的应用可以在物体表面上投射图案，并自动识别数据点，从图像中生成数据矩阵。

在案例中，这种技术带来了一些令人欣喜的成果，但是需要进一步的完善。

使用混合技术（人工或自动化相结合）能够获得准确的数字模型。数学建模可以修正实体表面瑕疵并生成对称的模型，根据操作者的意图对特定的部分进行修正和优化，并保证误差在相关规定要求的范围内。

图23-1

在摄影测量拍摄中，需要不同的、有充足间距的图像来复制同一区域，以便能够计算三角测量截面对应点。目标标记点在物影照片定位的初步操作中起作用。比如，根据度量标准对热那亚小渔船进行摄影测绘，可以看到图23-1（a）的目标场景以及图23-1（b）中根据从摄影测量中获得的一系列空间的点阵看到形体的布局。

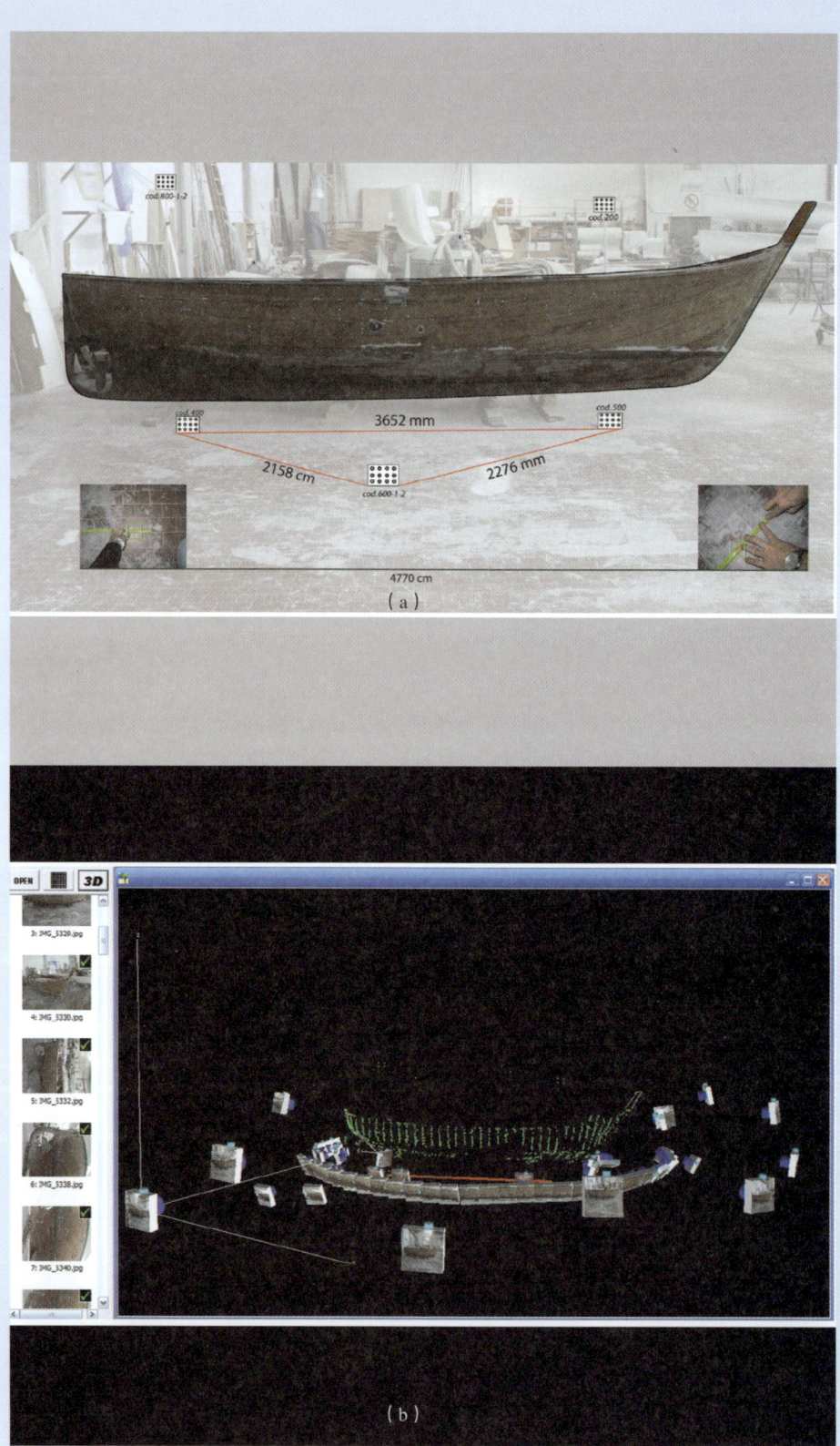

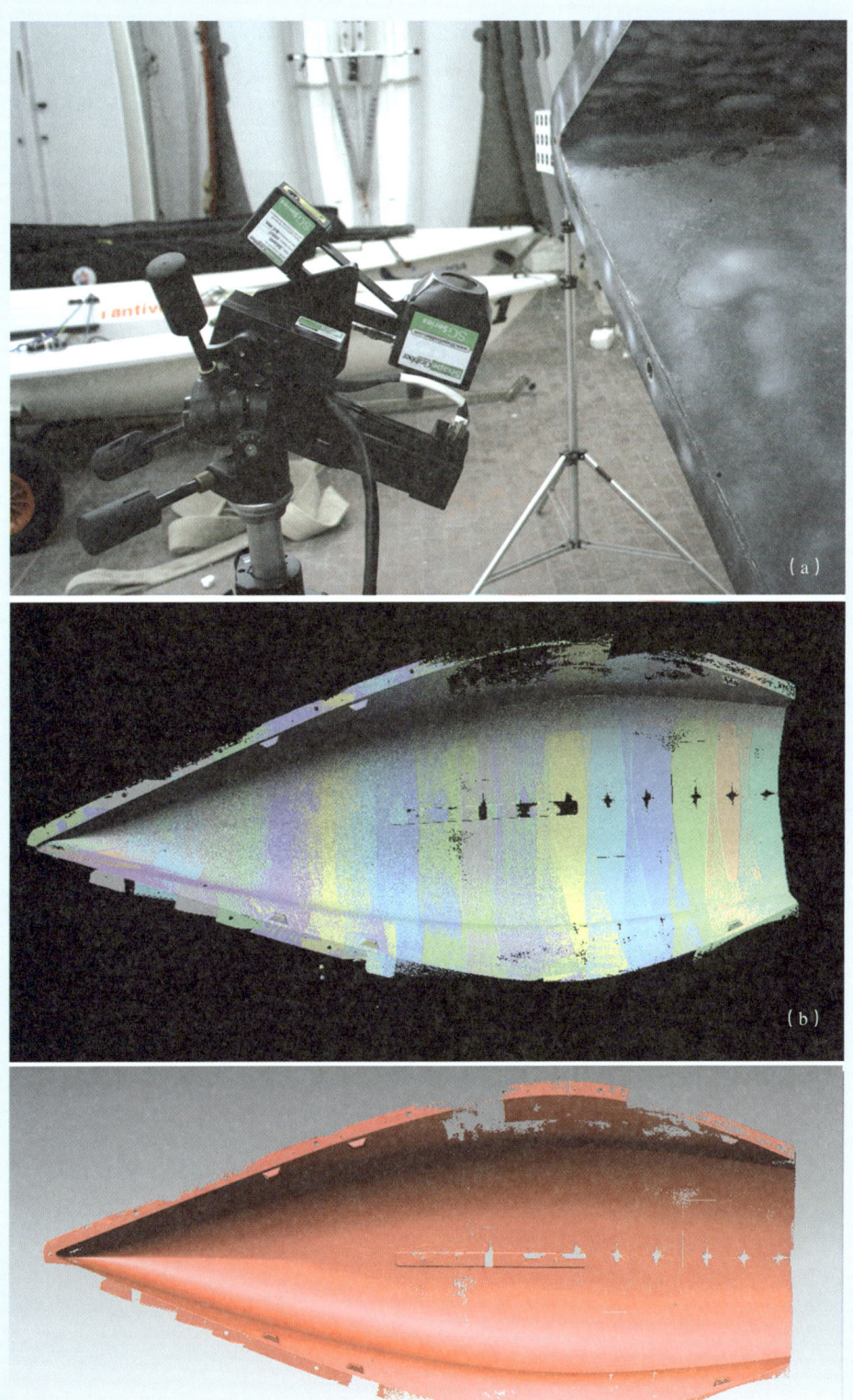

图23-2

（a）带三角测量的激光扫描仪的555型号防倾板拍摄；（b）多次扫描获得的场景；（c）通过多次模型或者网状合成的数据

图23-3

（a）运行时间激光扫描仪555型号；
（b）多边形模型，或者由扫描数据形成的网状模型

(a)

(b)

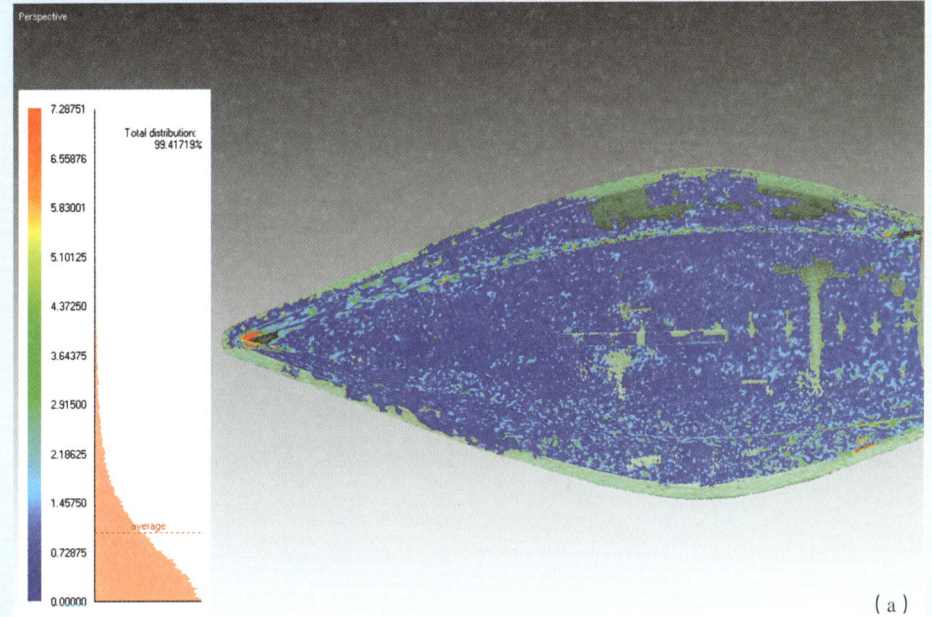

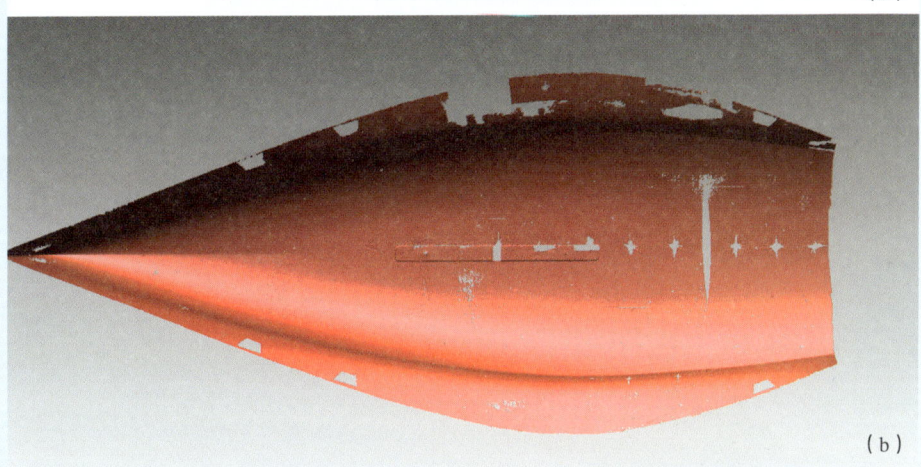

图23-4

(a) 将三角测量和运行时间的激光扫描仪所获取的网状模型之间的比较,以半阶编码运行时间扫描仪生成的模型,识别度很弱,精密度低;(b) "未加工"网状模型,直接合并两个模型;(c) 通过最后的编辑操作能迅速发现并消除大量缺陷

图23-5

由网状模型而来的形成数学建模表面

(a)可以看到网状体生成的截面;(b)由截面出发设计的数学曲线;(c)可见的NURBS表面单一部分参照物;(d)形成最终模型

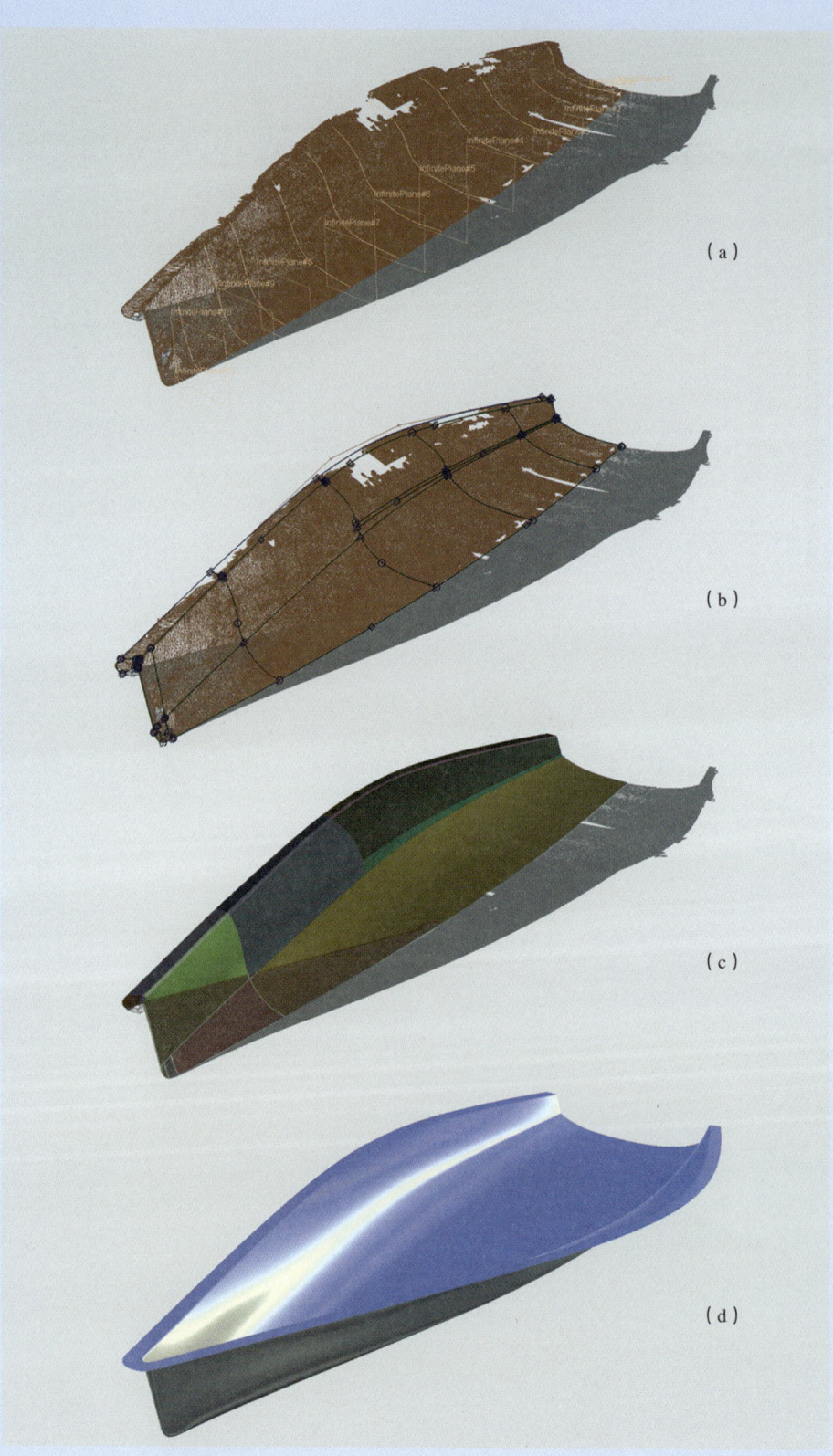

(a)

(b)

(c)

(d)

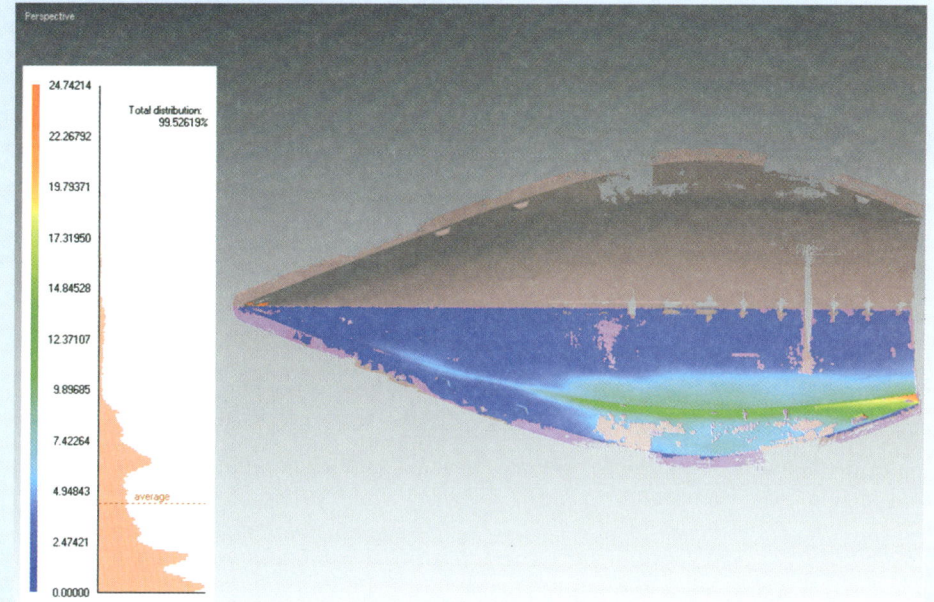

图23-6

（a）所获网状模型上的对称性检验，对比网状左半部分及与它对应的右半部分，蓝色区域正确对应，趋向黄色部分的区域意味着逐渐产生偏差到最大2cm；（b）为修复船只运用逆向建模：在"Leone di Caprera"截面上合理标记；（c）一系列摄影测量生成点和通过扫描仪得到的多角模型合成

23 船舶测绘

图23-7

小比例设计模型的逆向建模

（a）比例为1∶10的玻璃钢膜具模型；（b）由三角测量扫描仪得到的一系列原始几何数据；（c）网格模型；（d）最终数学模型，在标准尺寸下容易测量；（e）Nautivela生产的Op级船身质量监控，船身目标；（f）船身表面上的投影；（g）TOF系统激光扫描仪；（h）合成船身截面曲线的比较

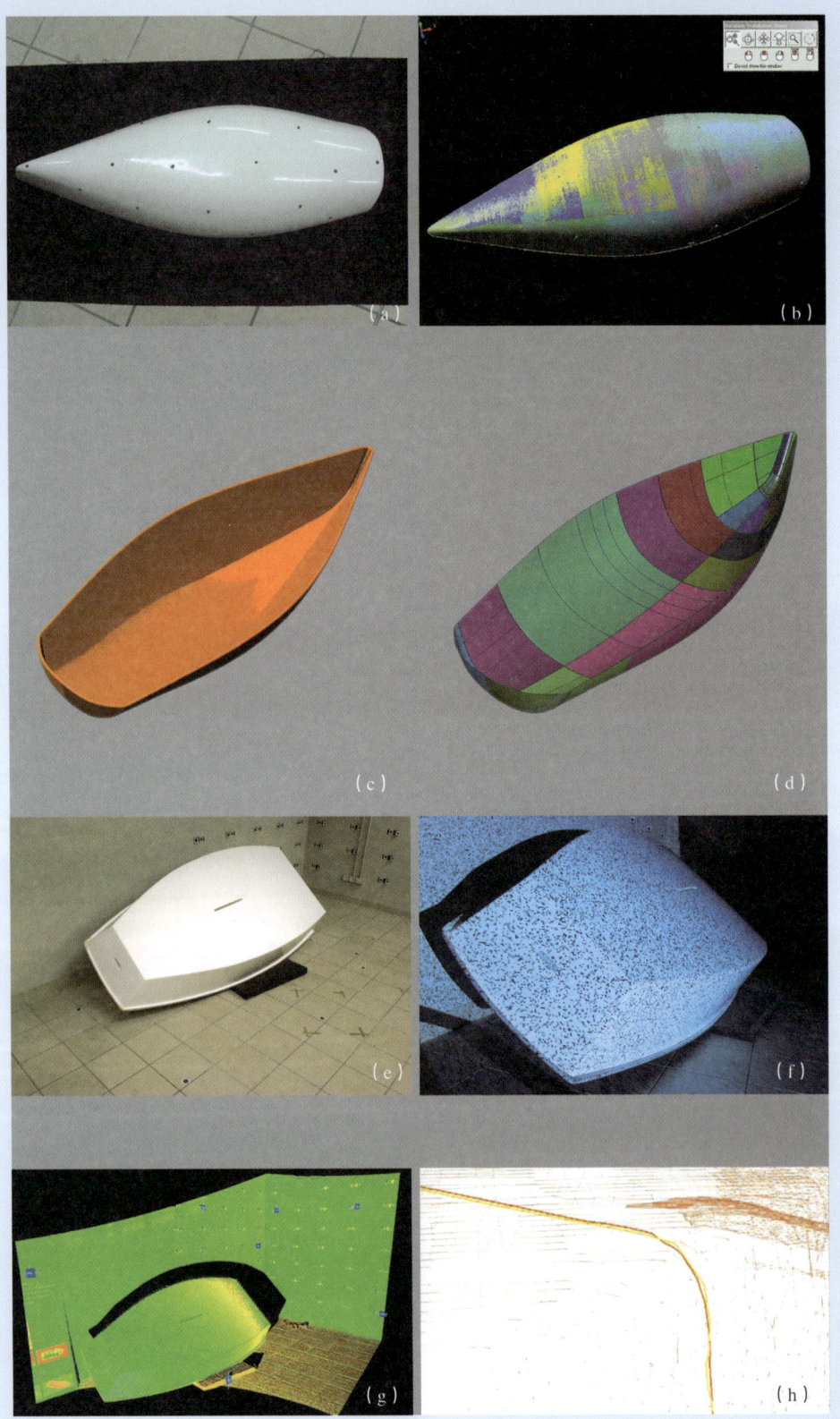

游艇设计
——从概念到实物

附录
案例研究

远洋游艇设计

在与客户的第一次会议上，我们着重讨论了客户对产品尺寸的大致要求以及对产品风格的期望。用技术术语来说，就是设计任务书阶段。

当客户提出自己对产品的各项要求时，设计师首先通过设计类比的方式将客户的愿景用图片解读出来。

一个项目往往是在双方协力合作下诞生出来的。客户的需求和设计师的设计构思可以说是相辅相成的，相互间是有着密切关系的。项目的构思通常是这样的，由一般性问题深入到具体的疑难问题，双方的意见分歧也会随之出现。

在第一次汇报之后，方案也在和客户进一步深入讨论的基础上继续完善。当然，我们也不能够一次就能考虑到产品的方方面面，往往要经历几个阶段对风格、尺寸或工艺等问题

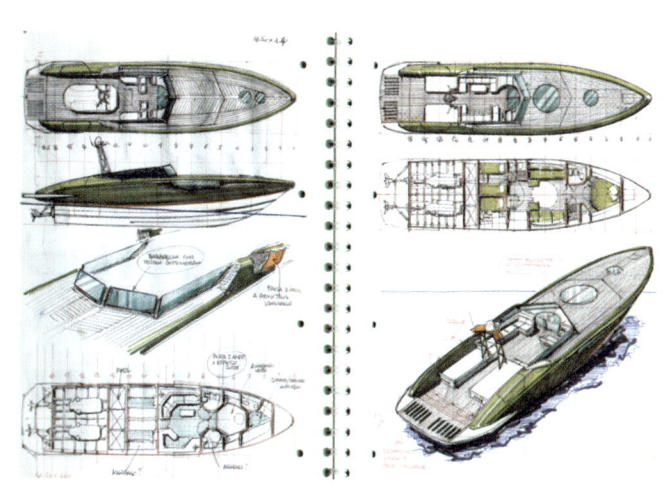

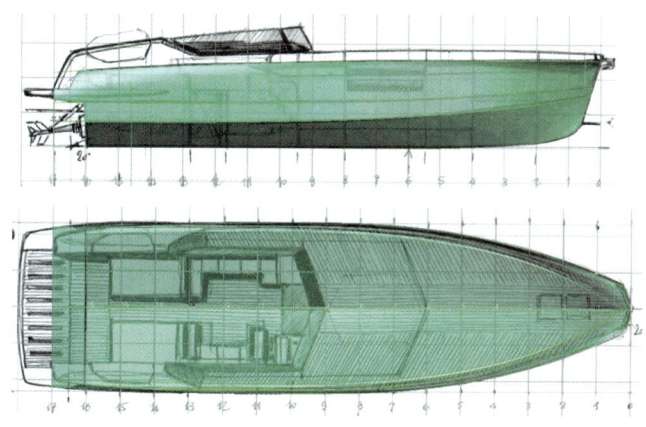

的不断深化考虑。

一般来说，到了第二次方案提出的时候，就离客户的期望和要求更近了一步。但是这条道路也可能是漫长而曲折的。到了第三阶段，就会进一步深化尺寸和几何形态，因此，使用虚拟建模的技术就会显得非常有用。

3D 快速建模可以更有效地观察船体内部的空间构造。除此之外，虚拟模型的使用能让我们更直观地观察流体静力学在船只中的实际应用。也更易根据推算出来的排水量计算船体的实际体积。❶

根据模型，我们也能够更容易地识别船体的形心和重心。❷

一旦我们认可这一设计，船只在舾装完成后的重心必须控制在通过形体中心（浮心）的一条垂直线上。

这里，将总平面图作为工作的基础，再去确定船体主甲板的平面。

原则上来说，设计方案会依照客户指定要求的各个方面去完成。

产品图纸可以视为技术说明书的综合，可用作造价和重量的估算。

为了能让方案获得认可，设计方案图纸最好可以通过关联类似的设计案例，以更易理解把握。

在虚拟建模之后，就到了研究技术组件的阶段，来确定船只构成部件的具体安装结构。

这个时候，CAD（电脑辅助设计）模型则会分化为两个不同方向：一是用于构建数控机床的数学表面建模；另一种则是将 3D 模型作为渲染效果图的基础。❸

在效果图制作过程中，制图者必须非常谨慎细心，认真考虑各种材料材质的特征配合，并在出图的过程中，细心把握光的效果。每一幅效果图的设计和电脑出图的过程，都是数以百计的小时的辛勤工作。

三甲板游艇设计

设计这个新船型的决定，是在结合了客户和设计师在任务书阶段确

---

❶ 根据阿基米德原理，每公斤排水量对应船体 1000cm^3 的容积。计算标准（1kg=1L）为蒸馏水。

❷ 这是匀质物体的图像，实际上相当于被排开的水的重心。

❸ 下面的透视图来自于 Giorgio Vecchio（乔治·维奇奥）2001 年的作品《Absolute》。

定的要求之后诞生的。由私人（船东）或企业客户（造船厂）提出产品的设计要求，他们的设计路径是非常不同的。这里没有任何偏见，一般来说只有在设计超级游艇的时候，船东才会直接联系设计师。船厂通常关注的多是"常规型"系列的船只，也就是按照相关规定长度不超过24m的"休闲类船只"。这里有点像高级定制时装和成衣的市场模式。而在这个案例中，设计方案要求是由船厂和投资方提出的——一个由两层船舱甲板和飞桥组成的经典地中海式游艇。而这种船型在市场上的定位是在和竞争对手并驾齐驱时，能在居住空间设计上有一些卖点。

第一步，从草图本的假想开始，先设定好长度，组织游艇初步的框架（通过间距一米线），简单布置好机械舱，并确定竖向的船体比例和尺度。围绕这些固定的"限制"再去探讨卧舱、休息厅和舱外空间等内容。

我们的方案也会参考竞争对手的设计，认真消化，"取其精华，去其糟粕"。再加上我们的经验、想象力，结合功能化的考量，尽力做到空间最优化，减少不必要的空间浪费。至此，船体初步空间规划就确定好了。

草图能够帮助我们梳理好脑海

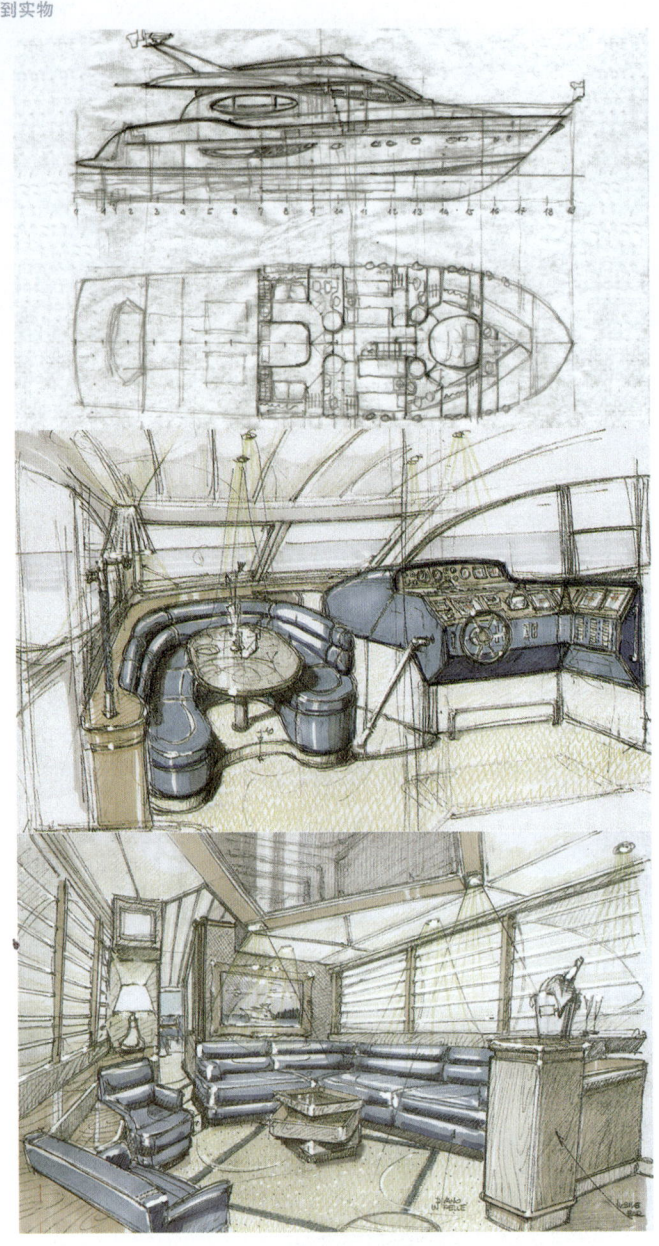

中的想法，这也有利于设计的深化。最基本的要求之一是满足假想中的客户对居住区的需求。游艇的主人舱要求设计成拥有两面景观的房间，同时，创造新的空间附加价值来面对竞争，比如，合理分配低层甲板空间，设置4个带独立卫浴的且有较低高度床铺的卧室舱；而市场上相同尺寸的船只一般只能提供3个舱。

为了提高空间利用率，我们把楼梯设置在船舱的中心部位来尽可能地压缩走廊的面积。一旦确定了这个最初的方案，数字模型就成了设计师最好的助手，能够帮助我们更直观地控制每个甲板层舱室的设计进程。

船体虚拟模型能帮助我们更好地直观感受船体内部可使用空间状况。我们核查船舱是否有足够的空间容纳布置舱室和卫生间，并对各种液体储存箱和机房设备安置空间进行评估。

制作一个初步的虚拟模型并不是一项需要花很多时间的工作。哪怕是先用扫描仪扫描一下设计图纸的形态转化为数据后建成一个3D模型都有助于项目的理解。

构建一个虚拟草模并不需要过于精细的操作，只要把握住几个关键

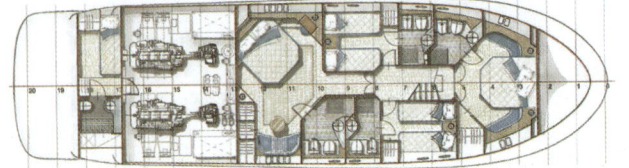

尺寸点，利用轮廓图纸信息就能在电脑上建构出一个大概的三维形状，以便能 360°观察。

随着项目的深入，我们需要继续研究内部装饰的设计方案。一般来说，半定制产品需要先提供一个内部的基本布置方案，一般是由玻璃钢结构组件构成的，比如船体、甲板和上层建筑。而内舱的室内设计则可以根据定制来设计，依据客户的要求和品位来设计建造。

因此，内部空间会呈现各异的风格，相应的家具、材质、面料、色彩和线脚大样也会大相径庭。

因此，一个项目往往是多个不同阶段并行推进的，室内的风格可能还没有最终确定，而船体的图纸可能已经在技术数据阶段进行完善并开始打样了。

船体的模具是倒扣着制作的，除了使用木材，还可能会用泡沫等其他成型材料。然后整体批灰、多次抛光后来制作船体的阴模，用来生产系列的船体。与此同时，在船体模具的旁边开始制作游艇上层建筑及甲板的模型。模型的龙骨是采用数控机床精密切割的，准确的加工保证了对空间和外形的有效控制，如有要求，也可以做出多个不同的方案来不断优化模

型。桥楼室也是由不同组件组合而成的，并加装舱门、窗户及其他设备、装饰部分等最后完成。游艇甲板及上层建筑由不同部分组合而成，转折面很多，不可能用单一模具制作出来的。正因如此，游艇的上层建筑及甲板面是由4个或4个以上的独立部分脱模后组合而成的：分为中间部分（前端和顶盖）、两个侧部以及船尾后部的亲水平台。

同时，在船体模具的外皮内表面开始层压船体。最终形成船体结构、船壳、底舱以及安装舷窗预埋零件等其他部件，为按照设计来精密准确安装各类附加的设备做好基础。当船体脱模出来之后，下一步就是把它转至舾装场地，在这里各种设备和软装内饰会被安装进去。首先要开始舱室的分隔施工，一步步完成各部件的组装。在这个阶段（船体敞开期间）安装设备是比较容易的，一定要考虑到必须要在游艇完成后，安装到船上的每个部件还可以接触到甚至可拆卸，以便进行检修或更换。

在组装期间，需要不断检查设备是否符合人体工程学。浴室和楼梯是需要特别细致考虑的部位。安装进程的关键点是将桥楼室和船体连接在一起的那一刻。当这部分完成后，就到了主甲板舾装的时候了。所有的设备已经就位，机舱的安装也完成了，可以安装螺旋桨了。内部船舱这时候已经进入精细安装的阶段了。主要是饰面板和内表皮的安装，依照船东批准的设计方案的风格，使用布料、皮革或者珍贵的木材来装饰墙面及天花。

到了上层甲板的内饰开始的时候，已经能够感受到即将交船的气息，大家都在马不停蹄地工作着。在距离最后期限的前几周，大家就已经开始数着手头剩下的日子了，夏季也马上要来临……

终于，要开始安装玻璃和甲板上的五金了。每个部件都已就位，但还是会有很多突发事件发生，直到最后一刻，还是会有各种问题需要解决，想法也会不断改变，往往会出现这样的情况"我不明白，我觉得和想象的不太一样"。除此之外，正式交付之前还会出现很多设计阶段根本不存在的意想不到的问题，比如市场上的辅料供应可能短缺了。在交船之前，一切都有可能发生。当然，如同怀孕一般，最后总是要分娩的，尽管分娩的过程是痛苦的，但是结果却是令人满意的。❶

用于出租的帆船的设计

通常，项目中还会需要与其他专业人士共同合作。随着设计任务的进行，会逐渐出现专业分工，某个领域的专业人士会为项目的某个特定领域工作，而不是参与到项目的整个工作中。角色分工对于项目的成果来说至关重要。将工作内容进行划分，大家一起合作完成工作，这种专业的团队合作也有助于技术的发展，通过远程数据信息的交流，可以在很大程度上简化整体的工作内容。

比如下面这个案例中，游艇租赁管理公司客户就特地请了一位美国著名的设计师来专门设计一艘 62ft 长的租赁用帆船。

专业设计委托仅限于内舱的室内设计。由于船只内部的大致尺寸和隔间已经事先规划好了（至少主要参数已确定了），因此，设计只会涉及家具的样式、颜色、材料和部分固定装置。

---

❶ 旁边的照片由塞尔吉奥·弗朗蒂尼（Sergio Frantini）拍摄，Carnevali 72 号。

在提出任务要求后，船厂同意可以用他们的一些小型模具生产一些碳纤维制的特殊零部件。

第一次提案（如表现图所示）引入了较多的与船体结合的科技元素，从餐桌的桌腿到电子监控台前的转椅，在选型上都考虑碳纤维材质的家具。在软装选型上也配合了"高技派"的风格，选用灰色弹力面料做靠垫、坐垫以体现"科技感"的生活方式，滚边上则采用橘色做撞色对比，更显出生动的气息。地板采用特殊蜂窝复合材料，以碳纤维材质做围边，中间是天然椰子纤维编制织的地毯，墙面和天花选用中性色，以配合方案整体配色。

考虑船只分时度假租赁的用途，可能在较长时间内需要供不同的客户使用，所以在设计风格上应保持现代感、连贯性和趣味性，而造价太高或个人风格太突出的设计则不会被采用。如果采用"高技派"的风格就会冒着有些客人不接受的风险。

同时，这艘船将主要在气候炎热的热带地区航行，客户还提出了特殊的要求，当气温变高时，船舱内的空气流通速度也一定要跟得上。船舱内必须保持空气清新，总之要让乘客感到舒适，风格上也要更传统一些。我们必须把它当成帆船来考虑，要能唤起这样的联想。

所以第二次提案，接受了客户新的意见，我们选择了科技感较弱的材料，让乘客不会觉得船舱是冷冰冰的。也引入木材作为参考材料，选用亚光面的天然橡木板，配合清新、自然、易清洁的软包材料。这次的方案从最开始的现代金属风格转变成了自然风格以迎合目标客户的期待。

在用餐区左侧，餐厅和厨房之间的舱体上增加了一个可以滑动的门，打开门，客人可以与厨师交流，这个十分人性化的设计借鉴了美式餐厅的格局，用餐是一个大家一起交流的场合。

在休息室的中间区域设置了分隔用餐区的长凳，它同时也是发动机的舱盖，可翻转的靠背设置，可以灵活地分隔空间，当靠背翻转到移船舷右侧时，就变成了分隔通信区域的栏杆。

现在，船舱的室内设计工作已经基本完成，所有船舱和浴室的解决方案也已提出。

只剩下厨房需要进一步通过CAD设计来研究具体细节，保证厨房内所有的设备（从微波炉到洗碗机）能够安装在合适的位置。由于船体结

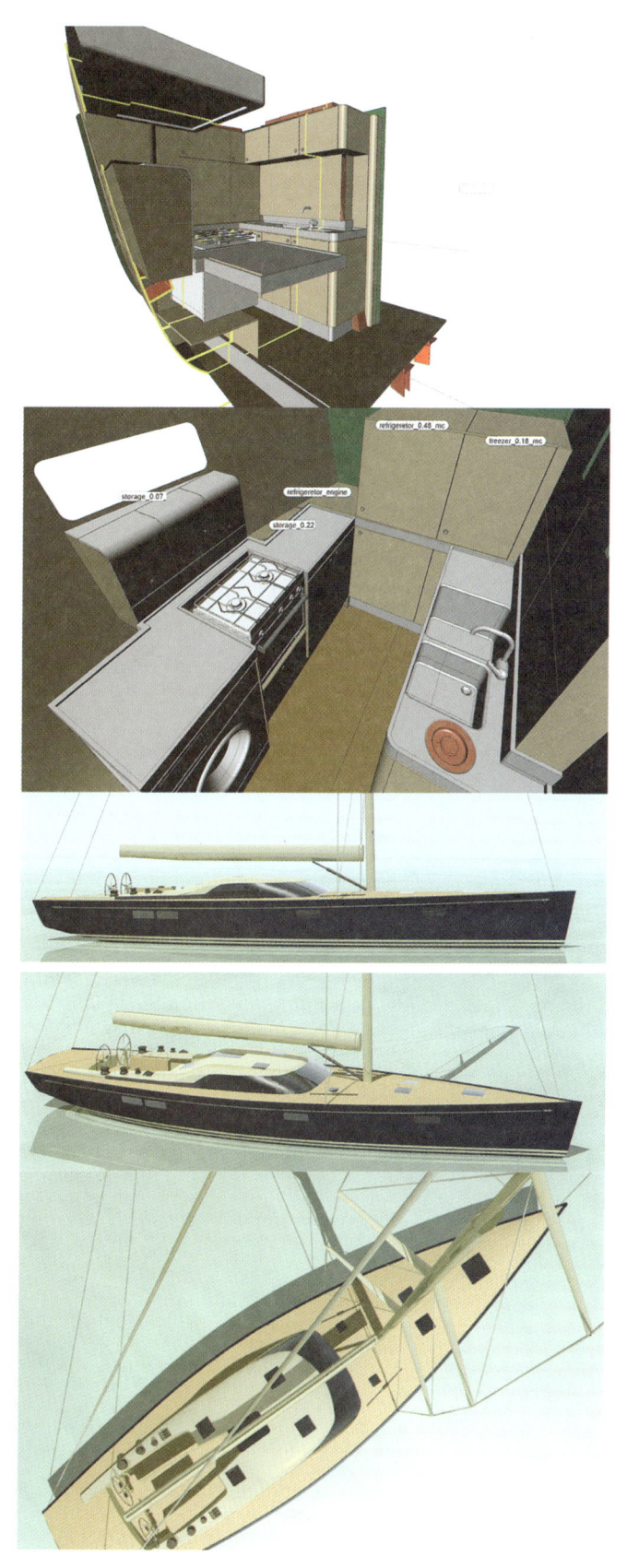

构的限制，这些部件的边缘必须是圆滑的，这样才能比较好地嵌入到船体内部，从安全角度来看，也不会伤到经过的乘客。

由于整体布局和空间合理性已经经过设计师的研究并确定了❶，剩下的就是与专业人士合作来进行更为艺术化的配饰工作了。

---

❶ 特里普设计——62号游艇。

游艇设计
——从概念到实物

航海设计新气象

展望未来　　　　　　　　　　　　　　　　　Massimo Musio-Sale

作为本书的结尾，在了解了游艇设计的主要方法和设计表现方法之后，我们有必要把学到的技术知识和方法论放到我们这个时代的社会经济环境背景下，尤其是在我们所期待的方面，去重新反思。第二次世界大战以来，我们见证了航海工业随着国民经济和西方世界的发展而发展。在第一个十年，游艇的发展还是一个无足轻重的产业，这时候的船只仍然主要由工匠用木头建成，因此，对社会和环境的影响也仅限于少数富人等小规模的范围内。

航海工业的发展

自 20 世纪 70 年代以来，玻璃钢游艇的工业化制造无论是数量上还是规模上，都获得了指数增长。船员越来越多，管理越来越复杂，这种现象产生的结果是专业基础设施建设以及就业人数的增加。在社会方面，休闲船舶专用码头（所谓的"游艇港"）的建设，对当地经济产生了积极的影响：出现了专门维修船舶、引擎和配件的公司，也带动了第三产业的发展——餐馆、酒店、商店和附加服务业的增长。

然而地方政府的政策却不总是支持行业发展的，这是因为并非所有发展都是积极的。如果我们不考虑发展可能带来的复杂因素，则会不可避免地给环境和景观遗产带来负面影响。

但应考虑到：撇开游艇，经济的发展催生了以"沿海岸聚集"为特征的所谓"第二个家"的度假型房地产业无节制的扩张，对环境的破坏力远超过游艇港所为。在这股地产扩张的浪潮中，主要客源是公众游客和低

游艇设计
航海设计新气象

——从概念到实物

航海对当地经济的影响

循环率的定居度假者，一旦在某处安定下来，对当地资源经济的促进作用就会大大降低。反而倒是游艇码头，即使只是作为临时性的中转站，也总是会成为新的潜在客户的聚集地，促使餐馆、酒店、商店和配件服务的需求增加。

一艘能为中等家庭提供住宿和假期服务的船只，即使它会迅速折旧，也总比一栋稳固的、不可移动的海边公寓要好，因为它对经济产生的负面影响较小。游艇是促进经济发展并遏制景观破坏的有效工具，游艇万岁！

受保护的海域

但是，分析不是这么简单化的：第二次世界大战结束65年后，航海变成了一种大众现象，不仅在于其对经济发展的促进作用，更在于对环境的深远影响。今天，我们见证了游艇业的迅速膨胀，船舶在数量以及长度方面是放量的发展，以至于对环境产生了侵入性的影响。因此，我们该如何管理交通和控制环境污染呢？而又该如何处理越来越多地被人们遗弃在港口或海岸的老化船只呢？在危机时刻，就需要用对抗危机的方法行动起来。面对失控的船只增长状况，国家建立了海洋保护区，旨在阻止在没做好充足的环境保护方案情况下的海岸开发。要阻止这些破坏并保护沿海和水下生态景观，有关单位的当务之急是要颁布禁令，限制在高危区（甚至海水浴场）的航海活动，同时在高度管制的条件下开放破坏较小的海域。问题在于，从国家层面上说，不同区域及机构之间缺乏协调，造成各种不同的管制措施过于零碎，搞得人晕头转向，通常是身不由己，在没有意识的情况下触犯了规定。

《游艇船主行为规范手册》

为了消除这种现象，在环保部和保护环境组织的建议和支持下，UCINA（意大利游艇工业协会）会定期出版规范手册，供航海用户使用。这本手册的内容涉及良好的环境教育规范、航海法律规范以及不同国家的海洋保护区颁布的规范。在每位用户的船上配备一本这种手册，从而有效指导船主遵守规则。

给设计师的指导方针

所以，设计师必须配合环保规范从事游艇设计及相关技术活动，树立执业道德观念。他必须为未来的设计负责；他负责创造成功的产品，经常还需要负责传播行为规范。因此，各个大学、研究所以及其他机构也需要参与到向未来的设计师们传播环境伦理价值中来。因为海洋是属于每个人的，特别是属于子孙后代的，因此我们必须尽可能地交给他们一个比我们所继承的环境更好的环境。

当一艘船失去功能价值后有两种可能性：要么这艘船还是有我们所说的历史价值，值得保存；要么这艘船完全没有了利用价值，既没有经济价值，也没有文化价值。

> 怎么处理老船

第一种情况涉及对文化传统的保护，很多时候船只是高超的手工艺技术的见证，是当时的工艺流程、技术和工程技术的见证，是一个时代、一方领土和一个历史时期的象征。

一些手工制品结构复杂、质量上乘、技术过硬或者显示出独特的美感，都可以作为杰作来收藏。

基于上述原因，我们在制定标准时要考虑多个方面的价值，既要考虑到船只作为建筑遗迹的修复与保护，也要考虑到其作为交通工具的历史意义和保护，还要将其作为航海遗产来进行修复和保护，这样才不至于丢失对历史的宝贵见证。

而第二种情况，很明显只关注产品的使用价值而不是其背后的意义。所以将要解决的是纯粹的环境问题。可以将船只拆卸和组件材料修复作为一个独立的产业部门来发展，达成就业和保护环境的目的。第一种情况和第二种情况都是我们需要展开讨论的重要课题，关于这些问题的主要原则，我们会在以后的章节里叙述。

修复设计，反思的机会　　Maria Carola Morozzo della Rocca

现代航海业解决的问题越来越不局限于新的概念游艇设计，而是扩展到对现有船只的改造和修复。对于"船只新生"的设计方法则显现出新鲜和多样化的特点，需要我们对不同领域和方法展开一次研究性的反思。

很多案例研究中都采用了修复、整修、翻新三个术语，其实他们所代表的意思相差甚远，而在英文翻译成意大利语或英语术语的意大利语化过程中常常被曲解。如果只是泛泛而谈，这些术语看似可以互换，但如果用来定义概念，其意义则相差甚远。

翻新和整修

另外，一些船舶修缮项目，随着时间的流逝和船只类型的增多，修缮的类型已不局限于修复、整修，而是有更多的理念进入这个领域。如果是对独一无二的老帆船，则用"修复"❶来形容更符合逻辑。而说船只"整修"，则或多或少有对历史性主体进行改造的意思，除了一般性的"恢复"，还带有改变使用用途、变成休闲型船只的意思。在这里，很明显修复的意思与其英文语义是基本匹配的，而整修的意义则有所不同，不可互换。有时，具体的词义还要通过修缮内容的具体语境来判断。

复杂性

但是，维护❷指的是一种轻微的安全性保养操作，对于任何类型的船只，无论古旧、现代的或当代的船只，都普遍适用。

初次接触时觉得这个问题简单，而深入之后就会发现，在容易的表象下隐藏着因不同需求而产生的多层次的复杂性：对船只历史的认定要准确无误，对采取的修复方式要积极有效，而修缮过程中使用的方法和材料必须符合可持续性的要求，而在当代造船工业的背景下，有专业技术的工人越来越少甚至可以说是"濒临灭绝"……

除此之外，还需要调和船舶的两个必不可少却经常对立的方面：即技术和美学的问题，在技术上既要保证安全舒适以及在航海过程中的正常操作，还要保证船只无论从历史角度还是分类方面都能体现其身份和价值特性。

另外，上述一切仍然不够。值得被"普遍承认"且值得被"保存"的船只名单在不断变长，并且开始慢慢地转向那些在第二次世界大战后、在航海设计史上做出贡献但至今仍未被看做有修复价值的船舶。不用回看太远，Caliari、Levi、Harrauer、Riva、Spadolini等骄人的船型成果奠定了地中海风格的里程碑。我们应该用一种不同于老式帆船整合的方式，甚至是用其他工业产品行业的解释和干预方式（如老式汽车行业）去对应这些范例。

---

❶ Restyling，实际上是一种不以修复为直接目的的实践，更是一种对现有工业产品进行重新设计以求精美的手段。其结果可以与最初的模型相去甚远，它被认为是设计概念活动的一部分。

❷ 维护应被认为是轻微的、非侵入性的干预实践，利用不同的工具和方法、按照严格规定，对任意需要干预的船只实施活动。需要说明的是，维护老式帆船与维护（几个月前推出的）玻璃纤维摩托艇在概念和时间上是不同的，尽管这两种情况下使用的术语是相同的。

显而易见，不同学科领域对于用一物体的定义不仅繁多而且复杂，那为什么还要在以设计为主题的概念设计章节中来介绍这个主题呢？

知识，文化和战略设计

因为在这种特殊情况下，设计变成了必要和不可缺少的文化背景。

因为设计变成了解决定义和应用领域问题的战略和分析工具。

对现代航海的起源的理解，对造船工艺的诞生和发展（以及与之相连的产业）的研究，对船只的历史和命名的研究，对材料和制造方法的研究使我们总结出了今天所采用的设计指导原则。而我们所欠缺的，是通过对案例的逐个分析、分类来总结出有效的修缮方案。正是设计对修缮领域起到了促进帮助与合作的作用。2001年《巴塞罗那宪章》首次定义了航海修复领域，区别了一些根本性的问题，但也留下了大片空白和许多悬而未决的问题，尤其是如果与有着百年传统的建筑领域相比，在理论化和实际应用方面还有较大欠缺。

最近一些非常著名的船舶修复案例（甚至连外行人都有所耳闻），也为进一步的研究、反射和讨论提供了机会。

因此，在这里从设计创新的角度，我们为这个"有待完善"的学科提出意见和观点，使之成形并坚实起来。

对环境友好的设计

Stefano Grande

设计是一门人文科学，因此本质上它是"非生态"的；在航海领域，从概念规划开始，推进演绎并在接下来的阶段去实现它，给自然和人造环境带来了显著的环境负担。

从笔尖画出的最初设计，到产品的最终完成，需要使用各种能源资源、原材料等。

生产过程中的废水、粉尘以及各种防护漆类释放的化学物质会排放到环境中；而传动动力游艇会大量消耗不可再生的从自然获得的燃料和能源。航海船舶数量和规模的增长，需要各方协作来面对这个问题。首先是设计师，需要他们尤其注意在航海产品设计、构造、运行以及排放问题上，提倡适度的发展。

零排放或完全环保的船舶是不存在的，而如果可以在设计时特别注

设计师的角色

意环保的要求，谨慎考量技术要求，选择高科技的产品，则至少可以减少和控制对生态系统的影响。

因此，现代游艇设计必须面对新的困难，在各种要求、新材料和新建造技术之间找到平衡点，为游艇的整个生命周期服务。

设计战略

游艇设计可以不再追求成为权力和财富的象征，而是去寻求更细致和灵活的生活方式。设计师可采取两种应用的策略，一是搞清楚工业产业链需要面对的问题；二是致力于推广对环境影响最小的材料、技术和程序。

在设计阶段，可以综合考量合理化制造、装配和回收流程的解决方案，考虑如何处理或回收船舶的实际工作。所谓的环保设计（DFE）策略就是指从产品整个生命周期上总体减少有毒有害物质的排放，使用可回收和再生材料、减少使用材料的数量和种类。

可循环的设计是这种设计策略的一部分，是指在设计的早期阶段就考虑要方便各个组件的拆卸。这种考虑在维护和最终回收阶段都是非常有用的，有利于材料的回收利用。这种方法的主要操作是在使用多种材料时，为每种材料贴上标签，方便回收利用。船舶在任务书阶段就有机会建议采用更具可持续性的施工参数，指导客户选择更环保的材料和科技。

减少影响的计划

最能体现这种敏锐性的是，放弃有害材料、选择替代材料，或者是选择不破坏当地经济或生态系统的材料。重要的是，在设计方面支持和推广使用森林管理委员会（FSC）认证的替代材料。以木材为例，该认证保证木材是来源于有计划的资源开采。

有关能源效率的设计，通过使用更为先进的引擎来确保燃料的燃烧效率，同时减少所需推进的功率或引入能部分代替化石燃料的能源生产系统，这可以算是一种发展的替代方法。

未来的脚步

不要忘记，设计过后需要进行一系列的性能测试，从而避免一切不利于生态平衡的行为（回收海洋污染物、谨慎使用能源、注重生物遗产等），以及在后期合理处理和回收船舶材料。

通过这种方式，我们可以从精心的设计工作里收获成果。

游艇设计
——从概念到实物

专有名词
主要技术术语

Valentina Solera 编著

Albero (Mast) 桅杆

长圆锥形或圆柱形的柱，垂直或稍微倾斜地固定在船体上，具有支撑帆的功能。桅杆都采用松木、杉木、铝或碳纤维制成。通常，小帆船的都是单桅杆的，比较大的船则由多个桅杆组成桅杆组，桅杆组通过桅楼、桅顶横桁和 teste di moro 相连。安装位置不同的桅杆有不同的名称，从船头开始，从前到后分别为：船头突出的船首斜桅、前桅、主桅，以及在船尾的后桅。

Albero dell'elica (Shaft) 螺旋桨轴

从发动机传递能量到螺旋桨的元件。通常连接着逆变器，借助支撑体，经船体内部通向外部，并且通过鳍片固定在船体上，后连接到螺旋桨。有时螺旋桨轴的长度可以很长（甚至达到船长的 1/3）。

Albero di gabbia e Alberetto 桅座和桅顶

前者是指嵌在甲板上的桅杆底座。后者是桅杆的最顶端部分。

Ancora (Anchor) 锚

大小船只和漂浮物的固定装置。锚的工作原理是：通过缆绳或锚链连接船只和触底保持固定的锚。锚重量与船的排水量成正比。最传统的海锚是由两个相套可以滑动的部分组成的。为了满足不同需求，亦有其他多种类型的锚：丹福思锚，用于动力艇在多沙或多泥的水底环境使用（机动艇）；CQR 锚，主要适合帆船在泥泞和沙地的水底使用；布鲁斯锚，则适用于所有水底，在起锚回船时，布鲁斯锚在到达锚链孔之前还能够自动调整方向；霍尔锚，类似于丹福思锚，适用于所有船舶的一般用途。详情请参见本书第 16 章。

Ancora di Posta 停靠锚 / 泊用锚

亦称"服务锚"，通过链条连接到船上，利用特定的洞口（称为锚链孔）从船头的船体放出来，从而能够快速抛锚。

Ancora di Salvezza 应急锚

放置在舱里在必要时使用的锚。

Ancoressa (One-armed anchor) 单臂锚

大型的海锚，具有一个单独的锚爪。用来固定浮标或其他漂浮物，有时也作为船上的辅助锚。

Angolo di Barra (Rudder) 舵向角

舵的位置与龙骨的方向形成的角度。

Anguilla (Carling) 纵梁

纵向结构元件，用于加强甲板或甲板室的"顶面"。

Babordo (Port-side) 左舷

面向船头时船的左侧舷。该术语来源于法语单词"babord"，而"babord"又来源于荷兰语"bakboord"，意思是"背面的边缘"。该术语在意大俚语里不常用，常用的是简单的说法——"sinistra"。

Baglio (Beam) 横梁

横向结构元件，用于加强甲板或甲板室的"顶面"。

Barra (Helm) 舵柄

用于操控船的行驶方向，固定在舵上端的由木材或金属制成的杆。

Battello Pneumatico (Pram boat; Inflatable boat) 充气艇

橡皮机动艇通常是橡胶质地的充气艇，通过刚性船底结合多组充气胎构成，并采用舷外马达；通常用于游艇服务和救援工具（Tender）。

Beccaccino (Snipe) 斯奈普级帆船

一种国际级别的用于娱乐和竞赛的一次成形的小型帆船，具有棱角式船身，长 4.72m，宽 1.52m，只有一个桅杆，装有面积为 $11m^2$ 的一个马可尼或百慕大三角帆，并装备了卡口式可滑动的稳向板；该船是 William F. Crosby 于 1931 年设计的，可以用实木、胶合板或玻璃纤维建造，最小重量为 192kg。

Bitta (Bitt, Bollard) 系缆桩

缆绳系泊固定的装置。

Boccaporto (Hatch) 船舱盖

通常呈正方形或长方形开口，位于船的甲板上，通向货舱或其他次要内部空间。若舱盖是透明的，也称其为天窗或舱口盖。

Bolzone (Camber) 舱顶弧度

上层甲板和甲板室顶部凸起并向四周找坡，目的是为了方便雨水或因上浪时的排水。

Boma (Boom) 帆桁杆

木质或金属材质的刚性元件——前端通过销子或垂直铰链固定在桅杆上，沿着船身轴横向摆放，和升起的纵帆底边相连，能够在上述铰接点进行适度横向及垂直方向上的旋转及调整。

Bompresso (Bowsprit) 船首斜桁

一种水平向桅杆，位于船头并延伸到舷外位置。

Bordi 换舷

帆船逆风航行时只能沿大约和风向成 45°折线方向前进，需要通过经常改变航向来驶向风的方向，这个改变方向的动作称为换舷。

Bordo (Board) 船舷

1) 船侧水面上的部分。
2) 船作为一个整体（如：登船这一说法）。

Brigantino (Brig) 布里支双桅帆船

16 世纪起，航行在地中海地区作为货船或战船的一种双桅帆船，平均吨位 100~300t。到了 17 世纪，出现了配备两根方形帆桅杆及三角帆的船首斜桅的船型。Brigantino a（三桅帆船）是具有船首斜桅和三根桅杆的帆船，分为方型帆前桅、主桅和纵帆后桅。双桅纵帆帆船（双桅帆船）

拥有方型帆、船头桅杆和纵帆船尾桅杆。

Cambusa (Galley) 厨房

专指"船上的厨房"。

Canotto (Skiff; Inflatable boat)（用桨、帆或引擎驱动的）艇（充气艇）

大多为帆布或橡胶材质小船（橡皮艇），其特点是带有镜式船尾。该艇可用桨、马达或帆作为动力，既可以用作大型游艇附带的娱乐艇，也可用作救生艇。

Capodibanda (Gun wale) 船舷护角

突出于船舷侧面（边缘）的柔性防碰撞保护垫圈。

Caravella (Caravel) 卡拉维尔帆船

具有修长和便捷的船身，源于葡萄牙的帆船。可根据天气和地点变换不同的装备，一般具有三角帆的船首斜桅以及两至三根三角或方形帆的桅杆。由于其优良的适航性，在 15 世纪的探索之旅中，Caravella 被西班牙人和葡萄牙人广泛使用。起初，它的排水量为 60t，最后为了适应长途旅行，增加到了 150t。

Carena (Bottom) 水下体 / 船底

船体沉没在水中的部分，也称"船体水下部分"。船运动的阻力、稳定性和航行品质都取决于船底形状的设计。

Carena Dislocante 排水量

一直浸没在水里的船体部分。

Carena Planante o Semiplanante 滑行或半滑行船体

随着游艇速度的增加，船体上升到水面上滑行前进。它有不同的船体形式：V 形、翼式……被广泛用于休闲游艇。

Catamarano (Catamaran) 双体船

源于一种由平行船体捆绑而成的筏子，典型的南方（热带）船。该船有两个相同的船身，两船身通过一个平板结构相连。其主要特点是轻巧和稳定，能够有较快的速度。

Hobie cat 是世界上使用最普遍的双体船，长度可达 4~6.5m。Mattia 一次成形的双体船，长 4.65m，并且配备了后桅纵帆和三角帆。Tornado

是一种国际通行的双体船,自 1976 年以来,一直是奥林匹克赛会级别比赛船,6 m 长,帆的面积是 20.30m²。

Cat boat (Cat boat) 单桅帆船

具有稳向板的单桅帆船,该船的桅杆几乎安装在船头的位置。无甲板或只有半甲板,长度不超过 6m;在美国非常流行一种 12m 长的运输用船型,设有甲板,主要用于娱乐和钓鱼。

Cavallino (Sheer) 甲板的纵向弯曲状

见"船体型线"。

Chiglia (Keel) 龙骨

一艘船的骨架的最主要结构部件;安装在船的底部中线上,其上再对称安装和连接其他结构部件。

Cima (Rope) 缆绳

一般指系船绳。

Clipper (Clipper) 克利伯快速帆船

具有修长且锐利的船头的三桅或多桅帆船,一般是方形帆。19 世纪时,用于从亚洲到英国或美国的乘客和贵重货物的运输。第一批帆船于 1820 年在 Baltimora 船厂建造。与当时的商船不同,建造方式和帆型的特点使得克利伯帆船容易操控并且速度非常快;最快的船速可达 15 节。

Coperta (Deck) 甲板

1) 覆盖和封闭船体空间的结构面。
2) 延伸到整个船的主要活动连接区域。

Corrente (Stringer) 纵向肋

一艘船骨架侧面的纵向结构部件。

Costola (Rib) 横向肋

一艘船骨架侧面的横向结构部件。

Crocetta (Cross-tree) 桅顶横桁

安装在桅杆的横向杆件,通过桅牵索的动作打开桅顶部分的帆。

Cubìa (Howse hole) 锚链孔

穿出锚链或锚绳的船体开孔。

Cutter (Cutter)（多前帆）卡特单桅帆船

18—19 世纪时英国非常流行的战争或运输、娱乐或比赛用帆船。归功于它拥有宽阔的帆面，它以速度闻名。其船身长 10~12m，装有船首斜桅和方形帆的唯一靠前安装的桅杆，后被后桅纵帆和前帆所取代。

该船今天用于竞赛或娱乐，其特征是有两个前帆。

Deriva (Drift) 轻型运动型帆船的稳向板

轻型运动型帆船水下附件，通常可以上下移动，其作用是稳定航向和控制横倾度。

Dinghy (Dinghy) 丁级帆船

印度血统、一次成形的具有国际通行级别的小型娱乐和比赛帆船。该船 12ft 长，具有重叠列钣式船壳和可移动稳向板；它是由 Cockshott 于 1913 年设计的。配备了位于船头的单桅，有纵帆但没有前帆。3.66m 长，帆的面积约为 9m^2。

Dragone (Dragon) 龙级帆船

国际级别的一次成型娱乐和比赛帆船，1926 年由 Johan Anker 设计。

该船由固定的龙骨支撑，配备了三角帆、后桅纵帆以及大三角帆，其总长度为 8.80m，帆的面积约为 22m^2。

Dritta (Starboard) 右舷

指在面向船头时船体的右侧部分。

Dritto di Poppa (Stern post) 船尾柱

构成船只骨架的元件。对于木船来说，它是连接到龙骨终端部分的纵梁。可以安装舵和推进装置。

Dritto di Prua (Stem post) 船头柱

船身结构部件，位于船头，通过艉轮与龙骨相连。

Deviata 肋骨

结构元件，出现在船的两侧，位于龙骨的外边缘。

Dislocamento (Displacement) 排水量

一艘船没入水中的部分所排开的水的重量；相当于该船的重量与水的比重值的比值（在海水中，平均值 =1.024）。

Dormiente (Beam stringer) 梁桁

与甲板相连的纵梁顶端。

Drizza (Halyard) 升帆索

悬挂于帆顶的缆绳。它可以升起或降下船帆。

Elica (Propeller) 螺旋桨

机动艇的推进器具。于19世纪中叶发明，取代了当时的船两侧水轮。由2个或6个椭圆形或两端宽大的叶片组成，固定在螺旋桨轴的中心毂上。一艘船可用一个或多个安置在水下船体尾部的螺旋桨推动。螺旋桨叶可以是固定或折叠的。

Fasciame (Planking) 船壳

船身骨架的外部覆盖材料，是真正的船的"皮肤"。

Finn (Finn) 芬兰人级帆船

由 Richard Sarby 于 1950 年设计的国际级的比赛型帆船。拥有一次成型的圆形船身和可移动稳向板，配备单根桅杆和纵帆。其总长度为 4.50m，帆的面积约为 9.30m^2。

Fiocco (Jib) 三角形前帆

装配在前支索上的三角形帆。三角帆系一对缆绳，也可以称为撩绳，用来操作帆的舷向及松紧，方便快速操帆。

该帆用于行驶航向的控制。大型帆船最多可以装4个三角帆，从船尾算起，它们分别被称为：前帆、大前帆、第二前帆和前桅帆。有一种特别的大前帆叫 Genoa（热那亚）帆，它的面积甚至可以比后桅纵帆（主帆）的面积还要大。

Flessibile 曲线尺

用来草拟建造平面图的工具，一种弹性的木条，通过伸缩来适应不同弯度的绘制途径。

Flying Dutchman (Flying Dutchman)（船名）飞翔的荷兰人级帆船

国际级别的比赛帆船，由 Ulike van Essen 于 1951 年设计。它第一次成为奥林匹克赛船是在 1960 年那不勒斯奥运会上。它具有一次成型的弧形船身和可移动稳向板，配有后桅纵帆、三角帆和球帆。其总长度为

6.30m，帆的总面积约为 17.5m²。

Flying Junior (Flying Junior) 飞翔的年轻人级帆船

国际级别的比赛帆船，由 Ulike van Essen 于 1955 年设计。它具有一次成型的弧形船身和可移动稳向板，配有后桅纵帆、三角帆和大三角帆。它属于轻型船（80~90kg），适合帆船初学者的训练。其总长度为 4m，帆的面积约为 10m²。

Gavone (Peak) 船艏 / 尾仓

位于船纵两端甲板下的空间，分为船头室和船尾室，都可以用作储藏室。

Genoa (Genoa) 大三角帆（热那亚帆）

位于船头支索上的大三角帆（Sciarelli："大三角帆"）。

Giardinetto (Quarter) 艉部（船尾的圆形部分）

船体的一部分，通过向圆形过渡形成船尾（船体的后 3/4 部分）。

Goletta (Schooner) 舒诺 / 双桅纵帆帆船

具有两根纵帆桅杆和船首斜桅的帆船。如果配备马可尼后桅纵帆，则被称为百慕大双桅纵帆帆船。船尾配有第三根纵向桅杆的叫桅杆式双桅纵帆帆船。最知名的舒诺双桅纵帆帆船名是 America，1851 年 8 月 23 日，它与英国的单桅帆船 Aurora 一同参加 Whight 岛举办的"100 金币世界杯赛"，最终 America 以 18min 的优势战胜了 Aurora。从此以后，这个比赛后来就改叫"美洲杯帆船赛"了。

Gozzo (Gozzo) 贡佐渔船

传统的划艇，有时还配有拉丁帆和三角帆，属于典型的地中海船。它主要用于钓鱼及娱乐。其船身为木质，尖头，长达 8m。今天也有装有舷内柴油发动机或者小型舷外发动机的贡佐。

Hobie cat (Hobie cat) 好碧双体帆船

长度 4~5.5m（14~16ft）的双体运动帆船。

Houseboat (Houseboat) 房船

由一个浮体加木质甲板室构成的船，甲板室装有大面积窗户。该船诞生于美国的经济大萧条时期（1930 年），当时没有配备发动机，主要用于度假。自 20 世纪 60 年代初开始，配备了发动机，被用在内陆水域作为游船。如今，它由钢、玻璃纤维或铝制成，通常的长度为 5~17m。

Ketch (Ketch) 凯驰双桅帆船

带有船首斜桅和两根桅杆的帆船，18—19 世纪末，作为运输和捕鱼工具出现在北海区域。如今，该术语指的是不同大小的、带有两根桅杆的娱乐型帆船，此船与高低桅小帆船（Yawl）非常类似，不同点在于它的后桅位于舵前。

Impavesata (Bunting) 舷墙

通常位于甲板周边的"护栏"。

Insellatura (Sheer) 舷弧

船体飞桥（和甲板室）的纵向弧度；其传统经典形式是由凹形走向端头的凸曲线形态。

在现代游艇中，经常采用中部凸起、成为反向舷弧的走势。

Lancia (Launch)（船名）

船头尖、船尾方的轻快型船，用于人员运输，甚至是提供海军货物服务。

根据其大小，配备 8~16 个桨。通常具有 1 个或 2 个可拆卸的拉丁帆小桅杆。

如果配备发动机，则被称为机动 lancia。

现代救生船的 lancia 装有特殊水密舱，使其不会沉没。

Laser (Laser) 激光级帆船

比赛型帆船，由 Bruce Kirby 于 1978 年设计。它具有一次成型的弧形船身和单根桅纵帆，总长度为 4.3m，帆的面积约为 7m^2。

Laser 2，设计于 1979 年，一次成型船身并装有可移动稳向板，配备了后桅纵帆和三角帆。具有面积约为 10m^2 的大三角帆。其总长度为 4.39m，帆的面积约为 11m^2。

Linea d'Acqua (WL) (Water Line) 吃水线

在船型体线图中表示实际船只的一个水平横剖面，是一个非常重要的船形剖面。

Linea di Costruzione (Costruction Line) 建造基准线

在平面图中表示绘制船只轮廓图形的基础线。它位于对称平面图中轴上,构成了船体不同视图的镜像轴线。它的位置(但不总是)与龙骨线重合。

Linea di Galleggiamento (Displacement Water Line) 吃水线

表示船体水下部分和水上部分的分界线,与船的重量呈特定比例关系。

Madiere (Frame) 肋板

船体的横向结构部件,位于龙骨和肋材之间。 在底舱部分会在肋板下部设置一些孔,使得舱底部的积水能够汇入舭井里,由此处安装的泵将水排到船外。

Maestra (Main) 主桅,主横剖面

1) 主桅,船帆装备的主要桅杆;对于多桅船而言,其桅杆被称为前桅(在船头的桅杆)、主桅和后桅(在船尾的桅杆)。

2) 主横剖面,靠近最大的横梁的(即船的最大宽度)的垂直剖面。

Mascone (Loof) 船首前部

船体的前 3/4 部分。

Mastra (Partner) 桅座孔

1) 经结实的加固甲板开口,供上下甲板通行和固定桅杆之用。孔的直径大于桅杆的直径,从而能够插入楔子。精确控制桅杆的倾斜度。

2) 包含装饰元素的凸起的边缘。这种情况下,此辅助部分亦称为防晃动护缘。

3) 地板上凸起的边缘(升高的门槛),为门提供基础。

Mezzana (Mizzen) 后桅

1) 位于帆船船尾部的桅杆。

2) 高低桅帆船和双桅帆船船尾的桅杆。

Murata (Top Side -scafo spigolo- Side Bulwark -scafo tondo-) 舷墙

船身的侧面。

Oblò (Porthole) 舷窗

位于船体侧面吃水线以上的舷墙上的开口，给舱室内通风和采光。

Ombrinale (Scupper) 排水口

雨水排放口。

Opera morta (Topside) 水线上部

在吃水线之上的船体部分。

Opera viva (Quick work) 水下船体

被水淹没的、在吃水线之下的船体部分。

Optimist (Optimist) Op 级帆船

娱乐和比赛型帆船，由 C. Mills 于 1954 年设计。它是最小的一次成型的玻璃钢船，具有可升降稳向板，棱角式平底船体，配备了单桅纵帆，总长度为 2.30m，帆的面积为 $3.25m^2$。由于其体积小巧，被全世界的帆船学校用于儿童的帆船入门训练。

Ordinata (Frame) 截面 / 肋

1) 截面，在结构视图中，它可以是任意一个平行于主剖面的截面。

2) 船的骨架的横向结构元件，更准确的叫法是肋材。

Osteriggio (Skylight) 天窗

天窗式的舱口，用于给甲板下舱室通风和采光。

Pagliolo (Floor) 船舱底板

船的内部地板系统，可以是木质或金属材质，通常是可打开的，以便进行船底的检查和清理。

Panfilo (Yacht) 游艇

最早的概念出现在 14—15 世纪的地中海地区。如今是指娱乐或比赛用的船。游艇可以有不同的大小及长度，可以配备帆、发动机或者两者都有，但是必须至少有部分的甲板。❶

Parabordo (Fender) 碰垫

固定的或可挪动的不同形状柔性材料的防护器具，保护船的两侧免受与其他船只或泊位的撞击和摩擦。

---

❶ 以便形成舱室。

Paramezzale (Keelson) 内龙骨

船的底部骨架的纵向结构元件。

最粗壮的沿船的纵向布置的矩形截面式的梁，用于连接肋材和加强被焊接在一起的龙骨。

Paratia (Bulkhead) 隔离壁

船的内部分割墙。

Passacavo (Fairlead) 导缆器

甲板的装备元件，通过它绳索可以滑动以调整和固定来泊船只；它和系缆桩一起位于甲板的边缘。

Passoduomo 船舱口

见"船舱口"，位于船头的甲板开口，用于给甲板下的舱室通风和采光。

Paterazzo (Back stay) 后支索

船尾的桅杆支索。

Plancia (Helm; Wheelhouse) 驾驶室

这里安装有控制船只航行的设备，船长或监控人员在这里指挥及操控船只的航行设备。

Piano di Costruzione (Body Plan) 船体体型线图

用特定比例表示船体的方式，包括平剖面图和立剖视图，是所有信息容量的浓缩。详情请参见本书第 14 章。

Piano di simmetria 对称平面图

在一艘船的平面中，位于船纵轴线的垂直面两侧的成镜像对称的体积的平面图。

Pilotina (Pilot boat) 领航艇

港口领航员使用的机械动力式的、各类船只。应入港船只的要求引领的外来船舶抵达停泊处或返回港口。

Piombo di posizionamento 铅坠

传统绘制结构平面图的必要工具。利用不同的铅锤可以控制在不同曲率上固定住曲线尺。

Ponte (Deck) 甲板

在木质船体中，甲板是指轻微弯曲的木板表面。木甲板由横向（横梁）和纵向（纵梁）来支撑，主甲板盖住船身，有利于加固船体的纵向结构。铺的第一块甲板被称为纵板，紧接着是人字形反铺。从船尾到船头连续铺甲板就叫满铺甲板。

Poppa (Stern) 船尾

水下部分的后部船体呈放射状收小形成船只尾部，能够将船只发动机的阻力减到最小，并且有利于舵和螺旋桨的正常运作。

Profilo (Buttock line) 纵剖轮廓

1) （纵向）截面，在结构平面图中，它指任意一个平行于对称平面图的截面。

2) 纵剖线，船只侧面的立视图，在图中表示"正交投影"。

Prua (Bow) 船头

船的前部，水平剖面呈倒喇叭状，旨在保持船在浪花上，并且降低对发动机的阻力。船艏轮用来进一步延展龙骨，从而形成船头。

Pulpito (Pulpit) 操作台

位于船头的钢索，连接防护栏杆，以确保船员的操作安全。

Randa (Spanker) 船尾帆

船尾的大帆，配备桅杆和内部装备有两条控帆轨道的帆桁杆。

如今，随着方型帆的消失，后桅纵帆几乎全部都是无斜桁的，如百慕大帆或马可尼帆三角形帆。

Rating (Rating) 参赛系数

评估参加比赛的不同级别帆船性能的参考数值。[1]根据分级规则进行比较判断，从而得出参赛让分系数。

Relinga (Luff) 前帆边

现代船尾的帆（或称为后桅纵帆）的形状趋向于三角形，此帆的前缘是一条利于滑动的垂直帆边，通过帆槽（即桅杆后部的小凹槽）连接到桅杆。前帆边的形状决定了帆槽的尺寸和形状。

---

[1] 以便使不同的帆船能够一起比赛。

Sartia (Shroud) 侧支索

船的侧面和顶部之间固定桅杆的支撑拉索。

Scafo (Hull) 船身

能够抵抗海洋的外力并支撑所有装备的力量的构成密封的船壳体结构的总称。主要的部件是龙骨，内龙骨，横向和纵向骨架、船艏尾柱、内部和外部船壳、横梁以及甲板。

Scassa (Mast-step) 桅座

嵌入龙骨用于固定桅杆的基座。

Scotta (Sheet) 缭绳

连接帆角的绳索，通过放松或者拉动它来调整帆的形状和位置。

Sentina (Bilge) 舭

船舱底部的凹陷，用来收集船底的积水。为了保持舱底干燥，有时还装有手动或电动的泵来排水。

SES (SES) 表面效应船

通过在船底和水面（或地面）间形成气垫，使船体垫起离开水面运行的船只；可以通过关闭船头和船尾两个充气口在船的刚性侧壁之间强力补充空气。

Sloop (Sloop) 单桅帆船

最初的单桅帆船来自荷兰。该术语指的是有单根桅杆、拥有主帆（横桅纵帆）和前帆的帆船。几个世纪以来，它已经失去了它的内涵；19世纪初，这个词在欧洲完全消失，然而却在美洲保留了下来，成为新英格兰一种船的代称。

Spinnaker (Spinnaker) 大三角帆（大三角帆）

一种在船头的附加帆。基于其半球形的形状，通常在顺风行驶时取代前帆的工作。

Specchio di Poppa (Transom) 船尾镜

在船的后终端位置，截面形状为正方形，表面几乎是平的，横向处在船的水线上方，船身的最尾端。

Squadra (Bracket) 衬板 / 托架

一般的结构加固元件，用于结合其他两个角形的元件。

Soling (Soling) 索林级帆船

国际级别的比赛帆船，由 Jan H. Linge 于 1967 年设计。它一次成形，具有圆形船身和固定稳向板，配备了三角帆和后桅纵帆。其总长度为 8.15m，帆的面积为 21.7m^2，同时还配有大三角帆。

Star (Star)（船名）

国际级别的比赛帆船，由 William Gardner 于 1911 年设计。它一次成形，是最具技术含量的船艇之一，具有棱角式船身和球形龙骨，配备了后桅纵帆和三角帆。其总长度为 6.92m，帆的面积为 26m^2。该船是最古老的比赛船只，从 1932 年起成为奥林匹克级。

Strale (Strale)（船名）

比赛帆船，由 Ettore Santarelli 于 1964 年设计。它一次成形，具有圆形船身和移动稳向板，配备了三角帆和后桅纵帆。其总长度为 4.90m，帆的面积为 13.50m^2。具有梯形帆和大三角帆。

Stazza (Gross Tonnage) 毛吨位

毛吨位（总吨 -GRT-）是船舶所有封闭体积的量度：功能体积（发动机室、油箱、船员宿舍等）和经济价值体积(用于货物和乘客的体积)的总和，它们构成了净吨位。用吨作为其单位，1 t.s.l.= 100ft^3(2832m^3)。

Stiva (Hold) 货舱

商船的下甲板和船底之间的空间；这里的空间大都用来装载货物。

Strallo (Stay) 支索

帆船船头、船尾两端与其桅杆顶端固定拉紧的不锈钢钢索。

SWATH (SWATH) 小水线面双体船

该船的特点是船体水下部分由两个"鱼雷式"的流线型体构成，它们通过"鳍"状的支撑连接到露出水面的船的上部结构，水线部分拥有最细小的轮廓。

Tambuccio (Companion) 舱口盖

不透明的船舱口，关闭时保护通向下面甲板的楼梯。

Tempest (Tempest) 暴风雨级帆船

国际级别的比赛帆船，由 Ian Proctor 于 1964 年设计。

它拥有一次成形的圆形船身和固定龙骨，配备了三角帆和主帆。其总长度为 6.70m，帆的面积为 23m^2，同时还装有非对称球形帆。

Tientibene (Handrail) 护舷

用于保护船员安全的线缆、立柱及扶手系统。

Timone (Rudder) 舵

1) 舵柄，控制舵的水下部分的可移动杆件，通过其掌握船的航向。

2) 舵轮，通过传动系统间接控制上述舵的圆形方向盘。

tribordo (Starboard) 右舷

这个术语表示船的右侧。

Trimarano (Trimaran) 三体船

被认为起源于波利尼西亚的双体独木舟的娱乐型帆船或机动船。三体船有三个通过刚性连接的整体的船体：主船身位于中央，两个较小浮体位于两侧提供稳定性。

Trincarino (Water way) 排水槽

位于舷墙顶部的、甲板外围的部件。

Trinchetto (Fore mast) 前桅杆

位于船头的主帆桅杆。

Tuga (Deck house) 甲板室

上层甲板上面凸起的空间。一般不会延伸至舷墙，而是在其舱壁和舷墙间留出过道的空间。

Vela (Sail) 帆

布的表面，通过空气动力成形，由船的桅杆支撑和展开，借助风力获得升力的效果。通过缝合一定数量的布条（称之为布幅）形成一面帆，通常还会采用短一些的帆骨来加强。它的每个边都有对应的名称：上风边缘被称为迎风帆边，与帆桁或斜桁相连；而下风边缘被称为阴面帆边，具有加固角部以连接缭绳用来张拉及松帆；最后，下边缘被称为下降前帆边。选择何种帆取决于船舶类型以及想要获得的推进效果。实质上，帆可以分为三大类：

方形帆：此帆呈长方形或梯形，通常将其挂在帆桁上。鉴于其操作方便，所以是最适合大船舶的帆。每面帆都有自己的名称，由缭绳来操作。

拉丁帆：中世纪时由拉丁人使用的风帆系统，如今只用在小型帆船上。它的张挂帆边底角相对呈直角或钝角三角形，挂于斜桁上，利用船尾的手动装置控制张帆。这种系统不适宜大帆船使用，不过确有一些大帆船也使用一定数量的拉丁帆，其安装位置在船首斜桅、前支索（三角帆）以及桅杆之间。

纵帆：呈四边形，通过顶边以及前帆边挂起，通过安装在帆桁杆边上的缭绳控帆。后桅纵帆是典型的纵帆；其他的都是所谓的三帆、四帆以及多帆。

拉丁帆和纵帆通常也被称为切割帆。这个名称表达了这两种帆型具备贴近迎风、逆风而上的能力。

Velocità critica 临界速度

海上航行时产生的波长与船长重合时的速度。

Yacht (Yacht) 游艇

荷兰人给一种娱乐型帆船下的定义。之后英国人用 yacht 这个词代替了它，如今 yacht 这个词仍用于指代娱乐用途的帆船或动力艇。

Yawl (Yawl) 高低桅帆船

在北方海域尤其流行的双桅杆娱乐用帆船。非常类似于 ketch，不同的是它的后桅更靠后，位于船尾部舵轴区域，用于控制船只方向。其作用更多的是稳定航向，而不是推进船只。

Zattera (Raft) 救生筏

由梁和肋板构成底平、边侧由浮体支撑的矩形船。它是最古老的船型，用桨，有时也会配备桅杆和简陋的帆来推进。现代的救生筏通常是压缩安装在一个特殊盒子里的充气橡皮艇，是所有出海超过 9.65km 的船只的安全系统中必备部分，其空间要求必须能够容纳船上的所有人员。

Zavorra (Ballast) 压舱物

船上的重物，用来修正船的纵倾度或使其稳定。固定的压舱物为铅或水泥材质，有时也用在空载的载货船只上；移动压舱物一般采用装有海水的置于底舱的水箱。

Zef (Zef) 则夫级帆船

由法国人 Nivelt 设计的娱乐或比赛型帆船。它一次成型呈弧形的船体，有升降的稳向板，配备了三角帆和后桅纵帆。其总长度为 3.67m，帆的面积为 9.35m^2。

参考文献
来源

卷藏、专著和杂志

- A.A.VV., *Architetture del mare*, Alinea, Firenze 1994.
- A.A.VV., *Fifty Top Yachts 2001*, De Agostani-Rizzoli periodici, Milano, 2000.
- A.A.VV., *Bollettino ASPRONADI*, periodico, tutti i numeri, Milano.
- A.A.VV., *Gli Yacht*, a cura di J. Rousemaniere, Edizioni Time-Life CDE - Gruppo Mondatori, Milano, Ottobre 1987.
- A.A.VV., *Gli Yacht da Regata*, A.B.C. Whipple (a cura di), Edizioni Time-Life CDE - Gruppo Mondatori, Milano, Gennaio 1989.
- A.A.VV., *Il mio nome è Bond – il mondo di 007*, Massimo Losa (a cura di), Fabbri Editori, (RCS Libri S.p.A.), Milano 1996.
- A.A.VV., *The boat signed Italy*, Consornautica, Mursia, Milano, 1982.
- A.A.VV., *Yacht del XX secolo*, 1850-1920, Yachting library srl, Milano 2001.
- A.A.VV., *Yacht del XX secolo*, 1921-1949, Yachting library srl, Milano 2002.
- A.A.VV., *Note di progettazione navale (parte terza), allestimento e progettazione*, Bozzi, Genova 1980.
- A.A.VV., *Le Bateau blanc, Centre George Pompidou*, Electa, Parigi 1985.
- Adkins J., *The craft of sail*, Walker & Co., New York 1973.
- *ARTE NAVALE, Arte Navale Srl*, via Modena,6, 20129 Milano, n° 23 (apr/mag 04) e n° 28 (feb/mar 05).
- Benevolo L., *Storia dell'architettura moderna*, Laterza, Roma - Bari, 2008.
- Beraldin J. A. et al., *Object model creation from multiple range images: acquisition, calibration, model building and verification*, presented at International Conference on Recent Advances in 3-D Digital Imaging and Modeling, Ottawa, Ontario, Canada, 1997, pp. 326-333.
- Beraldin J. A., et al., *Portable digital 3-D imaging system for remote sites*, presented at 1998 IEEE International Symposium on Circuits and Systems ISCAS '98, Monterey, CA, USA, 1998, vol. 5, pp. 488-493.
- Beraldin J. A., *Integration of Laser Scanning and Closerange Photogrammetry – the Last Decade and Beyond*, presented at XXth ISPRS congress, Commission VII, Istanbul, Turkey, 2004, pp. 972-983.
- Bernardini F. - Rushmeier H., *The 3D Model Acquisition Pipeline in Computer Graphics Forum*, vol. 21, pp. 149-172, 2002.
- Bernardini F. et al., *Building a digital model of Michelangelo's Florentine Pieta*, in IEEE Computer Graphics and Applications, vol. 22, pp. 59 –67, 2002.
- Blais F., *Review of 20 years of range sensor development in J Elect. Imaging*, vol. 13, pp. 231–243, 2004.
- Caliari P., *Catalogo Bolaffi dello yachting*, G.Bolaffi editore, Torino 1967.
- Canfailla M. - Lee A. - Martera E. - Perra P. (a cura di), *Architetture del Mare*, Alinea, Firenze, 1994.
- Chow J. G., *Reproducing aircraft structural components using laser scanning in The International Journal of Advanced Manufacturing Technology*, vol. 13, pp. 723-728, 1997.
- Ciriaci G. - Vergani G., *La nautica Italiana, dalla leggenda alla storia*, Ucina, Milano 1996.
- Crepaldi G., *Arte – Dalle avanguardie alla Pop Art*, Electa, Milano, 2005.
- Crochet B., *Navi di tutti i tempi*, Edizioni Edison, Bologna 1991.
- D'Agostino L., *Note di progettazione navale (parte seconda), elementi di architettura navale*, Bozzi, Genova, 1978.
- D'Agostino L. - Tedeschi R., *Note di progettazione navale (parte prima) elementi di tecnologia e costruzione navale*, Bozzi, Genova,1979.

参考文献

- D'Agnano F., *3ds Max per l'architettura*, Apogeo, Milano, 2006.
- Damond A., *The human body in equipment design*, Harvard University Press, Cambridge (MAS), 1971.
- Duncan R. B., *Cutwater, les plus beaux canot automobiles américains*, Editions Van de Velde, Fondettes, (Francia) 1999.
- Franzoni R., Riva, *Automobilia mare*, Milano, 1986.
- Gambaro C., *Rendering e animazione: sviluppo di un percorso metodologico*, ECIG, Genova, 2003.
- Gambaro C., *Render fotorealistico*, in Gambaro C., *Architettura al calcolatore*, Ed. Città Studi, Novara, 2008, pp.193-249.
- Garden W., *Yacht Designs*, Tiller Publishing, St. Michaels, Maryland (USA), 1998.
- Garden W., *Yacht Designs II*, Mystic Seaport Museum, Mystic, CT (USA), 1992.
- Guglieri Sesti G. - Nardi R., *Elementi di geometria descrittiva e applicazioni*, Le Monnier, Firenze, 1985.
- Guidi G. et al., *High accuracy 3D modeling of Cultural Heritage: the digitizing of Donatello's Maddalena*, in IEEE Transactions on Image Processing, vol. 13, pp. 370-380, 2004.
- Guidi G. et al., *Three-dimensional acquisition of large and detailed cultural heritage objects in Machine Vision and Applications*, vol. 17, pp. 347-426, 2005.
- Guidi G. et al., *Boat's hull modeling with low-cost triangulation scanners*, presented at Videometrics VIII, San Jose, CA, USA, 2005, vol. 5665, pp. 28-39.
- Guidi G. et al., *Fusion of range camera and photogrammetry: a systematic procedure for improving 3-D models metric accuracy*, in IEEE Transactions on Systems, Man and Cybernetics, Part B, vol. 33, pp. 667-676, 2003.
- Guidi G. - Beraldin J. A., *Acquisizione 3D e modellazione poligonale: dall'oggetto fisico al suo calco digitale*, Milano, Poli.Design, 2004.
- Guidi G. - Musio Sale M., *Rilevare tridimensionalmente uno scafo*, in Nautech, vol. 1, pp. 60-64, 2005.
- Hofman H., *A global issue: preservation of digital objects*, presented at International Conference on Conservation and Digital Preservation of Archives and Records, Seoul, Korea, 2002, pp. 59-76.
- Howarth D., *I vascelli da guerra*, Time-Life, Gruppo Mondatori, Toledo, 1990.
- Innocenti S., *"Il Gozzo ligure"*, Tesi Dottorato di Ricerca in Rilievo e Rappresentazione del Costruito, Genova, 1991.
- Johnson P., *"Enciclopedia dello Yachting"*, Fabbri Editori, Milano, 1990.
- Kemnitzer R.B., *Rendering with markers*, Watson Guptill, New York, 1983.
- Kraus K., *Photogrammetry, Volume 1 - Geometry from Images and Laser Scans*, vol. 1, 2 ed. Berlin, Walter de Gruyter, 2007.
- Kurtz L. A., *Digital Actors and Copyright - From 'The Polar Express' to 'Simone' in Santa Clara Computer and High Technology Law Journal*, vol. 21, pp. 783, 2005.
- Larsson L., E.liasson R. E., *Principles of yacht design*, AHE, Adlard Coles Nautical, London (UK), 2000.
- Latouche S., *La scommessa della decrescita*, Feltrinelli, Milano, 2007.
- Lavelle J. P. et al., *High-speed 3D scanner with real-time 3D processing*, presented at SPIE Two- and Three-Dimensional Vision Systems for Inspection, Control, and Metrology, 2004, vol. 5265, pp. 179-188.
- Lee C. K. - Li P., *Geometric Properties of Parachutes Using 3-D Laser Scanning*, in Journal of Aircraft, vol. 44, pp. 377-385, 2007.
- Legge n° 13, *Disposizioni per il superamento e l'eliminazione delle barriere architettoniche negli edifici privati*, 1989.
- Levoy M. et al., *The digital Michelangelo project: 3D scanning of large statues*, presented at ACM SIGGRAPH Conference on Computer Graphics, 2000, pp. 131-144.
- Little C. Q. et al., *Forensic 3D Scene Reconstruction*, presented at Applied Imagery Pattern Recognition Workshop, Washington DC (US), 2000, vol. 3905, pp. 67-73.
- Loederman J. H., *Methods of capturing reality can be improved - Interview to Ben Kacyra, founder of Cyra in GIM International*, vol. 13, pp. 48-51, 1999.
- Maione V., *Il disegno delle imbarcazioni da diporto*, Fratelli Fiorentino, Napoli, 1984.
- Manella G., *Elementi di tecnica navale*, Mursia, Milano,1978.
- Marsano B., *Moda - Creazioni e Stilisti*, Electa, Milano 2005.
- Meadows D., Meadows D., Randers J., *I nuovi limiti dello sviluppo. La salute del pianeta nel terzo millennio*, Mondadori, Milano, 2006.
- Milroy M. J. et al., *Reverse engineering employing a 3D laser scanner: A case study*, in The Inter-

national Journal of Advanced Manufacturing Technology, vol. 12, pp. 111-121, 1996.
- Mottolese M. - Ramella S. - Suglia N., *Le parole del mare, Piccola enciclopedia nautica*, Collezione Cultura del Mare, UCINA, Genova, 1995.
- Musio Sale M., *DISEGNO delle imbarcazioni*, Paravia, Torino, 1995.
- Musio Sale M., *Tendenze e linguaggi nella progettazione degli interni*, Via Mare (By Sea), n°4, G.B.P., Communication, Milano, Luglio-Agosto, 2003.
- Musio Sale M., *Yacht design. L'evoluzione del linguaggio grafico*, in Giovannini - Colistra (a cura di), Spazi e culture del mediterraneo, Ed. Kappa, Roma, 2006, pp.671-692.
- Musio Sale M., (a cura di), *DDD* (disegno e design digitale) n°3 – *design nautico*, (pubblicato su CD-ROM), POLIdesign Milano, Luglio-Settembre 2002.
- Nitsche B. - Schulz R., *Automotive Applications for the ALASCA Laser Scanner in Advanced Microsystems for Automotive Applications*, VDI-Buch. Berlin-Heidelberg Springer, 2004, pp. 119-136.
- Olofsson, Eric e Sjolèn, Klara, *Design Sketching*, Keeos design book AB, Klippan, Sweden, 2007.
- Page D. et al., *Methodologies and Techniques for Reverse Engineering–The Potential for Automation with 3-D Laser Scanners*, in *V. Raja and K. J. Fernandes, Reverse Engineering - An Industrial Perspective, Springer Series in Advanced Manufacturing*, Eds. London Springer, 2008, pp. 11-32.
- Panella G., *Gozzi di Liguria*, Tormena, Genova, 2003.
- Panella G., *Leudi di Liguria*, Tormena, Genova, 2002.
- Panella G., *Vela latina*, Associazione Culturale Storia di Barche, Provincia di Genova, 2000.
- Panero J.- Zelnik M., *Spazi a misura d'uomo*, Be.Ma. editrice, Milano, 1983.
- Piano R., *Giornale di Bordo*, Passigli, Firenze, 1997.
- Piano, R., *La responsabilità dell'architetto, conversazione con Renzo Cassigoli*, Passigli, Firenze, 2004.
- Pinto. G.C., *Nozioni di fotogrammetria*, Facoltà di Architettura, Genova, 1992.
- Powell D., *Presentation techniques*, Macdonald Orbis, London, 1985.
- *PROTAGONIST*, trimestrale promozionale del Gruppo Ferretti, Edito da Fin.Fer.S.r.l., via de Carracci, 6, Bologna, n° 58, 3/2002.
- Reccesi D., *Gustavo Pulizer Finali, il disegno della nave*, Marsilio editori, Venezia, 1987.
- Remondino F. - El-Hakim S. F., *Image-Based 3D Modeling: A review in The Photogrammetric Record Journal*, vol. 21, pp. 269-291, 2006.
- Rousmaniere J., *Gli yacht*, CDE, gruppo Mondadori, Milano, 1988.
- Russo M. et al., *Tecniche di acquisizione digitale di superfici mediante processi di reverse-modeling*, in *Compositi Magazine*, vol. 4, pp. 32-38, 2007.
- Russo M., *Rilievo di forme complesse attraverso Reverse Modeling integrato*, in Politecnico di Milano, Milan 2007 (http://opac.biblio.polimi.it/sebina/repository/link/oggetti_digitali/fullfiles/PERL-TDDE/TESI_D01812.PDF).
- Samson C. et al., *Neptec 3D Laser Scanner for Space Applications: Impact of Sensitivity Analysis on Mechanical Design*, presented at Optoelectronics, Photonics, and Imaging (Opto Canada 2002), Ottawa, Ontario, Canada, 2002, pp. 1-4.
- Sciarrelli C., *Lo Yacht*, Mursia, Milano, 1976.
- Sitta G. - Vicentini M., *Grafica e animazione con 3DS Max*, FAG, Milano, 2005.
- Solera V., *Animazioni*, in Gambaro C., Architettura al calcolatore, Ed. Città Studi, Novara, 2008, pp.265-294.
- Thubron C., *I marinai dell'antichità*, CDE, gruppo Mondadori, Milano, 1988.
- Tumminelli P., *Boat Design*, teNeues, New York, 2005.
- Vàrady T. et al., *Reverse engineering of geometric models – an itroduction*, in *Computer Aided Design*, vol. 29, pp. 255-268, 1997.
- Veronese B., *Yacht progetto e costruzione*, Editrice Incontri, Roma, 1991.
- UCINA, *La nautica in cifre, Unione Nazionale Cantieri e Industrie Nautiche e Affini 2007*, (http://ptpub.ucina.it/files/nautica_cifre07_completa.pdf).
- Ungar J., *Rendering in mixed media*, Watson Guptil-Witney, New York, 1985.
- Urbanowicz W.J., *Architektura okretow*, Morkie, Gdynia, 1965.
- Whipple A.B.C., *I clipper*, Time life, Mondadori, Toledo, 1987.
- Winter H., *Le navi di Colombo*, Mursia & C., Milano 1972.
- *YACHTS Italia*, LuxMedia Italia S.r.l., via dei Pescatori, 7, Viareggio (LU), n°3 Gennaio/Febbraio 2005.

网址

- http://www.adobe.com
- http://www.apreamare.it
- http://www.autodesk.com
- http://www.3dsmaxblog.com
- http://www.bestup.it
- http://www.bolina.it
- http://www.caliariyacht.com
- http://www.carbodydesign.com
- http://www.corepla.it
- http://www.corel.com
- http://www.cnmspa.com
- http://www.ecomind.it
- http://www.emercedesbenz.com
- http://www.immersion.com/digitizer
- http://www.itama-yacht.com
- http://www.freeweb.hu
- http://www.fiat.it
- http://www.homolaicus.com/storia/antica/roma/fonti.htm
- http://www.ichiexport.com.au
- http://www.matrec.it
- http://www.menorquin.com
- http://www.mirabellayachts.com/mirabella5/
- http://www.mochicraft.com
- http://www.nautica.it
- http://www.philippe-starck.co
- http://www.righthemisphere.com
- http://www.rhino3d.com
- http://www.riva-yacht.com
- http://www.ronhollanddesign.com/mirabellav.php
- http://www.sciallino.it
- http://www.storiaspqr.it
- http://www.sanlorenzoyacht.it
- http://www.sensable.com
- http://www.symaltesefalcon.com/index2.asp
- http://www.sunrise.arch.unige.it
- http://www.ucina.net
- http://www.volvopenta.com
- http://www.wacom-europe.com
- http://www.wally.com
- http://en.wikipedia.org/wiki/Mirabella_V
- http://opac.biblio.polimi.it/sebina/repository/link/oggetti_digitali/fullfiles/PERL-TDDE/TESI_D01812.PDF
- http://ptpub.ucina.it/files/nautica_cifre07_completa.pdf
- http://www.zeydon.com

关于著者的说明
作者简介

Massimo Musio-Sale

建筑师，教授，2005年任职于热那亚建筑学院科学系，教授工业设计专业的本科课程。1990年曾任卡西诺大学研究员，2000年开始任职于米兰理工大学。

从事的活动：设计领域的基本研究，应用研究的科学负责人，与航海界的主要企业进行合作。另外，还是科研项目"航海船只研究——为了工业循环和生态的共同发展"的负责人。

热那亚建筑学院博士学院（建筑与设计专业）的成员。

Socrates-Erasmus项目负责人，负责与欧美著名院校的交流活动。

在教学方面，主要教授船舶与游艇设计课程，尤其是工业设计本科课程；他是"航海设计与绘图1"实验室的正教授。在Spezia校区的船舶与航海设计专业的研究生课程中（与米兰理工合作），是航海设计实验室5之应用工业绘图4模型的正教授；在航海工程学专业本科课程中，是应用工业绘图1课程的正教授。另外，还是米兰理工大学游艇设计硕士学院的教师，同时在该学院担任产品设计专业的本科课程"绘图实验室"的正教授。

热那亚省建筑师公会的会员，国家娱乐型游艇设计师协会成员。从1980年开始从事设计。于1993年建立了Max设计公司，专注于精制绘图和研发项目，主要从事游艇和巡航船的概念设计、整体布局、甲板设计和室内设计。

关于著者的说明

Marco Abbate

Geometra 建筑师，学习过米兰理工的游艇设计硕士课程。自由职业者，贝加莫市职业注册建筑师，国家娱乐型游艇设计师协会成员。从事建筑领域、室内装修、酒店/商业装修以及航海设计。2006 年起，从事米兰理工设计学院的材料研究活动，2008 年，成为该学院绘画实验室 1"绘画工具和技术课程"的临时教授。以外聘教师的身份参与教授了米兰理工游艇设计专业以及热那亚建筑学院航海设计专业的硕士课程。在航海领域，他多次参加设计比赛，在该领域从事船舶的整体设计以及内部装修的设计工作。

Stefano Grande

建筑师，环境设计专业博士，热那亚建筑学院建筑科学系工业绘图专业的临时教授。获得过热那亚工程学学院的科研津贴。编辑，曾发表过照明设计、产品设计和航海设计方面的评论和文章。2007 年起，参与编辑由佛罗伦萨 Alinea 出版社出版的《GUD 设计》杂志。他对照明设计、Haworth Castelli 和 Martini 照明以及 Mares 产品概念的发展很感兴趣。与建筑科学系小组一同参加了为企业进行的大学科研工作，如 Azimut Yachts、Corepla 以及菲亚特研究中心。他为"航海船只研究——为了工业循环和生态共同发展"项目组织策划了关于可持续航海的研讨会。帆船运动员，多次参与地中海赛船与航海，并数次获得 FIV 的冠军。近期，他还转向了青年编辑产业以及数字化插图领域。

Gabriele Guidi

电子工程师，1988 年毕业于佛罗伦萨大学，1992 年获得博士学位。1995 年起担任佛罗伦萨大学研究员，2004 年调入米兰理工大学，现在此任绘图专业副教授。研究超声波成像系统十余年。自 1999 年起，开始学习三维光学成像，并应用所学知识进行工业设计和文物记录方面的三维建模。弗吉尼亚大学 IEEE 的资深成员，IATH 的研究员。一些国际性重要杂志的专业评审，比如《关于系统、人与控制方面的 IEEE 处理》《关于图像处理的 IEEE 处理》以及《机器视觉与应用》(Springer)。一些国际会议的学术委员，如"3DIM"(IEEE)、"视频指标"(SPIE)、3DArch(ISPRS) 以及考古学方面的计算机应用和定量分析方法 (CAA)。

Giorgia Morlando

2005 年毕业于米兰理工大学的工业绘图专业，毕业论文是《数字化建模对于残疾视觉的辅助作用：一项博物馆的应用》。

目前是第 21 级产品设计与发展方法专业的在读博士生，致力于分析和研究产品发展过程，尤其关注逆向建模，并将其作为企业设计的补充环节。

Maria Carola Morozzo della Rocca

建筑师，1999 年毕业于热那亚大学，其论文是技术方面的，标题是《传统船舶的未来：不断演进的木材——作为建筑材料》，内容涉及用板层木材、曲线木材以及木材衍生品打造船舶的先进方法。

2003 年获博士学位，2003—2005 年担任热那亚大学航海工程学本科课程的非编制教授（Spezzino 校区）。

2006—2008 年获热那亚建筑学院建筑科学系的科研津贴，从 2008 年 11 月 1 日起，被该系任命为研究员。

Michele Russo

2001—2002 年毕业于费拉拉建筑学院建筑学专业。

2007 年于米兰理工大学设计学院获得博士学位，毕业论文涉及制作三维效果工具的融合。

在修复和逆向建模方面，曾与他人联合发表多篇国家级和国际级的著作。

关于著者的说明

Valentina Solera

建筑师，2007年毕业于热那亚大学，其论文是建筑设计方面的，标题是《圣吉米尼亚诺之San Domenico的整体：露天的剧场设计》。本科毕业后，开始接触航海领域，曾在一家航海–船舶设计事务所工作；2008年开始在热那亚建筑学院学习设计专业的博士生课程（第23级），其研究方向是航海船舶。

在热那亚大学教授航海船舶设计与工业设计专业的本科课程。与建筑科学系的科研小组一同参与为企业进行的科研活动，比如Azimut Yachts、Corepla以及菲亚特研究中心。另外，也与科研项目"航海船只研究——为了工业循环和生态共同发展"有合作关系。曾作为助手参与了米兰理工大学设计学院"绘图1实验室"课程的教学工作。目前在此从事材料研究工作。

Mario Ivan Zignego

建筑师，热那亚人，2000年起担任热那亚大学建筑学院的研究员，在此从事工业设计与船舶工程学方面的课程教学与科研活动。

一直从事船舶与航海设计方面的工作，既是自由职业者，也是工业设计与船舶工程学专业的教师与协调人。其工作领域涉及娱乐型船只以及巡逻船的设计和风格。

其研究范围涉及概念、外部造型以及内部建筑，尤其注重风格的演进以及产品的工业化。该领域硕士课程的教师与协调人，比如超大游艇设计硕士课程、娱乐型船舶管理和设计服务硕士课程以及船舶设计硕士课程。

主要译者简介

涂山

清华大学副教授，建筑师，清华大学游艇及水上环境设计研究所所长，清华大学帆船协会创始人。得益于多学科的教育及工作经历，能从开放交叉的角度出发，从事设计教育及多样的艺术设计实践工作，拥有丰富的水岸生活方式设计经验，及众多的水岸规划、建筑及室内到游艇的设计经验。

晓帆

国家一级注册建筑师，清控人居集团、清尚建筑设计研究院水岸空间研究所副所长，意大利米兰理工大学游艇设计硕士，天津大学建筑学学士。

朱力行

意大利米兰理工大学游艇设计硕士，2010年回国后任职于国内知名游艇厂，从事游艇内装外观设计及船体研发工作并担任设计总监一职。具有丰富的游艇设计经验，至今已设计建造50多条各类游艇和帆船。

明凯（Mechele）

得益于不同文化的滋养，在北京、上海及米兰从事创意产业和整合设计工作。毕业于清华大学美术学院，曾为 Swire Properties、华为、保时捷、林肯汽车、恒隆地产、LYNK & Co. The Wharf 等公司做创意方面的工作及服务。

主要译者简介

刘诗雨

毕业于北京林业大学经济管理学院国际经济和贸易专业，并在北京大学软件与微电子学院计算机辅助翻译研究生班学习，具有多年游艇帆船行业不同岗位的工作经验。

安杰（Angelo Cannizzaro）

毕业于米兰国立大学人文政治学院语言文化交际系，从事大量的口笔译工作，其中包括 2015 年意大利米兰世博会中国馆口译工作。帆船运动爱好者，现负责内蒙古鄂尔多斯集团欧洲分公司（米兰）的办公室日常运营工作。

清华大学美术学院游艇及水上环境设计研究所（IYNED）

　　清华大学游艇及水上环境设计研究所创建于2013年，拥有建筑设计、环境艺术设计、工业设计等多元学术背景，在游艇设计及相关生活方式层面进行拓展和延伸，以海洋型国家建设及气候暖化危机为切入点，试图建设一个整合国际化优势资源、和政府及企业密切合作、以滨水理想生活模型为主要工作方向的设计研究所。工作涉及海洋文化、水岸生活方式、可持续的游艇设计技术以及未来水上环境系统的设计、咨询及培训等方面。

　　已经完成上海嘉勒尼65ft双体双用途帆艇设计咨询、万达青岛东方影都游艇港规划设计、北京什刹海水岸及游船设计咨询、青岛大学生帆船训练营策划及规划设计、上海新华超级游艇港策划、上海黄浦江洋泾地块游艇码头及水岸设计规划，以及海拔系列互动装置，并主办了海洋环境及开发设计的清华水上环境论坛。

> 游艇设计
> ——从概念到实物

意大利米兰理工大学

米兰理工大学游艇设计硕士（MYD）项目

游艇设计专业硕士项目（MYD）由米兰理工大学设计学院与POLI.Design，Consorzio del Politecnico di Milano协作开设的一年制英文授课课程。是世界各地的有为青年提供接近先进的意大利游艇专业市场的跳板和良好机会，为满足国际海洋产业需求而设立。成功毕业学生的案例很多，创立设计工作室，成为造船企业家，或者担任生产、质量控制、工程管理或者室内设计师职务。多达70%的毕业生活跃于世界各地游艇设计领域。

2017年2月将聘用高素质的师资队伍，使用新的课程体系及方法旨在扩大交叉领域专业知识。学生来自工程、建筑学、设计等不同方向，而课程则通过设计专题课程及讲座、设计实践以及参观制造企业和应用型研究所来实现。该专业最大的优势是学以致用，通过实践来支持教学。米兰理工大学拥有大量实验室，包括风洞实验室、试验船、模型实验室、调校实验室以及SMaRT实验室——Lecco创新中心。

课程面向帆船和动力游艇设计、生产制造。设置项目总体规划、风和水动力计算、装修与内饰、甲板和船上设备舾装、船舶系统、生产以及生产阶段控制等主要课程，课程完成后之后推荐前往意大利或欧洲设计工作室或游艇厂做为期3个月的实习。全部课程完成并通过答辩授予米兰理工大学设计硕士学位。

网址：http://www.polidesign.net/en/myd

游艇设计
———— 从概念到实物

后记

Edonardo Napodano

航海技术杂志社社长

正是因为市面上航海类的专业参考书籍奇缺，我才决定撰写这一系列指导性丛书。该丛书首当其冲要提到我朋友 Massimo Musio-Sale 撰写的概念性书籍《游艇设计》。

与此同时，作为航海技术杂志社社长，我找到了技术期刊的工作定律——务实地从我们的目标读者出发，通过一系列的编辑工作，深入挖掘众多主题。

这种双重需求得到了航海技术杂志社《"新技术"以及技术期刊手册》（该书一直是宣扬技术和文化价值的风向标）领导的支持。

需要特别指出的是，这本书并非单纯再版了皮尔逊1995年出版的《船舶设计》，而是比它多了很多内容，并且是不同的内容。航海领域不是只有14年的历史，而是要从冰河时代算起：设计，加工和建造方式，巨大化趋势；难以想象的航海工具的普及，疯狂的发展速度，意大利的第一产业，集中生产，大规模资金（不一定是好的）的涌入；法律、法规以及我们的政治哲学态度。

正是在印刷时代，我们见证了时代的另一个变革，它不是技术的变革，而是经济的变革，这没有人能预测到。我们只记得赫拉克利特的座右铭（因为一切都在流逝）：也是在1929年，壮丽的游艇（如40m的Zaca）为了风光的富豪们（如 Templeton Crocker）下水起航。

不同于14年前，如今的著作不只有一个作者，而是众多作者，这绝非偶然。因为这样一来，每位杰出的专业人士和学者都可以发挥出各自的专业优势。

我愿意这样认为：在技术和程序复杂的背景下，出版是把当今的设计师（杰出、无所不知）与专业分工连接在一起的桥梁，这也是Musio-Sale教授在引言里特别强调的。我深刻地记得如今常用的电脑在那时是如何革新设计师的职业的，我的一位航海学专业的老师Gino Solari，他对新技术充满热情，但同时又为获得必要投资而担心，为此抱怨不休。

然后，我不会忘记一群完美的读者——他们是来自意大利各个大学（热那亚大学和米兰理工大学）各个年级的建筑学和工程学专业的学生，以后会成为航海设计师、航海工程师、船舶建筑师以及船舶工程师。尤其要提到的是，Spezia校区的学生：你们要记得，这本教科书是众多教师合作的成果，他们是每天工作在建筑、翻修、保养工地，或与私人船主合作的专业人士。因此，这是一本文化类图书，但它离不开每一位未来从事这门古老职业的技术人员，它是这些造船人的智慧结晶。

这是一本权威学术与专业实践相结合的著作：对于已经或即将进入设计研究或制造领域的人士相当实用，可以帮助他们成为设计师、工程师、技术员或创意者。

另外，我必须将它推荐给所有业界同仁，更要把它推荐给与我们有着不同经验的人士——比如当今社会常见的代理商以及配件生产商，这本书可以帮助他们深化与游艇相关的知识，从而帮助他们实现商业目标。这是一本集阅读性与技术性为一体的著作，也适合业余爱好者，它会给读者带来阅读的享受，引起共鸣。

近年来，包括出版社、机构、协会（特别是国家航海与相关工业制造商联盟）、学术界，甚至政界在内的各方经常呼吁"航海文化"。终于，在出版领域出现了这样一本书：它不是一块普通的"上釉砖"，因为它既没有明确或模糊的参考模板，也没有形式或内容的评判委员，但终于还是"形成了航海学文化"。

当然，我的雄心壮志是了解游艇设计从概念到实例的方方面面。它是航海技术的宝贵盟友，为的是从船厂技术办公室的桌子上，从设计工作室的书架上，从学生书店少量却伟大的游艇技术经典著作里，从 Frederik H. Chapman 到 Carlo Sciarrelli，从 Uffa Fox 和 Olin Stephens 的自传里，找到信息，著成教育作品。

特别感谢汪潮涌先生及信中利集团对本书翻译出版的大力支持。

信中利资本集团创始人、董事长　汪潮涌先生

1984年毕业于华中科技大学，1985年作为清华大学公派研究生赴美留学，获罗格斯大学商学院MBA学位，成为第一批大陆留学生进入华尔街的投融资专家，先后任职于美国摩根大通银行、美国标准普尔，曾任美国摩根士丹利亚洲区副总裁兼北京代表处首席代表。

1998—1999年，担任国家开发银行全职高级顾问，参与筹备和组建国家开发银行的投资银行业务。任期届满后，与管理团队共同创建信中利资本集团，任董事长至今。

汪先生不仅活跃于投资界，还是全球最大公益基金及智库卡耐基国际和平基金会百年来首位华人董事、国际小母牛公益基金会中国区副主席、中国企业家俱乐部理事、亚布力论坛理事、欧美同学全国执行理事、欧美同学会金融委员会副会长、欧美同学会海归创投联盟创始理事长、中国汽摩运动协会副主席、丝绸之路中国越野拉力赛和美洲杯帆船赛中国之队的创始人、北京创投联盟理事长、武汉城市合伙人、清华大学经管校友创业联盟理事长。

汪先生近期为清华大学捐赠1亿人民币用以支持母校教育事业，创海归给中国大学捐赠的最大金额。

中国之队经国家体育总局正式批准并唯一授权，是首支挑战世界顶级的美洲杯帆船赛的中国队伍，打破了美洲杯帆船赛一个半世纪没有中国队伍参赛的历史，使得这一赛事真正成为风靡全球的赛事。

信中利简介

信中利成立于1999年，是国内最早一批从事风险投资和私募股权投资的投资机构之一，坚持实施精品投资策略，重点关注"三高三大三新"——高科技、高端制造、高端服务和高品质消费，大健康、大文化、大环保，新能源、新材料、新模式；已成功投资百余家企业。

2015年10月23日，信中利人民币业务成功登录新三板，股票代码：833858。2016年7月，成功收购深圳惠程（002168）。目前，集团总市值近300亿元人民币。